KSSC-21-01

KSEA 734-20

KDS 41 31 00 : 2019에 따른

강구조설계 예제집

한국강구조학회

한국건축구조기술사회

사단법인 한국강구조학회
KOREAN SOCIETY OF STEEL CONSTRUCTION

(사)한국건축구조기술사회
THE KOREAN STRUCTURAL ENGINEERS ASSOCIATION

발간사

강구조설계는 어렵다고 알려져 있습니다. 강구조설계기준도 계속 바뀌면서 학생들이나 실무엔지니어들이 어렵다는 호소를 많이 합니다. 구조역학에서 시작해서 철근콘크리트설계와 강구조설계로 이어지는 구조 관련 일련의 학문들은 예제를 풀어보지 않고는 이해하기가 어렵습니다. 수식이나 일반적인 설명을 보면 피상적인 개념만을 이해하는데 그치고 그 내용이 머릿속에 잠시 머물다가 휘발되어 사라집니다. 반드시 이론 설명에 이어지는 예제를 풀어봐야 그 내용이 이해가 됩니다. 좋은 예제는 이론의 내용을 더욱 선명하게 이해하고 기억하도록 해 줍니다. 본 강구조설계 예제집은 이론을 이해하기 쉽도록 유도하는 많은 예제를 수록하고 있습니다. 좋은 예제를 통하여 이론적 내용을 잘 이해하도록 본 강구조설계 예제집을 발간하게 되었습니다.

강구조학회를 대표하여 이론과 실무에 탁월하신 김원기 교수님께서 집필위원장을 맡으시고 건축구조기술사회의 공동참여로 모든 집필위원들께서 수고하시어 강구조설계 예제집이 발간되었습니다. 김원기 위원장 및 황보 석 집필간사, 집필위원 모든분들께 깊은 감사의 말씀을 드립니다.

끝으로 본 강구조설계 예제집이 구조를 공부하는 학생들이나 실무 구조엔지니어들에게 강구조설계의 이론을 보다 잘 이해하고 강구조가 활성화되는 기회가 되기를 바랍니다.

2021년　1월

사단법인 한국강구조학회 회장　신 경 재

발간사

강구조의 설계를 “한계상태설계법(하중저항계수설계법)”으로만 규정하기 시작한 KBC2009의 개정 이후 약 십여 년의 세월이 흘렀습니다. 설계용 프로그램들이 손쉽게 사용될 수 있는 여건으로 인하여 설계에 구조기준을 적용하는 것은 쉽게 가능해졌지만 구조기술자들의 한계상태설계법에 대한 이해 및 적용은 아직 매우 미흡한 것이 현실입니다. 그래서 구조기준 제정 후 십여 년이 지난 지금도 단면가정 및 기본설계는 허용응력설계법으로 실시하고, 이를 프로그램으로 검증하는 과정에서 한계상태설계법을 적용하는 것이 설계 관례처럼 되어 있습니다.

한계상태설계법은 이론 및 실험을 통하여 강구조물의 특성을 보다 깊이 고찰한 진보된 설계법이므로 철골 구조물의 실제 거동을 더욱 잘 반영하고 더욱 경제적인 강구조물을 만들어 낼 수 있는 합리적인 설계기법입니다. 그러나 국부좌굴과 횡좌굴, P-Δ Effect, 항복강도와 인장강도의 혼용, 복잡한 이론식 및 긴 계산과정 등으로 인하여 구조기술자가 이론을 직관적으로 이해하기에는 많은 어려움이 있었습니다.

이번에 새로이 개정 발간 되는『KDS 41 31 00 : 2019에 따른 강구조설계 예제집』은 특별히 “구조설계실무자를 위하여” 만들어졌으며 이론적인 내용은 최대한 요약하고 실무에 직접 적용할 수 있는 예제에 중점을 두어 만들어 졌습니다. 이를 통해 구조기술자들이 한계상태설계법의 이론을 직관적으로 이해할 수 있는 토대를 만들었습니다. 이를 위해 교수님들 뿐만 아니라, 실무에서 직접 활동하는 건축구조기술사가 집필에 참여하여 보다 실무에 가까운 예제집으로 사용할 수 있도록 만들었습니다.

부디, 이 예제집을 통하여 실무 구조기술자들이 기준에 대한 이해가 깊어지고, 프로그램 결과에 대한 판별력이 높아지며, 건축구조기술사 자격시험을 준비하는 예비 구조기술사들에게 많은 도움이 되기를 기대합니다. 아울러, 코로나19와 같은 혼란스런 상황에도 불구하고 강구조설계 예제집 집필에 수고하여 주신 모든 집필위원님과 자문위원님들께 깊이 감사드립니다. 또한 한국강구조학회와 한국건축구조기술사회의 무궁한 발전을 기원합니다.

2021년 1월

사단법인 한국건축구조기술사회 회장 김 상 식

머리말

이번에 개정판으로 발간하는 『KDS 41 31 00 : 2019에 따른 강구조설계 예제집』의 특징은 구조설계 실무자를 위한 예제집으로서, 『건축구조기준 KDS 41 31 00 : 2019』의 건축물 강구조 설계기준을 올바르게 적용하는데 목적이 있습니다. 즉, 이 예제집은 한국강구조학회에서 교재용으로 발간하고 있는 『강구조 설계』와 달리 이론적 배경인 본문의 내용을 최소화하고 실무적인 예제에 중점을 두었습니다.

컴퓨터 프로그램에만 의존하여 구조해석 및 구조설계를 수행하는 요즘 시대에 강구조 설계기준의 세부내용까지 구석구석 이해하는데 이 예제집이 도움이 되기를 바랍니다. 아울러, 건축구조기술사 자격시험을 공부하는데 이 예제집이 많은 보탬이 되기를 바랍니다.

이번 예제집에 포함되지 않은 내용, 즉 강구조설계의 실무자인 구조기술사가 구조설계기준에 명시되지 않은 사항을 결정하는데 곤란을 겪고 있는 사항은 전문서적들을 참조하기를 원합니다. 즉, 합성구조 설계, 강구조 접합부설계, 강구조 내진설계 등은 한국강구조학회와 한국건축구조기술사회의 명의로 그동안 발간된 전문서적들을 참조하기를 원합니다.

이번에 개정판으로 발간한 예제집은 앞으로도 주기적으로 수정, 보완하고 예제들을 추가함으로서 지속적으로 발전하기를 기대하고 있습니다. 이러한 발전이 아무쪼록 건축구조기술사의 강구조 설계업무에 기여하기를 기대합니다.

마지막으로, 이번 예제집 집필에 수고하여 주신 모든 집필위원님과 자문위원님께 깊은 감사를 드리고, 한국강구조학회와 한국건축구조기술사회의 무궁한 발전을 기원합니다.

2021년 1월

집필위원장 김 원 기

목 차

CONTENTS

제1장 총 칙 / 1

제2장 설계요구사항 / 31

CONTENTS

CONTENTS

CONTENTS

CONTENTS

CONTENTS

제13장 사무소 건물 설계 / 405

제1장

총 칙

제1장 총 칙

STRUCTURAL STEEL DESIGN

1.0 기호

A : 부재의 총단면적, mm^2

A : 기둥의 횡단면적, mm^2

A_B : 콘크리트의 재하면적, mm^2

A_b : 볼트 공칭단면적, mm^2

A_c : 콘크리트 단면적, mm^2

A_c : 유효폭 내의 콘크리트 단면적, mm^2

A_e : 유효순단면적, mm^2

A_{eff} : 감소된 유효폭(b_e)을 고려하여 산정한 유효단면적의 합, mm^2

A_{fc} : 압축플랜지의 단면적, mm^2

A_{fg} : 플랜지의 총단면적, mm^2

A_{fn} : 인장플랜지의 순단면적, mm^2

A_{ft} : 인장플랜지의 단면적, mm^2

A_g : 부재의 총단면적, mm^2

A_g : 합성부재의 총단면적, mm^2

A_{gt} : 인장저항총단면적, mm^2

A_{gv} : 전단저항총단면적, mm^2

A_n : 부재의 순단면적, mm^2

A_{nt} : 인장저항순단면적, mm^2

A_{nv} : 전단저항순단면적, mm^2

A_{pb} : 투영된 지압면적, mm^2

A_r : 콘크리트슬래브 유효폭 내에 있는 적절하게 정착된 길이방향철근의 단면적, mm^2

A_s : 강재의 단면적, mm^2

A_{sa} : 강재앵커의 단면적, mm^2

A_{sh} : 띠철근의 최소단면적, mm^2

A_{sr} : 연속길이방향철근의 단면적, mm^2

A_{st} : 스티프너의 단면적, mm^2

A_w : 용접유효면적, mm^2

A_w : 웨브의 단면적, 부재전체춤 d와 웨브의 두께 t_w의 곱(dt_w), mm^2

A_1 : 베이스플레이트의 면적, mm^2

A_2 : 베이스플레이트와 닮은꼴의 콘크리트지지부분의 최대면적, mm^2

C : 강관의 비틀림상수

C_b : 횡좌굴모멘트수정계수

C_r : 횡처짐좌굴상관계수

C_w : 뒤틀림상수, mm^6

C_v : 웨브의 전단상수

C_m : 골조의 횡변형이 발생하지 않을 때의 계수

D : 강관의 외경, mm

D : 부재의 외경, mm

D : 설계하중에 의한 1차층간변위, mm

D : 원형강관의 외경, mm

D_b : 원형지강관의 외경, mm

D/L : 구조물의 모든 층과 관계된 최대 L에 대한 D의 비

E, E_s : 강재의 탄성계수, MPa

E_c : 콘크리트의 탄성계수, MPa

EI_{eff} : 합성단면의 유효강성, $N.mm^2$

F_a : 축방향응력, MPa

F_{bw} : 주축에 대한 가용휨응력, MPa

F_{bz} : 약축에 대한 가용휨응력, MPa

F_c : 가용응력, MPa

F_{cr} : 해석에 의해 결정된 단면의 좌굴응력, MPa

$$F_{crz} = \frac{GJ}{A_g \bar{r}_0^2}$$

F_e : 탄성좌굴응력, $\dfrac{\pi^2 E}{\left(\dfrac{KL}{r}\right)^2}$

$$F_{ex} = \frac{\pi^2 E}{\left(\dfrac{K_x L}{r_x}\right)^2}$$

$$F_{ey} = \frac{\pi^2 E}{\left(\dfrac{K_y L}{r_y}\right)^2}$$

$$F_{ez} = \left(\frac{\pi^2 E C_w}{(K_z L)^2} + GJ\right)\frac{1}{A_g \overline{r}_0^2}$$

F_L : 형강의 잔류응력을 고려하여 공칭강도의 산정에 이용된 응력, MPa

F_n : 공칭비틀림강도, MPa

F_{nt} : 공칭인장응력, MPa

F_{nt}' : 전단응력의 효과를 고려한 공칭인장응력, MPa

F_{nv} : 공칭전단응력, MPa

F_u : 강재의 설계기준인장강도, MPa

F_u : 강관의 설계기준인장강도, MPa

F_u : 설계기준인장강도, MPa

F_u : 강재앵커의 설계기준인장강도, MPa

F_u : 피접합재의 설계기준인장강도, MPa

F_w : 용접모재의 공칭강도, MPa

F_y : 강재의 설계기준항복강도, MPa

F_y : 강관의 설계기준항복강도, MPa

F_y : 기둥웨브의 명시된 최소항복응력, MPa

F_{yh} : 띠철근의 설계기준항복강도, MPa

F_{yf} : 플랜지의 설계기준항복강도, MPa

F_{yp} : 판재의 설계기준항복강도, MPa

F_{yr} : 철근의 설계기준항복강도, MPa

F_{yst} : 스티프너의 설계기준항복강도, MPa

F_{yw} : 웨브의 설계기준항복강도, MPa

G : 강재의 전단탄성계수, MPa

I : 휨평면에 대한 단면2차모멘트, mm^4

I_c : 콘크리트단면의 단면2차모멘트, mm^4

I_s : 강재단면의 단면2차모멘트, mm^4

I_{sr} : 철근단면의 단면2차모멘트, mm^4

I_x : x 축에 대한 단면2차모멘트, mm^4

I_y : y 축에 대한 단면2차모멘트, mm^4

I_{yc} : y 축에 대한 압축플랜지의 단면2차모멘트
또는, 복곡률의 경우 압축플랜지 중 작은 플랜지의 단면2차모멘트, mm^4

I_{yc} : 압축력을 받는 플랜지의 y 축에 대한 단면2차모멘트
또는, 역곡률휨의 경우 작은 플랜지에 대한 단면2차모멘트, mm^4

I_z : 약축에 대한 단면2차모멘트, mm^4

J : 비틀림상수, mm^4

K : 유효좌굴길이계수

K_z : 비틀림좌굴에 대한 유효좌굴길이계수

K_1 : 횡방향으로 구속된 골조에서 산정한 휨평면에 대한 유효좌굴길이계수

K_2 : 횡방향으로 구속되지 않은 골조에서 산정한 휨평면에 대한 유효좌굴길이계수

L : 부재의 비지지길이, mm

L : 중심라인에서 작업구간 사이의 부재길이, mm

L : 층고, mm

L : 횡좌굴에 대한 비지지길이, mm

L : 횡지지길이, mm

L_b : 횡지지길이, mm

L_b : 보의 비지지길이, mm

L_c : 하중방향 순간격, 구멍 끝과 피접합재 끝 또는 인접구멍 끝까지의 거리, mm

L_e : 각형강관에서 맞댐용접과 모살용접의 총유효길이, mm

L_p : 소성한계비지지길이, mm

L_v : 최대전단력작용점과 전단력이 0인 점 사이의 거리, mm

M_A : 비지지구간에서 1/4지점의 모멘트, N.mm

M_B : 비지지구간에서 중앙부의 단부모멘트, N.mm

M_C : 비지지구간에서 3/4지점의 모멘트 , N.mm

$M_{c(x,\,y)}$: 휨강도, N.mm

M_{cx} : 강축휨에 대한 휨비틀림강도, N.mm

M_e : 탄성횡좌굴모멘트, N.mm

M_{lt} : 골조의 횡변위가 발생할 때의 1차모멘트, N.mm

$M_{\max}$: 비지지구간에서 모멘트 중 가장 큰 값, N.mm

M_n : 공칭휨모멘트, N.mm

M_{nt} : 골조의 횡변위가 발생하지 않을 때의 1차모멘트, N.mm

M_p : 소성휨모멘트, N.mm

M_r : 소요휨강도, N.mm

M_y : 항복휨모멘트, N.mm

N : 강관축과 나란한 하중지지길이, mm

N : 집중하중이 작용하는 폭(다만 k보다 작지 않아야 한다), mm

N_b : 인장력을 받는 볼트의 수

N_s : 전단면의 수

O_v : 오버랩접합계수

P_c : 압축강도, N

P_c : 설계축방향 압축 또는 인장강도, N

P_{co} : 면외휨을 고려한 압축강도, N

P_{e1} : 횡방향으로 구속된 부재의 탄성좌굴강도, N

P_{lt} : 골조의 횡변위가 발생할 때의 1차축강도, N

P_n : 공칭인장 또는 압축강도, N

P_{nt} : 골조의 횡변위가 발생하지 않을 때의 1차축강도, N

P_o : 세장효과를 고려하지 않은 공칭압축강도, N

P_o : 편심이 없는 합성기둥의 공칭축강도, N

P_p : 콘크리트의 공칭지압강도, N

P_r : 소요압축강도, N

P_u : 합성기둥의 소요축강도, N

P_y : 기둥의 축방향하중강도, N

P_y : 부재의 항복강도, N

Q_f : 주관-응력상관변수

Q_n : 강재앵커 1개의 공칭강도, N

R_m : 단면형상계수

R_n : 공칭강도

R_p : 강재앵커의 위치에 따른 효과를 고려한 계수

R_{pg} : 휨강도감소계수

R_u : 한계상태설계법의 요구강도

S : 탄성단면계수, mm^3

S_c : 휨축에 대한 다리 압축부분의 탄성단면계수, mm^3

S_{eff} : 압축플랜지의 유효폭 b_e에 대한 유효단면계수, mm^3

S_x : 강축에 대한 탄성단면계수, mm^3

S_{xc} : 압축플랜지의 탄성단면계수, mm^3

S_{xe} , S_{xt} : 플랜지의 탄성단면계수, mm^3

S_{xt} , S_{xc} : 인장과 압축플랜지에 대한 단면계수, mm^3

S_y : ㄷ형강의 경우 최소단면계수, mm^3

T_o : 설계볼트장력, kN

T_u : 한계상태설계법의 하중조합에 의한 소요인장력, kN

U : 전단지연계수

V : 기둥에 작용하는 전단력, N

$V^{'}$: 강재앵커에 의해 전달되는 전단력, N

V_c : 전단강도, N

V_n : 공칭전단강도, N

V_r : 스티프너 설치지점의 소요전단강도, N

V_r : 소요전단강도, N

Y_{con} : 강재보의 상부에서 콘크리트슬래브 또는 외피재의 상부까지의 거리, mm

Y_{PNA} : 콘크리트의 최대압축섬유에서 소성중립축까지의 최대거리, mm

Z : 소성단면계수, mm^3

Z_b : 휨축에 관한 지강관의 소성단면계수, mm^3

Z_x : x 축에 대한 소성단면계수, mm^3

a : 보강스티프너의 간격, mm

a : 접합재 사이의 거리, mm

a/r_i : 각 개재의 최대기둥세장비

b : 압축판요소의 폭, mm

b : 전단력을 저항하는 ㄱ형강다리의 폭, mm

b : 파스너 게이지선 사이의 간격, mm

b_{cf} : 기둥플랜지의 폭, mm

b_e : 감소된 유효폭, mm

b_{eff} : 유효연단거리, mm, (= $2t$+16mm).
다만, 구멍연단으로부터 작용하는 힘의 직각방향으로 측정한 부재 연단까지의 거리보다 커서는 안된다.

b_f : 플랜지의 폭, mm

b_{fc} : 압축플랜지의 폭, mm

b_{ft} : 인장플랜지의 폭, mm

b_l : ㄱ형강의 긴쪽다리의 길이, mm

b_s : ㄱ형강의 짧은쪽다리의 길이, mm

b_w : 전단력방향과 직각으로 측정된 콘크리트단면폭과 형강폭의 차이, mm

d : 강봉단면의 두께, mm

d : 파스너의 공칭지름, mm

d : 볼트의 공칭직경, mm

d : 부재의 전체높이, mm

d_b : 보의 깊이, mm

d_c : 기둥의 깊이, mm

e : 트러스접합의 편심, mm

e_{mid-ht} : 스터드몸체 바깥면으로부터 데크플레이트 웨브(데크골 중간높이)까지의 거리. 스터드의 하중저항방향, 즉 단순보에서 최대모멘트 방향의 거리, mm

f_a : 소요축방향응력, MPa

$f_{b(w,z)}$: 대주축, 소주축에 대한 소요휨응력, MPa

f_c' : 콘크리트의 설계기준압축강도, MPa

f_{ck} : 콘크리트의 설계기준압축강도, MPa

f_v : 소요전단응력, MPa

g : 파스너 게이지선 사이의 응력 수직방향 중심간격, mm

h : 압연강재의 경우 모살 또는 코너반경을 제외한 플랜지간 순거리,
조립단면의 경우 파스너선 사이의 거리, 용접한 경우에는 플랜지간 순거리, mm

h : 좌굴의 부재축에 수직인 각 요소의 중심간의 거리, mm

h_c : 압연형강의 경우 중립축으로부터 압축플랜지의 내측면 거리에서 모살 또는 코너반경을 제외한 거리의 2배값.
조립단면의 경우 중립축으로부터 파스너선 사이의 거리, 용접한 경우에는 플랜지 내측면 거리의 2배값, mm

h_{cc} : 합성기둥 내부 구속코아의 단면치수. 횡철근의 중심간 거리로 측정, mm

h_o : 상하부 플랜지간 중심거리, mm

h_p : 중립축으로부터 압축플랜지 최단 파스너선 사이 거리의 2배값
용접에 의한 경우 압축플랜지의 내면까지 거리의 2배값, mm

h_{sc} : 구멍의 종류에 따른 계수

j : 수직스티프너의 최소단면2차모멘트를 산정할 때 사용되는 계수

k : 플랜지의 바깥쪽 면으로부터 웨브필렛선단까지의 거리, mm

k : 강관모서리의 외부반경. 외부반경을 모르는 경우 $1.5t$로 한다, mm

k_c : 비구속세장판요소의 계수

k_s : 인장과 전단을 조합시 마찰접합의 감소계수

k_v : 웨브판좌굴계수

l : 지압길이, mm

l : 하중점에서 각 플랜지의 횡방향비지지길이, mm

n : 인장력에 의한 파단선상에 있는 구멍의 수

r : 단면2차반경, mm

r_i : 각 개재의 최소단면2차반경, mm

r : 좌굴축에 대한 단면2차반경, mm

r_{ib} : 좌굴의 부재축에 평행한 중심축에 대한 각 요소의 단면2차반경, mm

r_x : 접합된 다리의 단면2차반경, mm

r_y : y축에 대한 단면2차반경, mm

r_z : 약축에 대한 단면2차반경, mm

$\overline{r_0}$: 전단중심에 대한 극2차반경

s : 2개의 연속되는 구멍의 종방향 중심간격, mm

s : 인접한 2개 구멍의 응력방향 중심간격, mm

s : 합성구조부재의 종축을 따라 배치된 횡철근의 간격, mm

t : ㄱ형강다리의 두께, mm

t : 강관의 두께, mm

t : 부재의 두께, mm

t : 용접 피접합재의 두께, mm

t : 휨축과 평행한 방향의 강봉단면의 폭, mm

t_{cf} : 기둥플랜지의 두께, mm

t_{cw} : 기둥웨브의 두께, mm

t_f : 플랜지의 두께, mm

t_{fc} : 압축플랜지의 두께, mm

$t_{\min}$: 충전각형강관의 최소벽두께, mm

t_p : 부착된 직각방향 플레이트의 두께, mm

t_p : 판재의 두께, mm

t_w : 웨브 두께, mm

w : 대주축휨을 나타내는 아래첨자

w_c : 콘크리트의 단위체적중량, $\mathrm{kN/m^3}$

w_r : 콘크리트 리브 또는 헌치의 평균폭, mm

x : 강축을 나타내는 아래첨자

x_0, y_0 : 중심에 대한 전단중심의 좌표

y : 약축을 나타내는 아래첨자

z : 주축휨을 나타내는 아래첨자

Δ_H : 횡하중에 의한 1차 층간변위, mm

Σ_H : $\hat{}_H$ 를 계산하는데 사용되는 횡하중에 의한 층전단력, N

ΣP_{e2} : 횡방향으로 구속되지 않은 골조의 좌굴해석에 의한 부재의 탄성좌굴강도, N

ΣP_{nt} : 중력기둥하중을 포함한 중력하중의 합, N

α : 선팽창계수

α : 분리비율(separation ratio) = $h/2r_{ib}$

β : 압축강도보정계수
μ : 평균미끄럼계수
θ : 층간변위각
λ : 판폭두께비
λ_p : 콤팩트판요소에 대한 판폭두께비 제한값
λ_{pf} : 콤팩트플랜지의 한계세장비
λ_{pw} : 콤팩트웨브의 한계세장비
λ_r : 비콤팩트판요소에 대한 판폭두께비 제한값
λ_{rf} : 비콤팩트플랜지의 한계세장비
λ_{rw} : 비콤팩트웨브의 한계세장비
ν : 프아송비
ρ_{sr} : 길이방향철근의 최소철근비
ϕ : 강도감소계수
ϕ_B : 콘크리트의 지압에 대한 강도감소계수
ϕ_b : 휨강도감소계수
ϕ_c : 압축강도감소계수
ϕ_t : 인장강도감소계수

1.1 일반사항

1.1.1 개요

이 예제집은 「건축구조기준 KDS 41 31 00 : 2019」의 건축물 강구조 설계기준에 대한 강구조설계 예제집으로서, 설계기준의 세부 설계조건과 설계식들을 올바르게 이해시키는데 목적을 두고 있다. 집필 내용의 심도는 실무에서 구조설계를 하는 구조기술자들의 수준에 맞추어 집필하였다. 설계기준에 명시된 내용 이외에도 구조설계자들이 판단하여야 하는 여러가지 사항들, 즉 합성구조설계, 강구조 접합부설계,강구조 내진설계 등은 한국강구조학회와 한국건축구조기술사회 명의로 발간된 전문서적들을 참조하기를 원한다.

1.1.2 강구조 설계기준의 변천사

국내외의 강구조 설계기준의 변천사를 〈표1.1.1〉에서 보여주고 있으며, 특징은 다음과 같다.

(1) 허용응력설계법 사용 시기

국내와 국외의 강구조 설계기준 모두가 1986년 이전까지 허용응력설계법(Allowable Stress Design Method, ASD) 뿐이었으며, 포함된 내용은 단순하며, 집필된 순서도 서로 유사하였다.

(2) 하중저항계수설계법과 한계상태설계법 사용 시기

① 1986년에 하중계수, 강도감소계수, 공칭강도 등을 사용하는 미국의 하중저항계수설계법(Load and Resistance Factor Design Method, LRFD)이 시작되며, 1997년에 국내의 한계상태설계법(Limit State Design Method, LSD)이 시작되고, 여러번 개정되었다.

② 2016년부터 건축기준센터(www.kcsc.re.kr)에서 국가 건설기준코드를 관리하고 있으며, 건축물 강구조설계기준은 KDS 41 31 00 : 2019로 분류되어 있다.

(3) 허용응력설계법이 사라지는 시기

① 미국의 허용응력법이 1989년의 제9개정판을 마지막으로 종료되고, 2005년 제13개정판에서 허용응력설계법 대신에 허용강도설계법(Allowable Strength Design)으로 유지하고 있다. 물론, 하중저항계수설계법은 제13개정판에서 규정하고 있다.

② 국내의 허용응력설계법이 2003년에 제3개정판으로 고시되었으나 실무에서 별로 사용하지 않는 상황이며, 2019년에 「구조 설계기준 KDS 14 30 00 : 2019」 강구조 설계(허용응력설계법)이 고시되었다. 그러나, 이 기준은 하중저항계수설계법 규정이 없는 강구조 혹은 시설물에 대해서 허용응력설계법에 기초한 구조설계에 적용하도록 규정하고 있다.

〈표 1.1.1〉 강구조 설계기준의 변천사

연도	한 국		미 국		
	ASD Allowable stress 허용응력	LSD Limit State 한계상태	ASD Allowable stress 허용응력	LRFD Load & Resistance Factor	ASD Allowable strength 허용강도
1970			제7개정		
1973	제1판				
1978			제8개정		
1983	제2개정				
1986				제1판	
1989			제9개정		
1990					
1993				제2개정	
1997		제1판			
1998					
1999				제3개정	
2003	제3개정				
2005		제2개정			
2005				제13개정	
2009		제3개정			
2010				제14개정	
2016		제4개정		제15개정	
2019	KDS 14 30 00	KDS 41 31 00			

1.1.3 용어 및 기호의 선정

이 예제집은 KDS 41 31 00 : 2019 건축물 강구조 설계기준의 용어와 기호를 최대한 반영하여 집필하였다.

1.2 강 재

1.2.1 구조용강재의 재질규격

구조물에 작용하는 하중을 지지하고 구조물이 본래의 안전한 형상을 이룰 수 있도록 구조적인 기능을 수행하는 각 구조요소로 사용될 수 있는 강재를 구조용 강재라 한다. 다음은 강구조물에 주로 사용되는 주요 구조용강재 및 접합재의 재질규격을 예시한 것이다.

(1) 구조용강재는 〈표 3.1-1〉에 나타낸 한국산업규격(이하 "KS"라 한다.)에 적합한 것을 사용하여야 한다.

(2) 냉간가공된 강재 및 주강은 〈표 3.1-2〉에 나타낸 KS에 적합한 것을 사용하여야 한다.

(3) 용접하지 않는 부분에 사용되는 압연강재, 주철, 주강 및 단강은 〈표 3.1-3〉에 나타낸 KS에 적합한 것을 사용하여야 한다.

(4) 볼트, 고장력볼트, 턴버클 등은 〈표 3.1-5〉에 나타낸 KS에 적합한 것을 사용하여야 한다.

(5) 용접재료는 〈표 3.1-6〉에 나타낸 KS에 적합한 것으로 하고, 모재의 재질 및 용접조건을 고려하여 적절히 선택한다.

〈표 3.1-1〉 주요구조용강재의 재질규격

번 호	명 칭	강 종
KS D 3503	일반구조용 압연 강재	SS275
KS D 3515	용접구조용 압연 강재	SM275A, B, C, D, -TMC SM355A, B, C, D, -TMC SM420A, B, C, D, -TMC SM460B, C, -TMC
KS D 3529	용접구조용 내후성 열간 압연 강재	SMA275AW, AP, BW, BP, CW, CP SMA355AW, AP, BW, BP, CW, CP
KS D 3861	건축구조용 압연 강재	SN275A, B, C SN355B, C
KS D 3866	건축구조용 열간 압연 형강	SHN275, SHN355
KS D 4108	건축구조용 고성능 압연강재	HSA650

〈표 3.1-2〉 냉간가공재 및 주강의 재질 규격

번 호	명 칭	강 종
KS D 3530	일반 구조용 경량 형강	SSC275
KS D 3558	일반 구조용 용접 경량 H형강	SWH275, L
KS D 3602	강제갑판(데크플레이트)	SDP1, 2, 3
KS D 3632	건축구조용 탄소강관	SNT275E, SNT355E, SNT275A, SNT355A
KS D 3864	건축구조용 각형 탄소 강관	SNRT295E, SNRT275A, SNRT355A

〈표 3.1-3〉 용접하지 않는 부분에 사용되는 강재의 재질 규격

번 호	명 칭	강 종
KS D 3503	일반구조용 압연강재	SS315, SS410
KS D 3566	일반구조용 탄소강관	SGT275, SGT355
KS D 3568	일반구조용 각형강관	SRT275, SRT355
KS D 3710	탄소강 단강품	SF490A, SF540A

〈표 3.1-5〉 볼트, 고력볼트 등의 제품 규격

번 호	명 칭	종 류
KS B 1002	6각 볼트	4.6
KS B 1010	마찰 접합용 고장력 6각 볼트, 6각 너트, 평 와셔의 세트	1종(F8T/F10/F35) 2종(F10T/F10/F35) 4종(F13T/F13/F35)
KS B 1012	6각 너트	4.6
KS B 1016	기초 볼트	모양: L형, J형, LA형, JA형 강도등급구분: 4.6, 6.8, 8.8
KS B 1324	스프링 와셔	-
KS B 1326	평 와셔	-
KS F 4512 KS F 4513	건축용 턴버클 볼트 건축용 턴버클 몸체	S, E, D ST, PT
KS F 4521	건축용 턴버클	-

〈표 3.1-6〉 용접재료의 품질

번 호	명 칭
KS D 3508	피복아크 용접봉심선재
KS D 3550	피복아크 용접봉심선
KS D 7004	연강용 피복아크용접봉
KS D 7006	고장력강용 피복아크용접봉
KS D 7025	연강 및 고장력강용 마그용접 솔리드 와이어
KS D 7101	내후성강용 피복아크용접봉
KS D 7104	연강, 고장력강 및 저온용 강용 아크용접 플럭스 코어선
KS D 7106	내후성강용 탄산가스 아크용접 솔리드 와이어
KS D 7109	내후성강용 탄산가스 아크용접 플럭스 충전 와이어
KS B ISO 1417	일반 세립강용 서브머지드아크용접용 와이어 및 플럭스조합-분류
KS B ISO 26304	고장력강용 서브머지드아크용접용 와이어 및 플럭스조합--분류

1.2.2 구조용강재의 형상 및 치수

(1) 구조용강재의 형상 및 치수는 〈표 3.1-1~4〉에 나타낸 KS가 규정하는 정밀도 내에 있는 것으로 하고, 열간압연강재는 〈표 3.2-1〉에 나타낸 KS에 적합한 것으로 한다. 모든 강재는 라미네이션 등의 유해한 내부결함 및 표면결함, 심한 녹 등의 유해한 표면결함이 없어야 한다.

(2) 볼트, 고장력볼트, 턴버클 등 접합요소의 형상 및 치수는 〈표 3.1-5〉에 나타낸 KS의 규정에 적합한 것으로 한다.

(3) 용접에 의한 조립재는 KCS 14 31 20에서 규정하는 제품정밀도표준에 합격하는 형상 및 치수로 한다.

〈표 3.2-1〉 열간압연강재의 형상, 치수규격

번 호	명 칭
KS D 3051	열간압연봉강과 코일봉강의 형상 치수 및 무게와 그 허용차
KS D 3052	열간압연평강의 형상 치수 및 무게와 그 허용차
KS D 3500	열간압연강판 및 강대의 형상 치수 및 무게와 그 허용차
KS D 3502	열간압연형강의 형상 치수 및 무게와 그 허용차

1.3 강재의 역학적 성질

강재의 큰 장점은 나무, 석재, 콘크리트와 같은 다른 구조용 재료들에 비하여 강도가 크다는 것이다. 인장력에 약한 석재나 콘크리트와는 달리 강재는 인장, 압축력에 모두 강하다. 이러한 성질 때문에 강재는 주로 대형구조물 또는 장스팬의 구조물 등에 효율적으로 사용되고 있다.

구조용 강재의 전형적인 응력-변형도 곡선은 [그림 1.3.1]과 같다. 세로축은 응력(인장력/단면적)을 나타내며 응력의 단위는 보통 MPa를 사용한다. 가로축은 변형도를 나타내는데 인장력을 가했을 때 늘어난 비율을 의미한다. 탄성영역 즉, 항복점에 도달할 때까지는 응력-변형도의 관계가 선형으로 변화한다. 강재의 응력-변형도 곡선에서 주요한 몇 가지 요소는 다음과 같다.

σ_y : 항복강도, 응력과 변형도의 비례상태에서 규정된 변형한계를 벗어날 때의 응력.

σ_u : 인장강도, 그 재료가 도달할 수 있는 최대 응력의 크기.

E_s : 탄성계수, 탄성영역에서의 응력과 변형도의 비
탄성계수는 강재의 강도에 따라 크게 변하지 않으며, 일반적으로 $E_s = 210{,}000\,\text{MPa}$의 값을 사용하고 있다.

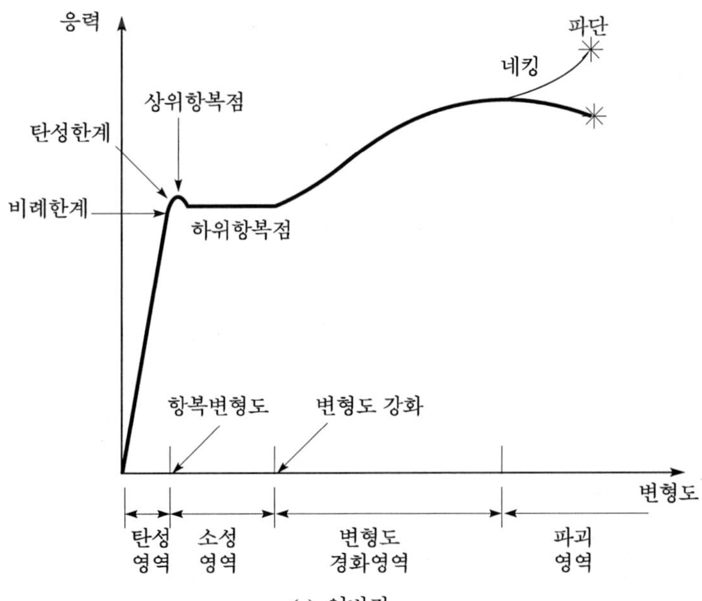

(a) 일반강

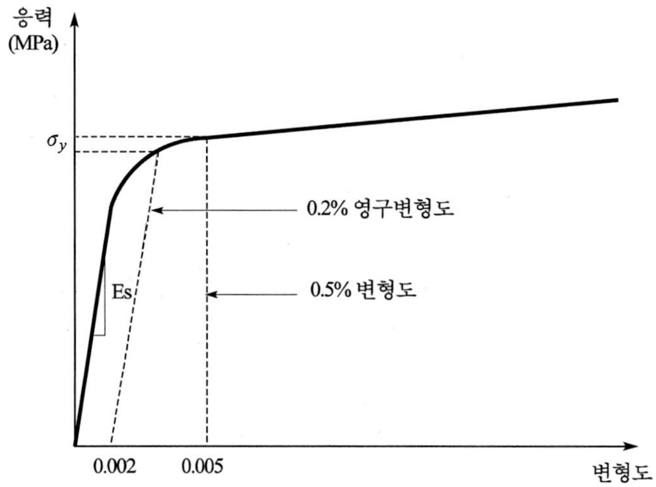

(b) 고강도 강

[그림 1.3.1] 응력-변형도 곡선

[그림 1.3.1(a)]의 그래프는 가장 널리 사용되는 SS275($F_y = 275\,\mathrm{MPa}$) 강재에 대한 응력-변형도 곡선이고, [그림 1.3.1(b)]는 고강도 강재의 재료적인 특성을 나타내는 응력-변형도 곡선이다. [그림 1.3.1(b)]에서와 같이 고강도 강재 또는 가공된 강재에서는 명확한 항복점이 존재하지 않는 경우도 있다. 이러한 강재에서 항복강도 σ_y는 [그림 1.3.1(b)]에 나타난 2가지 방법 중 하나로 결정할 수 있다. 하나는 잔류변형도가 0.002일 때 탄성영역을 평행 이동시켜서 만나는 점의 응력값이고 다른 하나는 변형도가 0.005일 때의 응력값이다.

〈표 3.1-1〉에 나타낸 구조용강재의 설계기준항복강도 F_y 및 설계기준인장강도 F_u는 〈표 3.3-1〉에 나타낸 값으로 한다. 다만 강재 판두께 100 mm(SM275TMC, SM355TMC, SM420TMC와 SM460TMC, HSA650인 경우 80 mm)를 초과하는 경우 KDS 41 10 10에 따라 안전성이 인정되어야 한다.

〈표 3.1-2〉에 나타낸 구조용강재의 설계기준강도는 〈표 3.3-2〉에 나타낸 값으로 한다. 〈표 3.1-3〉에 나타낸 압연강재, 냉간가공된 강재, 주철, 주강 및 단강의 설계기준강도는 〈표 3.3-3〉에 나타난 값으로 한다.

〈표 3.3-1〉 주요 구조용 강재의 설계기준강도(MPa)

<table>
<tr><th>강도</th><th>판 두께 \ 강재 기호</th><th>SS275</th><th>SM275
SMA275</th><th>SM355
SMA355</th><th>SM420</th><th>SM460</th><th>SN275</th><th>SN355</th><th>SHN275</th><th>SHN355</th></tr>
<tr><td rowspan="4">F_y</td><td>16mm 이하</td><td>275</td><td>275</td><td>355</td><td>420</td><td>460</td><td rowspan="2">275</td><td rowspan="2">355</td><td rowspan="3">275</td><td rowspan="3">355</td></tr>
<tr><td>16mm 초과
40mm 이하</td><td>265</td><td>265</td><td>345</td><td>410</td><td>450</td></tr>
<tr><td>40mm 초과
75mm이하</td><td rowspan="2">245</td><td>255</td><td>335</td><td>400</td><td>430</td><td rowspan="2">255</td><td rowspan="2">335</td></tr>
<tr><td>75mm 초과
100mm 이하</td><td>245</td><td>325</td><td>390</td><td>420</td><td>–</td><td>–</td></tr>
<tr><td rowspan="2">F_u</td><td>75mm 이하</td><td rowspan="2">410</td><td rowspan="2">410</td><td rowspan="2">490</td><td rowspan="2">520</td><td rowspan="2">570</td><td rowspan="2">410</td><td rowspan="2">490</td><td>410</td><td>490</td></tr>
<tr><td>75mm 초과
100mm 이하</td><td>–</td><td>–</td></tr>
</table>

〈표 3.3-2〉 냉간가공재 및 주강의 설계기준강도 (MPa)

<table>
<tr><th colspan="2">강재 종별</th><th>SSC275
SWH275</th><th>SNT275</th><th>SNT355</th><th>SNRT275A</th><th>SNRT295E</th><th>SNRT355A</th></tr>
<tr><td colspan="2">판두께
(mm)</td><td>2.3~6.0[1)]</td><td colspan="2">2.3~40[2)]</td><td colspan="3">6.0~40[2)]</td></tr>
<tr><td rowspan="2">강도</td><td>F_y</td><td>275</td><td>275</td><td>355</td><td>275</td><td>295</td><td>355</td></tr>
<tr><td>F_u</td><td>410</td><td>410</td><td>490</td><td>410</td><td>400</td><td>490</td></tr>
</table>

주 1) SWH275의 판두께는 12 mm 이하
주 2) SNRT295E의 판두께는 22 mm 이하

〈표 3.3-3〉 용접하지 않는 부분에 사용하는 강재 등의 설계기준강도 (MPa)

<table>
<tr><th>강도</th><th>판두께 \ 강재 종별</th><th>SS315</th><th>SS410</th><th>SGT275[1)]
SRT275[1)]</th><th>SGT355
SRT355[2)]</th><th>SF490A</th><th>SF540A</th></tr>
<tr><td rowspan="3">F_y</td><td>16mm 이하</td><td>315</td><td>410</td><td rowspan="2">275</td><td rowspan="2">355</td><td rowspan="2">245</td><td rowspan="2">275</td></tr>
<tr><td>16mm 초과
40mm 이하</td><td>305</td><td>400</td></tr>
<tr><td>40mm 초과
100mm 이하</td><td>295</td><td>–</td><td>–</td><td>–</td><td>–</td><td>–</td></tr>
<tr><td rowspan="2">F_u</td><td>40mm 이하</td><td rowspan="2">490</td><td>540</td><td>410</td><td>500</td><td>490</td><td>540</td></tr>
<tr><td>40mm 초과
100mm 이하</td><td>–</td><td>–</td><td>–</td><td>–</td><td>–</td></tr>
</table>

주 1) SGT275, SRT275의 판두께는 22mm 이하
주 2) SRT355의 판두께는 30 mm 이하

구조용강재는 하중에 의해 구조부재에 발생하는 응력을 적정한 수준이하로 유지하면서도 국부좌굴, 부재좌굴 또는 과도한 처짐을 방지하기 위해 충분한 강성을 확보하도록 선택해야 한다. 응력만을 고려하여 고강도 강재를 채택하면 부재단면의 감소로 강성이 감소하여 다시 부재단면을 키워야 하는 경우가 발생할 수 있으므로 구조물의 부담응력과 변형한계를 고려하여 적절한 수준의 강재를 선택하는 것이 중요하다. 결과적으로, 단면휨강성($E_s I$)은 부재의 기하학적 형상에 따른 함수이기 때문에 강도에는 영향을 받지 않으므로 고강도 강재는 큰 값의 축력을 받으면서 요구수준 이상의 강성을 확보할 수 있을 때 사용하는 것이 가장 유리하다.

강재의 접합에 사용되는 고장력볼트의 설계기준인장강도는 〈표 3.3-5〉에 나타낸 값으로 한다. 일반볼트의 설계기준인장강도는 〈표 3.3-6〉에 나타낸 값으로 한다.

〈표 3.3-5〉 고장력볼트의 설계기준인장강도 (MPa)

설계기준강도 \ 볼트등급	F8T	F10T	F13T[1]
F_y	640	900	1,170
F_u	800	1,000	1,300

주 1) KS B 1010에 의하여 수소지연파괴민감도에 대하여 합격된 시험성적표가 첨부된 제품에 한하여 사용하여야 한다.

〈표 3.3-6〉 일반볼트의 설계기준인장강도 (MPa)

설계기준강도 \ 볼트등급	4.6[1]
F_y	240
F_u	400

주 1) KS B 1002에 따른 강도 구분

강재의 용접이음매의 항복강도 및 인장강도는 그루브용접인 경우 모재의 설계기준항복강도 F_y 및 설계기준인장강도 F_u로 하고, 필릿용접인 경우는 전단응력으로 저항하므로 모재의 설계기준항복강도 F_y 및 설계기준인장강도 F_u 모두의 0.6배로 한다. 또한, 모재의 설계기준강도가 다른 경우에는 둘 중 작은 쪽의 값으로 한다.

구조용강재의 탄성계수, 전단탄성계수, 푸아송비 및 선팽창계수 등의 재료정수는 〈표 3.4-1〉의 값을 사용한다.

〈표 3.4-1〉 강재의 재료정수

정 수 재 료	탄성계수(E) (MPa)	전단탄성계수(G) (MPa)	푸아송비 ν	선팽창계수 α (1/℃)
강 재	210,000	81,000	0.3	0.000012

1.4 구조용강재의 성능과 용도

1.4.1 강재의 성능

〈표 3.1-1〉은 한국산업규격에 명시된 각종 구조용강재의 종류와 성능을 요약하여 표시한 것으로서, 중요한 특징만을 간략히 설명하기 위하여 여기서는 편의상 두께가 40mm를 초과하는 강재를 대상으로 정리하였다.

① 강재의 종류로서 SS***는 일반구조용압연강재, SM***는 용접구조용압연강재, SN***는 건축구조용압연강재, SHN***는 건축구조용압연H형강을 의미한다. 강재 명칭 뒤에 오는 숫자 ***는 두께가 가장 얇은 강재의 설계기준항복강도 값으로 단위는 MPa이다.

② SM490, SM520, SM570 강재에 첨부한 TMC는 열가공제어(Thermo-Mechanical Control)를 한 강재로서, 두께가 40mm를 초과하여도 설계기준항복강도의 감소가 없다.

③ 건축구조용압연강재인 SN강재의 종류에 첨부한 기호 A, B, C 중에서, A는 특별히 충격치를 요구하지 않는 것, B는 일정수준의 충격치를 요구하는 것, 그리고 C는 특히 우수한 충격치를 요구하는 강재를 의미한다. 즉, 0℃에서 B는 샤르피흡수에너지 27J이상을 요구하고, C는 -20℃에서 27J이상을 요구한다.

④ 강재의 인성도와 관련된 연신율은 강도가 높아지는 강재일수록 다소 적어진다.

⑤ SM355/SM420/SM460TMC 강재는 저온용접균열 방지와 관련된 탄소당량과 용접갈라짐 감수성 조성을 요구하여 엄격한 품질관리를 통해 생산되고 있어 신뢰성이 높다.

⑥ 한국산업규격(KS D 3861, 3866)과 강구조기준에는 항복비 제한에 대한 명시가, 한국산업규격(KS D 3861)에는 Z방향 연신율 제한에 대한 명시가 있으므로, 두께가 두꺼운 강재를 용접하며 용도가 중요한 건축물인 경우에는 제작자에게 항복비 제한과 Z방향 연신율 제한을 별도로 주문한 강재를 사용하는 것이 바람직하다. 여기서, 항복비 제한은 인성도, 취성파괴 방지, 소성능력 또는 에너지흡수 및 소산능력과 관련된 성능이며, Z방향 연신율은 라멜라테어링 및 라미네이션 방지와 관련된 성능이다.

⑦ 일반적으로 내진구조용강재는 항복비 0.85이하, 응력-변형률곡선 상에서 항복응력 도달시 명확한 소성흐름 발생, 큰 비탄성변형능력(예, 50mm 게이지길이에서 인장에 대한 연신율이 20% 혹은 그 이상), 우수한 용접성 등의 특성을 충족해야 하며, SN, SHN, TMC는 위에서 언급한 비선형 재료특성 및 용접성 등의 요구조건을 모두 만족하고 있다.

1.4.2 강재의 용도

강재의 성능을 분석하여 볼 때 각종 강재의 용도는 다음과 같이 요약할 수 있다.

① 일반 건축물의 경우 SS275강재와 SM275강재 및 SM355강재가 많이 사용된다. SS275강재는 합금성분에 특별한 규제가 없기 때문에 용접부에 품질요구가 필요한 경우에는 SM275강재가 이용된다. 특히 높은 강도를 요구하는 부위에는 SM355강재를 사용하는 것이 좋다.

② 충격하중에 의한 파단 및 반복하중에 의한 피로가 우려되는 부재는 SN355B/SHN355 또는 SN355C강재를 사용하여야 한다.

③ 소성변형능력이 중요한 부위에는 SN355, SHN355강재를 사용하는 것이 바람직하다. 고강도가 필요한 부위에는 SM420, SM460강재를 사용하는 것이 효율적이다.

④ SM355강재를 사용하는 부위에 보다 양호한 용접부 품질을 보장해야 하는 경우에는 SN355, SHN355, SM355TMC강재를 사용하고, 항복강도 355MPa 이상의 고강도강에 용접성이 요구되는 부위에는 SM420/460TMC강재나 SN460TMC강재를 사용하는 것이 좋다.

⑤ 건축물이 고층화, 대형화, 장스팬화 됨에 따라서, 40mm이상의 후판을 사용할 필요가 있는 경우에는 강도저감이 없는 TMC강재를 사용하는 것이 경제적이다.

1.5 한계상태 설계법의 기본 개념

한계상태설계법(하중저항계수설계법)은 구조물이 모든 계수하중 조합에 대하여 어떠한 적용 가능한 한계상태도 초과하지 않도록 구조물을 설계하는 방법이다. 한계상태라는 것은 구조물 또는 구조부재가 안전성 측면에서 또는 사용성 측면에서 적합한 한계까지의 상태를 말한다. 즉, 한계상태에는 두종류로 분류하여, 소성힌지나 좌굴과 같은 구조물의 안전성과 하중지지력에 관한 강도한계상태와 과도한 변형이나 진동과 같은 성능에 대한 사용성한계상태가 있다.

1.5.1 강도한계상태 설계

구조물의 안전성에 관한 강도한계상태 설계법은 다음의 식(1.5.1)로 요약될 수 있다. 각 구조부재나 조립재의 설계강도는 계수하중에 근거한 소요강도 이상이어야 한다.

$$\sum \gamma_i Q_i \leqq \phi R_n \qquad \text{식(1.5.1)}$$

왼쪽 항은 구조물에 작용하는 각각의 하중 Q_i 에 대하여 하중계수 γ_i 를 곱하여 조합을 적용한 소요강도이고, 오른쪽 항은 공칭강도 R_n 에 강도감소계수 ϕ 를 곱한 설계강도이다.

확률이론에 근거한 강도한계상태 설계를 설명하면 다음과 같다. 구조물에 작용하는 하중효과 Q 와 구조물의 강도(저항)R 은 [그림 1.5.1(a)]에서와 같이 확률분포를 갖는 통계적으로 독립적인 무작위 변수로 볼 수 있다. 이 때 구조물의 안전을 확보하는 경계치는 다음 식(1.5.2)와 같은 경우이다.

$$M = R - Q \qquad \text{식(1.5.2)}$$

즉, M이 양의 값($R \geq Q$)이 되는 경우에 구조물은 안전한 상태에 놓여 있다고 볼 수 있다. 그러나 Q와 R은 무작위 변수이기 때문에, 어느 경우에서는 구조물이 파괴될 수 있다는 어떠한 가능성이 있을 수 있다($M \geq 0$). 구조적으로 허용될 수 없는 이러한 경우의 분포는 [그림 1.5.1]에서 빗금친 부분이다. [그림 1.5.1(b)]는 무작위변수인 M의 확률분포이다.

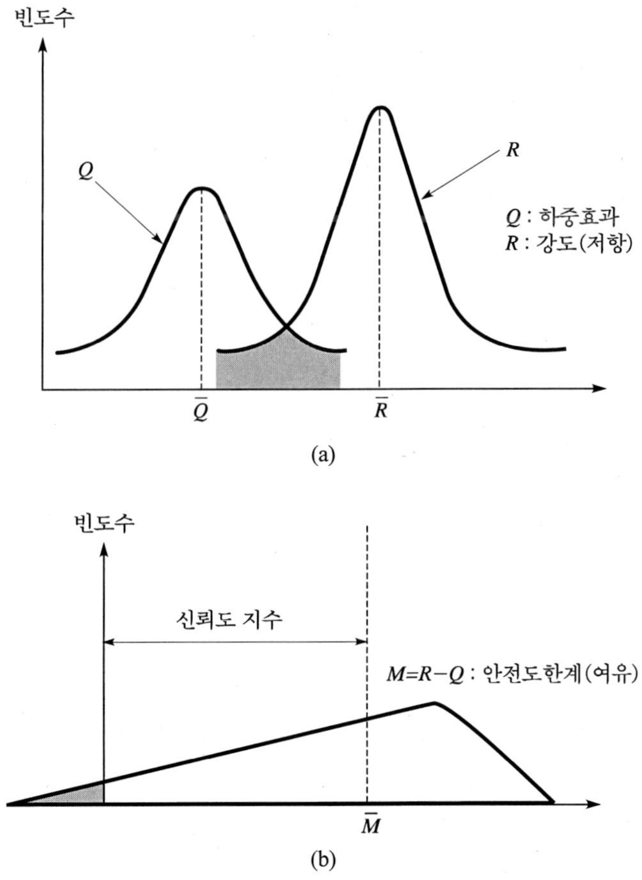

[그림 1.5.1] 하중효과 Q 와 강도(저항) R 의 빈도분포

1.5.2 사용성한계상태 설계

사용성한계상태 설계는 구조물의 기능, 외관, 유지관리, 내구성 및 사용자의 편리함 등을 일정한 기준이상으로 확보하도록 하는 것으로서 구조물의 과도한 국부손상, 처짐이나 회전, 진동 등과 같은 문제로 구조적인 안전상에 직접적인 문제는 없으나, 구조물의 사용성이나 장기적으로 구조물에 손상을 미칠 수 있는 것에 대한 설계기준이다.

전체 구조물과 각 구성부재, 이음 및 연결재는 사용성에 대해 검토해야 한다. 이 경우 모든 하중조합에 사용되는 하중계수는 1.0으로 한다. 단, 중력하중과 풍하중 또는 지진하중에 대하여 어느 정도 추가적인 감소계수를 고려할 수 있다.

강구조 한계상태설계법에서 정하고 있는 사용성 한계상태의 기준을 정리하면 다음과 같다.

① 구조물의 수평 또는 수직방향의 변위에 대한 제한 값은 건물의 용도에 따라 달라질 수 있다.
② 바닥보나 트러스와 같은 부재의 처짐이 건물의 사용성에 문제를 야기할 우려가 있는 경우에는 적절한 치올림을 한다. 부재의 제작 및 조립과정에서 발생할 수 있는 과대한 처짐은 사전에 치올림을 하여 조정한다.
③ 구조물은 그 사용성에 적합하도록 팽창과 수축에 대한 적절한 조치를 한다.
④ 바닥구조는 사용하중에 대한 과도처짐으로 비구조재 등의 손상을 유발하여 건물의 사용성이 저해되지 않도록 설계한다.
⑤ 바닥구조는 바닥판, 바닥보, 천장 및 간막이벽의 상하진동으로 불쾌감을 유발하지 않도록 바닥구조의 강성, 고유진동수 및 감쇠효과 등을 고려한 설계를 한다.
⑥ 건물의 구조는 바람하중 등에 의한 수평방향의 가속도로 인하여 불안감이 없도록 구조물의 형상, 강성, 질량 및 진동모드 등을 고려한 설계를 한다.
⑦ 건물의 구조는 바람이나 지진 등 수평하중에 의한 수평변위로 인하여 생기는 불쾌감, 마감재의 손상, 구조물의 피해 및 인접건물과 충돌 등을 일으키지 않도록 수평강성을 충분히 확보한다.
⑧ 지붕표면은 자연배수가 되도록 경사를 유지한다.
⑨ 특수한 경우에 대비하여 물이 고인 조건에서도 적절한 강도와 안정성을 확보하는 것이 바람직하다.
⑩ 일정한 기준에 의해 설계한 건물의 부재 및 접합부는 피로에 대해 별도로 고려하지 않아도 좋으나 반복하중을 받는 크레인 주행보 및 기계장치 등의 지지구조물은 피로에 대비한 설계를 한다.

1.6 하중과 하중조합

1.6.1 공칭하중

공칭하중은 건축구조기준 「KDS 41 10 15 : 2019」의 건축구조기준 설계하중에 따르도록 되어 있으며, 공칭하중의 종류는 고정하중(D), 활하중(L), 지붕의 활하중(L_r), 풍하중(W), 적설하중(S), 지진하중(E), 빗물하중(R), 수압(F), 토압(H), 초기변형도에 의한 하중(T) 등이 있다. 여기서 수압(F)은 일정한 압력과 높이에 의해 작용하는 연직하중을 의미하고 토압(H)은 토압과 지중수압에 의한 수평력을 의미한다.

1.6.2 하중조합

구조물에 작용하는 각각의 하중에 대하여 다음과 같은 하중조합을 적용하여 하중계수를 곱하도록 하고 있으며, 구조물과 구조부재의 소요강도는 아래의 하중조합 중에서 가장 불리한 경우로 결정하여야 한다.

$$1.4(D+F) \qquad \text{기준식(1.5-1)}$$

$$1.2(D+F+T)+1.6(L+H)+0.5(L_r \text{ 또는 } S \text{ 또는 } R) \qquad \text{기준식(1.5-2)}$$

$$1.2D+1.6(L_r \text{ 또는 } S \text{ 또는 } R)+(L \text{ 또는 } 0.65W) \qquad \text{기준식(1.5-3)}$$

$$1.2D+1.3W+L+0.5(L_r \text{ 또는 } S \text{ 또는 } R) \qquad \text{기준식(1.5-4)}$$

$$1.2D+1.0E+L+0.2S \qquad \text{기준식(1.5-5)}$$

$$0.9D+1.3W \qquad \text{기준식(1.5-6)}$$

$$0.9D+1.0E \qquad \text{기준식(1.5-7)}$$

위의 식 중 기준식(1.5-3), 기준식(1.5-4) 및 기준식(1.5-5)의 L에 대한 하중계수는 차고 및 공공집회장을 제외하고 활하중이 5.0 kN/m^2 이하인 장소에 대하여 0.5를 사용할 수 있다.

1.7 예제

예제1.1 바닥보의 소요휨강도 산정

예제1.2 바닥보의 소요하중 산정

예제1.3 지붕의 소요하중 산정

예제1.4 기둥의 소요압축강도 산정

예제1.1 바닥보의 소요강도 산정

바닥구조의 보에 작용하고 있는 휨모멘트가 고정하중에 의하여 70kN·m, 활하중에 의하여 50kN·m 이다. 소요휨강도를 산정하시오.

풀이 ▶

부재에 작용하고 있는 하중으로 고정하중과 활하중에 의한 모멘트가 있다.
$L_r = W = S = E = 0$이므로 기준식(1.5-1)과 기준식(1.5-2)를 적용하고, 그 중에서 큰 값을 소요강도로 한다.

$$M_u = 1.4M_D = 1.4(70) = 98 \text{ kN·m} \qquad \text{기준식(1.5-1)}$$

$$M_u = 1.2M_D + 1.6M_L = 1.2(70) + 1.6(50) = 164 \text{ kN·m} \qquad \text{기준식(1.5-2)}$$

따라서, 소요휨강도는 164 kN·m이다. ◀

예제1.2 바닥보의 소요하중 산정

슬래브 중심간격이 3.0m인 바닥보 H-506×201×11×19에 3 kN/m^{2}의 고정하중과 2 kN/m^{2}의 활하중이 작용하고 있다. 지배적인 하중조합과 소요하중을 산정하시오.

풀이 ▶

전체 고정하중 : $w_D=$ 보의 자중 + 고정하중 $= 1.01 + 3(3.0) = 10.0$ kN/m

전체 활하중 : $w_L = 2(3.0) = 6$ kN/m

문제 1.1에서와 마찬가지로,

$L_r = W = S = E = 0$ 이므로 하중조합 기준식(1.5-1)과 기준식(1.5-2)를 적용하여

$$w_u = 1.4w_D = 1.4(10.0) = 14 \text{ kN/m} \quad \text{기준식(1.5-1)}$$

$$w_u = 1.2w_D + 1.6w_L = 1.2(10.0) + 1.6(6) = 21.6 \text{ kN/m} \quad \text{기준식(1.5-2)}$$

따라서, 최대값인 소요하중은 21.6 kN/m 이고, 지배 하중조합은 기준식(1.5-2)이다. ◀

예제1.3 지붕의 소요하중 산정

지붕에 작용하고 있는 하중으로 1.7 kN/m^{2}의 고정하중, 1.2 kN/m^{2}의 지붕활하중(또는 설하중)그리고 0.7 kN/m^2(부압 또는 정압)의 풍하중이 있다.
지붕구조를 설계하기 위한 소요하중을 산정하시오.

풀이 ▶

검토하여야하는 하중조합은 다음의 6가지가 있다.

$$w_u = 1.4\,w_D = 1.4(1.7) = 2.38\,\mathrm{kN/m^2} \quad \text{기준식(1.5-1)}$$

$$w_u = 1.2\,w_D + 1.6\,w_L + 0.5w_{L_r} = 1.2(1.7) + 0 + 0.5(1.2) = 2.64\,\mathrm{kN/m^2} \quad \text{기준식(1.5-2)}$$

$$w_u = 1.2\,w_D + 1.6\,w_{L_r} \pm 0.65\,w_W = 1.2(1.7) + 1.6(1.2) \pm 0.65(0.7)$$
$$= 4.42 \text{ 또는 } 3.51\,\mathrm{kN/m^2} \quad \text{기준식(1.5-3)}$$

$$w_u = 1.2\,w_D \pm 1.3\,w_W + w_L + 0.5\,w_{L_r} = 1.2(1.7) \pm 1.3(0.7) + 0 + 0.5(1.2)$$
$$= 3.55 \text{ 또는 } 1.73\,\mathrm{kN/m^2} \quad \text{기준식(1.5-4)}$$

$$w_u = 1.2\,w_D + w_E + w_L + 0.2\,w_S = 1.2(1.7) + 0 + 0 + 0.2(1.2) = 2.28\,\mathrm{kN/m^2} \quad \text{기준식(1.5-5)}$$

$$w_u = 0.9\,w_D \pm 1.3\,w_W = 0.9(1.7) \pm 1.3(0.7) = 2.44 \text{ 또는 } 0.62\,\mathrm{kN/m^2} \quad \text{기준식(1.5-6)}$$

따라서, 하중조합은 기준식(1.5-3)이 지배적이고, 소요하중은 4.42 kN/m^{2}이다. ◀

예제1.4 기둥의 소요압축강도 산정

기둥에 작용하는 축력으로 900 kN의 고정하중, 700 kN의 바닥활하중, 100 kN의 지붕 활하중이 있고, 450 kN의 풍하중과 200 kN의 지진하중이 작용하고 있다. 기둥의 소요압축강도를 산정하시오.

풀이 ▶

검토하는 하중조합은 다음의 8가지가 있다.

$P_u = 1.4P_D = 1.4(900) = 1,260\,\text{kN}$ 기준식(1.5-1)

$P_u = 1.2P_D + 1.6P_L + 0.5P_{L_r}$

$= 1.2(900) + 1.6(70)0 + 0.5(100) = 2,250\,\text{kN}$ 기준식(1.5-2)

$P_u = 1.2P_D + 1.6P_{L_r} + P_L = 1.2(900) + 1.6(100) + 700 = 1,940\,\text{kN}$ 기준식(1.5-3a)

$P_u = 1.2P_D + 1.6P_{L_r} \pm 0.65P_W = 1.2(900) + 1.6(100) \pm 0.65(450)$

$= 1,530$ 또는 $948\,\text{kN}$ 기준식(1.5-3b)

$P_u = 1.2P_D \pm 1.3P_W + P_L + 0.5P_{L_r}$

$= 1.2(900) \pm 1.3(450) + 700 + 0.5(100) = 2,420$ 또는 $1,250\,\text{kN}$ 기준식(1.5-4)

$P_u = 1.2P_D \pm 1.0P_E + P_L$

$= 1.2(900) \pm 200 + 700 = 1,980$ 또는 $1,580\,\text{kN}$ 기준식(1.5-5)

$P_u = 0.9P_D \pm 1.3P_W = 0.9(900) \pm 1.3(450) = 1,400$ 또는 $225\,\text{kN}$ 기준식(1.5-6a)

$P_u = 0.9P_D \pm 1.0P_E = 0.9(900) + 200 = 1,010$ 또는 $610\,\text{kN}$ 기준식(1.5-7)

기둥의 축력중에서 인장력은 발생하지 않고, 압축력은 5번째인 하중조합 기준식(1.5-4) 조건이 지배적이며, 이때 기둥의 소요압축강도는 2,420 kN이다. ◀

제2장

설계요구사항

제2장 설계요구사항

STRUCTURAL STEEL DESIGN

2.0 기 호

C_P : 시스템에 대한 1차부재의 상대 강성

C_S : 시스템에 대한 2차부재의 상대 강성

D : 건물의 깊이 (mm)

E_s : 강재의 탄성계수, MPa

F_y : 강재의 설계기준항복강도, MPa

H : 건물의 높이 (mm)

I : 단면2차모멘트 (mm^4)

I_P : 1차부재의 단면2차모멘트 (mm^4)

I_S : 2차부재의 단면2차모멘트 (mm^4)

K : 체감진동계수

L : 스팬, 캔틸레버보는 스팬의 2배로 함 (mm)

L_P : 큰보의 길이 (1차부재의 길이) (m)

L_S : 작은보의 길이 (2차부재의 길이) (m)

R : 폰딩의 영향을 포함하지 않은 강우하중 또는 적설하중 (MPa)

S : 2차부재의 간격 (m)

W : 건물의 폭(mm)

W : 기본주기에서의 바닥진동에 대한 유효중량 (N)

$$= \frac{\Delta_j}{\Delta_j + \Delta_g} W_j + \frac{\Delta_g}{\Delta_j + \Delta_g} W_g$$

W_j : 작은보의 중량 (N)

W_g : 큰보의 중량 (N)

Z : 소성단면계수 (mm^3)

S : 단면계수 (mm^3)

f_o : 폰딩의 영향을 포함하지 않은 고정하중과 강우하중 또는 적설하중에 따른 응력 (MPa)

f_o : 고유진동수 (Hz)

g : 중력가속도 (mm/sec^2)

m : 단위 길이당 질량 (N)

Δ_g : 큰보의 처짐 (mm)

Δ_j : 작은보의 처짐 (mm)

α : 기본 진동모드의 진동수 계수

β : 감쇠율

δ_o : 외력이 작용되지 않은 상태에서의 치올림량 (mm)

δ_1 : 치올림 후 고정하중에 의한 즉시처짐 (mm)

δ_2 : 활하중에 의한 처짐과 장기처짐 (mm)

δ_{max} : 최종상태의 처짐 (mm)

2.1 일반사항

사용성한계상태는 국부손상, 구조물을 구성하는 일부분의 열화 또는 변형, 그리고 거주자가 느끼는 불쾌감 등으로 인하여 건물의 기능이 저하되는 상태로 정의한다. 이러한 사용성한계상태는 일반적으로 건물붕괴 또는 인명손상과 피해를 초래하지 않지만, 건물의 일상적 사용성을 심각하게 저하시킬 수 있으며 과다한 수리비용 및 경제적 손실을 초래하게 된다. 그러므로 구조시스템의 적절한 성능확보를 위하여 사용성설계를 해야한다. 강구조물의 사용성에 지장을 초래하는 일반적인 3가지 구조 거동은 다음과 같다.

(1) 과도한 처짐이나 회전 : 구조물의 외관과 기능 및 배수기능에 나쁜 영향을 주고 비구조요소에 손상을 줌.
(2) 과도한 진동 : 거주자의 활동, 기계장비의 운용 그리고 바람에 의하여 발생하며 거주자에게 불쾌감을 주거나 설비 장비의 오작동을 초래함.
(3) 과도한 국부손상 또는 열화 : 국부항복, 좌굴, 미끄러짐 및 균열 등에 의한 국부손상과 풍화, 부식, 변색 등에 의한 열화.

사용성한계상태는 건물의 용도, 거주자의 인지력 및 감각 그리고 구조물의 형태에 따라 다양하므로 적절한 수준의 사용성 확보를 위한 구조 거동의 제한값은 건물의 기능성과 경제성에 관한 면밀한 분석 후 결정되어야 한다. 이러한 제한값의 결정에서는 구조물의 손상 또는 붕괴를 일으키는 수준보다 매우 낮은 수준의 변형, 진동, 균열 등의 구조 거동을 거주자가 감지한다는 점을 유의해야 한다.

사용성설계시 고려해야하는 사용하중에는 아래와 같은 정적하중과 동적하중을 포함해야 한다.

(1) 정적하중 : 거주자 등의 활하중, 지붕에 작용하는 적설하중 및 강우하중, 그리고 온도변화에 의한 하중 등

(2) 동적하중 : 거주자의 활동, 풍하중, 기계 및 설비장비의 가동으로 인한 하중, 건물주변 교통하중 등

이러한 사용하중에 의한 구조반응은 탄성거동을 가정하여 해석될 수 있으나 잔류변형의 축적이 예상되는 부재에 대해서는 장기거동에 대해서도 검토해야한다. 구조물의 사용성설계를 위한 한계상태 및 하중조합에 사용되는 모든 하중계수는 1.0으로 한다.

2.2 처짐, 진동 및 수평변위

2.2.1 처짐

(1) 국내 뿐만 아니라 외국의 구조설계기준들은 처짐의 제한값을 별도로 두지 않고 있다.

(2) 일본 강구조 한계상태설계기준은 활하중 처짐의 제한값으로 다음과 같이 규정하고 있다. 이때 적용되는 활하중은 하중계수가 1.0으로 적용된 사용하중에 대해서 산정한다.

① 양단지지보 : 스팬의 1/300 이하

② 캔틸레버보 : 스팬의 1/250 이하

(3) 양단지지보인 경우의 처짐은 EN 1990:2002에 명시된 [그림 2.2.1]을 참조하여 산정할 수 있으며, IBC-2018 Table 1604.3에 명시된 〈표 2.2.1〉의 처짐 제한값을 적용할 수 있다. 그러나 이와 같은 스팬비에 따른 처짐의 제한값의 설정은 스팬이 매우 긴 경우에는 현실적으로 적합하지 않으므로 신중히 결정하여야 한다.

(4) 처짐에 대한 사용성 설계로서, 특수한 경우와 자세한 설계방법은 AISC에서 발간한 Steel Design Guide 3 - Serviceability Design Considerations for Steel Buildings, 2003)을 참조할 수 있다.

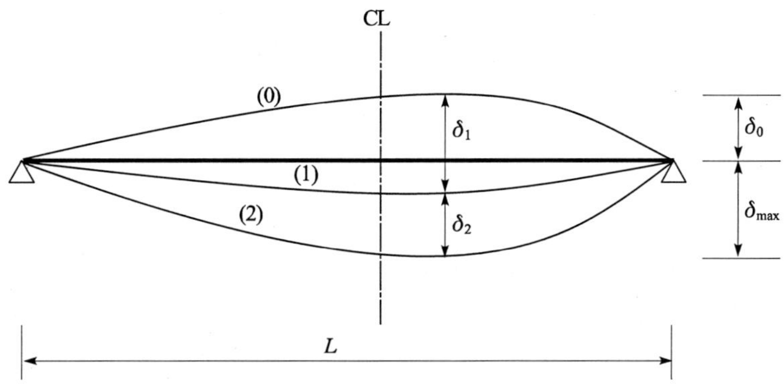

[그림 2.2.1] 처짐의 종류

δ_0 : 치올림, δ_1 : 고정하중 처짐, δ_2 : 활하중 처짐과 장기처짐

〈표 2.2.1〉 양단지지보의 처짐 제한값

조 건	처짐 제한값	
	δ_{max}	δ_2
회반죽 치장 천장을 지지하는 지붕 바닥	$L/240$	$L/360$
회반죽 치장이 아닌 천장을 지지하는 지붕 바닥	$L/180$	$L/240$
천장을 지지하지 않는 지붕 바닥	$L/120$	$L/180$
일반층 바닥	$L/240$	$L/360$

주) 캔틸레버 구조의 경우, 표의 L 값은 캔틸레버 길의이 2배로 한다.

2.2.2 진동

(1) 바닥구조의 상하 진동

① AISC 특별보고서(D. E. Allen & T. M. Murray)에서는 바닥진동이 식(2.2.2)를 만족하면 보행진동에 대해서 문제가 없다고 기술하고 있다. 그러나 바닥구조의 고유진동수가 9Hz 이하이면 공진(resonance)에 의해, 9~18Hz이면 충격응답거동(impulse response)에 의해, 18Hz 이상이면 정적강성(static stiffness)에 의해 설계되어야 한다고 기술하고 있다. 〈표 2.2.3〉는 체감진동계수K와 감쇠비 β의 값을 나타낸 것이다.

$$f_o = 0.18\sqrt{g/(\Delta_b + \Delta_g)} \geq 2.86\ \ln\left(\frac{K}{\beta W}\right) \qquad 식(2.2.1)$$

〈표 2.2.3〉 K 및 β값

구 분	체감진동계수, K (kN)	감쇠비, β
주택, 사무실, 교회	58	0.02~0.05[1)]
백화점, 상가	20	0.02
육교	8	0.01

주 1) ① 천장, 덕트, 칸막이 등의 비구조재가 거의 없는 경우(교회, 오픈공간), 0.02
② 비구조재 요소가 있는 경우(사무용 이동 파티션 제외), 0.03
③ 상부층 바닥까지 연장된 칸막이벽이 있는 경우, 0.05

② 진동에 대한 사용성설계로서, 특수한 경우와 자세한 설계방법은 AISC에서 발간한 Steel Design Guide Series 11 – Floor Vibrations Due to Human Activity, 1997)을 참조할 수 있다.

(2) 건물의 수평방향진동과 가속도

① 고층건물은 풍하중에 의하여 수평변위와 뒤틀림이 일어나고 각 방향의 움직임에 따른 진동운동도 수반한다. 이러한 진동은 거주자의 안락성을 좌우한다. 풍하중에 대한 건물의 응답거동은 구조물의 공기역학적 형상(aerodynamic shape), 감쇠현상, 강성, 질량 및 진동모드 등을 고려하여 파악할 수 있다. 또한, 거주자의 안락성 기준에의 적합 여부도 점검하여야 한다.

② 풍하중에 의한 건물의 최대 변위는 바람과 평행인 방향으로 나타나지만 건물의 움직임에 따른 가속도는 오히려 바람의 방향과 직각인 방향으로 나타나는 경우가 많다. 가속도가 커지면 거주자가 건물의 움직임을 체감하게 되고 가속도 값이 커지면 불쾌감과 불안감을 느끼게 된다. 캐나다 기준(1990)에 의하면 건물의 $\sqrt{W\ D}\ /\ H$의 값이 1/3 이하이면 건물의 가속도는 바람의 방향과 평행인 경우보다 직각방향의 경우가 더 크다고 서술하고 있다. 가속도의 값이 중력가속도의 0.5~1.5%이면 거주자가 느끼게 되므로 1.0~3.0%의 범위를 넘지 않게 할 것을 권장하고 있다.

2.2.3 수평변위

(1) 국내 뿐만 아니라 외국의 구조설계기준들은 수평변위에 대한 제한값을 두고 있지 않다. 보다 정밀한 수평변위 해석이 필요한 경우 칸막이벽이나 속이 빈 벽과 같은 비구조요소가 주는 보강효과에 대해서 고려할 수 있는데 구조물의 거동에 영향을 주는 각 요소의 효과에 대한 구체적인 자료가 있어야 가능하다.

(2) 대체적으로 외국 기준에서도 수평변위의 제한값을 구체적으로 규정하고 있지 않으나 CEN EC 3/1은에서는 건물높이의 1/500로 제한하고 있고, 캐나다의 기준에서도 상세해석을 하지 않는 한 1/500 이

하로 할 것을 규정하고 있다. 수평강성을 높이기 위해 수평변위의 제한값을 낮추면 구조체 공사비가 크게 상승하므로 사용성과 경제성을 고려하여 설계하여야 한다.

(3) 구조부재는 복원이 안되는 비탄성 변형이 일어나는 경우가 있다. 예를 들면 단면형상계수(Z/S)가 1.5 이상인 유연한 휨부재의 경우 비탄성변형이 일어나기 쉽다. 변형의 제한은 전체 구조체에 적용되어야 하고, 크리프에 대해서도 합리적인 여유를 두어 반복하중으로 인하여 점진적인 붕괴가 일어나지 않도록 고려하여야 한다.

(4) 층간변위의 제한값

① KDS 41 10 15 : 2019 건축구조기준 설계하중에서는 지진하중에 의한 층간변위의 제한값을 층고의 0.015배 이내로 할 것을 규정하고 있다.

② CEN Eurocode 3에서는 다음과 같이 규정하고 있다.

(가) 다층 골조의 경우: 층간수평변형이 층고의 1/300

(나) 1층 골조의 경우: 박공구조는 층고의 1/150, 기타 구조는 층고의 1/300

2.3 물고임

(1) 지붕구조는 자연배수를 위한 경사(1/50 이상의 경사)를 충분히 유지하여야 하며 빗물이 고이지 않게 하는 적절한 개별 배수구를 갖추어야 한다. 그렇지 않은 경우는 적절한 강도와 안정성이 유지되도록 물고임(ponding)에 대해 구조계산을 통해 검증하여야 한다.

(2) 건축물 강구조 설계기준 KDS 41 31 00에서는 지붕의 구조형식이 다음의 기준식(4.14-1)과 (4.14-2)를 만족하는 경우는 지붕의 구조형식이 안정한 것으로 간주할 수 있어 추가적인 검증을 하지 않아도 무방한 것으로 규정하고 있다.

지붕구조는 물고임에 대해 안정을 확보하기 위해 아래의 두 조건을 모두 만족해야 한다.

$$C_p + 0.9C_s \le 0.25 \qquad \text{기준식(4.14-1)}$$

$$I_d \le 3{,}940\,S^4 \qquad \text{기준식(4.14-2)}$$

여기서, $C_p = \dfrac{504\,L_s L_p^4}{I_p}$　$C_s = \dfrac{504\,S L_s^4}{I_s}$

L_p : 1차부재 길이, m

L_s : 2차부재 길이, m

S : 2차부재 간격, m

I_p : 1차부재 단면2차모멘트, mm^4

I_s : 2차부재 단면2차모멘트, mm^4

I_d : 2차부재에 의해 지지되는 데크의 단면2차모멘트, mm^4/m

위 식의 적용에 트러스와 강재장선의 경우는 단면2차모멘트 I_s 를 15% 저감해야 한다. 그리고 강재 데크가 주부재에 의해 직접 지지되는 경우 2차부재로 간주한다.

2.4 피로

피로(Fatigue)는 구조체에 생기는 피로 반복하중으로 인한 과도한 응력의 진동으로 파괴를 유발시키는 현상이다. 구조물에 작용하는 하중의 반복적인 작용으로 구조물은 피로현상을 받게되어 균열이 발생하게 되며 결국 균열이 확대되면 구조물은 붕괴될 수 있다. 그러나 이러한 피로현상은 매우 많은 횟수의 반복응력을 받아서 발생하게 되는데 건축구조물에는 일반적으로 적용되지 않는다. 일부 반복하중을 받는 크레인 주행보 또는 기계장치 등을 지지하는 지지구조물에 피로에 의한 균열이 발생할 수 있다. 건축물 강구조기준은 피로에 대한 자세한 규정을 기술하고 있지 않다. 필요한 경우 Specification for Structural Steel Buildings (AISC 360-16)을 참조한다.

2.5 치올림

영구하중 하에서 부재가 수평을 유지하도록 하기 위하여 치올림(Camber)을 고려할 수 있으나 치올림은 일반적으로 과도한 처짐과 진동을 방지하지 못한다. 트러스의 경우 부재길이의 조정으로 그리고 보의 경우 부분적인 가열 또는 기계굽힘을 통하여 치올림을 할 수 있으나 치올림 양은 일반적인 강구조제작 및 세우기 작업의 실무적 한계를 고려하여 결정해야 하며 치올림을 고려하여 설계하는 경우에는 치올림의 크기, 방향, 위치를 구조설계도면에 명시하여야 한다.

(1) 바닥보나 트러스와 같이 부재의 처짐이 건물의 사용성에 문제를 야기할 우려가 있는 경우에는 적절한 치올림을 한다.

(2) 부재의 제작 및 조립과정에서 발생할 수 있는 과대한 처짐은 사전에 치올림을 하여 조정한다.

2.6 팽창과 수축

(1) 팽창에 대한 고려사항도 처짐의 경우와 마찬가지로 몇 가지의 간단한 원칙만으로 결정할 수 있는 것이 아니므로 기술자의 경험에 의한 판단에 따르게 된다.

(2) 건축물에 신축이음을 두어 구조물이 자연스러운 거동을 하도록 하고 사용상 지장이 없도록 하여야 한다.

(3) 콘크리트의 크리프와 수축 및 강재의 항복에 의한 부재치수의 변화는 온도에 의한 변화보다 영향이 더 크다.

AISC 360-16에서는 다음과 같은 규정을 두고 있다.

(1) 건물이 매우 유연한 재료에 의하여 지어진 경우에도 수평폭이 클 때에는 지붕과 지지부재에 신축이음이 필요하다. 신축이음의 간격은 공사기간의 주위온도와 사용중의 기대온도치를 포함한 여러 요소에 의하여 영향을 받는다.

(2) The Federal Construction Council's Technical Report No.65에 신축이음의 간격과 위치에 대하여 아래와 같이 설명되어 있다.

① 건물이 난방만 되고 지점이 힌지인 경우는 규정된 간격대로 신축이음을 두어야 한다.

② 건물이 냉난방이 되고 공기조화 설비에 의하여 계속해서 조절 가능한 경우에는 신축이음의 간격을 규정값보다 15%정도 증가시키는 것이 가능하다.

③ 난방이 되지 않는 건물은 신축이음의 간격을 규정치보다 33% 감소시켜야 한다.

④ 지점이 고정인 건물의 경우는 신축이음의 간격을 15% 감소시켜야 한다.

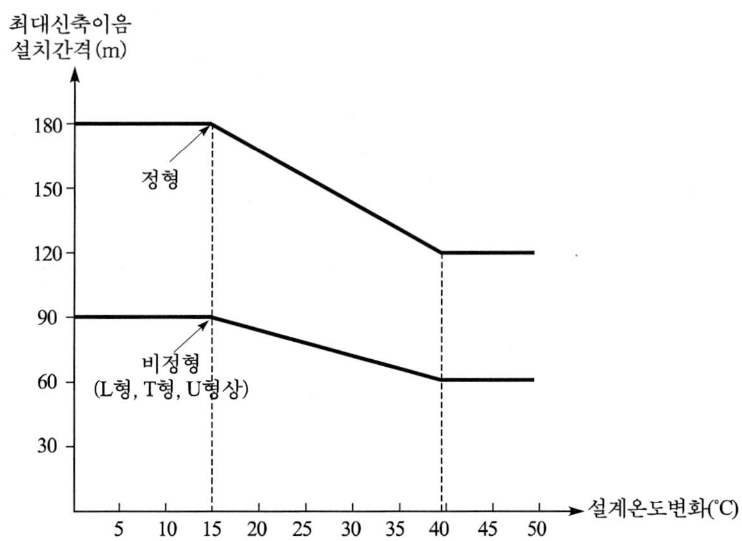

[그림 2.6.1] 신축이음의 설치간격

2.7 예 제

예제2.1 보의 진동 검토

아래 그림과 같은 조건에서 보의 진동문제를 식(2.2.1)과 식(2.2.2)에 따라 검토하시오.

고정하중$D = 3.6\,\mathrm{kN/m^2}$, 진동검토용 활하중 $L = 0.5\,\mathrm{kN/m^2}$, 슬래브 토핑콘크리트 두께 80 mm, 데크플레이트 춤 75 mm, 환산 데크 춤 38 mm이다.

작은보 B1은 H−500×200×10×16($A = 11{,}400\ \mathrm{mm^2}$, $I = 478 \times 10^6\ \mathrm{mm^4}$, $w = 0.88\,\mathrm{kN/m}$), 큰보 G1은 H−606×201×12×20($A = 15.300\ \mathrm{mm^2}$, $I = 904 \times 10^6\ \mathrm{mm^4}$, $w = 1.18\,\mathrm{kN/m}$)이다. 콘크리트의 강도 $f_{ck} = 32.5\ \mathrm{MPa}$이다.

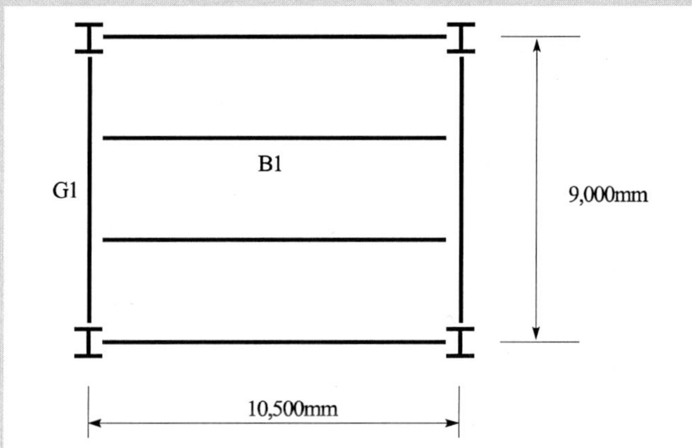

[예제그림 2.1.1] 바닥구조 평면도

풀이 ▶

1. 식(2.2.1)에 따른 검토

(1) 작은보의 진동 모드

① 작은보의 처짐 산정

$$E_c = 0.043\,w_c^{1.5}\sqrt{f_{ck}} = 0.043 \times 2{,}300^{1.5} \times \sqrt{32.5} = 27{,}000\mathrm{MPa}$$

$$n = E_s/(1.35E_c) = 210{,}000/1.35(27{,}000) = 5.76$$

콘크리트 슬래브 유효폭$= 3{,}000\,\mathrm{mm} < 0.4\mathrm{L_b} = 0.4(10{,}500) = 4{,}200\,\mathrm{mm}$

(주)슬래브의 유효폭은 부재 간격으로 결정하고 부재 길이의 0.4배를 넘지 않아야 한다.

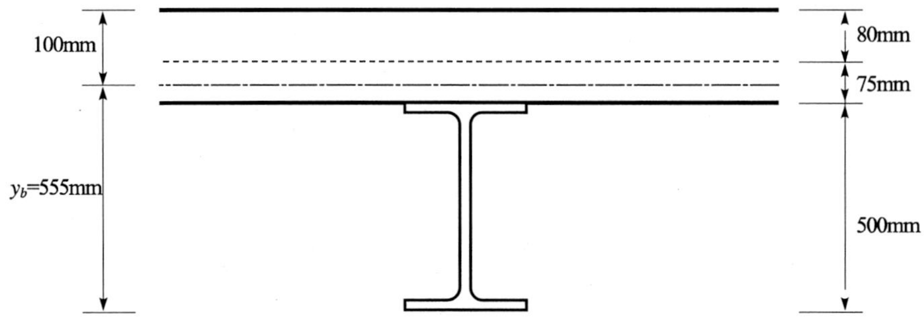

[그림 2.7.2] 합성단면과 중립축

중립축 산정

$$y_b = \frac{11,400 \times 500/2 + 3,000/5.76 \times 80 \times (500 + 155 - 80/2)}{11,400 + 3,000/5.76 \times 80} = 536\,\mathrm{mm}$$

합성단면의 단면2차모멘트 산정

$$I_b = 478 \times 10^6 + 11,400 \times (536 - 500/2)^2 + 3,000/5.76 \times 80^3/12 + 3,000/5.76 \times 80 \times (500 + 155 - 80/2 - 536)^2 = 1.69 \times 10^9\,\mathrm{mm}^4$$

단위 길이당 지지무게 산정

$w_b = 3.0 \times (3.6 + 0.5) + 0.88 = 13.2\mathrm{kN/m} = 13.2\mathrm{N/mm}$

$$\therefore \text{ 처짐 } \Delta_b = \frac{5 w_b L_b^4}{384 E_s I_b} = \frac{5 \times 13.2 \times 10,500^4}{384 \times 210,000 \times 1.69 \times 10^9} = 5.89\,\mathrm{mm}$$

$$\therefore \text{ 작은보 진동수 } f_b = 0.18\sqrt{\frac{g}{\Delta_b}} = 0.18\sqrt{\frac{9,800}{5.89}} = 7.34\,\mathrm{Hz} \qquad \text{식(2.2.2)}$$

② 작은보의 유효중량 산정

단위폭당 슬래브 환산단면2차모멘트(D_s) 산정

$$D_s = d_e^3/(12n) = \frac{(80 + 38)^3}{12 \times 5.76} = 23.8 \times 10^3\,\mathrm{mm^4/mm}$$

단위폭당 작은보의 환산단면2차모멘트(D_b) 산정

$$D_b = I_b/S = 1.71 \times 10^9/3,000 = 570 \times 10^3\,\mathrm{mm^4/mm}$$

작은보 패널의 모드에서의 유효폭(B_b) 산정

$$B_b = C_b\left(\frac{D_s}{D_b}\right)^{1/4} L_b = 2\times\left(\frac{23.8\times10^3}{570\times10^3}\right)^{1/4}\times10{,}500$$

$$= 9{,}490\,\text{mm} > \frac{2}{3}\text{B} = \frac{2}{3}\times9{,}000 = 6{,}000\text{ mm}$$

∴ 작은보 패널의 유효중량

$$W_b = 1.5\left(\frac{w_b}{S}\right)B_b L_b = 1.5\times\left(\frac{13.2}{3{,}000}\right)\times6{,}000\times10{,}500 = 416\text{kN}$$

(2) 큰보의 진동 모드

① 큰보 처짐 산정

콘크리트 슬래브 유효폭$= 0.4L_g = 0.4\times9{,}000 = 3{,}600\,\text{mm} \leqq 10{,}500\,\text{mm}$

중립축 산정

$$y_g = \frac{15.300\times606/2 + 3{,}600/5.76\times118\times(606+155-118/2)}{15.300+3{,}600/5.76\times118} = 634\text{mm}$$

합성단면2차모멘트 산정

$$I_g = 904\times10^6 + 15{,}300\times10^3\times(634-606/2)^2 + 3{,}600/5.76\times118^3/12 +$$
$$3{,}600/5.76\times118\times(606+155-118/2-634)^2 = 3.00\times10^9\,\text{mm}^4$$

단위 길이당 지지무게 산정

$w_g = L_b(w_b/S) +$ 큰보 자중

$= 10.5\times13.2/3.0+1.18 = 47.4\text{kN/m} = 47.4\text{N/mm}$

$$\therefore \text{처짐 } \Delta_g = \frac{5w_g L_g^4}{384 E_s I_g} = \frac{5(47.4)(9{,}000^4)}{384(210{,}000)(3.00\times10^9)} = 6.43\,\text{mm}$$

$$\therefore \text{진동수 } f_g = 0.18\sqrt{\frac{g}{\Delta_g}} = 0.18\sqrt{\frac{9800}{6.43}} = 7.03\,\text{Hz}$$ 식(2.2.2)

② 큰보의 중량 산정

단위폭당 큰보의 환산단면2차모멘트(D_g) 산정

$$D_g = I_g/L_b = 3.00\times10^9/10{,}500 = 286\times10^3\,\text{mm}^4/\text{mm}$$

큰보 패널의 모드에서의 유효폭(B_g) 산정

$$B_g = C_g\left(\frac{D_b}{D_g}\right)^{1/4} L_g = 1.8\times\left(\frac{570\times 10^3}{286\times 10^3}\right)^{1/4}\times 9{,}000 = 19.2\times 10^3\,\text{mm}$$

$$= 19{,}200\,\text{mm} > \frac{2}{3}\text{B} = \frac{2}{3}\times 10{,}500 = 7{,}000\text{ mm}$$

∴ 큰보 패널의 유효중량

$$W_g = \left(\frac{w_g}{L_b}\right)B_g L_g = \left(\frac{47.4}{10{,}500}\right)\times 7{,}000\times 9{,}000 = 284\,\text{kN}$$

(3) 바닥구조 시스템의 진동수 산정

$$f_o = 0.18\sqrt{\frac{g}{(\Delta_b+\Delta_g)}} = 0.18\sqrt{\frac{9{,}800}{5.89+6.43}} = 5.08\,\text{Hz}$$ 식(2.2.2)

(4) 판정식 검토

① 〈표 2.2.2〉에서 $K = 58$, $\beta = 0.03$ 적용

② 유효중량 산정

$$W = \frac{\Delta_b}{\Delta_b+\Delta_g}W_b + \frac{\Delta_g}{\Delta_b+\Delta_g}W_g$$

$$= \frac{5.89}{5.89+6.43}\times 416 + \frac{6.43}{5.89+6.43}\times 284 = 347\text{ kN}$$

③ 판정식

$$2.86\ln\left(\frac{K}{\beta W}\right) = 2.86\ln\left(\frac{58}{0.03\times 347}\right) = 4.91\,\text{Hz}$$

$$\therefore f_o\,(=5.08) \geqq 2.86\ln\frac{K}{\beta W}\,(=4.91) \quad \therefore \text{O.K.}$$ 식(2.2.2)

예제2.2 물고임 검토

큰보 방향의 기둥간격이 13m이고 2차 부재의 길이가 10.5m인 사무소 건물의 평지붕 바닥에 대한 물고임을 검토하시오.

단, 부재는 SS275이며, 큰보는 H−582×300×12×17, $I_p = 1.03 \times 10^9 \text{mm}^4$이고, 2차부재인 작은보는 H−350×175×7×11, $I_s = 136 \times 10^6 \text{ mm}^4$, 간격은 2.25m이다

풀이 ▶

1. 주부재(큰보)의 유연도상수(C_p) 산정

$$C_p = \frac{504\, L_s\, L_p^4}{I_p} = \frac{504 \times 10.5 \times 13.0^4}{1.03 \times 10^9} = 0.147 \qquad \text{기준식(4.14-1)}$$

2. 2차부재(보, 중도리등)의 유연도상수(C_s) 산정

$$C_s = \frac{504 S L_s^4}{I_s} = \frac{504 \times 2.25 \times 10.5^4}{136 \times 10^6} = 0.10$$

3. 식(4.14-1)에 의한 검토

$$C_p + 0.9 C_s = 0.147 + 0.9(0.10) = 0.237 \leq 0.25 \qquad \therefore \text{O.K.} \qquad \text{기준식(4.14-1)}$$

◀

제3장

골조의 안정성

제3장 골조의 안정성

STRUCTURAL STEEL DESIGN

3.1 안정설계 요구조건

3.1.1 일반요구조건

구조물설계시 전체구조물과 각 구조부재의 안정성을 확보하여야 한다. 이를 위해 전체구조물과 각 구조부재의 안정성에 영향을 미치는 2차효과($P-\Delta$, $P-\delta$ 효과), 휨, 전단, 축방향 변형과 구조물에 변위를 발생시킬 수 있는 모든 변형, 기하학적 불완전성, 비탄성에 기인한 강성감소, 강성과 강도의 불확실성 등이 고려되어야 하며, 모든 하중 효과들은 한계상태설계법의 하중조합에 따른 설계하중에 의해 계산되어야 한다. 또한, 이 장의 예제에서 다루는 횡의존(leaning)기둥 효과도 고려하여야 한다.

상기 사항들을 고려할 수 있는 어떠한 합리적인 안정설계법도 사용이 가능하며, 이 장의 2차해석법 및 1차해석법과 직접해석법은 이러한 요구조건을 만족한다.

구조물의 안정설계는 KDS 41 31 00의 1.5.6(골조의 안정성)과 4.18(직접해석법)에 따른다.

3.1.2 구조시스템 안정설계 요구조건

횡적 안정을 위하여 모멘트골조, 가새골조, 전단벽 또는 횡방향 하중저항구조시스템 등을 사용한다. 횡방향 변위의 전도효과와 중력하중의 불안정화 효과를 고려하여야 한다. 또한, 골조구조시스템 요소간의 힘의 전달 및 하중분산도 고려하여야 한다. 가새골조 및 전단벽시스템, 모멘트골조시스템, 중력골조시스템과 기타 혼합시스템은 다음의 규정사항을 만족하여야 한다.

(1) 가새골조시스템 및 전단벽시스템

대각선가새나 전단벽 또는 이와 유사한 수단에 의하여 횡적안정이 확보되는 구조는 압축재에 대한 유효좌굴길이계수 K를 1.0으로 한다. 다만, 구조해석에 의해 1.0보다 작은 값을 적용할 수 있다. 가새골조에서 기둥, 보 및 사재는 단순접합된 것으로 설계할 수 있다.

(2) 모멘트골조시스템

모멘트접합된 보와 기둥의 휨강성에 의해 횡적안정이 확보되는 골조는 보 및 보-기둥에 대한 유효좌굴길이계수 K 또는 탄성좌굴강도 F_e는 3.2 안정설계법에 따라 산정한다.

(3) 중력골조시스템

중력골조시스템의 기둥은 실제길이에 근거하여 설계한다($K=1.0$). 다만, 구조해석에 의해 1.0보다 작은 값을 적용할 수 있다. 중력골조시스템의 횡적안정은 모멘트골조, 가새골조, 전단벽, 또는 이와 유사한 횡하중저항시스템에 의해 제공된다. 기둥에 작용하는 연직하중에 의해 발생하는 $P-\Delta$효과는 횡하중저항시스템에 전달되며 횡하중저항시스템의 소요강도 산정 시에 고려한다.

(4) 혼합시스템

모멘트골조, 가새골조, 전단벽, 중력골조시스템 등의 혼합시스템의 부재, 접합부, 또는 기타 요소의 해석 및 설계는 그 각각의 구조시스템의 기준에 따른다.

3.2 안정설계법

전층의 2차횡변위 대 1차횡변위의 비가 1.5 이하인 구조물의 부재, 접합부 또는 기타요소의 소요강도 및 설계강도는 다음의 3.2.1(2차해석법), 3.2.2(1차해석법) 및 3.2.3(직접해석법)의 방법에 의해 산정할 수 있다. 그러나 일부 층이라도 2차횡변위 대 1차횡변위의 비가 1.5를 초과하는 구조물의 부재, 접합부 또는 기타 요소의 소요강도 및 설계강도는 3.2.3(직접해석법)에 의해 산정한다.

3.2.1 2차해석법(유효길이법)

(1) 적용범위

2차해석에 의한 안정설계는 구조물이 기본적으로 수직기둥, 벽체 또는 골조에 의해 중력하중을 지지하고 전층의 2차횡변위 대 1차횡변위의 비가 1.5 이하인 모든 유형의 가새골조, 모멘트골조, 혼합골조시스템에 적용이 가능하다.

(2) 소요강도 산정

2차해석에 의해 소요강도가 결정되는 경우에는

① 2차해석과 관련된 사항은 3.3을 만족해야 한다. 또한, 구조해석에서 횡의존기둥 및 횡력저항시스템이 아닌 요소의 하중 등을 포함한 구조물의 안정성에 영향을 미칠 수 있는 모든 중력하중과 기타 작용 하중들을 고려하여야 한다.

② 2차해석시 모든 중력하중조합에 최소횡하중 $0.002Y_i$를 포함시켜 구조물의 각층에 적용하여야 한다.

여기서, Y_i 는 하중조합에 의한 i층에 작용하는 설계중력하중이다. 최소횡하중은 서로 직각인 두 방향에 대해 각각 고려하여야 하며, 각층에 적용되는 가상하중은 각층의 중력하중분포와 유사한 형태로 적용되어야 하며, 불안정효과를 최대화시키는 방향으로 적용되어야 한다.

③ 구조물의 모든 요소는 공칭형상 및 공칭탄성강성을 사용하여 해석한다.

(3) 설계강도 산정

① 각 부재 및 접합부의 설계강도는 KDS 41 31 00의 4.2(압축재), 4.3(휨부재), 4.4(전단력을 받는 부재), 4.5(조합력과 비틀림을 받는 부재) 및 4.6(합성부재)의 사항을 만족해야 한다.

② 가새골조나 전단벽시스템 또는 기타의 구조시스템에서 골조의 횡적안정과 수평하중의 저항이 휨강성에 의존하지 않는 압축부재의 유효좌굴길이계수 K값은 합리적인 해석에 의해서 더 작은 값이 확인되지 않는 한 1.0으로 적용한다.

③ 이에 해당하지 않는 모멘트골조시스템 또는 기타의 구조시스템에서 휨강성이 골조의 횡적안정과 횡력저항에 기여하는 기둥이나 보-기둥의 유효좌굴길이계수 K값 및 탄성좌굴강도 F_e 는 구조물의 횡이동을 고려한 좌굴해석에 의해 산정하여야 한다. 또한 K값 산정시 기둥의 비탄성으로 인한 강성감소 조정이 허용된다.

④ 단, 모든 층에서 1차해석 층간변위에 대한 2차해석 층간변위의 비가 1.1 이하인 경우에 모든 기둥의 유효좌굴길이계수 K를 1.0으로 적용할 수 있다.

⑤ 기둥과 보의 비지지길이를 정의하기 위해 가새로 거동하도록 설계된 부재는 가새절점에서의 부재이동을 제어할 수 있도록 충분한 강성과 강도를 가져야 한다.

3.2.2 1차해석법

(1) 적용범위

1차해석에 의한 안정설계는 구조물이 기본적으로 수직기둥, 벽체 또는 골조에 의해 중력하중을 지지하고 전층의 2차횡변위 대 1차횡변위의 비가 1.5 이하이고 휨강성이 구조물의 횡적 안정에 기여하는 모든 부재의 소요압축강도가 다음의 제한조건을 만족하는 모든 유형의 가새골조, 모멘트골조, 혼합골조시스템에 적용가능하다.

$$P_r \le 0.5P_y \qquad \text{기준식(1.5-4)}$$

여기서, P_r : 소요압축강도, N

P_y : 부재의 항복압축강도 $(= AF_y)$, N

(2) 소요강도 산정

소요강도는 아래의 조건을 적용한 1차해석에 의해 결정할 수 있다.

① 모든 하중조합은 다음과 같이 구조물의 각 층에 다른 하중과 함께 조합되는 추가 횡하중 N_i 를 포함한다. 추가적인 횡하중은 서로 직각인 두 방향에 대해 각각 고려하며, 각층의 중력하중분포와 유사한 형태로 적용하여야 한다. 또한 불안정효과가 가장 커지는 방향으로 적용하여야 한다.

$$N_i = 2.1(\Delta/L)Y_i \geq 0.0042\,Y_i \qquad \text{기준식(1.5-5)}$$

여기서, Y_i : 하중조합에 의한 i층에 작용하는 중력하중, N

Δ/L : 구조물의 모든 층에 대한 L에 대한 Δ의 비율 중에서 최댓값

Δ : 설계하중에 의한 1차해석 층간변위, mm. 평면상의 위치에 따라 Δ값이 변하는 경우에는 연직하중에 비례하는 가중평균변위로 하거나 최대변위로 한다.

L : 층고, mm

② 횡방향으로 구속된 보-기둥모멘트 증폭은 3.3.2의 B_1 증폭계수를 사용하여 전체부재모멘트에 대하여 고려한다.

③ 구조물의 모든 요소는 공칭형상 및 공칭탄성강성을 사용하여 해석한다.

(3) 설계강도 산정

① 각 부재 및 접합부의 설계강도는 KDS 41 31 00의 4.2(압축재), 4.3(휨부재), 4.4(전단력을 받는 부재), 4.5(조합력과 비틀림을 받는 부재) 및 4.6(합성부재)의 사항을 만족해야 한다.

② 1차해석법에 의한 설계강도 산정 시 모든 압축부재의 유효좌굴길이계수 K는 1.0으로 하여야한다.

③ 기둥과 보의 비지지길이를 정의하기 위해 가새로 거동하도록 설계된 부재는 가새절점에서의 부재이동을 제어할 수 있도록 충분한 강성과 강도를 가져야 한다.

3.2.3 직접해석법

(1) 적용범위

직접해석법에 의한 안정설계는 모든 유형의 구조물에 적용 가능하다. 구체적인 사항는 KDS 41 31 00 4.18(직접해석법) 기준을 참조한다.

(2) 소요강도 산정

소요강도 산정을 위해 수행되는 구조해석은 다음을 만족해야 한다.

1) 해석요구조건

① 구조해석은 휨, 전단 그리고 축력에 의한 변형과 구조물의 변위에 영향을 주는 모든 요소 및 접합부의 변형을 고려해야 하며, 구조물의 안정성에 기여한다고 판단되는 모든 강성의 감소를 포함해야 한다.

② 구조해석은 $P-\delta$와 $P-\Delta$ 효과를 모두 고려할 수 있는 2차해석이어야 한다. 2차해석방법은 3.3의 방법 중 하나를 선택할 수 있다.

③ 단, 구조물이 기본적으로 수직기둥, 벽체 또는 골조에 의해 중력하중을 지지하고 한계상태설계법의 하중조합에 따른 설계하중과 4.18.2.3의 강성 조정을 고려한 구조해석 결과에 따른 전층의 2차횡변위 대 1차횡변위의 비가 1.7 이하이며, 골조의 이동이 고려되는 방향의 모멘트 골조에 속한 기둥에 의해 구조물의 총 중력하중의 1/3 이내가 지지되는 경우에는 $P-\delta$ 효과를 해석에서 무시할 수 있다.

④ 그러나 어떠한 경우에도 압축과 휨을 받는 개별 부재의 평가 시에는 $P-\delta$ 효과를 고려해야 한다.

⑤ 구조해석시 횡의존기둥 및 횡력저항시스템이 아닌 요소의 하중 등을 포함한 구조물의 안정성에 영향을 미칠 수 있는 모든 중력하중과 기타 작용 하중들을 고려해야 한다.

2) 초기변형 고려

초기 층수직도 오차와 같은 초기변형이 구조물의 안정성에 미치는 영향을 해석에서 고려하여야 하며, 다음의 방법 중 하나를 사용할 수 있다.

① 초기변형을 직접 모델링한다. 구조물은 부재들이 만나는 절점을 공칭위치에서 이동시켜 해석하며, 초기변형의 크기는 허용시공오차를 감안한 설계에서 고려되는 최대값으로 하고 초기변형의 형상은 불안정효과를 최대화시킬 수 있도록 정한다. 최대1차횡변위에 대한 최대2차횡변위의 비가 모든 층에서 1.7 이하일 경우 직접 모델링에 의한 초기변형의 고려는 중력하중만의 하중조합에 적용하고 수평하중이 적용된 하중조합에는 적용하지 않을 수 있다.

② 가상하중을 적용한다. 이는 구조물이 기본적으로 수직기둥, 벽체 또는 골조에 의해 중력하중을 지지하는 경우에 고려할 수 있다. 가상하중은 수평하중 형태로 전층에 적용해야 한다. 그리고 가상하중은 다른 수평하중에 추가하여 적용하며 모든 하중조합에 적용되어야 한다. 단, 전층의 2차횡변위 대 1차횡변위의 비가 1.7 이하인 경우에는 가상하중을 중력하중만의 하중조합에만 적용하고 수평하중이 적용된 하중조합에는 적용하지 않을 수 있다. 가상하중은 다음 식에 따라 산정한다.

$$N_i = 0.002\,Y_i \qquad \text{기준식(4.18-1)}$$

여기서, N_i : i 층에 적용된 가상하중, N

Y_i : i 층에 적용된 하중조합에 의한 중력하중, N

③ 각층에 적용되는 가상하중은 각층의 중력하중분포와 유사한 형태로 적용되어야 하며, 불안정효과를 최대화시키는 방향으로 적용되어야 한다.

3) 강성 조정

① 구조물의 안정성에 기여한다고 판단되는 모든 부재의 강성에는 감소계수 0.8을 적용해야 한다. 또는 구조물의 모든 강성에 감소계수 0.8을 적용할 수도 있다.

② 구조물의 횡방향 안정성에 기여한다고 판단되는 모든 부재의 휨강성에는 다음의 추가감소계수 τ_b를 적용한다.

$\tau_b = 1.0$: $P_r/P_y \leq 0.5$인 경우

$\tau_b = 4(P_r/P_y)[1-(P_r/P_y)]$: $P_r/P_y > 0.5$인 경우 기준식(4.18-2)

여기서, P_r : 소요압축강도, N

P_y : 부재의 항복압축강도$(= A F_y)$, N

(3) 설계강도 산정

① 각 부재 및 접합부의 설계강도는 KDS 41 31 00의 4.2(압축재), 4.3(휨부재), 4.4(전단력을 받는 부재), 4.5(조합력과 비틀림을 받는 부재) 및 4.6(합성부재)의 사항을 만족해야 한다.

② 직접해석법에 의한 설계강도 산정 시 모든 압축부재의 유효좌굴길이계수 K는 합리적인 해석에 의해 더 작은 값의 사용이 확인되지 않는 경우 1.0을 사용할 수 있다.

③ 기둥과 보의 비지지길이를 정의하기 위해 가새로 거동하도록 설계된 부재는 가새절점에서의 부재이동을 제어할 수 있도록 충분한 강성과 강도를 가져야 한다.

3.3 2차해석방법

3.3.1 일반2차탄성해석

$P-\Delta$와 $P-\delta$효과를 고려할 수 있는 모든 2차탄성해석방법을 사용할 수 있다.

가새골조, 모멘트골조 및 혼합골조에 대하여는 아래 3.3.2에 정의되어 있는 증폭1차탄성해석방법으로 2차탄성해석을 대신할 수 있다.

3.3.2 증폭1차탄성해석에 의한 2차해석

횡하중저항구조시스템 부재의 소요휨강도 및 소요축강도를 산정하는 근사적 2차해석 순서는 다음과 같다. 소요2차휨강도 M_r과 축강도 P_r은 다음과 같이 산정된다.

$$M_r = B_1 M_{nt} + B_2 M_{lt} \quad \text{기준식(1.5-6)}$$

$$P_r = P_{nt} + B_2 P_{lt} \quad \text{기준식(1.5-7)}$$

여기서, M_r : 소요2차휨강도, N・mm

M_{nt} : 골조의 횡변위가 구속되었을 때의 1차휨모멘트, N・mm

M_{lt} : 골조의 횡변위에 의해 유발된 1차휨모멘트, N・mm

P_r : 소요2차축강도, N

P_{nt} : 골조의 횡변위가 구속되었을 때의 1차축력, N

P_{lt} : 골조의 횡변위에 의해 유발된 1차축력, N

B_1 : $P-\delta$ 효과를 고려하기 위한 증폭계수

B_2 : $P-\Delta$ 효과를 고려하기 위한 증폭계수

(1) B_1 계수 산정

압축력을 받는 부재의 B_1은 1차해석에 따라 산정된 $P_r(=P_{nt}+P_{lt})$에 의하여 계산할 수 있다.

$$B_1 = \frac{C_m}{1-P_r/P_{e1}} \geq 1 \quad \text{기준식(1.5-8)}$$

여기서, C_m : 골조의 횡변형이 발생하지 않을 때의 계수이며, 다음과 같이 산정한다.

① 평면상의 지지점 사이에 횡하중이 작용하지 않는 보-기둥

$$C_m = 0.6 - 0.4(M_1/M_2) \quad \text{기준식(1.5-9)}$$

위 식에서 1차해석에서 계산된 M_1과 M_2는 각각 절대값이 작은 모멘트와 큰 모멘트이다. 부재가 복곡률일 때는 M_1/M_2 부호는 양(+)이며, 부재가 단곡률일 때는 음(-)으로 한다.

② 지지점 사이에 횡하중이 작용하는 보-기둥 부재에서는 C_m은 해석에 의해 산정하거나 모든 경우에 있어 안전측으로 1.0으로 할 수 있다.

$$P_{e1} = \frac{\pi^2 EI^*}{(K_1 L)^2} \qquad \text{기준식(1.5-10)}$$

여기서, P_{e1} : 횡방향으로 구속된 부재의 휨평면에 대한 탄성좌굴강도

EI^* : 직접해석법이 사용되는 경우 $0.8\tau_b EI$ 적용, 그 이외의 경우 EI 적용

E : 강재의 탄성계수=210,000MPa

I : 휨평면에 대한 단면2차모멘트, mm^4

K_1 : 횡방향으로 구속된 골조에 대해 산정한 휨평면에 대한 유효좌굴길이계수로 해석에 의해 더 작은 값의 사용이 확인되지 않은 경우 1.0 적용

L : 부재의 길이, mm

(2) B_2계수 산정

$$B_2 = \frac{1}{1 - \dfrac{\Sigma P_{nt}}{\Sigma P_{e2}}} \geq 1 \qquad \text{기준식(1.5-11)}$$

여기서, ΣP_{nt} : 횡력저항요소가 아닌 기둥재의 하중을 포함한 해당 층의 모든 중력하중의 합, N

ΣP_{e2} : 횡방향으로 구속되지 않은 골조의 좌굴해석에 의해 산정한 해당 층의 탄성좌굴강도의 합

$$\Sigma P_{e2} = R_M \frac{\Sigma HL}{\Delta_H} \qquad \text{기준식(1.5-12)}$$

R_M : 1.0 가새골조시스템

: $(1-0.15(P_{mf}/\Sigma P_{nt}))$ 기타골조시스템

P_{mf} : 모멘트 골조에 해당하는 기둥재에 작용하는 해당 층의 모든 수직하중의 합, N

L : 층고, mm

Δ_H : 횡하중에 의한 1차층간변위, mm. 구조물의 평면상 위치에 따라 Δ_H값이 변하는 경우에는 연직하중에 비례하는 가중평균변위로 하거나 최대변위로 하며, 직접해석법이 적용된 경우 감소된 강성을 적용하여 계산한다.

ΣH : Δ_H를 계산하는데 사용되는 횡하중에 의한 층전단력, N

3.4 예제

예제3.1 2차해석법(유효길이법)에 의한 모멘트골조 설계

아래 그림과 같이 중력하중을 받는 모멘트골조(기준선 B와 C사이)에 있는 기둥의 소요강도와 유효길이계수를 2차해석법(유효길이법)을 사용하여 산정하시오. 모든 부재의 강종은 SM355이다. 기둥은 지붕과 기초 사이에서 횡지지 되어있지 않다. 모든 기둥은 핀주각으로 가정한다.

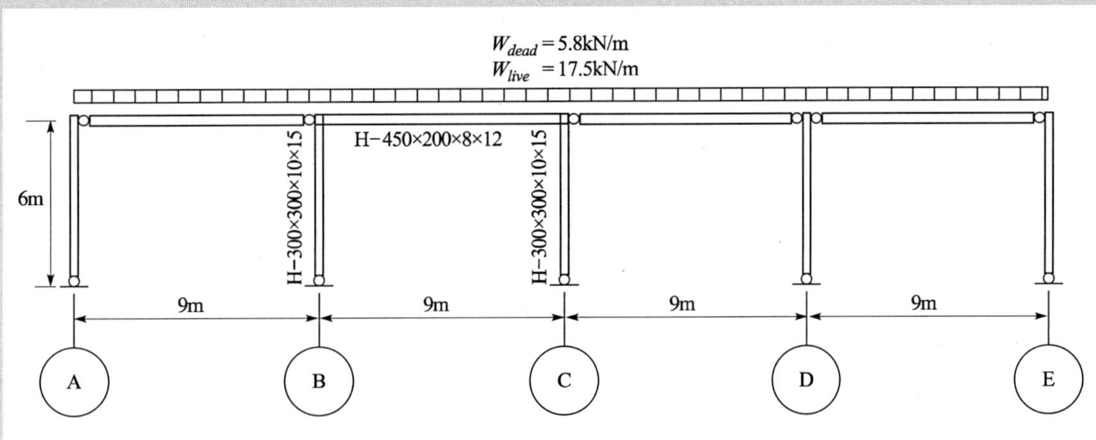

풀이 ▶

기준선 A와 B 사이, 그리고 C에서 E 사이에 있는 보는 양단 핀절점이고, 기준선 A, D, E에 있는 기둥도 양단 핀지지이므로, 이 부재들은 골조의 횡방향 안정성에 기여하지 않는다. 이 기둥들은 $P-\Delta$ 효과가 없으며 $K=1.0$을 사용한다.

기준선 B와 C 사이에 있는 모멘트골조가 횡적 안정성에 기여한다. 비록 기준선 A, D, E에 있는 기둥들이 횡적 안정성에 기여하지 않지만, 이 기둥들의 안정화를 위해 요구되는 힘을 해석에서 고려하여야 한다. 해석에는 전체 골조를 모델링할 수도 있고, 아래 그림과 같이 모델을 단순화할 수 있다. 단순화 모델에는 세 개의 횡의존(leaning)기둥에 의해 작용되는 하중을 한 개의 가상 횡의존(leaning)기둥에 포함한다.

(1) 해석 모델링 단순화

하중조합에 따른 계수등분포하중

$$w_u = 1.2(5.8) + 1.6(17.5) = 35.0\ \mathrm{kN/m}$$

기준선 B와 C사이에 있는 보에 작용하는 등분포 중력하중

$$\omega_u{}' = 35.0\ \mathrm{kN/m}$$

인접 보를 통해 기준선 B와 C 기둥에 작용하는 집중 중력하중

$P_u{}' = 4.5 \times 35.0 = 157.5$ kN

가상의 횡의존(leaning)기둥들(기준선 A, D, E)에 작용하는 집중 중력하중

$P_{uL}{}' = 18.0 \times 35.0 = 630$ kN

골조해석 가상하중 : 골조의 시공(수직)오차를 고려하기 위하여 가상하중(최소횡하중)을 작용한다.

$Y_i = 36.0 \times 35.0 = 1{,}260$ kN

$N_i = 0.002\,Y_i = 0.002(1{,}260) = 2.5\,\text{kN}$

골조에 작용하는 하중

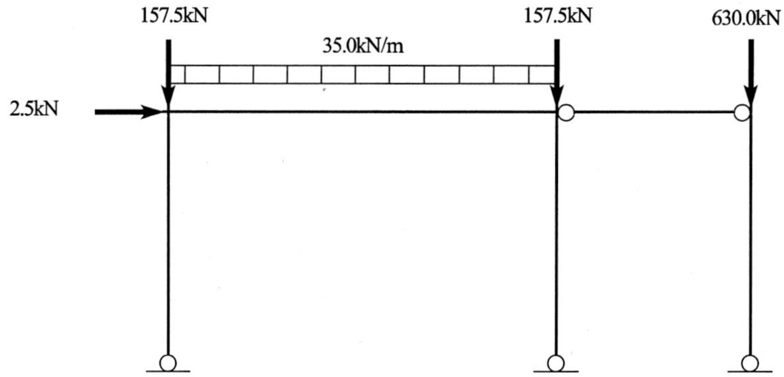

[그림 3.1] 2차해석법에 적용하는 단순화 모델

부재의 원래 공칭강성을 사용하여 해석을 수행한다.

모멘트골조의 기둥들이 전체 골조에 작용하는 총 중력하중의 50%를 부담한다. 모멘트골조의 기둥들이 부담하는 중력하중이 총 중력하중의 1/3을 초과하므로, 골조해석에 $P-\delta$ 효과도 고려해야 한다.

(2) 소요강도 산정

$P-\Delta$ 효과와 $P-\delta$ 효과 모두를 고려하는 해석프로그램을 사용하여 다음의 결과를 도출하였다.

(a) 1차 해석결과

$\Delta_{1st} = 3.02\,\text{mm}$

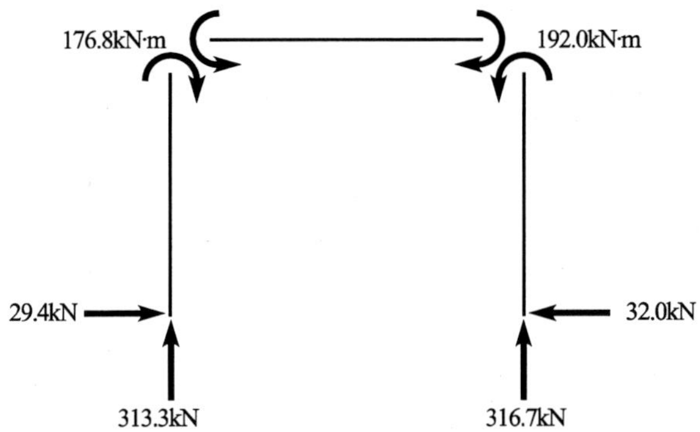

(b) 2차 해석결과

$\Delta_{2nd} = 4.04\,\text{mm}$

$\dfrac{\Delta_{2nd}}{\Delta_{1st}} = \dfrac{4.04\,\text{mm}}{3.02\,\text{mm}} = 1.34$

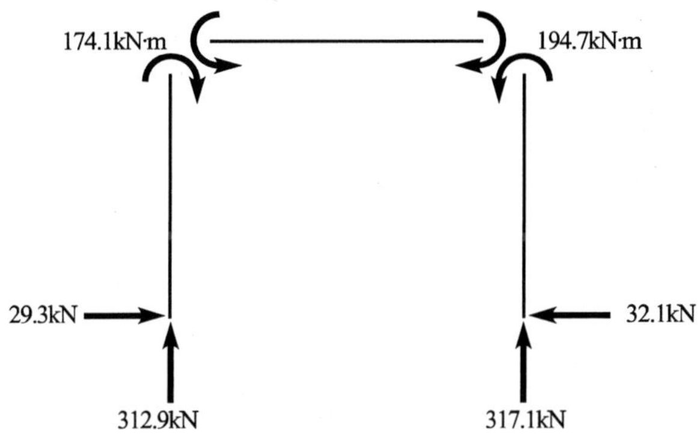

(c) 1차횡변위에 대한 2차횡변위의 비가 1.5 이하이므로, 유효길이법이 허용된다.
비록 2차해석 횡이동 증폭계수가 1.34이지만, 이 예제는 중력하중이 작용한 경우로 횡하중은 가상하중만 작용하였기 때문에 휨모멘트의 차이가 작다. 중력하중과 횡하중이 조합된 경우, 휨모멘트는 크게 증가할 것이다.

(3) 유효좌굴길이 산정

"층강성법"을 사용하여 면내 유효좌굴길이계수 K_x를 산정한다. $K_x = K_2$로 정한다.

$$K_x = K_2 = \sqrt{\frac{\sum P_r}{(0.85+0.15R_L)P_r}\left(\frac{\pi^2 EI}{L^2}\right)\left(\frac{\Delta_H}{\sum HL}\right)} \geq \sqrt{\left(\frac{\pi^2 EI}{L^2}\right)\left(\frac{\Delta_H}{\sum 1.7HL}\right)}$$

(AISC Spec. Eq. C-A-7-5)

모든 기둥에 작용하는 총 하중 $\sum P_r$을 산정한다.

$$\sum P_r = 35.0 \times 36 = 1,260 \text{ kN}$$

총 하중에 대한 횡의존(leaning)기둥 하중의 비 R_L을 산정한다.

$$\begin{aligned} R_L &= \frac{\sum P_r - \sum P_{r\,moment\,frame}}{\sum P_r} \\ &= \frac{1,260 - (312.9 + 317.1)}{1,260} \\ &= 0.5 \end{aligned}$$

한 개 기둥의 오일러 좌굴 강도를 산정한다.

$$\frac{\pi^2 EI}{L^2} = \frac{\pi^2 (210,000)(204 \times 10^6) \times 10^{-3}}{6,000^2} = 11,700 \text{ kN}$$

1차 가상하중 결과를 사용하여 층간변위비를 산정한다.

$$\frac{\Delta_H}{L} = \frac{3.02}{6,000} = 0.0005$$

기준선 C에 있는 기둥의 경우,

$$\begin{aligned} K_x &= \sqrt{\frac{1260}{[0.85 + 0.15(0.5)](317.1)} \times (11,700)\left(\frac{0.0005}{2.5}\right)} \geq \sqrt{(11,700)\left(\frac{0.0005}{1.7 \times 2.5}\right)} \\ &= 3.18 \geq 1.18 \end{aligned}$$

$\therefore\ K_x = 3.18$ 사용

기둥 유효좌굴길이:

$K_x L_x = 3.18(6.0) = 19.1 \text{ m}$ 사용

$K_y L_y = 6.0 \text{ m}$ 사용

예제3.2 1차해석법에 의한 모멘트골조 설계

아래 그림과 같이 중력하중을 받는 모멘트골조(기준선 B와 C사이)에 있는 기둥의 소요강도와 유효길이계수를 1차해석법을 사용하여 산정하시오. 모든 부재의 강종은 SM355이다. 기둥은 지붕과 기초 사이에서 횡지지 되어있지 않다. 모든 기둥은 핀주각으로 가정한다.

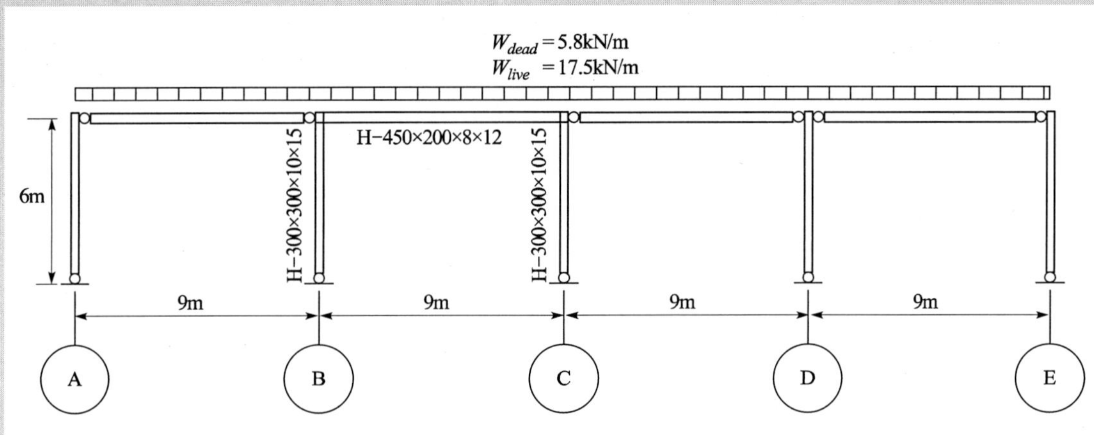

풀이 ▶

기준선 A와 B 사이, 그리고 C에서 E 사이에 있는 보는 양단 핀절점이고, 기준선 A, D, E에 있는 기둥도 양단 핀지지이므로, 이 부재들은 골조의 횡적 안정성에 기여하지 않는다. 이 기둥들은 $P-\Delta$ 효과가 없으며 $K=1.0$을 사용한다.

기준선 B와 C 사이에 있는 모멘트골조가 횡적 안정성에 기여한다. 비록 기준선 A, D, E에 있는 기둥들이 횡적 안정성에 기여하지 않지만, 이 기둥들의 안정화를 위해 요구되는 힘을 해석에서 고려하여야 한다. 해석 모델에 이 부재들을 포함할 필요는 없지만, 가상하중을 산정함에 있어 횡의존(leaning)기둥들에 있는 힘을 포함하여야 한다.

1차해석법을 사용하기 위한 다음의 제한사항을 검토한다.

1) 구조물은 수직 기둥을 통해 중력하중을 지지한다.
2) 1차횡변위에 대한 2차횡변위의 비가 1.5 이하임을 검증해야 한다.
3) 모멘트골조에 있는 부재들의 소요압축강도가 항복압축강도의 50% 이하임을 검증해야 한다.

소요강도는 B_1 증폭계수와 아래에서 결정된 가상하중을 사용하여 1차해석을 통해 결정한다.

(1) 해석 모델링

하중조합에 따른 계수등분포하중

$w_u = 1.2(5.8) + 1.6(17.5) = 35.0\ \mathrm{kN/m}$

기준선 B와 C사이에 있는 보에 작용하는 등분포 중력하중

$\omega_u{}' = 35.0\ \mathrm{kN/m}$

인접 보를 통해 기준선 B와 C에 있는 기둥에 작용하는 집중 중력하중

$P_u{}' = 4.5 \times 35.0 = 157.5\ \mathrm{kN}$

골조해석 가상하중 : 골조의 시공(수직)오차를 고려하기 위하여 가상하중(최소횡하중)을 작용한다.

$Y_i = 36.0 \times 35.0 = 1{,}260\ \mathrm{kN}$

$\Delta = 0.0\ \mathrm{m}$ (이 하중조합에서는 횡변위 없음)

$L = 6.0\ \mathrm{m}$

$N_i = 2.1(\Delta/L)Y_i \geq 0.0042\,Y_i = 2.1(0.0/6.0)(1{,}260) \geq 0.0042(1{,}260) = 0.0\ \mathrm{kN} \geq 5.3\,\mathrm{kN}$

$\therefore\ N_i = 5.3\,\mathrm{kN}$ 사용

골조에 작용하는 하중

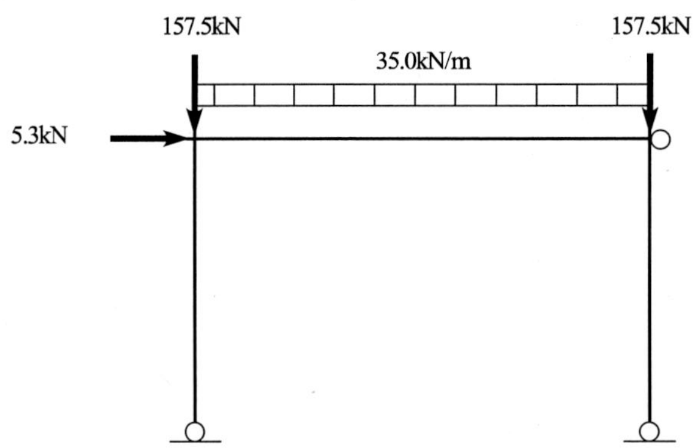

[그림 3.2] 1차해석법에 적용하는 단순화 모델

부재의 공칭강성을 사용하여 해석을 수행한다.

(2) 소요강도 산정

해석프로그램을 사용하여 다음의 1차해석 결과를 도출하였다.

$\Delta_{1st} = 6.35\,\text{mm}$

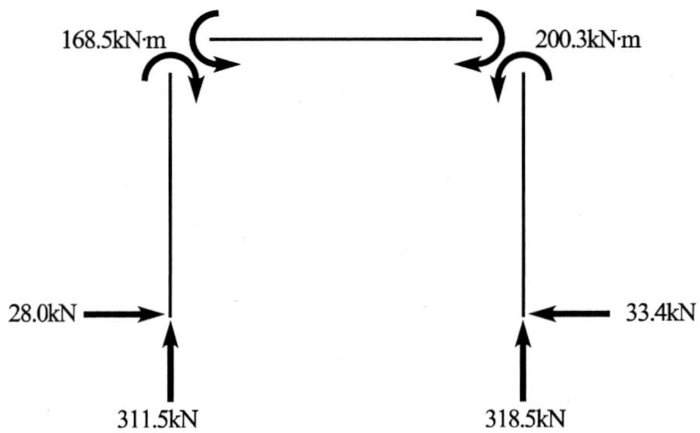

1차횡변위에 대한 2차횡변위의 비가 1.5이하임을 검토한다. 이를 위해 B_2를 사용할 수 있다. 1차해석 결과를 사용하여 B_2를 산정한다.

$P_{mf} = 311.5 + 318.5 = 630\text{kN}$

$P_{story} = 630 + 4(157.5) = 1{,}260\text{kN}$

$R_M = 1 - 0.15\dfrac{P_{mf}}{P_{story}} = 1 - 0.15 \times \dfrac{630}{1{,}260} = 0.925$

$\Delta_H = 0.00635\ \text{m}$

$H = 5.3\ \text{kN}$

$L = 6\ \text{m}$

$P_{e\ story} = R_M \dfrac{HL}{\Delta_H} = 0.925 \times \dfrac{5.3 \times 6}{0.00635} = 4{,}630\ \text{kN}$

$$B_2 = \frac{1}{1 - \dfrac{P_{story}}{P_{e\ Story}}} \geq 1 = \frac{1}{1 - \dfrac{1{,}260}{4{,}630}} \geq 1 = 1.37$$

1차횡변위에 대한 2차횡변위의 비가 1.5이하라는 가정이 타당하며, 1차해석법이 허용된다.

$P_r/P_y \le 0.5$ 검토

$$P_y = F_y A_g$$
$$= 355 \times 11{,}980 \times 10^{-3}$$
$$= 4{,}250 \text{ kN}$$

$$\frac{P_r}{P_y} = \frac{318.5}{4{,}250}$$
$$= 0.075 \le 0.5$$

따라서 1차해석법이 허용된다.

비록 2차 횡이동 증폭계수가 약 1.37이지만, 이 예제는 중력하중이 작용한 경우로 횡하중은 가상하중만 작용하였기 때문에 휨모멘트의 차이가 작다. 중력하중과 횡하중이 조합된 경우, 휨모멘트는 크게 증가할 것이다.

(3) 유효좌굴길이 산정

기둥 유효좌굴길이:

$KL_x = 6.0\text{ m}$ 사용

$KL_y = 6.0\text{ m}$ 사용

1차해석 힘과 유효좌굴길이를 사용하여 기둥의 강도를 평가한다. 계산은 생략한다.

예제3.3 직접해석법에 의한 모멘트골조 설계

아래 그림과 같이 중력하중을 받는 모멘트골조(기준선 B와 C사이)에 있는 기둥의 소요강도와 유효길이계수를 직접해석법을 사용하여 산정하시오. 모든 부재의 강종은 SM355이다. 기둥은 지붕과 기초 사이에서 횡지지되어 있지 않다. 모든 기둥은 핀주각으로 가정한다.

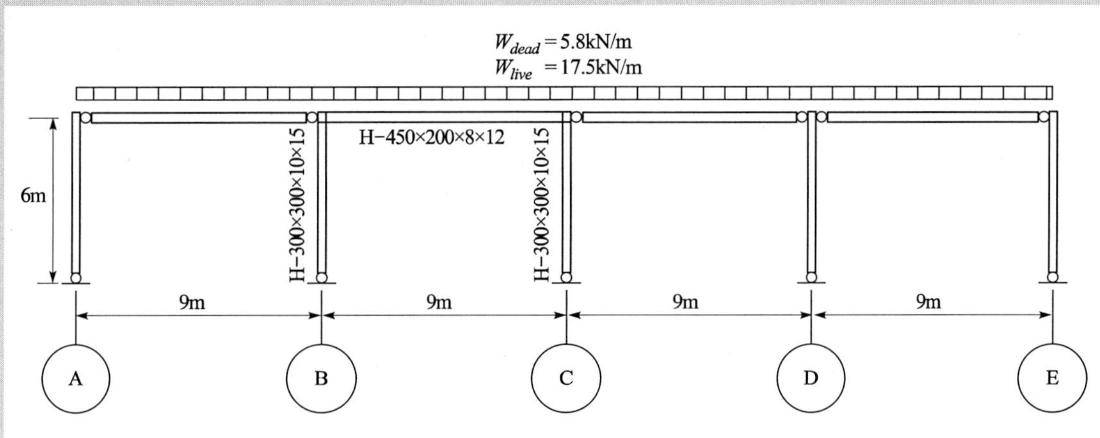

풀이 ▶

기준선 A와 B 사이, 그리고 C에서 E 사이에 있는 보는 양단 핀절점이고, 기준선 A, D, E에 있는 기둥도 양단 핀지지이므로, 이 부재들은 골조의 횡적 안정성에 기여하지 않는다. 이 기둥들은 $P-\Delta$ 효과가 없으며 $K=1.0$을 사용한다.

기준선 B와 C사이에 있는 모멘트골조가 횡적 안정성에 기여한다. 비록 기준선 A, D, E에 있는 기둥들이 횡적 안정성에 기여하지 않지만, 이 기둥들의 안정화를 위해 요구되는 힘을 해석에서 고려하여야 한다. 해석에는 전체 골조를 모델링할 수도 있고, 아래 그림과 같이 모델을 단순화할 수 있다. 단순화 모델에는 세 개의 횡의존(leaning)기둥에 의해 작용되는 안정 하중을 한 개의 가상 횡의존(leaning)기둥에 포함한다.

(1) 해석 모델링

하중조합에 따른 계수등분포하중

$w_u = 1.2(5.8) + 1.6(17.5) = 35.0\ \mathrm{kN/m}$

기준선 B와 C사이에 있는 보에 작용하는 등분포 중력하중

$\omega_u{'} = 35.0\ \mathrm{kN/m}$

인접 보를 통해 기준선 B와 C에 있는 기둥에 작용하는 집중 중력하중

$P_u{}' = 4.5 \times 35.0 = 157.5\ \mathrm{kN}$

가상의 횡의존(leaning)기둥들(기준선 A, D, E)에 작용하는 집중 중력하중

$P_{uL}{}' = 18.0 \times 35.0 = 630\,\mathrm{kN}$

골조해석 가상하중 : 골조의 시공(수직)오차를 고려하기 위하여 가상하중들(기준선 A, D, E)을 작용한다.

$Y_i = 36 \times 35 = 1,260\ \mathrm{kN}$

$N_i = 0.002\,Y_i = 0.002(1,260) = 2.5\,\mathrm{kN}$

골조에 작용하는 하중

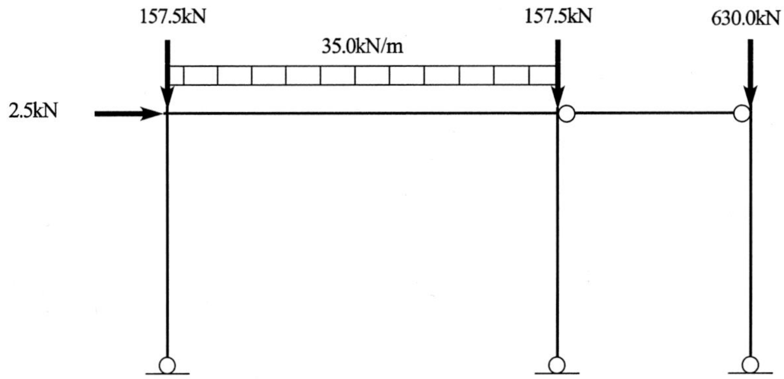

[그림 3.3] 직접해석법에 적용하는 단순화 모델

비탄성 효과를 고려하기 위해서 공칭강성의 80%를 사용하여 해석한다. $P_r/P_y \le 0.5$를 가정하고, 추가적인 강성감소를 고려하지 않는다. 즉, $\tau_b = 1.0$을 사용한다.

모멘트골조의 기둥들이 전체 골조에 작용하는 총 중력하중의 50%를 부담한다. 모멘트골조의 기둥들이 부담하는 중력하중이 총 중력하중의 1/3을 초과하므로, 골조해석에 $P-\Delta$ 효과와 $P-\delta$ 효과 모두를 고려해야 한다.

(2) 소요강도 산정

$P-\Delta$ 효과와 $P-\delta$ 효과를 모두 고려하는 해석프로그램을 사용하며, 공칭강성의 80%를 사용하여 다음의 결과를 도출하였다.

(a) 1차 해석결과

$\Delta_{1st} = 3.78\,\mathrm{mm}$

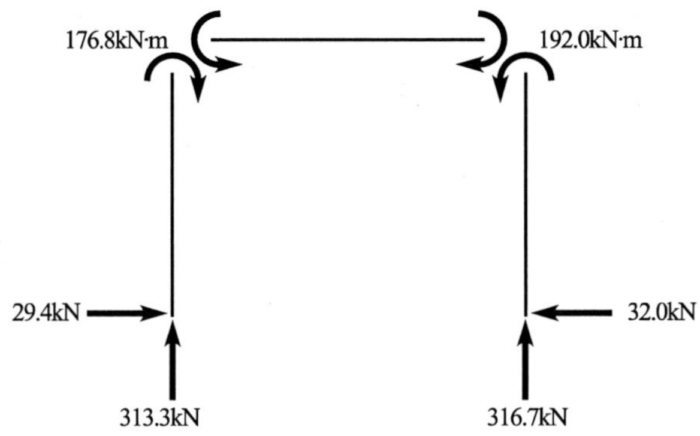

(b) 2차 해석결과

$\Delta_{2nd} = 5.52\,\mathrm{mm}$

$$\frac{\Delta_{2nd}}{\Delta_{1st}} = \frac{5.52\,\mathrm{mm}}{3.78\,\mathrm{mm}} = 1.46$$

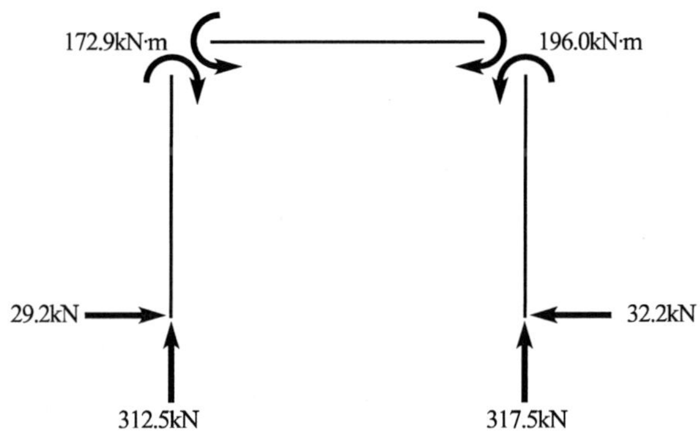

(c) $P_r/P_y \leq 0.5$ 검토

$$P_y = F_y A_g$$
$$= 355 \times 11{,}980 \times 10^{-3}$$
$$= 4{,}250\ \mathrm{kN}$$

$$\frac{P_r}{P_y} = \frac{317.5}{4{,}250}$$
$$= 0.075 \leq 0.5$$

따라서 해석에서 부재 강성을 위해 $\tau_b = 1.0$을 사용한 것은 타당하다.

비록 2차 횡이동 증폭계수가 약 1.46이지만, 이 예제는 중력하중이 작용한 경우로 횡하중은 가상하중만 작용하였기 때문에 휨모멘트의 차이가 작다. 중력하중과 횡하중이 조합된 경우, 휨모멘트는 크게 증가할 것이다.

(3) 유효좌굴길이 산정

직접해석법에 의한 설계강도 산정시 모든 압축부재의 유효좌굴길이계수 K는 1.0을 사용할 수 있으므로, 기둥 유효좌굴길이:

$KL_x = 6.0$ m 사용

$KL_y = 6.0$ m 사용

2차해석 힘과 유효좌굴길이를 사용하여 기둥의 강도를 평가한다. 계산은 생략한다.

제4장

인장재

제4장 인장재

STRUCTURAL STEEL DESIGN

4.1 개요

이 장에서는 행거, 트러스와 같이 순수 인장력만 작용하는 부재의 설계예제를 다룬다. 인장재의 세장비(L/r)는 내력상으로는 특별한 제한이 없지만 자중에 의한 처짐이나 진동, 운반과 시공성을 고려하여 300을 넘지 않도록 권장하고 있다. 이러한 세장비의 제한은 인장력을 받는 강봉이나 매달린 부재에는 적용하지 않는다.

인장재의 설계는 총단면의 항복과 유효순단면의 파단이라는 두 가지의 한계상태에 대해 검토하고 추가적으로 블록전단파단 강도, 고장력볼트와 용접접합부 강도, 거셋플레이트 강도를 검토한다.

4.2 인장강도

설계인장강도 $\phi_t P_n$은 항복한계상태와 파단한계상태에 의해 산정된 값 중 작은 값으로 한다.

(1) 총단면의 항복한계상태

$$P_n = F_y A_g \qquad \text{기준식(4.1-1)}$$

$$\phi_t = 0.90$$

(2) 유효순단면의 파단한계상태

$$P_n = F_u A_e \qquad \text{기준식(4.1-2)}$$

$$\phi_t = 0.75$$

4.3 단면적의 산정

(1) 총단면적

부재의 총단면적 A_g는 부재축의 직각방향으로 측정된 각 요소단면의 합이다.

(2) 순단면적

① 정열배치인 경우

$$A_n = A_g - n\,dt$$ 기준식(1.5-2)

② 불규칙배치(엇모배치)인 경우

$$A_n = A_g - n\,dt + \Sigma \frac{s^2}{4g} t$$ 기준식(1.5-3)

(3) 유효순단면적

유효순단면적 A_e는 다음과 같이 산정한다.

$$A_e = A_n U$$ 기준식(4.1-3)

여기서, U : 전단지연계수 (기준표 4.1-1 참조)

4.4 블록전단강도

블록전단파단의 한계상태에 대한 설계강도는 전단저항과 인장저항의 합으로 산정한다.

$$\phi = 0.75$$

$$R_n = 0.6\,F_u A_{nv} + U_{bs} F_u A_{nt} \le 0.6\,F_y A_{gv} \;+ U_{bs} F_u A_{nt}$$ 기준식(4.7-17)

인장응력이 일정한 경우 U_{bs} =1.0이고, 인장응력이 일정하지 않은 경우에는 U_{bs} = 0.5이다.

4.5 핀접합부재

핀접합부재의 설계인장강도 $\phi_t P_n$은 인장파단, 전단파단, 지압, 항복의 한계상태 중 작은 값으로 한다.

(1) 유효순단면적에 대한 인장파단

$$P_n = 2tb_{eff}F_u$$ 기준식(4.1-4)

$$\phi_t = 0.75$$

여기서, b_{eff} : 유효연단거리 $(2t+16)$, mm

다만, 볼트구멍연단으로부터 작용하는 힘의 직각방향으로 측정한 부재의 연단까지 거리보다 크지 않아야 한다.

t : 판재의 두께, mm

(2) 유효단면적에 대한 전단파단

$$P_n = 0.6 F_u A_{sf}$$ 기준식(4.1-5)

$$\phi_{sf} = 0.75$$

여기서, $A_{sf} = 2t(a + d/2)$, mm^2

a : 핀구멍의 연단으로부터 힘의 방향과 평행하게 측정한 부재의 연단까지의 최단거리, mm

d : 핀직경, mm

(3) 핀의 투영면적에 대한 지압

$$R_n = 1.8 F_y A_{pb}$$ 기준식(4.7-19)

$$\phi = 0.75$$

(4) 총단면적에 대한 항복

기준식(4.1-1)에 따라 산정한다.

4.6 아이바

아이바는 몸체의 단면적을 A_g로 한다. 아이바 몸체의 폭은 두께의 8배를 초과하지 않도록 한다.

(1) 아이바의 원형 머리 부분과 몸체 사이 부분의 반지름은 아이바 머리의 직경보다 커야 한다.

(2) 핀직경은 아이바 몸체 폭의 7/8배보다 커야 하고, 핀구멍의 직경은 핀직경보다 1mm를 초과할 수 없다.

(3) F_y가 485MPa를 초과하는 강재의 구멍직경은 플레이트두께의 5배를 초과할 수 없고 아이바 몸체 폭은 그에 따라 감소되어야 한다.

(4) 플레이트두께는 핀플레이트나 필러플레이트를 조임하기 위해 외부 너트를 사용하는 경우에만 13mm 이하의 두께 사용이 허용된다.

(5) 핀구멍의 연단으로부터 힘의 방향에 수직으로 측정한 플레이트 연단까지의 폭은 아이바 몸체 폭의 2/3보다 커야 하고, 3/4보다 커서는 안 된다.

4.7 예제

예제4.1 플랜지만 볼트접합인 H형강의 설계인장강도

예제4.2 볼트접합인 등변ㄱ형강 인장재 검토

예제4.3 플랜지만 용접접합인 CT형강의 설계인장강도

예제4.4 거셋플레이트 용접인 각형강관 인장재 검토

예제4.5 거셋플레이트 용접인 원형강관 인장재 검토

예제4.6 볼트접합인 쌍ㄱ형강 인장재 검토

예제4.7 핀접합 인장재의 안전성 검토

예제4.8 아이바의 안전성 검토

예제4.9 볼트구멍이 엇모배치된 플레이트의 유효순단면적

예제4.1 플랜지만 볼트접합인 H형강의 설계인장강도

그림과 같은 H형강의 설계인장강도를 구하고 한계세장비를 검토하시오. 단, H형강의 $L = 7.5\text{m}$, $r_y = 37.5\text{mm}$, $A_g = 4{,}010\,\text{mm}^2$, 강재는 SS275, 고장력볼트는 M20(F10T)이다.

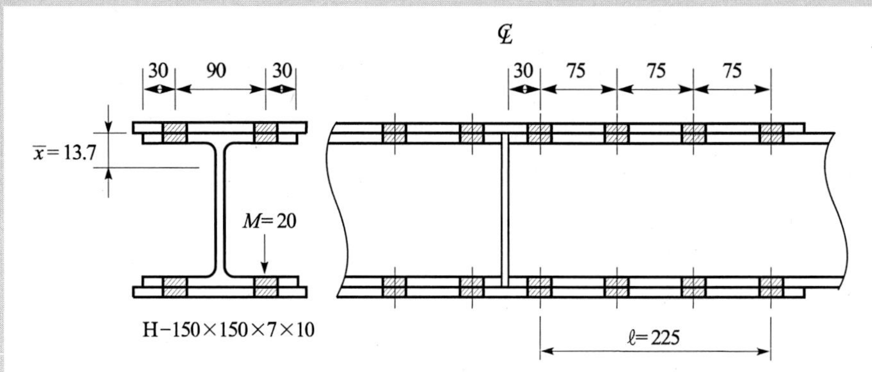

풀이 ▶

1. 재료 기준 3.3.1

SS275 $F_y = 275\text{MPa}$ $F_u = 410\text{MPa}$ 기준표 3.3-1

2. 총단면의 항복한계상태에 의한 설계인장강도 계산

$\phi_t F_y A_g = 0.9(275)(4{,}014)(10^{-3}) = 993\text{kN}$ 기준식(4.1-1)

3. 유효순단면의 파단한계상태에 의한 설계인장강도 계산

(1) 순단면적 계산

$A_n = A_g - ndt = 4{,}010 - 4(22)(10) = 3{,}130\ \text{mm}^2$ 기준표 4.7-1, 기준식(1.5-2)

(2) 전단지연계수 U 산정

사례2 : H형강의 절반인 CT형강중심에서 연결편심거리 $\bar{x} = 13.7\text{mm}$

$U = 1 - \dfrac{\bar{x}}{\ell} = 1 - \dfrac{13.7}{225} = 0.939$ 기준표 4.1-1

사례7 : H형강 플랜지 폭(=150) 〉 높이의 2/3 $(=150 \times 2/3 = 100)$ 기준표 4.1-1

$U = 0.9$

$\therefore\ U = \max(0.939,\ 0.9) = 0.939$

(3) 유효순단면적 계산

$A_e = UA_n = 0.939(3,130) = 2,940\text{mm}^2$ 기준식(4.1-3)

(4) 설계인장강도 계산

$\phi_t F_u A_e = 0.75(410)(2,940)(10^{-3}) = 905\text{kN}$ 기준식(4.1-2)

4. 설계인장강도 선정

$\phi_t P_n = \min(993,\ 905) = 905\text{kN}$

∴유효순단면의 파단한계상태에 의하여 설계인장강도 결정

5. 세장비 검토

$r_y = 37.5\text{mm},\ L = 7.5\text{m}$

$\dfrac{L}{r_y} = \dfrac{7,500}{37.5} = 200 < 300$ O.K 기준 4.1.1

◀

예제4.2 볼트접합인 등변ㄱ형강 인장재 검토

그림과 같은 ㄱ형강에 고정하중 100kN, 활하중 240kN이 작용할 때 인장재의 설계인장강도를 구하고 안전성을 검토하시오.

단, ㄱ형강의 $L = 5\text{m}$, $A_g = 2{,}430\text{mm}^2$, $C_x = C_y = 29.4\text{mm}$, $r_v = 19.4\text{mm}$, 강재는 SS275, M20 (F10T) 고장력볼트 사용

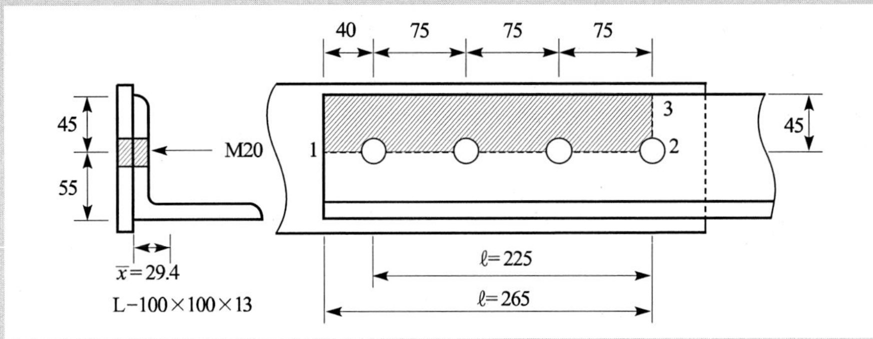

풀이 ▶

1. 재료 기준 3.3.1

SS275 : $F_y = 275\text{MPa}$ $F_u = 410\text{MPa}$ 기준표 3.3-1

2. 소요인장강도 계산

$P_u = 1.4(100) = 140\text{kN}$ KDS 41 10 15 식(1.5-1)

$P_u = 1.2(100) + 1.6(240) = 504\text{kN}$ KDS 41 10 15 식(1.5-3)

$\therefore P_u = \max(140, 504) = 504\text{kN}$

3. 총단면의 항복한계상태에 의한 설계인장강도 계산

$\phi_t F_y A_g = 0.9(275)(2{,}430)(10^{-3}) = 602\text{kN}$ 기준식(4.1-1)

4. 유효순단면의 파단한계상태에 의한 설계인장강도 계산

(1) 순단면적 계산

$A_n = A_g - ndt = 2{,}430 - 1(22)(13) = 2{,}140\text{mm}^2$ 기준식(1.5-2)

(2) 전단지연계수 U 산정

사례2 : ㄱ형강 도심과 볼트 하중 작용점까지의 거리

$\bar{x} = \max(29.4,\ 55 - 29.4 = 25.6) = 29.4\text{mm}$, 접합길이, $l = 225\text{mm}$

$$U = 1 - \frac{\bar{x}}{\ell} = 1 - \frac{29.4}{225} = 0.869$$ 기준표 4.1-1

사례8 : 하중 방향으로 열당 4개 이상의 파스너가 있는 경우

$U = 0.8$ 기준표 4.1-1

$\therefore U = \max(0.869,\ 0.8) = 0.869$

(3) 유효순단면적 계산

$A_e = UA_n = 0.869(2{,}140) = 1{,}860\text{mm}^2$ 기준식(4.1-3)

(4) 설계인장강도 계산

$\phi_t F_u A_e = 0.75(410)(1{,}860)(10^{-3}) = 573\,\text{kN}$ 기준식(4.1-2)

5. 블록전단파단 한계상태에 의한 설계인장강도 계산

전단저항 총단면적(파단선 1-2) $A_{gv} = (265)(13) = 3{,}450\text{mm}^2$

전단저항 순단면적(파단선 1-2) $A_{nv} = [265 - (22)(3.5)](13) = 2{,}440\text{mm}^2$

인장저항 순단면적(파단선 2-3) $A_{nt} = [45 - (22)(0.5)](13) = 442\text{mm}^2$

인장응력이 일정하므로 $U_{bs} = 1.0$

$R_n = 0.6F_u A_{nv} + U_{bs} F_u A_{nt} \le 0.6F_y A_{gv} + U_{bs} F_u A_{nt}$ 이므로 기준식(4.7-17)

$R_n = \{0.6(410)(2{,}440) + 1.0(410)(442)\}(10^{-3}) = 781\text{ kN}$

$> \{0.6(275)(3{,}450) + 1.0(410)(442)\}(10^{-3}) = 750\text{ kN}$

$\therefore R_n = 750\text{ kN}$

$\phi R_n = 0.75 \times 750 = 563\text{ kN}$

6. 설계인장강도 산정

$\phi_t P_n = \min(602,\ 573,\ 563) = 563\text{kN}$

∴블록전단파단의 한계상태에 의하여 설계인장강도 결정

7. 설계인장강도와 소요인장강도의 비교

$\therefore \phi_t P_n = 563\,\text{kN} > P_u = 504\text{kN}$ O.K

8. 세장비 검토

$$\frac{L}{r_v} = \frac{5{,}000}{19.4} = 258 < 300$$ O.K 기준 4.1.1

◀

예제4.3 플랜지만 용접접합인 CT형강의 설계인장강도

그림과 같은 CT- $122\times252\times11\times11$의 플랜지가 용접되어 있을 때 설계인장강도를 구하시오. 단, CT형강의 $L=9\text{m}$, $r_x=32.9\text{mm}$, $A_g=4{,}100\text{mm}^2$, 강재는 SM355이다.

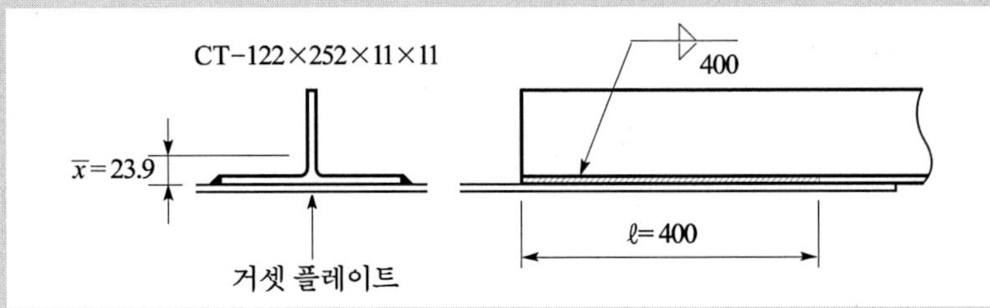

풀이 ▶

1. 재료 기준 3.3.1

SM355 $F_y = 355\text{MPa}$ $F_u = 490\text{MPa}$ 기준표 3.3-1

2. 총단면의 항복한계상태에 의한 설계인장강도 계산

$\phi_t F_y A_g = 0.9(355)(4{,}100)(10^{-3}) = 1{,}310\text{ kN}$ 기준식(4.1-1)

3. 유효순단면의 파단한계상태에 의한 설계인장강도 계산

(1) 순단면적 산정

$A_n = A_g = 4{,}100\text{mm}^2$ 기준식(1.5-2)

(2) 전단지연계수 U 산정

사례2 : CT형강의 편심거리 23.9mm와 용접길이 400mm 사용

$$U = 1 - \frac{\bar{x}}{\ell} = 1 - \frac{23.9}{400} = 0.94$$ 기준표 4.1-1

(3) 유효순단면적 산정

$A_e = UA_n = 0.94(4{,}100) = 3{,}860\text{mm}^2$ 기준식(4.1-3)

(4) 설계인장강도 계산

$\phi_t F_u A_e = 0.75(490)(3{,}860)(10^{-3}) = 1{,}420\text{ kN}$ 기준식(4.1-2)

4. 설계인장강도 선정

$\phi_t P_n = \min(1{,}310,\ 1{,}420) = 1{,}310\text{ kN}$

∴ 총단면의 항복한계상태에 의하여 설계인장강도 결정

5. 세장비 검토

$$\frac{L}{r_x} = \frac{9{,}000}{32.9} = 274 < 300 \quad \text{O.K}$$ 기준 4.1.1

◀

예제4.4 거셋플레이트 용접인 각형강관 인장재 검토

그림과 같은 각형강관 □−150×100×9가 두께 10mm의 거셋플레이트에 용접되어있다. 이때 고정하중 120kN, 활하중 420kN이 작용할 경우 안전성을 검토하시오.

단, 각형강관의 $L = 9\text{m}$, $r_y = 38.7\text{mm}$, $A_g = 3{,}970\text{mm}^2$, 강재는 SNRT275이다.

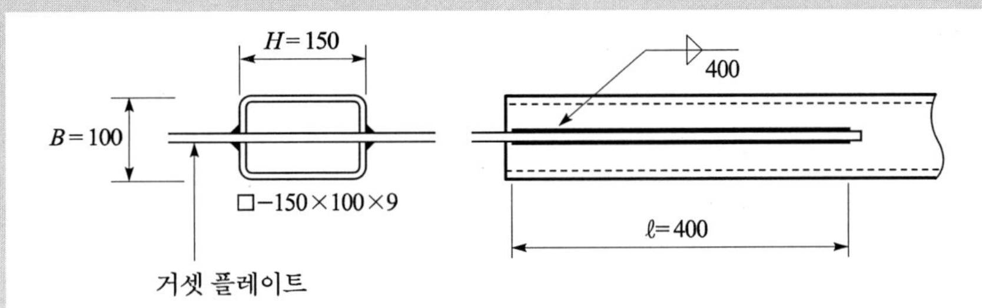

풀이 ▶

1. 재료 기준 3.3.1

SNRT275 $F_y = 275\text{MPa}$ $F_u = 410\text{MPa}$ 기준표 3.3−2

2. 소요인장강도 산정

$P_u = 1.2(120) + 1.6(420) = 816\text{ kN}$ KDS 41 10 15 식(1.5−3)

3. 총단면적의 항복한계상태에 의한 설계인장강도 산정

$\phi_t F_y A_g = 0.9(275)(3{,}970)(10^{-3}) = 982\text{ kN}$ 기준식(4.1−1)

4. 유효순단면적의 파단한계상태에 의한 설계인장강도 산정

(1) 순단면적 계산

$A_n = A_g - 2(t_p + 2)t = 3{,}970 - 2\times(10+2)\times 9 = 3{,}750\text{ mm}^2$ 기준식(1.5−2)

(거셋플레이트와 각형강관 사이의 간격 2.0mm 고려)

(2) 전단지연계수 U 산정

사례6 : 각형강관의 편심 거리와 용접길이를 사용

$$\bar{x} = \frac{B^2 + 2BH}{4(B+H)} = \frac{100^2 + 2(100)(150)}{4(100+150)} = 40\text{mm}$$

$$U = 1 - \frac{\bar{x}}{\ell} = 1 - \frac{40}{400} = 0.9$$ 기준표 4.1−1

(3) 유효순단면적 산정

$A_e = UA_n = 0.9(3{,}750) = 3{,}380\ \text{mm}^2$ 기준식(4.1-3)

(4) 설계인장강도 산정

$\phi_t F_u A_e = 0.75(410)(3{,}380)(10^{-3}) = 1{,}040\ \text{kN}$ 기준식(4.1-2)

5. 설계인장강도 선정

$\phi_t P_n = \min(982,\ 1{,}040) = 982\,\text{kN}$

∴총단면의 항복한계상태에 의하여 설계인장강도 결정

6. 설계인장강도와 소요인장강도의 비교

$\therefore\ \phi_t P_n = 982\,\text{kN} > P_u = 816\text{kN}$ O.K

7. 세장비 검토

$\dfrac{L}{r_y} = \dfrac{9{,}000}{38.7} = 233 < 300$ O.K 기준 4.1.1

◀

예제4.5 거셋플레이트 용접인 원형강관 인장재 검토

원형강관이 그림과 같이 두께 10mm인 거셋플레이트에 용접되어있다. 고정하중 180kN, 활하중 400kN이 작용할 경우 안전성을 검토하시오.

단, 원형강관의 지름(외경) D = 318.5mm, 두께 = 6mm, $A_g = 5{,}890\text{mm}^2$, $L = 9\text{m}$, $r = 111\text{mm}$, 강재는 SNT355이다.

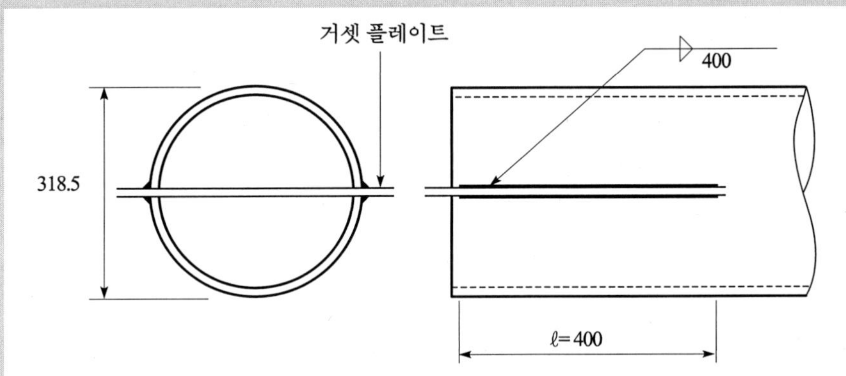

풀이 ▶

1. 재료 기준 3.3.1

SNT355 F_y = 355MPa F_u = 490MPa 기준표 3.3-2

2. 소요인장강도 계산

$P_u = 1.2(180) + 1.6(400) = 856\text{ kN}$ 기준식(1.5-3)

3. 총단면의 항복한계상태에 의한 설계인장강도 산정

$\phi_t F_y A_g = 0.9(355)(5{,}8900)(10^{-3}) = 1{,}880\text{ kN}$ 기준식(4.1-1)

4. 유효순단면의 파단한계상태에 의한 설계인장강도 산정

(1) 순단면적 산정

$A_n = A_g - 2(t_p + 2)t = 5{,}890 - 2 \times (10 + 2) \times 6 = 5{,}750\text{ mm}^2$ 기준식(1.5-2)

(거셋플레이트와 원형강관 사이의 간격 2.0mm 고려)

(2) 전단지연계수 U 산정

사례5 : 원형강관의 편심거리와 지름을 이용

$D \le l < 1.3D$, $318.5 \le 400 < 1.3(318.5) = 414$이므로

$\bar{x} = D/\pi = 318.5/3.14 = 101$

$U = 1 - \dfrac{\bar{x}}{\ell} = 1 - \dfrac{101}{400} = 0.747$ 기준표 4.1-1

(3) 유효순단면적 산정

$A_e = UA_n = 0.747(5{,}750) = 4{,}290\ \text{mm}^2$ 기준식(4.1-3)

(4) 설계인장강도 산정

$\phi_t F_u A_e = 0.75(490)(4{,}290)(10^{-3}) = 1{,}580\ \text{kN}$ 기준식(4.1-2)

5. 설계인장강도 선정

$\phi_t P_n = \min(1{,}880,\ 1{,}580) = 1{,}580\ \text{kN}$

∴유효순단면의 파단한계에 의하여 설계인장강도 결정

6. 설계인장강도와 소요인장강도의 비교

$\therefore\ \phi_t P_n = 1{,}580\,\text{kN} > P_u = 856\text{kN}$ O.K

7. 세장비 검토

$\dfrac{L}{r} = \dfrac{9{,}000}{111} = 81 < 300$ O.K 기준 4.1.1

◀

예제4.6 볼트접합인 쌍ㄱ형강 인장재 검토

그림과 같이 연결된 쌍ㄱ형강 2L − 100 × 100 × 13에 고정하중 170kN, 활하중 480kN이 작용할 경우 설계인장강도를 구하고 안전성을 검토하시오.

단, ㄱ형강 1개의 $A_g = 2,430\ \mathrm{mm}^2$, $L = 5\mathrm{m}$, $r_x = 30\mathrm{mm}$, 강재는 SM275, 고장력볼트는 M20(F10T)

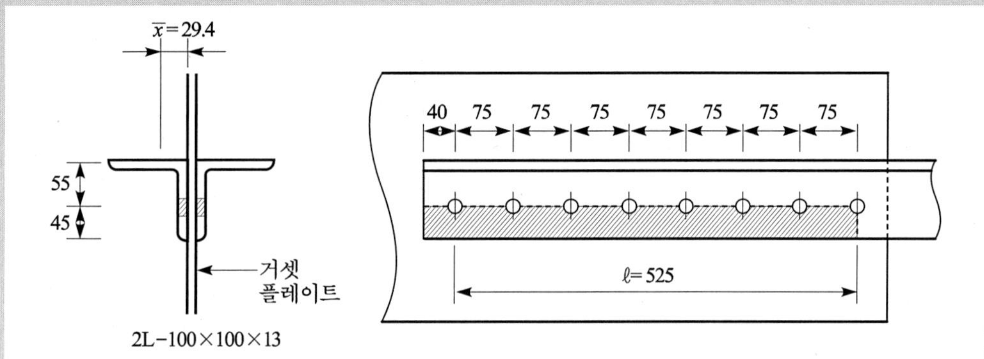

풀이 ▶

1. 재료 기준 3.3.1

SM275 F_y=275MPa F_u=410MPa 기준표 3.3-2

2. 소요인장강도 산정

$P_u = 1.2(170) + 1.6(480) = 972\mathrm{kN}$ 기준식(1.5-3)

3. 총단면의 항복한계상태에 의한 설계인장강도 산정

$\phi_t F_y A_g = 0.9(275)(2)(2,430)(10^{-3}) = 1,200\ \mathrm{kN}$ 기준식(4.1-1)

4. 유효순단면적의 파단한계상태에 의한 설계인장강도 산정

(1) 순단면적 산정

$A_n = A_g - ndt = 2[2,430 - (1)(22)(13)] = 4,290\mathrm{mm}^2$ 기준식(1.5-2)

(2) 전단지연계수 U 산정

사례2 : 형강 도심과 볼트 하중 작용점까지의 거리

$\bar{x} = \max(29.4,\ 55 - 29.4 = 25.6) = 29.4\mathrm{mm}$, 접합길이 525mm

$U = 1 - \dfrac{\bar{x}}{\ell} = 1 - \dfrac{29.4}{525} = 0.944$ 기준표 4.1-1

(3) 유효순단면적 산정

$A_e = UA_n = 0.944(4,290) = 4,050\text{mm}^2$ 기준식(4.1-3)

(4) 인장강도 계산

$\phi_t F_u A_e = 0.75(410)(4,050)(10^{-3}) = 1,250\text{ kN}$ 기준식(4.1-2)

5. 블록전단파단 한계상태에 의한 설계인장강도 산정

ㄱ형강 1개에 대하여:

전단저항 총단면적 $A_{gv} = (40+525)(13) = 7,345\text{mm}^2$

전단저항 순단면적 $A_{nv} = [40+525-(22)(7.5)](13) = 5,200\text{mm}^2$

인장저항 순단면적 $A_{nt} = [45-(22)(0.5)](13) = 442\text{mm}^2$

인장응력이 일정하므로 $U_{bs} = 1.0$

$R_n = 0.6F_u A_{nv} + U_{bs}F_u A_{nt} \le 0.6F_y A_{gv} + U_{bs}F_u A_{nt}$ 이므로 기준 식(4.7-17)

$R_n = \{0.6(410)(5,200) + 1.0(410)(442)\}(10^{-3}) = 1,460\text{ kN}$
$\quad > \{0.6(275)(7,345) + 1.0(410)(442)\}(10^{-3}) = 1,393\text{ kN}$
$\therefore R_n = 1,393\text{ kN}$

$\phi R_n = 2(0.75 \times 1,393) = 2,090\text{ kN}$ 기준 식(4.7-17)

6. 설계인장강도 산정

$\phi_t P_n = \min(1,200,\ 1,250,\ 2,090) = 1,200\text{ kN}$

∴총단면의 항복한계상태에 의하여 설계인장강도 결정

7. 설계인장강도와 소요인장강도의 비교

$\therefore \phi_t P_n = 1,200\text{ kN} > P_u = 972\text{kN}$ O.K

8. 세장비 검토

$\dfrac{L}{r_x} = \dfrac{5,000}{30} = 167 < 300$ O.K 기준 4.1.1

◀

예제4.7 핀접합 인장재의 안전성 검토

그림과 같이 핀접합으로 연결된 인장재의 설계인장강도를 구하고 안전성을 검토하시오. 단, 강재는 SS275, 고정하중은 48kN, 활하중은 4kN이다.

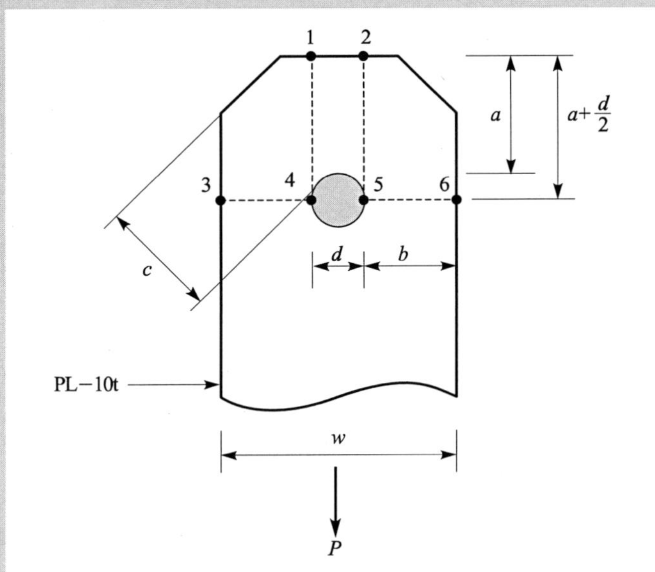

a = 50 mm
b = 39 mm
c = 50.3 mm
구멍 지름 d = 22 mm
핀 지름 d_p = 21 mm
단면 폭 w = 100 mm

풀이 ▶

1. 재료 　　기준 3.3.1

SS275 　$F_y = 275\text{MPa}$ 　$F_u = 410\text{MPa}$ 　　기준표 3.3-1

2. 소요인장강도 산정

$P_u = 1.4(48) = 67.2\text{kN}$ 　　KDS 41 10 15 식(1.5-1)

$P_u = 1.2(48) + 1.6(4) = 64\text{kN}$ 　　KDS 41 10 15 식(1.5-3)

$\therefore P_u = \max(67.2, 64) = 67.2\text{kN}$

3. 핀접합 부재의 구조제한

(1) 유효연단거리 　$b_{eff} = 2t + 16 < b$ 　　기준식(4.1-4)

$2t + 16 = 2(10) + 16 = 36\text{mm} < b = 39\text{mm}$ 　O.K

(2) $w \geq 2b_{eff} + d$ 　$100\text{mm} \geq 2(36) + 22 = 94\text{mm}$ 　O.K 　　기준 4.1.5.2

(3) $a \geq 1.33b_{eff}$ 　$50\text{mm} \geq 1.33(36) = 47.9\text{mm}$ 　O.K 　　기준 4.1.5.2

(4) $c \geq a$ $c = 50.3\text{mm} \geq a = 50\text{mm}$ O.K

4. 총단면의 항복한계상태에 의한 설계인장강도 산정

$\phi_t F_y A_g = 0.9(275)(10)(100)(10^{-3}) = 248\text{ kN}$ 기준식(4.1-1)

5. 유효순단면의 인장파단강도 산정 (3-4-5-6)

$\phi_t P_n = 0.75(2t)(b_{eff})(F_u)$

$= 0.75(2)(10)(36)(410)(10^{-3}) = 221\text{ kN}$ 기준식(4.1-4)

6. 유효단면적의 전단파단한계상태에 의한 설계인장강도 산정 (1-4-5-2)

$A_{sf} = 2t(a + \frac{d}{2}) = 2(10)(50 + \frac{22}{2}) = 1{,}220\text{ mm}^2$ 기준식(4.1-5)

$\phi_{sf} P_n = 0.75 \times 0.6 F_u A_{sf} = 0.75(0.6)(410)(1{,}220)(10^{-3}) = 225\text{ kN}$ 기준식(4.1-5)

7. 지압한계상태에 의한 설계인장강도 산정

$A_{pb} = t\,d_p = 10 \times 21 = 210\text{ mm}^2$

$\phi_t R_n = 0.75 \times 1.8 F_y A_{pb} = 0.75(1.8)(275)(210)(10^{-3}) = 78.0\text{ kN}$ 기준식(4.7-19)

8. 설계인장강도 선정

$\phi_t P_n = \min(248,\ 221,\ 225,\ 78.0) = 78.0\text{ kN}$

∴지압한계상태에 의하여 설계인장강도 결정

9. 설계인장강도와 소요인장강도의 비교

$\phi_t P_n = 78.0\text{ kN} > P_u = 67.2\text{ kN}$ O.K

◀

예제4.8 아이바의 안전성 검토

그림과 같은 아이바에 고정하중 110kN, 활하중 70kN이 작용한다. 이때의 안전성을 검토하시오. 단, 사용강재는 SS275, 아이바의 두께는 15mm, 핀의 직경은 80mm이다.

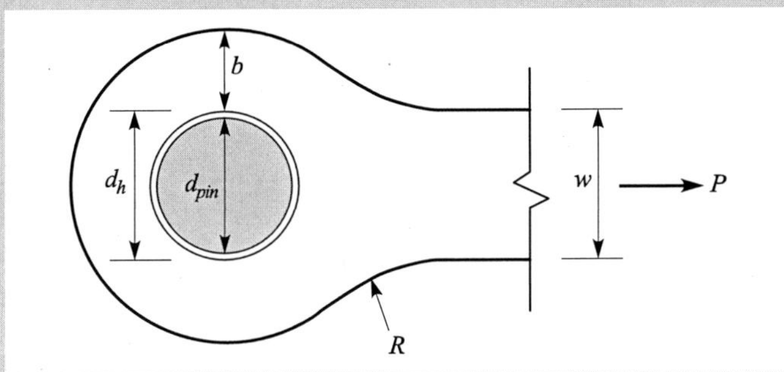

d_{pin} = 80mm
d_h = 81mm
b = 54.5mm
w = 80mm
R = 200mm

풀이 ▶

1. 재료 설계기준강도 기준 3.3.1

SS275 $F_y = 275\text{MPa}$ $F_u = 410\text{MPa}$ 기준표 3.3-1

2. 소요인장강도 산정

$P_u = 1.2(110) + 1.6(70) = 244\text{kN}$ KDS 41 10 15 식(1.5-3)

3. 아이바의 구조제한 기준 4.1.6.2

(1) $t \geq 13\text{mm}$	$15\text{mm} > 13\text{mm}$	O.K
(2) $w \leq 8t$	$80\text{mm} \leq 8(15) = 120\text{mm}$	O.K
(3) $d_h \leq d_{pin} + 1\text{mm}$	$81\text{mm} \leq 80 + 1 = 81\text{mm}$	O.K
(4) $d_{pin} \geq \frac{7}{8}w$	$80\text{mm} \geq \frac{7}{8}(80) = 70\text{mm}$	O.K
(5) $R \geq d_h + 2b$	$200\text{mm} \geq 81 + 2(54.5) = 190\text{mm}$	O.K
(6) $\frac{2}{3}w \leq b \leq \frac{3}{4}w$	$\frac{2}{3}(80) = 53\text{mm} < 54.5\text{mm} < \frac{3}{4}(80) = 60\text{mm}$	O.K

4. 설계인장강도 산정

A_g는 아이바 몸체의 단면적, $A_g = (80)(15) = 1{,}200\text{mm}^2$

$\phi_t P_n = 0.9(275)(1{,}200)(10^{-3}) = 297\text{ kN}$ 기준식(4.1-1)

5. 설계인장강도와 소요인장강도의 비교

$\therefore \phi_t P_n = 297\,\text{kN} > P_u = 244\text{kN} \quad \therefore \text{O.K}$

* Note : 전단항복과 지압 등은 예제 4.7 핀접합과 동일한 방법으로 검토하여야 한다.

◀

예제4.9 볼트구멍이 엇모배치된 플레이트의 유효순단면적

그림과 같이 폭 360mm, 두께 13mm의 플레이트에 4개의 볼트구멍(d=22mm)이 불규칙배치(엇모배치) 되어있을 때 부재의 순단면적(A_n)과 유효순단면적(A_e)를 구하시오.

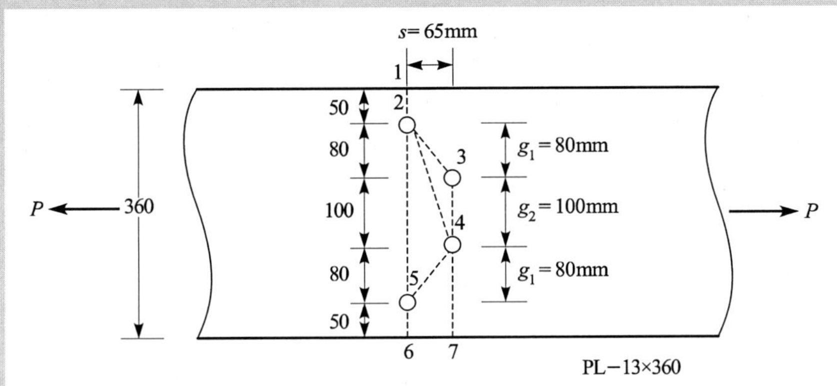

풀이 ▶

1. 총단면적 산정

$$A_g = 360(13) = 4{,}680\text{mm}^2$$

2. 순단면적 산정

$$A_n = A_g - ndt + \sum \frac{s^2}{4g} t$$ 기준식(1.5-3)

(1) 파단선 1-2-5-6

$$A_n = 4{,}680 - 2(22)(13) = 4{,}110\text{mm}^2$$

(2) 파단선 1-2-3-4-5-6

$$A_n = 4{,}680 - 4(22)(13) + \frac{65^2}{4(80)}(13)(2) = 3{,}880\text{mm}^2$$

(3) 파단선 1-2-3-4-7

$$A_n = 4{,}680 - 3(22)(13) + \frac{65^2}{4(80)}(13) = 3{,}990\text{mm}^2$$

(4) 파단선 1-2-4-5-6

$$A_n = 4{,}680 - 3(22)(13) + \frac{65^2}{4(180)}(13) + \frac{65^2}{4(80)}(13) = 4{,}070\text{mm}^2$$

$$\therefore\ A_n = \min(4{,}110,\ 3{,}880,\ 3{,}990,\ 4{,}070) = 3{,}880\ \text{mm}^2$$

5. 유효순단면적 산정

(1) 순단면적

$$A_n = 3{,}880\ \mathrm{mm}^2$$

(2) 전단지연계수 U 산정

사례1 : 인장력이 파스너를 통해 각각의 단면요소에 직접적으로 전달되는 인장재

$U = 1.0$ 기준표 4.1-1

(3) 유효순단면적

$A_e = UA_n = 1.0 \times 3{,}880 = 3{,}880\ \mathrm{mm}^2$ 기준식(4.1-3)

◀

제5장

압축재

제5장 압축재

STRUCTURAL STEEL DESIGN

5.1 개요

이 장은 기둥으로 대표되는 압축재의 설계를 다룬다. 압축재에 많이 사용되는 형강은 다음과 같다.

- H형강
- 강관
- 쌍ㄱ형강
- 단일ㄱ형강

KDS 41 31 00의 설계법 및 단면산정 방법은 이전 기준(KBC2016)과 유사하다.

압축력을 받는 부재의 단면은 아래와 같이 분류된다.
(1) 콤팩트단면: 단면을 구성하는 모든 판요소가 콤팩트요소인 경우
(2) 비콤팩트단면 : 단면을 구성하는 판요소에 세장판요소가 없으며, 하나 이상의 요소가 비콤팩트요소인 경우
(3) 세장판단면 : 단면을 구성하는 요소 중 하나 이상의 판요소가 세장판요소인 경우

세장판단면인 단일형강 및 조립형강의 설계는 많은 시간이 소요될 수 있다. 따라서, 일반적으로 세장판단면이 아닌 압연형강이 많이 사용된다.

5.2 압축강도

5.2.1 설계압축강도

설계압축강도 $\phi_c P_n$은 다음과 같이 산정한다.

P_n : 지배좌굴모드에 근거한 공칭압축강도

ϕ_c = 0.90

5.2.2 공칭압축강도

공칭압축강도 P_n은 휨좌굴, 비틀림좌굴, 휨-비틀림좌굴의 한계상태 중에서 가장 작은 값으로 한다.

5.3 유효좌굴길이와 세장비 제한

KDS 41 31 00의 4.2.2에 따라서, 압축력에 기초하여 설계되는 부재의 세장비 KL/r은 가급적 200을 넘지 않도록 하여야 한다.

5.4 콤팩트 및 비콤팩트단면 압축재의 휨좌굴에 대한 압축강도

콤팩트 및 비콤팩트단면의 H형강과 강관 등은 다음과 같이 설계한다. 세장비 KL/r에 대한 휨좌굴응력 F_{cr} 의 상관곡선은 [그림 5.4.1]과 같다.

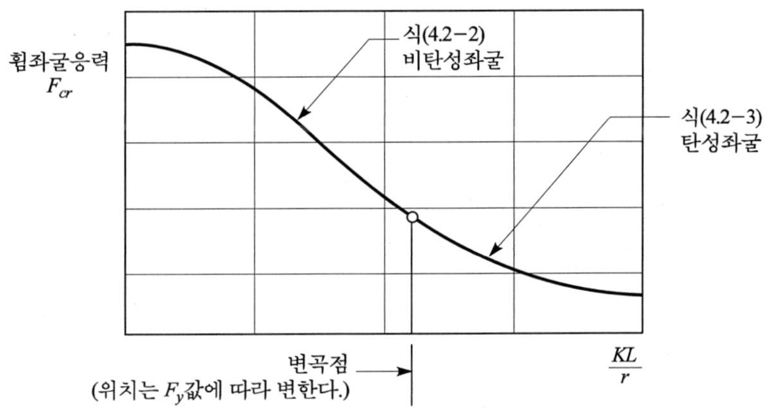

[그림 5.4.1] 세장비와 휨좌굴응력의 상관곡선

기호 L은 횡변위 또는 회전변위에 대하여 구속된 지점들 사이의 길이를 나타낸다.

5.5 콤팩트 및 비콤팩트단면 압축재의 비틀림좌굴과 휨-비틀림좌굴에 대한 압축강도

1축대칭 또는 비대칭부재로서, 얇은 판요소로 구성된 +형, 쌍ㄱ형강 또는 T형강 단면 압축재는 휨좌굴 이전에 비틀림좌굴 또는 휨-비틀림좌굴 발생할 수 있으므로 이러한 단면을 가진 압축재에 보편적으로 적용된다.

5.6 조립압축재

이 예제집은 2개 이상의 부재가 조립되는 조립압축재로서, 쌍ㄱ형강으로 조립된 압축재의 예제가 수록되었다.

5.7 세장판단면 압축재의 압축강도

세장판단면 압축재의 설계는 세장판요소에 따른 저감계수 Q에 의해 수정되는 것만 제외하고 콤팩트 및 비콤팩트단면 압축재의 설계와 유사하다. 즉, 기준식(4.2-18)과 기준식(4.2-2) 그리고 기준식(4.2-19)과 기준식(4.2-3)의 유사함에 주의한다.

세장한 웨브와 플랜지를 갖는 용접H형강 단면을 가진 압축재에 대한 예제가 이 장에 포함되어있다. 아울러, 세장판요소가 있는 쌍ㄱ형강, T형강, 강관부재의 예제가 포함되어있다.

5.8 예제

예제5.1.1 양단이 핀으로 된 H형강의 기둥설계

다음과 같이 양단이 핀으로 된 H형강 기둥을 설계하시오. 기둥에 고정하중 500 kN, 활하중 1,500 kN의 하중이 작용한다. 기둥의 높이는 9 m 양단이 핀접합이며, 기둥의 폭과 춤은 400 mm로 제한한다. (SM355 강재)

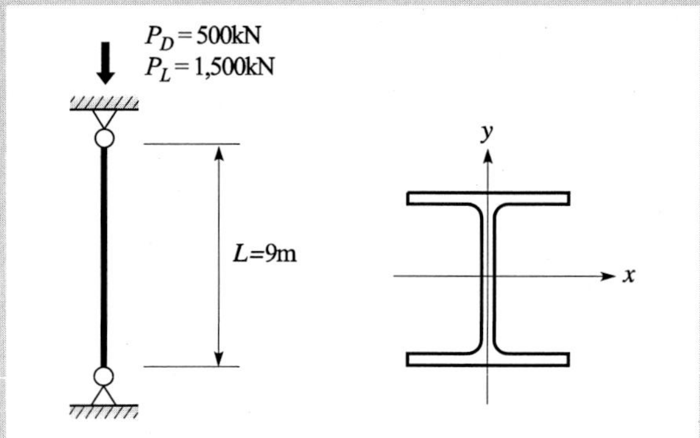

풀이 ▶

1. 소요압축강도 산정

$P_u = 1.2(500) + 1.6(1,500) = 3,000$ kN

2. 강재의 가정 및 검토

$$\phi_c P_{cr} = \phi_c \frac{\pi^2 EI}{(KL)^2} = 0.9 \times \frac{\pi^2 (210,000) I}{(1.0 \times 9,000)^2} = 3,000,000 \text{ N}$$

$I = 130,000 \text{ mm}^4$

약축인 y축에 의하여 지배되므로 y축의 단면2차모멘트가 130,000 mm^4보다 큰 강재 H-350×350×12×19를 선택하여 검토하면 다음과 같다.

(1) 부재의 단면 성능

$A_g = 17,400 \text{ mm}^2 \quad I_y = 136 \times 10^6 \text{ mm}^4 \quad r_y = 88.4 \text{ mm} \quad r = 20 \text{ mm}$

(2) 폭두께비 검토

플랜지 : $b/t_f = \left(\frac{350}{2}\right)/19 = 9.21 < \lambda_r \left(= 0.56\sqrt{E/F_y} = 0.56\sqrt{210,000/355} = 13.6\right)$

웨브 : $h/t_w = [350 - 2(19+20)]/12 = 22.7 < \lambda_r \left(= 1.49\sqrt{E/F_y} = 1.49\sqrt{210,000/355} = 36.2\right)$

따라서, 콤팩트 또는 비콤팩트단면

(3) 설계압축강도 산정

$$\frac{K_yL_y}{r_y} = \frac{1.0(9,000)}{88.4} = 102 < 4.71\sqrt{E/F_y} = 115 \quad \therefore \text{ 비탄성좌굴}$$

$$F_e = \frac{\pi^2 E}{(K_yL_y/r_y)^2} = \frac{\pi^2(210,000)}{102^2} = 199 \text{ MPa}$$

$$F_{cr} = \left[0.658^{\frac{F_y}{F_e}}\right]F_y = \left[0.658^{\frac{355}{199}}\right](355) = 168 \text{ MPa}$$ 기준식(4.2-2)

$$P_n = F_{cr}A_g = 168 \times 17,400 = 2,920 \text{ kN}$$ 기준식(4.2-1)

$$\phi_c P_n = 0.90 \times 2,920 = 2,630 \text{ kN} \langle 3,000 \text{ kN} \quad \therefore \text{ N.G}$$

3. 더 큰 단면의 강재 선택 H-394×398×11×18

(1) 부재의 단면성능

$A_g = 18,700 \text{ mm}^2 \quad r_x = 173 \text{ mm} \quad r_y = 101 \text{ mm} \quad r = 22 \text{ mm}$

(2) 폭두께비 검토

플랜지 : $b/t_f = \left(\frac{398}{2}\right)/18 = 11.1 < \lambda_r\left(= 0.56\sqrt{E/F_y} = 13.6\right)$

웨브 : $h/t_w = [394 - 2(18+22)]/11 = 28.5 < \lambda_r\left(= 1.49\sqrt{E/F_y} = 36.2\right)$

따라서, 콤팩트 또는 비콤팩트단면

(3) 설계압축강도 산정

$$\frac{K_yL_y}{r_y} = \frac{1.0(9,000)}{101} = 89.1 < 4.71\sqrt{E/F_y} = 115 \quad \therefore \text{ 비탄성좌굴}$$

$$F_e = \frac{\pi^2 E}{(K_yL_y/r_y)^2} = \frac{\pi^2(210,000)}{89.1^2} = 261 \text{ MPa}$$

$$F_{cr} = \left[0.658^{\frac{F_y}{F_e}}\right]F_y = \left[0.658^{\frac{355}{261}}\right](355) = 201 \text{ MPa}$$ 기준식(4.2-2)

$$P_n = F_{cr}A_g = 201 \times 18,700 = 3,760 \text{ kN}$$ 기준식(4.2-1)

$$\phi_c P_n = 0.90 \times 3,760 = 3,380 \text{ kN} \rangle 3,000 \text{ kN} \quad \therefore \text{ O.K}$$

따라서, H-394×398×11×18 (SM355) 선택 ◀

예제5.1.2 기둥의 중간이 횡지지된 H형강의 기둥설계

예제5.1.1의 기둥이 약축인 y축에 대해서 횡지지와 비틀림이 구속된 것으로 가정하여 다시 설계하시오. (SM355 강재)

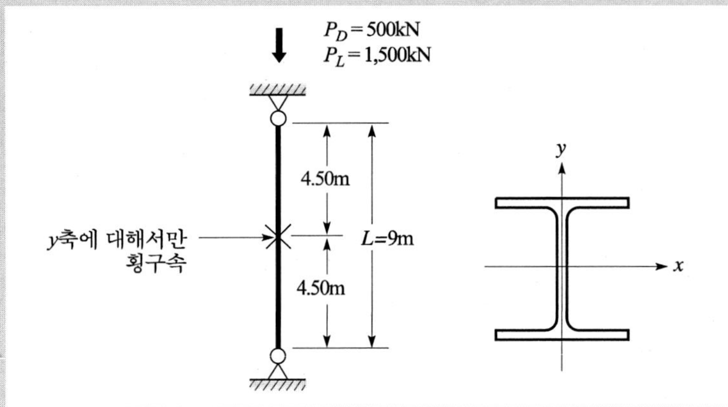

풀이 ▶

1. 소요압축강도 산정

$$P_u = 1.2(500) + 1.6(1,500) = 3,000 \ \text{kN}$$

2. 강재의 가정 및 검토

$$\phi_c P_{cr} = \phi_c \frac{\pi^2 E I_x}{(KL_x)^2} = 0.9 \times \frac{\pi^2 (210,000) I_x}{(1.0 \times 9,000)^2} = 3,000,000 \ \text{N}$$

요구되는 최소값 $I_x = 130 \times 10^6 \ \text{mm}^4$

$$\phi_c P_{cr} = \phi_c \frac{\pi^2 E I_y}{(KL_y)^2} = 0.9 \times \frac{\pi^2 (210,000) I_y}{(1.0 \times 4,500)^2} = 3,000,000 \ \text{N}$$

요구되는 최소값 $I_y = 32.6 \times 10^6 \ \text{mm}^4$

계산된 단면2차모멘트를 모두 만족시키는 강재를 선택하면 H−344×348×10×16이다.

(1) 부재의 단면성능

$A_g = 14,600 \ \text{mm}^2$ $I_x = 333 \times 10^6 \ \text{mm}^4$ $I_y = 112 \times 10^6 \ \text{mm}^4$

$r_x = 151 \ \text{mm}$ $r_y = 87.8 \ \text{mm}$ $r = 20 \ \text{mm}$

(2) 폭두께비 검토

플랜지 : $b/t_f = (348/2)/16 = 10.9 < \lambda_r \left(= 0.56\sqrt{E/F_y} = 13.6\right)$

웨브 : $h/t_w = [344 - 2(16+20)]/10 = 27.2 < \lambda_r \left(= 1.49\sqrt{E/F_y} = 36.2\right)$

따라서, 콤팩트 또는 비콤팩트단면

(3) 설계압축강도 산정

$$\frac{K_x L_x}{r_x} = \frac{1.0(9,000)}{151} = 59.6$$

$$\frac{K_y L_y}{r_y} = \frac{1.0(4,500)}{87.8} = 51.3$$

둘중의 큰 값인 59.6이 지배

$4.71\sqrt{E/F_y} = 115 > 59.6$ ∴ 비탄성좌굴

$$F_e = \frac{\pi^2 E}{(K_x L_x / r_x)^2} = \frac{\pi^2 (210,000)}{59.6^2} = 584 \text{ MPa}$$

$\dfrac{KL}{r} < 4.71\sqrt{\dfrac{E}{F_y}}$ 이므로,

$$F_{cr} = \left[0.658^{\frac{F_y}{F_e}}\right] F_y = \left[0.658^{\frac{355}{584}}\right](355) = 275 \text{ MPa}$$ 기준식(4.2-2)

$$P_n = F_{cr} A_g = 275 \times 14,600 = 4,020 \text{ kN}$$ 기준식(4.2-1)

$\phi_c P_n = 0.90 \times 4,020 = 3,620 \text{ kN} > 3,000 \text{ kN}$ ∴ O.K ◀

예제5.2 세장한 웨브를 가진 용접H형강의 기둥 검토

플랜지 PL-200×30과 웨브 PL-400×6인 용접H형강 기둥에 대하여 고정하중 500 kN과 활하중 1,200 kN이 축력으로 작용할 때 이를 지지할 수 있는 지 검토하시오. 기둥의 길이는 4.50 m이고, 양단은 핀으로 되어있다. (SM355 강재)

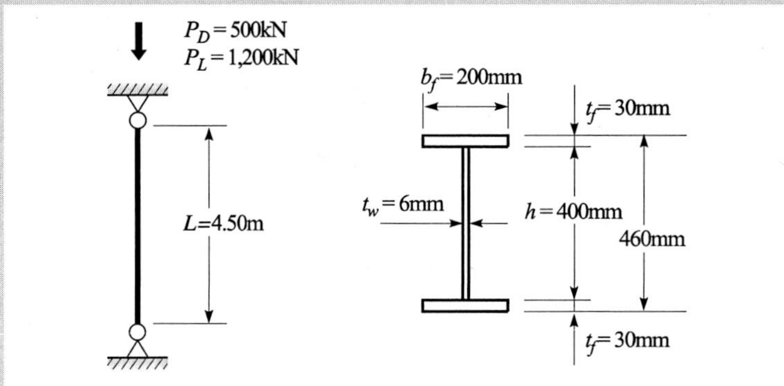

풀이 ▶

1. 단면성능 산정

플랜지 두께인 30mm가 16~40mm에 속하는 용접H형강(SM355)의 $F_y = 345\,\text{MPa}$이다.

치수가 $d = 460$ mm, $b_f = 200$ mm, $t_f = 30$ mm, $h = 400$ mm, $t_w = 6$ mm인

용접H형강의 단면성능을 계산하면,

$$A = 2(200)(30) + (400)(6) = 14{,}400 \text{ mm}^2$$

$$I_x = \frac{(200)(460^3)}{12} - \frac{(194)(400^3)}{12} = 588 \times 10^6 \text{ mm}^4$$

$$r_x = \sqrt{\frac{I_x}{A}} = \sqrt{\frac{588 \times 10^6}{14{,}400}} = 202 \text{ mm}$$

$$I_y = \frac{2(30)(200^3)}{12} + \frac{(400)(6^3)}{12} = 40.0 \times 10^6 \text{ mm}^4$$

$$r_y = \sqrt{\frac{I_y}{A}} = \sqrt{\frac{40.0 \times 10^6}{14{,}400}} = 52.7 \text{ mm}$$

2. 소요압축강도(P_u) 산정

$$P_u = 1.2(500) + 1.6(1{,}200) = 2{,}520 \text{ kN}$$

3. 좌굴강도의 산정

(1) 탄성휨좌굴강도 산정

양단핀이므로 유효좌굴길이계수 $K=1.0$

양축에 대한 비지지길이가 같으므로, 약축인 y축에 대해서 계산한다.

$$\frac{KL_y}{r_y}=\frac{1.0(4,500)}{52.7}=85.4$$

$$F_e=\frac{\pi^2 E}{\left(\frac{KL}{r}\right)^2}=\frac{\pi^2(210,000)}{(85.4)^2}=284\ \text{MPa}$$ 기준식(4.2-4)

(2) 탄성비틀림좌굴강도 산정

$$C_w=\frac{I_y h_o^2}{4}=\frac{40.0\times10^6\times430^2}{4}=1.85\times10^{12}\ \text{mm}^6$$

$$J=\sum\frac{bt^3}{3}=\frac{2(200)(30^3)+400(6^3)}{3}=3.63\times10^6\ \text{mm}^4$$

$$F_e=\left[\frac{\pi^2 EC_w}{(K_z L)^2}+GJ\right]\frac{1}{I_x+I_y}$$ 기준식(4.2-8)

$$=\left[\frac{\pi^2(210,000)(1.85\times10^{12})}{(4,500)^2}+(81,000)(3.63\times10^6)\right]\frac{1}{(588\times10^6+40.0\times10^6)}$$

$$=770\ \text{MPa}>284\ \text{MPa}$$

따라서, 휨좌굴한계상태가 지배한다.

$F_e=284$ MPa 사용

(3) 세장판요소 검토와 좌굴응력 산정

비구속판요소(플랜지)에 대한 저감계수 Q_s 결정

k_c를 계산하면,

$$k_c=\frac{4}{\sqrt{\frac{h}{t_w}}}=\frac{4}{\sqrt{\frac{400}{6}}}=0.49$$ 〈표 1.5-1 주(1)〉

k_c는 0.35~0.76사이에 있다.

$$\frac{b}{t_f}=\frac{100}{30}=3.33<0.64\sqrt{\frac{k_c E}{F_y}}=0.64\sqrt{\frac{(0.49)(210,000)}{345}}=11.1$$ 기준식(4.2-23)

그러므로 플랜지는 세장판요소가 아니다.

$Q_s=1.0$

구속판요소(웨브)의 저감계수 Q_a 결정

$$\frac{h}{t_w}=\frac{400}{6}=66.7>1.49\sqrt{\frac{E}{F_y}}=1.49\sqrt{\frac{210,000}{345}}=36.8$$

그러므로 웨브는 세장판요소이다.

$Q_a=\dfrac{A_{eff}}{A}$ 에서 A_{eff}는 감소된 웨브의 유효폭 b_e에 대한 유효단면적이다. 기준식(4.2-32)

위에서 $KL/r=85.4$이고,

$$4.71\sqrt{\frac{E}{QF_y}}=4.71\sqrt{\frac{210,000}{1.0(345)}}=116>85.4\text{이다.}$$

$\dfrac{KL}{r}\le 4.71\sqrt{\dfrac{E}{QF_y}}$ 이므로 F_{cr}을 구하면,

$$F_{cr}=Q\left[0.658^{\frac{QF_y}{F_e}}\right]F_y=1.0\left[0.658^{\frac{1.0(345)}{284}}\right]345=207\ \text{MPa}$$ 기준식(4.2-18)

$$b_e=1.92t\sqrt{\frac{E}{f}}\left[1-\frac{0.34}{(b/t)}\sqrt{\frac{E}{f}}\right]\le b,\ \text{여기서}\ b=h$$ 기준식(4.2-33)

$$b_e=1.92(6)\sqrt{\frac{210,000}{207}}\left[1-\frac{0.34}{(400/6)}\sqrt{\frac{210,000}{207}}\right]=307\le 400$$

기준식(4.2-33)에서 f는 $Q=1.0$일 때의 F_{cr}값이다.

그러므로 감소된 유효웨브춤을 이용하여 A_{eff} 계산하면,

$$A_{eff}=b_et_w+2b_ft_f=(307)(6)+2(200)(30)=13,800\,\text{mm}^2$$

$$Q_a=\frac{A_{eff}}{A}=\frac{13,800}{14,400}=0.958$$ 기준식(4.2-32)

$$Q=Q_sQ_a=(1.0)(0.958)=0.958$$

위에서 $KL/r=85.4$이고

$$4.71\sqrt{\frac{E}{QF_y}}=4.71\sqrt{\frac{210,000}{0.958\times 345}}=119>85.4\text{이므로}$$

$$F_{cr}=Q\left[0.658^{\frac{QF_y}{F_e}}\right]F_y=0.958\times\left[0.658^{\frac{0.958\times 345}{284}}\right]\times 345=203\ \text{MPa}$$ 기준식(4.2-18)

따라서, 기준식(4.2-18)이 적용된다.

4. 설계압축강도 산정

$$P_n=F_{cr}A_g=203\times 14,400=2,920\ \text{kN}$$

$$\phi_cP_n=0.90\times 2,920=2,630\ \text{kN}\ \rangle\ 2,520\ \text{kN}\ (=P_u)\quad \therefore\ \text{O.K}$$ ◀

예제5.3 세장한 플랜지를 가진 용접H형강 기둥 검토

플랜지 PL−250×8과 웨브 PL−180×6인 용접H형강 기둥에 대하여 고정하중 180 kN과 활하중 530 kN을 지지할 수 있는지 검토하시오. 기둥의 비지지길이는 모든 축에 대해서 4.50 m이고 양단은 핀으로 되어있다. (SM355 강재)

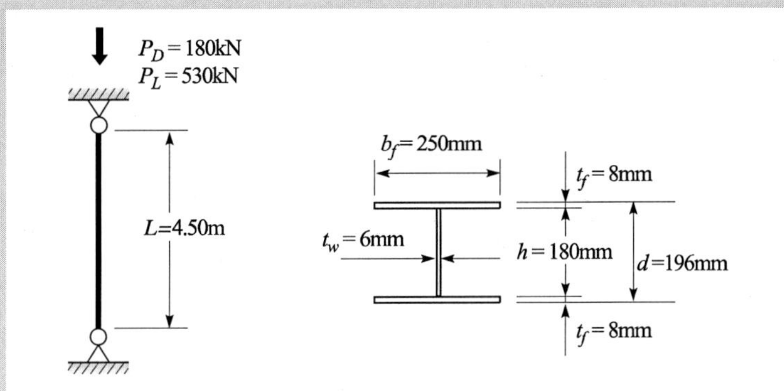

풀이 ▶

1. 단면성능 산정

플랜지와 웨브의 두께가 16mm 미만인 용접H형강(SM355)의 $F_y = 355\,\text{MPa}$이다.

치수가 $d = 196$ mm, $b_f = 250$ mm, $t_f = 8$ mm, $h = 180$ mm, $t_w = 6$ mm인

용접H형강의 단면성능을 산정하면,

$A = 2(250)(8) + (180)(6) = 5{,}080\ \ \text{mm}^2$,

$$I_x = \frac{250 \times 196^3}{12} - \frac{(250-6) \times 180^3}{12} = 38.3 \times 10^6\ \ \text{mm}^4$$

$$I_y = 2\left[\frac{8(250^3)}{12}\right] + \frac{180(6^3)}{12} = 20.8 \times 10^6\ \ \text{mm}^4$$

양축에 대한 비지지길이가 같으며, $I_y < I_x$ 이므로 약축이 지배한다.

$$r_y = \sqrt{\frac{I_y}{A}} = \sqrt{\frac{20.8 \times 10^6}{5{,}080}} = 64.0\ \ \text{mm}$$

2. 소요압축강도(P_u) 산정

$$P_u = 1.2(180) + 1.6(530) = 1,060 \ \text{kN}$$

3. 폭두께비 검토

(1) 웨브 폭두께비 검토

2축 대칭인 H형단면인 구속판요소(웨브)가, 압축력을 받을 경우

$$\lambda_r = 1.49\sqrt{\frac{E}{F_y}} = 1.49\sqrt{\frac{210,000}{355}} = 36.2$$ 〈표 1.5-1구분10〉

$\dfrac{h}{t_w} = \dfrac{180}{6} = 30 < 36.2$ 이므로, 웨브는 세장판요소가 아니다.

조립단면의 h를 계산할 때 용접 시의 필렛은 고려하지 않는다.

(2) 플랜지 폭두께비 검토

k_c 계산

$$k_c = \frac{4}{\sqrt{\frac{h}{t_w}}} = \frac{4}{\sqrt{\frac{180}{6}}} = 0.730, \text{ 여기서 } 0.35 \le k_c \le 0.76 \quad \therefore \text{O.K}$$

$k_c = 0.730$ 사용

균등한 압축력을 받는 조립H형단면의 플랜지에 대해서

$$\lambda_r = 0.64\sqrt{\frac{Ek_c}{F_y}} = 0.64\sqrt{\frac{210,000 \times 0.730}{355}} = 13.3$$ 〈표 1.5-1구분4〉

$\dfrac{b}{t} = \dfrac{125}{8} = 15.6 > 13.3$, 따라서 플랜지는 세장판요소이다.

세장판요소가 있는 압축부재에 대한 설계기준을 적용한다.

공칭압축강도 P_n은 휨, 비틀림, 휨-비틀림좌굴에 대한 한계상태에 근거하여 결정한다.

기둥의 세장비에 의하면 기준식(4.2-2) 또는 기준식(4.2-3)이 적용되어야한다.

F_e는 기준식(4.2-4)와 기준식(4.2-8) 중에서 작은 값을 사용하여 계산한다.

4. 탄성좌굴강도 F_e 계산

(1) 휨좌굴에 대한 탄성좌굴강도 F_e 산정

양단이 모두 힌지이므로 $K = 1.0$이다.

양축에 대해서 비지지길이가 모두 같으므로 약축에 대해서 계산하면

$$\frac{K_y L_y}{r_y} = \frac{1.0(4,500)}{64.0} = 70.3$$

휨좌굴에 대해서 기준식(4.2-4)를 적용하여 탄성좌굴강도 F_e를 구하면 다음과 같다.

$$F_e = \frac{\pi^2 E}{\left(\frac{KL}{r}\right)^2} = \frac{\pi^2(210{,}000)}{70.3^2} = 419\ \text{MPa} \qquad \text{기준식(4.2-4)}$$

(2) 비틀림좌굴에 대해서 기준식(4.2-8)를 사용하여 탄성좌굴강도 F_e 산정

확인을 위하여 비틀림좌굴을 검토한다.

$$C_w = \frac{I_y h_o^2}{4} = \frac{(20.8\times10^6)(188^2)}{4} = 184\times10^9\ \text{mm}^6$$

$$J = \sum\frac{bt^3}{3} = \frac{2(250)(8^3)+180(6^3)}{3} = 98{,}300\ \text{mm}^4$$

$$F_e = \left[\frac{\pi^2 E C_w}{(K_z L)^2} + GJ\right]\frac{1}{I_x + I_y} \qquad \text{기준식(4.2-8)}$$

$$= \left[\frac{\pi^2(210{,}000)(184\times10^9)}{(4{,}500)^2} + (81{,}000)(98{,}300)\right]\frac{1}{38.3\times10^6+20.8\times10^6}$$

$$= 453\ \text{MPa} > 419\ \text{MPa}$$

따라서, $F_e = 419$ MPa를 사용한다.

(3) 한계상태 검토

저감계수 Q 계산

$Q = Q_s Q_a$ 웨브가 세장하지 않으므로 $Q_a = 1.0$이다.

비구속판요소(플랜지)의 Q_s 계산

기준식(4.2-23)~기준식(4.2-25)을 검토하여, Q_s를 계산하기 위한 식을 결정한다.

$$\frac{b}{t} = \frac{125}{8} = 15.6$$

$$0.64\sqrt{\frac{Ek_c}{F_y}} = 0.64\sqrt{\frac{(210{,}000)(0.730)}{355}} = 13.3$$

$$1.17\sqrt{\frac{Ek_c}{F_y}} = 1.17\sqrt{\frac{(210{,}000)(0.730)}{355}} = 24.3$$

$0.64\sqrt{\dfrac{Ek_c}{F}} < \dfrac{b}{t} < 1.17\sqrt{\dfrac{Ek_c}{F_y}}$ 이므로, 기준식(4.2-24)를 적용한다.

$$Q_s = 1.415 - 0.65\left(\frac{b}{t}\right)\sqrt{\frac{F_y}{Ek_c}} \qquad \text{기준식(4.2-24)}$$

$$Q_s = 1.415 - 0.65(15.6)\sqrt{\frac{355}{(210{,}000)(0.730)}} = 0.927$$

$$Q = Q_s Q_a = (0.927)(1.0) = 0.927$$

5. 설계압축강도(ϕP_n) 산정

$4.71\sqrt{\dfrac{E}{QF_y}} = 4.71\sqrt{\dfrac{210,000}{0.927(355)}} = 119 > 70.3\left(= \dfrac{K_y L_y}{r_y}\right)$이므로, 기준식(4.2-18)를 적용한다.

$$F_{cr} = Q\left[0.658^{\frac{QF_y}{F_e}}\right]F_y = 0.927 \times \left[0.658^{\frac{0.927 \times 355}{419}}\right] \times 355 = 237 \text{ MPa} \qquad \text{기준식(4.2-18)}$$

$$P_n = F_{cr} A_g = 237 \times 5,080 = 1,200 \text{ kN}$$

$$\phi_c P_n = 0.90 \times 1,200 = 1,080 \text{ kN} > 1,060 \text{ kN} \quad \therefore \text{O.K}$$ ◀

예제5.4.1 주각부가 구속된 모멘트골조의 H형강 기둥 검토

이 예제는 횡변위가 구속되어 있지 않은 골조로서 계획된 것이다. 부재의 크기는 그림과 같다. 기둥과 보에 사용된 재료는 모두 SS275이다. 하중은 그림에서 보는 바와 같이 각층에서 축적된 고정하중과 활하중이 작용한다. 기둥은 약축좌굴에 대해서 구속되어 있다.
기둥이 연직하중을 지지할 수 있는 지를 검토하시오. 기둥은 직교방향에 대해서 연속적으로 지지되어 있다고 가정한다(기둥의 y-y축).

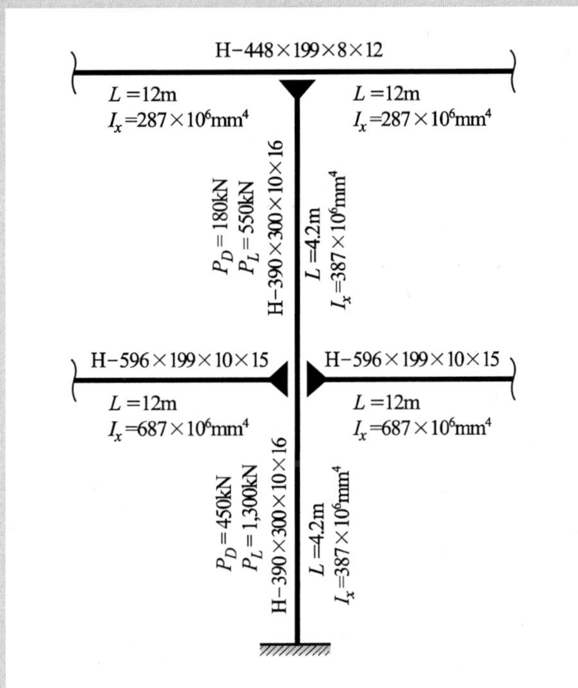

풀이 ▶

1. 부재의 단면성능

H−446×199×8×12 $I_x = 287 \times 10^6\ \text{mm}^4$

H−596×199×10×15 $I_x = 687 \times 10^6\ \text{mm}^4$

H−390×300×10×16 $A_g = 13{,}600\,\text{mm}^2$, $I_x = 387 \times 10^6\ \text{mm}^4$, $r_x = 169\ \text{mm}$, $r_y = 72.8\ \text{mm}$

2. 상층부기둥의 소요압축강도(P_u) 산정

$P_u = 1.2(180) + 1.6(550) = 1{,}100\ \ \text{kN}$

3. 상층부기둥의 유효좌굴길이계수 K값 계산

G_{top}과 G_{bottom} 결정 KDS 14 31 15 식(4.3-3)

$$G_{top}=\frac{\sum(I_c/L_c)}{\sum(I_g/L_g)}=\frac{(387\times10^6/4,200)}{2(287\times10^6/12,000)}=1.93$$ KDS 14 31 15 표(4.3-1)

$$G_{bottom}=\frac{\sum(I_c/L_c)}{\sum(I_g/L_g)}=\frac{2(387\times10^6/4,200)}{2(687\times10^6/12,000)}=1.61$$

[그림 5.8.1]로부터 K값은 약 1.53이다. KDS 14 31 15 그림(4.3-2)

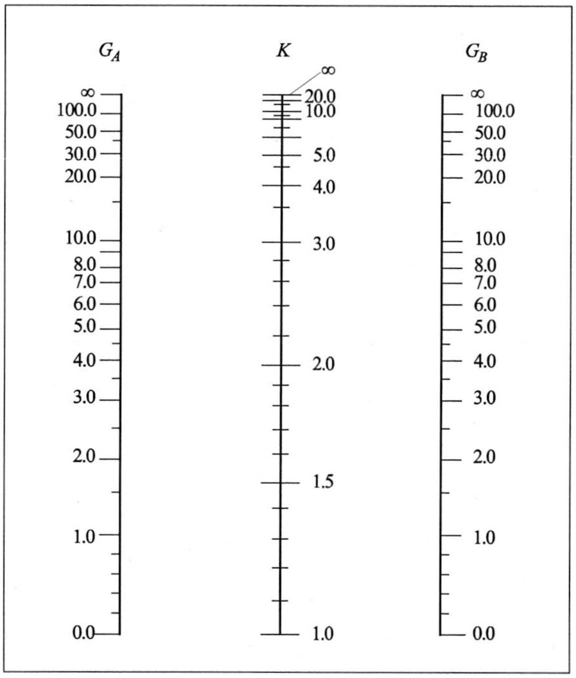

[그림 5.8.1] 브레이싱이 없는 뼈대의 유효길이계수를 구하기 위한 차트

4. 상부층의 F_{cr} 계산

$$\frac{KL}{r}=\frac{1.53\times4,200}{169}=38.0\le4.71\sqrt{\frac{E}{F_y}}=4.71\sqrt{\frac{210,000}{275}}=130$$ 이므로

$F_{cr}=\left[0.658^{\frac{F_y}{F_e}}\right]F_y$를 적용한다.

$$F_e=\frac{\pi^2E}{\left(\frac{KL}{r}\right)^2}=\frac{\pi^2(210,000)}{(38.0)^2}=1,430\ \text{MPa}$$ 기준식(4.2-4)

$$F_{cr}=\left[0.658^{\frac{F_y}{F_e}}\right]F_y=\left[0.658^{\frac{275}{1,430}}\right]\times 275=254\ \text{MPa}$$ 기준식(4.2-2)

5. 상층부 기둥의 안전성검토

$\phi_c=0.90$

$\phi_c P_n=0.90F_{cr}A_g=0.9\times 254\times 13,600$

$=3,110\ \text{kN} > 1,100\ \text{kN}\ \ \therefore$ O.K

6. 하층부의 소요압축강도(P_u) 산정

$P_u=\ 1.2(450)+1.6(1,300)=2,620\ \ \text{kN}$

7. 하층부의 유효좌굴길이계수 K값 계산

G_{top}과 G_{bottom} 결정

$$G_{top}=\frac{\sum(I_c/L_c)}{\sum(I_g/L_g)}=\frac{2(387\times 10^6/4,200)}{2(687\times 10^6/12,000)}=1.61$$

$G_{bottom}=1$ (고정단)

[그림 5.8.1]로부터 K값은 약 1.41이다.

8. 하층부의 F_{cr} 계산

$$\frac{KL}{r}=\frac{1.41\times 4,200}{169}=35.0\le 4.71\sqrt{\frac{E}{F_y}}=4.71\sqrt{\frac{210,000}{275}}=130$$ 이므로

$F_{cr}=\left[0.658^{\frac{F_y}{F_e}}\right]F_y$를 적용한다.

$$F_e=\frac{\pi^2 E}{\left(\frac{KL}{r}\right)^2}=\frac{\pi^2(210,000)}{(35.0)^2}=\ 1,690\ \text{MPa}$$

$$F_{cr}=\left[0.658^{\frac{F_y}{F_e}}\right]F_y=\left[0.658^{\frac{275}{1,690}}\right]\times 275=257\ \text{MPa}$$ 기준식(4.2-2)

9. 하층부 기둥의 안전성검토

$\phi_c=0.90$

$\phi_c P_n=0.90F_{cr}A_g=0.9\times 257\times 13,600=\ 3,150\ \text{kN} > 2,620\ \text{kN}\ \ \therefore$ O.K 기준식(4.2-1)

◀

예제5.4.2 주각부가 핀인 모멘트골조의 H형강 기둥 검토

예제5.4.1과 같이 중력하중을 받는 기둥이 연직하중을 지지할 수 있는 지를 검토하시오. 기둥과 보에 사용된 재료는 모두 SS275이다. 기둥의 기초에서의 지지조건은 x-x축에 대하여 핀접합상태이며 다른 조건은 예제5.4.1과 같다. 단, 기둥은 약축좌굴에 대하여 구속되어 있다.

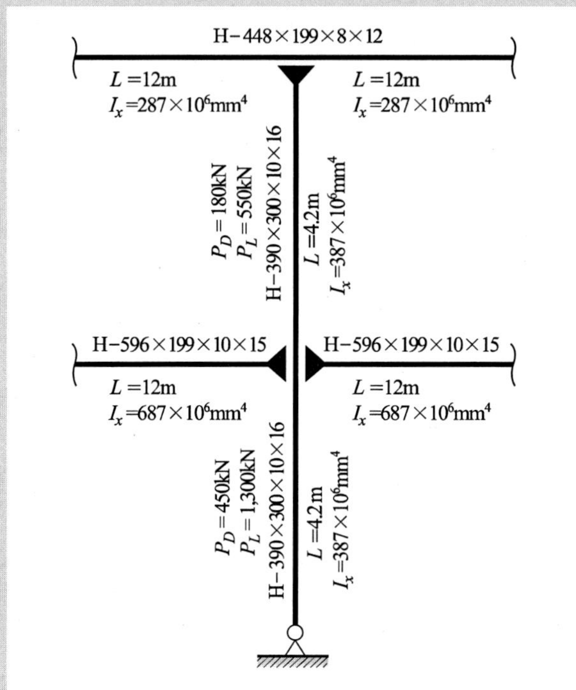

풀이 ▶

예제5.4.1에서처럼, 지붕과 2층 바닥사이의 기둥의 강도는 충분하다.

1. 유효좌굴길이계수 K값 계산

   예제5.4.1에서처럼 기초와 2층바닥 사이의 기둥에 대하여 G_{top}과 G_{bottom}을 결정하면 $G_{\top} = 1.93$이고, $G_{bottom} = 10$이다.

   예제 5.4.1의 [그림 5.8.1]로부터 K값은 약 2.1 이다.

2. F_{cr} 계산

$$\frac{KL}{r} = \frac{2.1 \times 4,200}{169} = 52.2 \le 4.71\sqrt{\frac{E}{F_y}} = 4.71\sqrt{\frac{210,000}{275}} = 130\text{이므로}$$

$F_{cr} = \left[0.658^{\frac{F_y}{F_e}}\right] F_y$를 적용한다.

$$F_e = \frac{\pi^2 E}{\left(\frac{KL}{r}\right)^2} = \frac{\pi^2 (210{,}000)}{(52.2)^2} = 761 \text{ MPa}$$

$$F_{cr} = \left[0.658^{\frac{F_y}{F_e}}\right] F_y = \left[0.658^{\frac{275}{761}}\right](275) = 236 \text{ MPa}$$ 기준식(4.2-2)

3. 안전성검토

$\phi_c = 0.90$

$\phi_c P_n = 0.90 F_{cr} A_g = 0.9 \times 236 \times 13{,}600$ 기준식(4.2-1)

$= 2{,}890 \text{ kN} > 2{,}620 \text{ kN}$ ∴ O.K ◀

예제5.5 세장판요소가 없는 쌍ㄱ형강 압축재 검토

양단이 핀이며, 길이 2.5 m인 부등변 2ㄱ−100×75×10 (20 mm간격)에 고정하중 $P_D = 90$ kN, 활하중 $P_L = 250$ kN이 작용할 때 안전성을 검토하시오. 아울러, 요구되는 접합재의 간격도 구하시오. 단, 사용강재는 SS275이다.

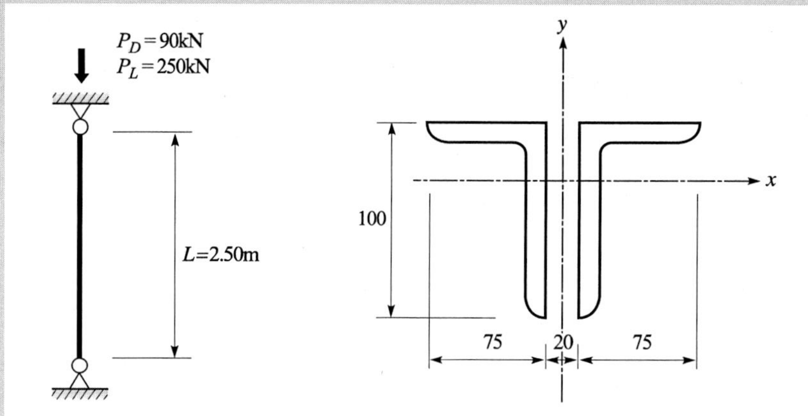

풀이 ▶

1. 부재의 단면성능(ㄱ−100×75×10)

$r_x = 31.1$ mm(단일ㄱ형강), $r_y = 21.5$ mm(단일ㄱ형강), $r_z = 15.8$ mm(단일ㄱ형강),

조립재의 $r_y = 42.5$ mm,

조립재의 $A_g = 3{,}300$ mm^2, $\overline{r_0} = 59.0$ mm, $H = 0.795$

$J = 55{,}000$ mm^4(단일ㄱ형강), $\overline{x} = 19.4$ mm(단일ㄱ형강)

$K = 1.0$

2. 소요압축강도(P_u) 산정

$P_u = 1.2(90) + 1.6(250) = 508$ kN

3. 접합재 간격 산정

a = 접합재 사이의 길이 = $\dfrac{2{,}500}{3\text{간격}} = 833$ mm 기준 4.2.6.2

2개 이상의 압연형강으로 구성된 조립압축재는 접합재 사이의 개재세장비가 조립압축재의 전체세장비의 3/4배를 초과하지 않도록 한다.

따라서, $\dfrac{Ka}{r_i} \leq \dfrac{3}{4}\left(\dfrac{KL}{r}\right)_{\max}$, $a \leq \dfrac{3r_i\left(\dfrac{KL}{r}\right)_{\max}}{4K}$

$r_i = r_z = 15.8\ \text{mm}$

$\dfrac{KL}{r_x} = \dfrac{1.0(2,500)}{31.1} = 80.4$ 지배

$\dfrac{KL}{r_y} = \dfrac{1.0(2,500)}{42.5} = 58.8$

$\dfrac{3r_z\left(\dfrac{KL}{r}\right)_{\max}}{4K} = \dfrac{3(15.8)(80.4)}{4(1.0)} = 953\ \text{mm}$

따라서, $a(=833\,\text{mm}) \leq \dfrac{3r_z\left(\dfrac{KL}{r}\right)_{\max}}{4K}(=953\,\text{mm})$이므로, 접합재 간격은 833 mm로 한다.

4. 폭두께비 검토

$\dfrac{b}{t} = \dfrac{100}{10} = 10$

$\lambda_r = 0.45\sqrt{\dfrac{E}{F_y}} = 0.45\sqrt{\dfrac{210,000}{275}} = 12.4 > 10$ 〈표 1.5-1구분5〉

따라서, 세장판요소가 없다. 즉 세장판단면이 아니다.

5. 좌굴응력 산정

(1) x축에 대한 휨좌굴응력 산정

$\dfrac{KL}{r_x} = \dfrac{1.0(2,500)}{31.1} = 80.4$ 기준 4.2.3

$F_e = \dfrac{\pi^2 E}{\left(\dfrac{KL}{r}\right)^2} = \dfrac{\pi^2(210,000)}{(80.4)^2} = 321\ \text{MPa}$ 기준식(4.2-4)

$4.71\sqrt{\dfrac{E}{F_y}} = 4.71\sqrt{\dfrac{210,000}{275}} = 130 > 80.4$

따라서, $F_{cr} = \left[0.658^{\frac{F_y}{F_e}}\right]F_y = \left[0.658^{\frac{275}{321}}\right](275) = 192\ \text{MPa}$ 기준식(4.2-2)

(2) 비틀림좌굴응력과 휨-비틀림좌굴응력 산정

위 부재는 세장판요소가 없기 때문에 기준 4.2.4 및 기준식(4.2-6)를 적용하여 비틀림좌굴 및 휨-

비틀림좌굴을 검토한다.

$$a = \frac{2,500}{3} = 833 \text{ mm}$$

$$r_{ib} = r_y(\text{단일ㄱ형강}) = 21.5 \text{ mm}$$

$$\alpha = \frac{h}{2r_{ib}} = \frac{2\bar{x}+20}{2r_y} = \frac{2(19.4)+20}{2(21.5)} = 1.37$$

$$\left(\frac{KL}{r}\right)_m = \sqrt{\left(\frac{KL}{r}\right)_0^2 + 0.82\frac{\alpha^2}{(1+\alpha^2)}\left(\frac{a}{r_{ib}}\right)^2} \qquad \text{기준식(4.2-16)}$$

$$= \sqrt{(58.8)^2 + 0.82\frac{(1.37)^2}{1+(1.37)^2}\left(\frac{833}{21.5}\right)^2} = 65.3 < 130$$

$$F_e = \frac{\pi^2 E}{\left(\frac{KL}{r}\right)^2} = \frac{\pi^2(210,000)}{(65.3)^2} = 486 \text{ MPa} \qquad \text{기준식(4.2-4)}$$

$$F_{cry} = \left[0.658^{\frac{F_y}{F_e}}\right]F_y = \left[0.658^{\frac{275}{486}}\right]275 = 217 \text{ MPa} \qquad \text{기준식(4.2-2)}$$

$$F_{crz} = \frac{GJ}{A_g\bar{r}_0^2} = \frac{(81,000)(2\times 55,000)}{(3,300)(59.0)^2} = 776 \text{ MPa} \qquad \text{기준식(4.2-7)}$$

$$F_{cr} = \left(\frac{F_{cry}+F_{crz}}{2H}\right)\left[1-\sqrt{1-\frac{4F_{cry}F_{crz}H}{(F_{cry}+F_{crz})^2}}\right] \qquad \text{기준식(4.2-6)}$$

$$= \left(\frac{217+776}{2(0.795)}\right)\left[1-\sqrt{1-\frac{4(217)(776)(0.795)}{(217+776)^2}}\right] = 202 \text{ MPa} > 192 \text{ MPa}$$

(3) 공칭압축강도 산정용 좌굴응력

공칭압축강도 산정용 좌굴응력은 휨좌굴응력과 휨비틀림좌굴응력 중에서 작은값이므로,

$F_{cr} = 192$ MPa (휨좌굴 지배)

6. 안전성 검토

$$\phi_c P_n = 0.90 F_{cr} A_g \qquad \text{기준식(4.2-5)}$$

$$= 0.9\times 192\times 3,300 = 570 \text{ kN} > 508 \text{ kN} \quad \therefore \text{O.K}$$ ◀

예제5.6 세장판단면인 쌍ㄱ형강 압축재 검토

양단 핀지지의 길이 2.50 m인 부등변 2ㄱ-125×75×7(20 mm 간격)에 고정하중 $P_D = 45$ kN, 활하중 $P_L = 135$ kN이 작용할 때 안전성을 검토하시오. 아울러, 요구되는 접합재의 간격도 구하시오. (SS275 강재)

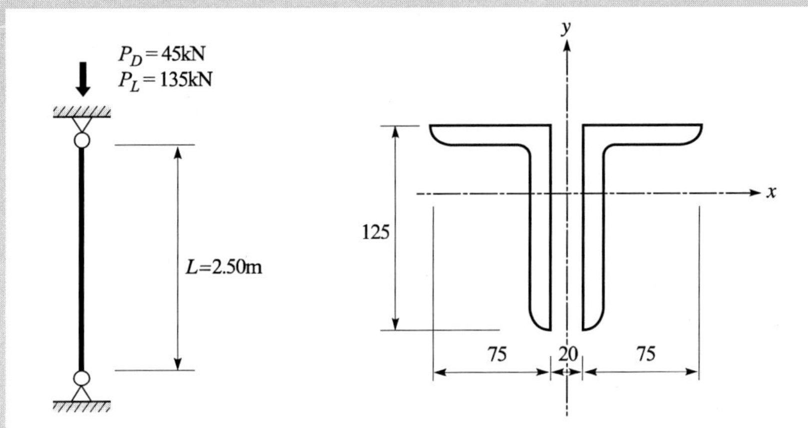

풀이 ▶

1. 단면성능(ㄱ-125×75×7)

   $r_x = 40.1$ mm(단일ㄱ형강), $r_y = 21.1$ mm(단일ㄱ형강), $r_z = 16.3$ mm(단일ㄱ형강)

   조립재의 $r_y = 50.6$ mm,

   조립재의 $A_g = 2{,}720$ mm^2, $\overline{r_0} = 74.6$ mm, $H = 0.748$

   $J = 22{,}100$ mm^4(단일ㄱ형강), $\overline{x} = 16.7$ mm(단일ㄱ형강)

   $K = 1.0$

2. 소요압축강도(P_u) 산정

   $P_u = 1.2(45) + 1.6(135) = 270$ kN

3. 접합재간격 산정

   a = 접합재 사이의 길이 = $\dfrac{2{,}500}{4\text{간격}} = 625$ mm 기준 4.2.6.2

   2개 이상의 압연형강으로 구성된 조립압축재는 접합재 사이의 개재세장비가 조립압축재의 전체세장비의 3/4배를 초과하지 않도록 한다.

따라서, $\frac{Ka}{r_i} \le \frac{3}{4}\left(\frac{KL}{r}\right)_{max}$, $a \le \frac{3r_i\left(\frac{KL}{r}\right)_{max}}{4K}$

$r_i = r_z = 16.3\ \text{mm}$

$\frac{KL}{r_x} = \frac{1.0(2,500)}{40.1} = 62.3$ 지배

$\frac{KL}{r_y} = \frac{1.0(2,500)}{50.6} = 49.4$

$$a \le \frac{3r_z\left(\frac{KL}{r}\right)_{max}}{4K} = \frac{3(16.3)(62.3)}{4(1.0)} = 762\ \text{mm}$$

따라서, $a(=625\,\text{mm}) \le \frac{3r_z\left(\frac{KL}{r}\right)_{max}}{4K}(=762\,\text{mm})$이므로, 접합재 간격은 625 mm로 한다.

4. 폭두께비 검토

$\frac{b}{t} = \frac{125}{7} = 17.9$

$\lambda_r = 0.45\sqrt{\frac{E}{F_y}} = 0.45\sqrt{\frac{210,000}{275}} = 12.4 < 17.9$ 〈표 1.5-1구분5〉

따라서, 세장판요소가 있다. 즉, 세장판단면이다.

5. Q값 산정 기준 4.2.7

$0.45\sqrt{\frac{E}{F_y}} = 0.45\sqrt{\frac{210,000}{275}} = 12.4 < 17.9$

$0.91\sqrt{\frac{E}{F_y}} = 0.91\sqrt{\frac{210,000}{275}} = 25.2 > 17.9$

따라서, $Q_s = 1.34 - 0.76\left(\frac{b}{t}\right)\sqrt{\frac{F_y}{E}}$ 기준식(4.2-27)

$$Q_s = 1.34 - 0.76(17.9)\sqrt{\frac{275}{210,000}} = 0.848$$

6. 좌굴강도의 산정

위 부재는 세장판요소가 있으므로 기준 4.2.7을 적용하여 휨좌굴, 비틀림좌굴, 휨-비틀림좌굴 한계상태에 기초하여 공칭압축강도 P_n을 산정한다.

(1) x축에 대한 휨좌굴응력 산정

$$\frac{KL}{r_x}=\frac{1.0(2,500)}{40.1}=62.3$$ 기준 4.2.3

$$F_e=\frac{\pi^2 E}{\left(\frac{KL}{r}\right)^2}=\frac{\pi^2(210,000)}{(62.3)^2}=534\ \text{MPa}$$ 기준식(4.2-4)

$$4.71\sqrt{\frac{E}{QF_y}}=4.71\sqrt{\frac{210,000}{(0.848)(275)}}=142>62.3$$

따라서, $F_{cr}=Q\left[0.658^{\frac{QF_y}{F_e}}\right]F_y=0.848\times\left[0.658^{\frac{0.848\times 275}{534}}\right]\times 275=194\ \text{MPa}$ 기준식(4.2-18)

(2) 비틀림좌굴응력과 휨-비틀림좌굴응력 산정

$$\frac{KL}{r_y}=\frac{1.0(2,500)}{50.6}=49.4$$

$$a=\frac{2,500}{4}=625\ \text{mm}$$

$r_{ib}=r_y$(단일ㄱ형강)$=21.1$ mm

$$\alpha=\frac{h}{2r_{ib}}=\frac{2\bar{x}+20}{2r_y}=\frac{2(16.7)+20}{2(21.1)}=1.27$$

$$\left(\frac{KL}{r}\right)_m=\sqrt{\left(\frac{KL}{r}\right)^2+0.82\frac{\alpha^2}{(1+\alpha^2)}\left(\frac{a}{r_{ib}}\right)^2}$$

$$=\sqrt{(49.4)^2+0.82\frac{(1.27)^2}{1+(1.27)^2}\left(\frac{625}{21.1}\right)^2}=53.7<142$$

$$F_{ey}=\frac{\pi^2 E}{\left(\frac{K_y L}{r_y}\right)^2}=\frac{\pi^2(210,000)}{(53.7)^2}=719\ \text{MPa}$$

$$F_{ez}=\frac{GJ}{A_g\bar{r}_0^{\,2}}=\frac{(81,000)(2\times 22,100)}{(2.72\times 10^3)(74.6)^2}=237\ \text{MPa}$$

$$F_e=\left(\frac{F_{ey}+F_{ez}}{2H}\right)\left[1-\sqrt{1-\frac{4F_{ey}F_{ez}H}{(F_{ey}+F_{ez})^2}}\right]$$ 기준식(4.2-9)

$$=\left(\frac{719+237}{2(0.748)}\right)\left[1-\sqrt{1-\frac{4(719)(237)(0.748)}{(719+237)^2}}\right]=214\ \text{MPa}$$

한계상태 검토

$0.44QF_y = 0.44(0.848)(275) = 103$ MPa 〉 214 MPa ∴ 비탄성좌굴

$$F_{cr} = Q\left[0.658^{\frac{QF_y}{F_e}}\right]F_y$$

$$= 0.848 \times \left[0.658^{\frac{0.848 \times 275}{214}}\right] \times 275 = 148 \text{ MPa} < 194 \text{ MPa}$$ 기준식(4.2-18)

(3) 공칭압축강도 산정용 좌굴응력

공칭압축강도 산정용 좌굴응력은 휨좌굴응력과 휨비틀림좌굴응력 중에서 작은값이므로,

$F_{cr} = 148$ MPa (휨-비틀림좌굴 지배)

7. 설계압축강도(ϕP_n) 산정과 안전성 검토

$P_n = F_{cr}A_g = 148 \times 2{,}720 = 403$ kN 기준식(4.2-5)

$\phi_c P_n = 0.90 \times 403 = 363$ kN 〉 270 kN ∴ O.K ◀

예제5.7 세장판요소가 없는 CT형강 압축재 검토

고정하중 90kN, 활하중 270 kN을 받는 길이 6 m의 CT−195×300×10×16 형강 압축부재의 안전성을 검토하시오. 양단은 핀지지이다. (SS275 강재)

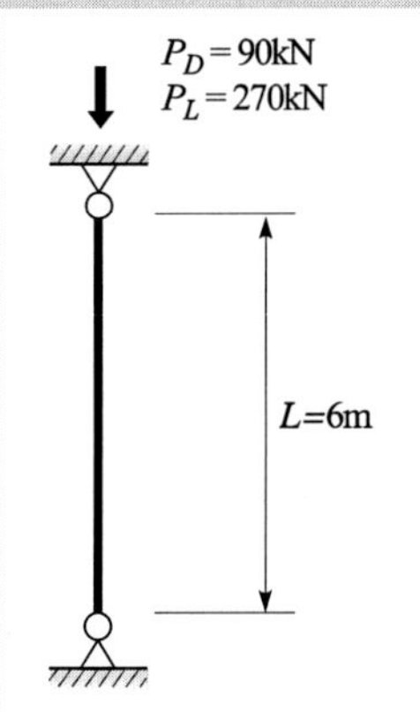

풀이 ▶

1. 부재의 단면성능(CT−195×300×10×16)

$A_g = 6{,}800\ \text{mm}^2$, $r_x = 50.5\ \text{mm}$, $r_y = 72.8\ \text{mm}$, $\overline{r_o} = 92.3\ \text{mm}$

$J = 472{,}000\ \text{mm}^4$, $H = 0.92$, $d = 195\ \text{mm}$, $t_w = 10\ \text{mm}$, $b_f = 300\ \text{mm}$, $t_f = 16\ \text{mm}$

2. 판요소의 폭두께비 검토

$$\frac{d}{t_w} = \frac{195}{10} = 19.5 < 0.75\sqrt{\frac{E}{F_y}} = 0.75\sqrt{\frac{210{,}000}{275}} = 20.7$$ 〈표 1.5−1구분8〉

따라서, 스템은 세장판요소가 아니다.

$$\frac{b_f}{2t_f} = \frac{300}{2(16)} = 9.38 < 0.56\sqrt{\frac{E}{F_y}} = 0.56\sqrt{\frac{210{,}000}{275}} = 15.5$$ 〈표 1.5−1구분3〉

따라서, 플랜지는 세장판요소가 아니다.

3. 좌굴강도의 산정

세장판요소가 없는 압축재이므로 기준 4.2.3와 기준 4.2.4를 적용하여 휨좌굴, 비틀림좌굴, 휨−비틀림좌굴의 한계상태에 근거하여 공칭압축강도 P_n을 산정한다.

(1) x축에 대한 휨좌굴강도 산정 기준 4.2.3

$$\frac{KL}{r_x} = \frac{1.0 \times 6{,}000}{50.5} = 119$$

$$4.71\sqrt{\frac{E}{F_y}} = 4.71\sqrt{\frac{210,000}{275}} = 130 > 119$$

그러므로 기준식(4.2-2)를 적용하면,

$$F_e = \frac{\pi^2 E}{\left(\frac{KL}{r}\right)^2} = \frac{\pi^2(210,000)}{(119)^2} = 146\ \text{MPa} \qquad \text{기준식(4.2-4)}$$

$$F_{cr} = \left[0.658^{\frac{F_y}{F_e}}\right]F_y = \left[0.658^{\frac{275}{146}}\right]\times 275 = 125\ \text{MPa} \qquad \text{기준식(4.2-4)}$$

(2) 비틀림좌굴강도 및 휨-비틀림좌굴강도의 산정

위 부재는 세장판요소가 없기 때문에 기준 4.2.4 및 기준식(4.2-6)을 적용하여 비틀림좌굴 및 휨-비틀림좌굴강도를 검토한다.

F_{cry}은 기준 4.2.3에서 구한 F_{cr}을 사용하고 $\frac{KL}{r} = \frac{KL}{r_y}$을 사용한다.

$\frac{KL}{r_y} = \frac{1.0(6\times 10^3)}{72.8} = 82.4 < 130$ 그러므로 기준식(4.2-2)를 적용한다.

$$F_e = \frac{\pi^2 E}{\left(\frac{KL}{r}\right)^2} = \frac{\pi^2(210,000)}{(82.4)^2} = 305\ \text{MPa} \qquad \text{기준식(4.2-4)}$$

$$F_{cry} = F_{cr} = \left[0.658^{\frac{F_y}{F_e}}\right]F_y = \left[0.658^{\frac{275}{305}}\right]\times 275 = 189\ \text{MPa} \qquad \text{기준식(4.2-2)}$$

$$F_{crz} = \frac{GJ}{A_g\bar{r}_0^{\,2}} = \frac{(81,000)(0.472\times 10^6)}{(6.8\times 10^3)(92.3)^2} = 660\ \text{MPa} \qquad \text{기준식(4.2-7)}$$

$$F_{cr} = \left(\frac{F_{cry}+F_{crz}}{2H}\right)\left[1-\sqrt{1-\frac{4F_{cry}F_{crz}H}{(F_{cry}+F_{crz})^2}}\right] \qquad \text{기준식(4.2-6)}$$

$$= \left(\frac{189+660}{2(0.92)}\right)\left[1-\sqrt{1-\frac{4(189)(660)(0.92)}{(189+660)^2}}\right] = 183\ \text{MPa}$$

(3) 공칭압축강도 산정용 좌굴응력

공칭압축강도 산정용 좌굴응력은 휨좌굴응력과 휨비틀림좌굴응력 중에서 작은값이므로, 위 부재는 휨좌굴의 지배를 받는다.

$F_{cr} = 125\ \text{MPa}$

4. 설계압축강도 산정

$P_n = F_{cr}A_g = 125\times 6,800 = 850\ \text{kN}$

$\phi_c P_n = 0.9\times 850 = 765\ \text{kN} > 540\ \text{kN}$ ∴ O.K ◀

예제5.8 세장판단면인 CT형강 압축재 검토

고정하중 25 kN, 활하중 70 kN을 받는 길이 6 m의 CT−173×174×6×9 형강 압축부재의 안전성을 검토하시오. 양단은 핀지지이다. (SM275 강재)

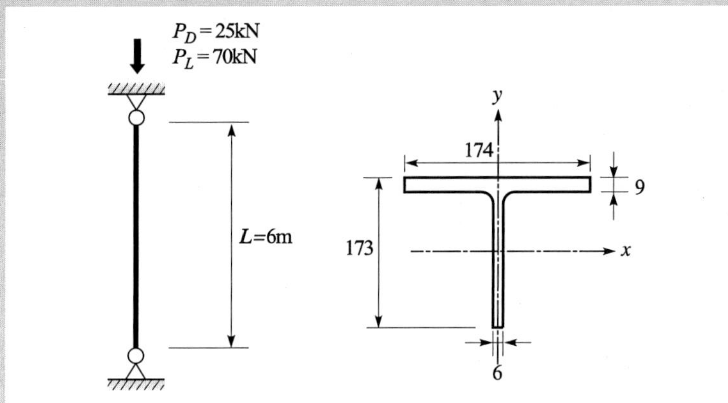

풀이 ▶

1. 부재의 단면성능(CT−173×174×6×9)

$A_g = 2{,}630\ \text{mm}^2,\ r_x = 50.8\ \text{mm},\ r_y = 38.8\ \text{mm},\ \overline{r_o} = 71.8\ \text{mm},$

$J = 54{,}400\ \text{mm}^4,\ H = 0.794,\ Q_s = 0.634,\ d = 173\ \text{mm},\ t_w = 6\ \text{mm},\ b_f = 174\ \text{mm},\ t_f = 9\ \text{mm}$

2. 소요압축강도(P_u) 산정

$P_u = 1.2(25) + 1.6(70) = 142\ \text{kN}$

3. 판요소의 폭두께비 검토

$$\frac{d}{t_w} = \frac{173}{6} = 28.83 > 0.75\sqrt{\frac{E}{F_y}} = 0.75\sqrt{\frac{210{,}000}{275}} = 20.7$$ 〈표 1.5−1구분8〉

따라서, 스템은 세장판요소이다.

$$\frac{b_f}{2t_f} = \frac{174}{2(9)} = 9.67 < 0.56\sqrt{\frac{E}{F_y}} = 0.56\sqrt{\frac{210{,}000}{275}} = 15.5$$ 〈표 1.5−1구분3〉

따라서, 플랜지는 세장판요소가 아니다.

4. 좌굴응력 산정

위 부재는 세장판요소를 가지므로 기준 4.2.7을 적용하여 휨좌굴, 비틀림좌굴, 휨비틀림좌굴 한계상태에 기초하여 좌굴응력을 산정한다.

(1) x축에 대한 탄성휨좌굴응력 산정

$$\frac{K_x L}{r_x} = \frac{1.0 \times 6{,}000}{50.8} = 118$$

$$F_e = \frac{\pi^2 E}{\left(\frac{KL}{r}\right)^2} = \frac{\pi^2 (210{,}000)}{(118)^2} = 149 \text{ MPa}$$ 기준식(4.2-4)

(2) 탄성비틀림 및 탄성휨비틀림좌굴응력 산정

$$\frac{K_y L}{r_y} = \frac{1.0 \times 6{,}000}{38.8} = 155$$

$$F_{ey} = \frac{\pi^2 E}{\left(\frac{K_y L}{r_y}\right)^2} = \frac{\pi^2 (210{,}000)}{(155)^2} = 86.3 \text{ MPa}$$

$$F_{ez} = \left[\frac{\pi^2 E C_w}{(K_z L)^2} + GJ\right] \frac{1}{A_g \overline{r}_o^2}$$ T형강의 경우 C_w을 포함한 항을 삭제한다.

$$F_{ez} = \frac{GJ}{A_g \overline{r}_o^2} = \frac{81{,}000 \times 54{,}400}{2{,}630 \times 71.8^2} = 325 \text{ MPa}$$

$$F_e = \left(\frac{F_{ey} + F_{ez}}{2H}\right)\left[1 - \sqrt{1 - \frac{4 F_{ey} F_{ez} H}{(F_{ey} + F_{ez})^2}}\right]$$ 기준식(4.2-9)

$$= \left(\frac{86.3 + 325}{2(0.794)}\right)\left[1 - \sqrt{1 - \frac{4(86.3)(325)(0.794)}{(86.3 + 325)^2}}\right] = 80.8 \text{ MPa}$$

(3) 탄성휨비틀림좌굴응력이 지배

$F_e =$ 80.8 MPa

(4) 좌굴응력 산정

세장한 비구속판요소로 조합된 단면이기 때문에

$Q = Q_s (Q_a = 1.0) = 0.634$

$0.44 Q F_y = 0.44(0.634)(275) = 76.7 \text{ MPa} < 81.1 \text{ MPa}$ ∴ 비탄성좌굴

$$F_{cr} = Q\left[0.658^{\frac{QF_y}{F_e}}\right] F_y = 0.634 \times \left[0.658^{\frac{0.634 \times 275}{81.1}}\right] \times 275 = 70.9 \text{ MPa}$$ 기준식(4.2-18)

5. 설계압축강도 산정

$P_n = F_{cr} A_g = 70.9 \times 2{,}630 = 186 \text{ kN}$ 기준식(4.2-17)

$\phi_c P_n = 0.9 \times 186 = 167 \text{ kN} > 142 \text{ kN}$ ∴ O.K 기준 4.2.1

◀

예제5.9 세장판요소가 없는 각형강관 압축재 검토

고정하중 365 kN, 활하중 900 kN을 받는 길이 6 m의 각형강관 □-300×200×12 부재의 안전성을 검토하시오. 상단은 핀지지이고 하단은 고정이다. (SNRT275 강재)

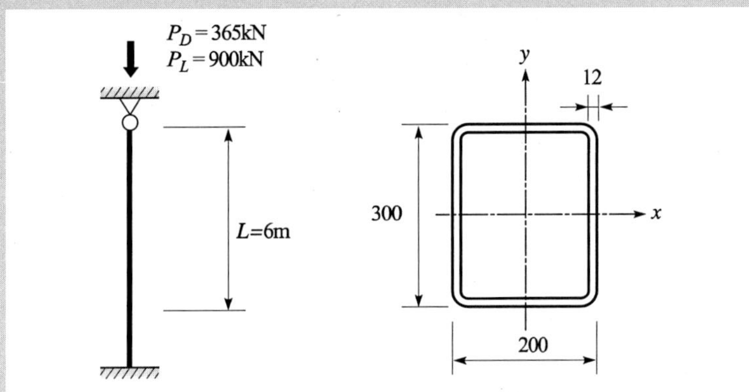

풀이 ▶

1. 부재의 단면성능(□-300×200×12)

$A_g = 11{,}100\ \text{mm}^2,\ r_x = 110\ \text{mm},\ r_y = 80.2\ \text{mm}$

2. 소요압축강도(P_u) 산정

$P_u = 1.2(365) + 1.6(900) = 1{,}880\ \text{kN}$

3. 판요소 판정 〈표 1.5-1구분12〉

(만약 코너반경을 모른다면, b와 h는 외부치수 폭에서 두께의 3배를 감한 값을 취한다.)

가장 세장한 판의 b/t 계산

$$\frac{h}{t} = \frac{300 - 3(12)}{12} = 22 < 1.40\sqrt{\frac{E}{F_y}} = 1.40\sqrt{\frac{210{,}000}{275}} = 38.7$$

그러므로 단면은 세장판요소를 지니고 있지 않다.

4. 휨좌굴응력 산정

$r_y < r_x$이고 $(KL)_x = (KL)_y$이므로 r_y에 의해 휨좌굴응력이 결정된다.

$$\frac{(KL)_y}{r_y} = \frac{0.8 \times 6{,}000}{80.2} = 59.9$$

$$4.71\sqrt{\frac{E}{F_y}} = 4.71\sqrt{\frac{210{,}000}{275}} = 130 > 59.9$$ 기준 4.2.3

그러므로 기준식(4.2-2)를 적용하면

$$F_e = \frac{\pi^2 E}{\left(\frac{KL}{r}\right)^2} = \frac{\pi^2(210{,}000)}{(59.9)^2} = 578\ \text{MPa}$$ 기준식(4.2-4)

$$F_{cr} = \left[0.658^{\frac{F_y}{F_e}}\right]F_y = \left[0.658^{\frac{275}{578}}\right](275) = 225\ \text{MPa}$$ 기준식(4.2-2)

5. 설계압축강도 산정

$$P_n = F_{cr}A_g = 225 \times 11{,}100 = \ 2{,}500\ \text{kN}$$ 기준식(4.2-1)

$$\phi_c P_n = 0.9 \times 2{,}500 = \ 2{,}250\ \text{kN} \rangle\ 1{,}880\ \text{kN} \quad \therefore \text{O.K}$$ ◀

예제5.10 세장판단면인 각형강관 압축재 검토

고정하중 120 kN, 활하중 350 kN을 받는 길이 9 m의 각형강관 □-300×200×6 부재의 안전성을 검토하시오. 상단은 핀이고 하단은 고정단이다. (SNRT275 강재)

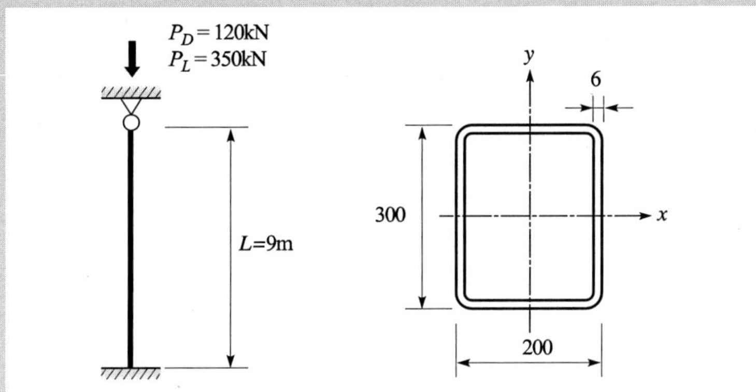

풀이 ▶

1. 부재의 단면성능(□-300×200×6)

$A_g = 5{,}760\ \text{mm}^2 \qquad r_x = 113\ \text{mm} \qquad r_y = 82.9\ \text{mm}$

$\dfrac{b}{t} = \dfrac{200-3(6)}{6} = 30.3 \qquad \dfrac{h}{t} = \dfrac{300-3(6)}{6} = 47$

선택된 형상에 대하여

$b = 200 - 3(6) = 182\ \text{mm}$

$h = 300 - 3(6) = 282\ \text{mm}$

(세장비를 구할 때 b와 h는 외부치수 폭에서 두께의 3배를 감한 값을 취한다.) 기준 1.5.3.3

2. 소요압축강도(P_u) 산정

$P_u = 1.2(120) + 1.6(350) = 704\,\text{kN}$

3. 유효좌굴길이 계산

$K = 0.8$

$(KL)_x = (KL)_y = 0.8(9{,}000) = 7{,}200\ \text{mm}$

4. 판요소의 폭두께비 검토

(1) 단변 판요소의 세장성분 검토

$$\lambda_r = 1.40\sqrt{\frac{E}{F_y}} = 1.40\sqrt{\frac{210{,}000}{275}} = 38.7 > \frac{b}{t} = 30.3$$ 〈표 1.5-1구분12〉

그러므로 단변 판요소는 세장판요소가 아니다.

(2) 장변 판요소의 세장성분 검토 〈표 1.5-1구분14〉

$$\lambda_r = 1.49\sqrt{\frac{E}{F_y}} = 1.49\sqrt{\frac{210{,}000}{275}} = 41.2 < \frac{h}{t} = 47$$

그러므로 장변 판요소는 세장판요소이다.

5. 휨좌굴응력 산정

세장판요소를 가진 각형강관부재에 대하여 공칭압축강도 P_n은 휨좌굴의 한계상태에 근거하여 계산하여야 한다. 만약 비틀림비지지길이가 휨비지지길이를 훨씬 초과하지 않는다면 비틀림좌굴은 영향을 주지 않는다.

(1) 저감계수 Q의 산정

세장한 구속판요소로 구성된 단면에 대하여

$Q = Q_a(Q_s = 1.0)$

$$Q_a = \frac{A_{eff}}{A}$$

A_{eff} = 감소된 유효폭 b_e를 고려하여 산정한 유효단면적의 합

(2) 유효단면적 A_{eff}와 휨좌굴응력 산정

균일한 두께의 세장판요소를 가진 각형부재의 웨브 부재에 대하여

$$h_e = 1.92t\sqrt{\frac{E}{f}}\left[1 - \frac{0.34}{(h/t)}\sqrt{\frac{E}{f}}\right] \le h$$ 기준식(4.2-33)

여기서, f는 $Q = 1.0$ 일 때의 F_{cr}의 값이다. (기준 4.2.7 참조)

$$\frac{(KL)_y}{r_y} = \frac{0.8 \times 9{,}000}{82.9} = 86.9$$

$$4.71\sqrt{\frac{E}{F_y}} = 4.71\sqrt{\frac{210{,}000}{275}} = 130 > 86.9$$

기준식(4.2-18)을 적용하여 $F_{cr} = Q\left[0.658^{\frac{QF_y}{F_e}}\right]F_y$이다.

$$F_e = \frac{\pi^2 E}{\left(\frac{KL}{r}\right)^2} = \frac{\pi^2 (210{,}000)}{(86.9)^2} = 274 \ \text{MPa}$$

$$f = F_{cr} = Q\left[0.658^{\frac{QF_y}{F_e}}\right]F_y = (1.0)\left[0.658^{\frac{1.0\times 275}{274}}\right](275) = 181 \ \text{MPa}$$

$$h_e = 1.92 \times 6\sqrt{\frac{210{,}000}{181}}\left[1 - \frac{0.34}{47}\sqrt{\frac{210{,}000}{181}}\right] = 296 \ \text{mm} > 282 \ \text{mm}$$

그러므로 $A_{eff} = A$이다.

F_{cr}의 산정

(1)과 (2)에서 $Q = Q_a(Q_s = 1.0) = 1.0$이므로

$$\frac{K_y L}{r_y} = \frac{0.8(9\times 10^3)}{82.9} = 86.9$$

$$4.71\sqrt{\frac{E}{QF_y}} = 4.71\sqrt{\frac{210{,}000}{1.0(275)}} = 130 > 86.9$$

그러므로 $F_{cr} = Q\left[0.658^{\frac{QF_y}{F_e}}\right]F_y$

$$F_{cr} = 1.0 \times \left[0.658^{\frac{1.0\times 275}{274}}\right] \times 275 = 181 \ \text{MPa}$$ 기준식(4.2-18)

6. 설계압축강도 산정

$P_n = F_{cr}A = 181 \times 5{,}760 = 1{,}040 \ \text{kN}$ 기준식(4.2-17)

$\phi_c P_n = 0.9 \times 1{,}040 = 936 \ \text{kN} > 704 \ \text{kN}$ ∴ O.K ◀

예제5.11 플랜지 크기가 다른 용접H형강 기둥 검토

길이가 4 m인 용접H형강 기둥의 설계압축강도를 산정하시오. 양끝단은 핀지지이며, 바깥쪽 플랜지는 PL−20×125, 안쪽 플랜지는 PL−20×200, 웨브는 PL−9×260이다(강재는 SM275)

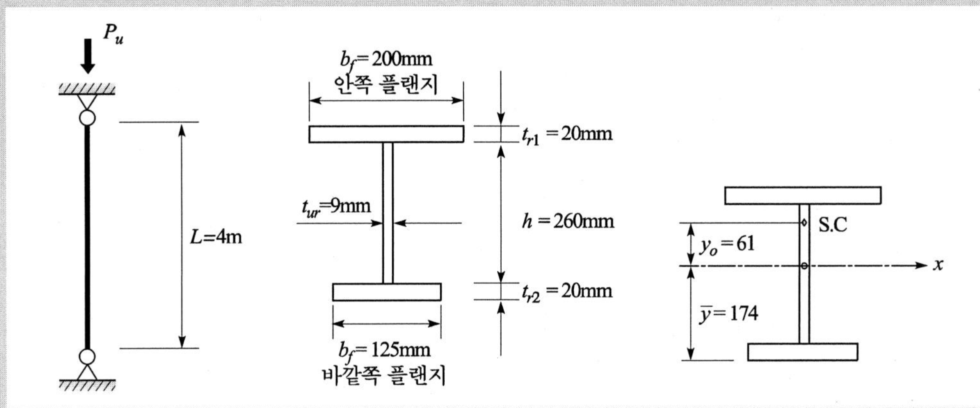

풀이 ▶

1. 설계기준항복강도 선정

   플랜지 두께인 20mm가 16~40mm에 속하는 용접H형강(SM275)의 $F_y = 265\,\mathrm{MPa}$이다.

2. 판요소의 폭두께비 검토

   (1) k_c 산정

   $$k_c = \frac{4}{\sqrt{\dfrac{h}{t_w}}} = \frac{4}{\sqrt{\dfrac{260}{9}}} = 0.744 \qquad 0.35 \le k_c \le 0.76 \quad \therefore \text{O.K}$$ 〈표 1.5-1주(1)〉

   (2) 바깥쪽 플랜지의 세장성분 검토

   $$\frac{b}{t} = \frac{125/2}{20} = 3.13$$

   $$\lambda_r = 0.64\sqrt{\frac{k_c E}{F_y}} = 0.64\sqrt{\frac{0.744(210{,}000)}{265}} = 15.5$$

   $\dfrac{b}{t} \le \lambda_r$ 이므로 바깥쪽 플랜지는 세장판요소가 아니다.

(3) 안쪽플랜지의 폭두께비 검토

$$\frac{b}{t}=\frac{200/2}{20}=5.0$$

$\frac{b}{t}\leq\lambda_r$ 이므로 안쪽플랜지는 세장판요소가 아니다.

(4) 웨브의 폭두께비 검토

$$\frac{h}{t}=\frac{260}{9}=28.9$$

$$\lambda_r=1.49\sqrt{\frac{E}{F_y}}=1.49\sqrt{\frac{210,000}{265}}=41.9$$ 〈표 1.5-1구분14〉

$\frac{h}{t}<\lambda_r$ 그러므로 웨브는 세장판요소가 아니다.

3. 부재의 단면성능 산정(용접부위는 무시한다.)

$$A_g=b_{f1}t_{f1}+ht_w+b_{f2}t_{f2}=200\times20+260\times9+125\times20=8,840\ \text{mm}^2$$

$$\bar{y}=\frac{\sum A_iy_i}{\sum Ai}=\frac{(4,000)(290)+(2,340)(150)+(2,500)(10)}{4,000+2,340+2,500}=174\ \text{mm}$$

주의 : 중심축의 위치는 바깥 플랜지의 바닥으로부터 계산한다.

$$I_x=\left[\frac{200\times20^3}{12}+(200)(20)(116)^2\right]+\left[\frac{9\times260^3}{12}+(9)(260)(24)^2\right]$$

$$+\left[\frac{125\times20^3}{12}+(125)(20)(164)^2\right]=136\times10^6\ \text{mm}^4$$

$$r_x=\sqrt{\frac{I_x}{A}}=\sqrt{\frac{136\times10^6}{8,840}}=124\ \text{mm}$$

$$I_y=\left[\frac{(20)(200^3)}{12}\right]+\left[\frac{(260)(9^3)}{12}\right]+\left[\frac{(20)(125^3)}{12}\right]=16.6\times10^6\ \text{mm}^4$$

$$r_y=\sqrt{\frac{I_y}{A}}=\sqrt{\frac{16.6\times10^6}{8,840}}=43.3\ \text{mm}$$

4. 휨좌굴응력 산정

(1) x축에 대한 탄성휨좌굴응력 F_e의 산정

$$\frac{K_xL}{r_x}=\frac{1.0(4\times10^3)}{124}=32.3$$

$$F_e = \frac{\pi^2 E}{\left(\frac{KL}{r}\right)^2} = \frac{\pi^2(210{,}000)}{(32.3)^2} = 1{,}990 \text{ MPa}$$ 기준식(4.2-4)

(2) 탄성비틀림좌굴응력과 탄성휨비틀림좌굴강도 F_e의 산정

$$J = \sum\left(\frac{bt^3}{3}\right) = \left(\frac{(200)(20^3)}{3}\right) + \left(\frac{(260)(9^3)}{3}\right) + \left(\frac{(125)(20^3)}{3}\right) = 930{,}000 \text{ mm}^4$$

$$h_o = d - \frac{t_f}{2} - \frac{t_f}{2} = 300 - \frac{20}{2} - \frac{20}{2} = 280 \text{ mm}$$

$$C_w = \frac{t_f h_o^2}{12}\left(\frac{b_1^3 b_2^3}{b_1^3 + b_2^3}\right) = \frac{20(280)^2}{12}\left(\frac{(200^3)(125^3)}{200^3 + 125^3}\right) = 205 \times 10^9 \text{ mm}^6$$

전단중심을 산정하면, 대칭이기 때문에 중심과 전단중심은 y축에 놓인다. 그러므로 $x_0 = 0$이다.

$$e = h_0\left(\frac{b_1^3}{b_1^3 + b_2^3}\right) = 280\left(\frac{200^3}{200^3 + 125^3}\right) = 225$$

전단중심위치는 바깥쪽 플랜지의 중심으로부터 구한다. 그러므로 바깥쪽 플랜지의 바닥으로부터 계산된 전단중심을 계산하기 위해 플랜지의 두께의 반을 더한다.

$$e + \frac{t_f}{2} = (225) + \frac{20}{2} = 235 \text{ mm}$$

그러므로 $y_0 = \left(e + \frac{t_f}{2}\right) - \bar{y} = 235 - 174 = 61 \text{ mm}$

$$\overline{r_0^2} = x_o^2 + y_o^2 + \frac{I_x + I_y}{A_g} = 0 + (61)^2 + \frac{136 \times 10^6 + 16.6 \times 10^6}{8{,}840} = 21{,}000 \text{ mm}^2$$ 기준 4.2.2.2

$$H = 1 - \frac{x_o^2 + y_o^2}{\overline{r_o^2}} = 1 - \frac{0 + (61)^2}{21{,}000} = 0.823$$

KDS 14 31 15 〈표 4.3-1〉에 의해 양끝단이 핀이므로 $K = 1.0$

$$\frac{KL}{r_y} = \frac{1.0(4{,}000)}{43.3} = 92.4$$

$$F_{ey} = \frac{\pi^2 E}{\left(\frac{K_y L}{r_y}\right)^2} = \frac{\pi^2(210{,}000)}{(92.4)^2} = 243 \text{ MPa}$$

$$F_{ez} = \left[\frac{\pi^2 E C_w}{(K_z L)^2} + GJ\right]\frac{1}{A_g \overline{r_o^2}}$$

$$= \left[\frac{\pi^2(210{,}000)(205 \times 10^9)}{(1.0 \times 4{,}000)^2} + 81{,}000 \times 930{,}000\right] \times \frac{1}{8{,}840 \times 21{,}000} = 549 \text{ MPa}$$

$$F_e = \left(\frac{F_{ey}+F_{ez}}{2H}\right)\left[1-\sqrt{1-\frac{4F_{ey}F_{ez}H}{(F_{ey}+F_{ez})^2}}\right]$$ 기준식(4.2-9)

$$= \left(\frac{243+549}{2(0.823)}\right)\left[1-\sqrt{1-\frac{4(243)(549)(0.823)}{(243+549)^2}}\right] = 218\ \text{MPa}$$

(3) 좌굴응력 F_{cr} 산정

탄성휨비틀림좌굴응력(=218MPa)이 x축에 대한 탄성휨좌굴응력(=1,990MPa)보다 작으므로,

$F_e =$ 218 MPa

$0.44F_y = 0.44(265) = 117\ \text{MPa} < 218\ \text{MPa}$이므로 기준식(4.2-2)를 적용하면

$$F_{cr} = \left[0.658^{\frac{F_y}{F_e}}\right]F_y = \left[0.658^{\frac{265}{218}}\right](265) = 159\ \text{MPa}$$ 기준식(4.2-2)

5. 설계압축강도 산정

$P_n = F_{cr}A_g = 159 \times 8,840 = 1,410\ \text{kN}$ 기준식(4.2-1)

$\phi_c P_n = 0.9 \times 1,410 = 1,270\ \text{kN}$ ◀

제6장

휨부재

제6장 휨부재

STRUCTURAL STEEL DESIGN

6.1 개요

이 장은 강축에 휨을 받는 1축 또는 2축 대칭 휨부재에 적용한다. 이 장에 제시된 공칭휨강도 M_n은 전소성모멘트 M_p를 초과하지 못한다. 공칭휨강도는 휨부재 요소의 판폭두께비와 횡지지길이에 따라 결정된다. 부재의 공칭휨강도가 전소성모멘트 상태에 도달하기 위해서는 부재의 단면이 콤팩트(조밀)단면이며 횡지지되어 있어야 한다.

콤팩트단면의 여부는 기준 1.5.3에 제시된 부재단면의 폭-두께비에 의하여 결정되며 상기 조건이 충족되지 않으면 공칭휨강도는 저감된다. [그림 6.1.1]은 휨재 플랜지의 콤팩트, 비콤팩트, 세장판요소에 대한 공칭휨강도의 한계를 3개 구간으로 분류하여 나타낸 것이다. 각 구간의 공칭휨강도는 판폭두께비 λ에 따라 결정된다.

[그림 6.1.2]는 횡지지길이와 공칭휨강도의 관계를 나타낸다. 여기서 공칭휨강도는 각각 소성설계구간, 전소성구간, 비탄성횡좌굴구간, 탄성횡좌굴구간의 4개 구간으로 분류되며 구간경계점 L_{pd}, L_p, L_r로 구분된다. 탄성횡좌굴은 보의 횡지지길이가 기준식(4.3-7)에 제시된 값 L_r 보다 큰 경우 발생하며, 이 경우 횡좌굴강도는 기준식(4.3-4), 기준식(4.3-5)과 같다. 비탄성횡좌굴은 횡지지길이가 L_p보다 크고 L_r보다 작은 구간에서 발생하며, 이 경우 횡좌굴강도는 식(4.3-3)와 같다. 비탄성횡좌굴구간에서 횡지지길이와 횡좌굴강도의 관계는 직선적으로 변화한다. 탄성횡좌굴과 비탄성횡좌굴 경계점에서의 공칭휨강도는 $0.7F_yS_x$가 된다. 보에 등분포모멘트가 발생하지 않는 경우의 공칭휨강도는 기준강도에 횡좌굴모멘트수정계수 C_b를 곱하여 산정한다. 여기서 기준강도는 C_b 값이 1.0일 때의 값으로 정의한다. C_b에 의하여 공칭휨강도는 [그림 6.1.2]와 같이 증가하나 공칭휨강도는 전소성모멘트 M_p값을 초과하지 못하므로 주의하여야 한다. 1.0보다 큰 C_b값에 대하여 소성모멘트까지 이르는데 더 큰 횡지지길이가 허용될 수 있기 때문이다.

단순보의 경우 여러 하중 조건별, 횡지지 조건별 C_b의 값을 〈표 6.1.1〉에 제시하였다.

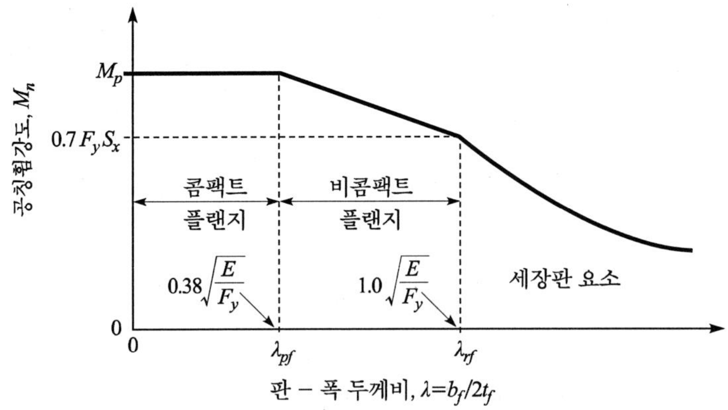

[그림 6.1.1] 공칭휨강도와 플랜지 판폭두께비의 관계

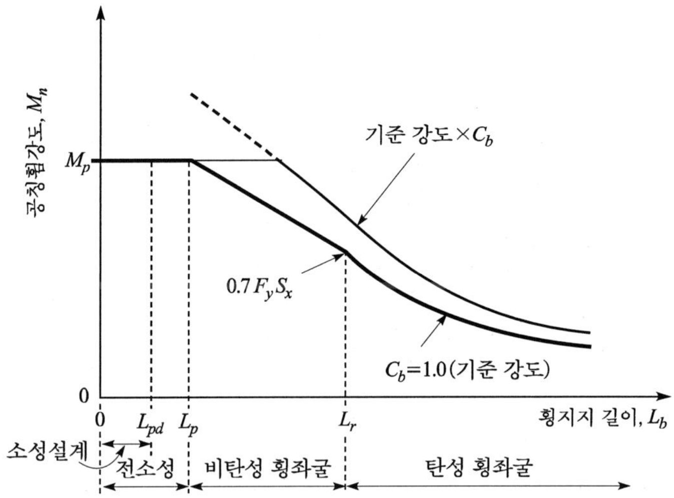

[그림 6.1.2] 공칭휨강도와 횡지지길이의 관계

6.2 강축휨을 받는 2축대칭 H형강 또는 ㄷ형강 콤팩트부재

이 조항은 기준 4.3.2으로서, 강축에 휨을 받는 2축대칭 H형강 또는 ㄷ형강 콤팩트부재에 적용한다. 앞절에서 기술한 바와 같이 공칭휨강도는 횡지지길이에 따라 전소성구간, 비탄성횡좌굴구간, 탄성횡좌굴구간으로 분류하여 아래와 같이 산정한다. [그림 6.1.2]에서 점선은 C_b가 1보다 큰 경우의 공칭휨강도이며 실선은 C_b가 1인 경우의 공칭휨강도를 나타낸다.

(1) $L_b \le L_p$인 경우 (소성 구간)

$$M_n = M_p = F_y Z_x \qquad \text{기준식(4.3-2)}$$

(2) $L_p < L_b \le L_r$인 경우 (비탄성횡좌굴 구간)

$$M_n = C_b\left[M_p - (M_p - 0.7F_y S_x)\left(\frac{L_b - L_p}{L_r - L_p}\right)\right] \le M_p \qquad \text{기준식(4.3-3)}$$

(3) $L_b > L_r$의 경우 (탄성횡좌굴 구간)

$$M_n = F_{cr} S_x \le M_p \qquad \text{기준식(4.3-4)}$$

$$F_{cr} = \frac{C_b \pi^2 E}{\left(\dfrac{L_b}{r_{ts}}\right)^2}\sqrt{1 + 0.078\frac{J_C}{S_x h_o}\left(\frac{L_b}{r_{ts}}\right)^2} \qquad \text{기준식(4.3-5)}$$

6.3 강축휨을 받는 2축대칭 H형강(콤팩트웨브, 비콤팩트플랜지 또는 세장판 플랜지) 부재

이 조항은 기준 4.3.3으로서, H형강 단면의 플랜지가 비콤팩트요소 또는 세장판요소인 경우에 적용한다. 따라서 부재의 공칭휨강도는 국부좌굴강도를 고려하여 결정된다. 국부좌굴이 발생할 수 있는 플랜지요소의 판폭두께비 λ와 공칭휨강도의 관계는 [그림 6.1.1]과 같으며 공칭휨강도는 λ에 따라 아래와 같이 산정한다.

(1) $\lambda < \lambda_{pf}$ (콤팩트플랜지인 경우)

$$M_n = M_p = F_y Z_x \qquad \text{기준식(4.3-2)}$$

(2) $\lambda_{pf} < \lambda < \lambda_{rf}$ (비콤팩트플랜지인 경우)

$$M_n = \left[M_p - (M_p - 0.7F_y S_x)\left(\frac{\lambda - \lambda_{pf}}{\lambda_{rf} - \lambda_{pf}}\right)\right] \qquad \text{기준식(4.3-11)}$$

(3) $\lambda_{rf} < \lambda$ (세장판플랜지인 경우)

$$M_n = \frac{0.9E\,k_c S_x}{\lambda^2} \qquad \text{기준식(4.3-12)}$$

6.4 콤팩트웨브 또는 비콤팩트웨브를 갖는 강축휨을 받는 H형강부재

이 조항은 강축휨을 받는 H형강부재로서, 웨브가 비콤팩트요소인 2축대칭단면인 경우와 웨브가 콤팩트요소 또는 비콤팩트요소인 1축대칭단면인 경우에 적용한다. 웨브가 세장판요소인 경우에는 기준 4.3.5를 적용한다. 공칭휨강도는 4가지 한계상태, 즉 (1)압축플랜지 항복, (2)횡좌굴, (3)압축플랜지 국부좌굴, (4)인장플랜지 항복에 의하여 결정된다. 웨브좌굴의 영향을 고려하여 압축플랜지 항복인 경우에는 압축항복시의 모멘트 M_{yc}에 보정계수 R_{pc}를 곱한 값을 공칭휨강도로 하고, 인장플랜지 항복인 경우에는 인장항복시의 모멘트 M_{yt}에 보정계수 R_{pt}를 곱한 값을 공칭휨강도로 한다.

6.5 강축휨을 받는 세장판웨브 단면의 1축 또는 2축대칭 H형강부재

이 조항은 강축에 대하여 휨을 받는 1축 또는 2축 H형강부재로서, 웨브가 세장판요소인 경우에 적용한다. 웨브의 판폭두께비 h_c/t_w 값이 $5.7\sqrt{E/F_y}$ 보다 큰 경우 세장판요소에 해당된다. 이 경우 공칭휨강도는 4가지 한계상태, 즉 (1)압축플랜지 항복, (2)횡좌굴, (3)압축플랜지 국부좌굴, (4)인장플랜지 항복에 의하여 결정된다.

6.6 약축휨을 받는 H형강 또는 ㄷ형강부재

약축휨을 받는 H형강 또는 ㄷ형강부재는 횡좌굴 또는 웨브좌굴이 발생하지 않는다. 공칭휨강도는 2가지 한계상태, 즉 (1)전소성모멘트, (2)플랜지 국부좌굴에 의하여 결정된다.

6.7 각형강관

이 조항은 정사각형 및 직사각형 각형강관에 적용한다. 각형강관은 비틀림강성이 크기 때문에 횡좌굴을 고려할 필요가 없다. 따라서, 공칭휨강도는 3가지 한계상태, 즉 (1)전소성모멘트, (2)플랜지 국부좌굴, (3)웨브 국부좌굴에 의하여 결정된다.

6.8 원형강관

원형강관은 비틀림강성이 클 뿐만 아니라 약축과 강축의 휨강성이 동일하므로, 횡좌굴이 발생하지 않는다. 따라서, 공칭휨강도는 2가지 한계상태, 즉 (1)전소성모멘트, (2)국부좌굴에 의하여 결정된다.

6.9 T형강 및 쌍ㄱ형강

이 조항은 1축대칭인 T형강 및 쌍ㄱ형강에 적용한다. 공칭휨강도는 3가지 한계상태, 즉 (1)전소성모멘트, (2)횡좌굴, (3)플랜지 국부좌굴에 의하여 결정된다.

1축대칭 T형강의 횡좌굴강도는 상당히 복잡하며, 이를 단순화하여 기준식(4.3-57)로 제시되어 있다. H형강 횡좌굴강도 산정시 사용하는 계수 C_b는 T형강에 적용시 안전측이 아니므로 T형강은 $C_b = 1.0$으로 정하여 기준식이 만들어졌다. 즉, 보가 복곡률의 휨을 받을 경우 T형강 스템이 압축을 받는 경우 횡좌굴강도의 저하가 우려되기 때문이다.

6.10 단일ㄱ형강

단일ㄱ형강에 대한 공칭휨강도는 3가지 한계상태, 즉 (1)전소성모멘트, (2)횡좌굴, (3)국부좌굴에 의하여 결정된다. 일반적인 부등변형강 뿐만 아니라 등변ㄱ형강의 경우를 별도로 하여 강도식이 제시되었다.

6.10.1 항복강도

전소성모멘트에 의한 항복시 형상계수는 1.5를 취하여, 공칭휨강도 $M_n = 1.5M_y$로 산정된다.

6.10.2 횡좌굴강도

비지지단일형강의 경우 횡좌굴에 의하여 한계상태가 결정될 수 있다. [그림 6.10.1]에 제시된 바와 같이, 기준식(4.3-63)는 부재의 이론적 탄성횡좌굴모멘트 M_e가 항복모멘트 M_y보다 적은 경우에 적용하는 식이며 이 경우에는 탄성횡좌굴이 발생하며 이 때의 공칭휨강도 M_n은 M_y의 75% 이하에서 결정된다. 기준식(4.3-64)는 부재의 M_e가 M_y보다 큰 경우에 적용하는 식이며 이때의 공칭휨강도 M_n은 M_y의 75%이상, 150%이하의 범위에서 결정된다. 공칭휨강도와 항복모멘트가 같아질 때(그림에서 $M_y/M_e = 0.13$일 때)의 M_e는 $7.7M_y$이다.

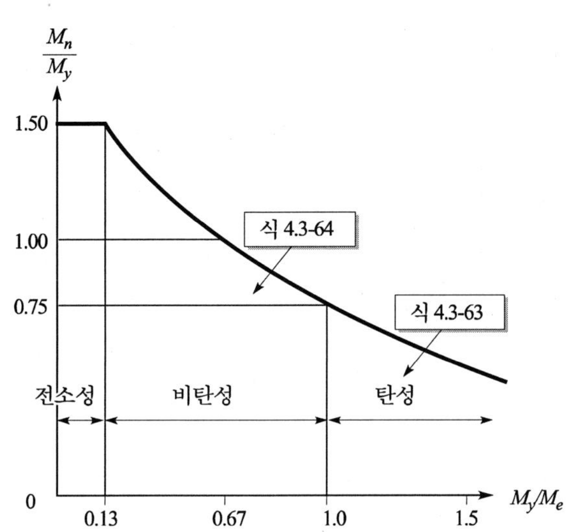

[그림 6.10.1] 단일ㄱ형강보의 횡좌굴강도

(1) $M_e > 7.7M_y$ (전소성인 경우)

$$M_n = 1.5\,M_y \qquad \text{기준식(4.3-62)}$$

(2) $M_e \le M_y$ (탄성횡좌굴인 경우)

$$M_n = \left(0.92 - \frac{0.17M_e}{M_y}\right)M_e \qquad \text{기준식(4.3-63)}$$

(3) $7.7M_y > M_e > M_y$ (비탄성횡좌굴인 경우)

$$M_n = \left(1.92 - 1.17\sqrt{\frac{M_y}{M_e}}\right)M_y \le 1.5M_y \qquad \text{기준식(4.3-64)}$$

6.10.3 국부좌굴강도

(1) 콤팩트단면인 경우에는 국부좌굴강도를 고려하지 않아도 된다.

(2) 비콤팩트단면인 경우

$$M_n = F_y S_c\left[2.43 - 1.72\left(\frac{b}{t}\right)\sqrt{\frac{F_y}{E}}\right] \qquad \text{기준식(4.3-69)}$$

(3) 세장판단면인 경우

$$M_n = F_{cr}\,S_c \qquad \text{기준식(4.3-70)}$$

6.11 각형 또는 원형강봉

이 조항은 각형강봉 또는 원형강봉에 적용한다. 강축휨을 받는 각형강봉을 제외하고는 공칭휨강도는 항복강도(전소성모멘트)에 의하여 결정된다. 단, 강축휨을 받는 각형강봉의 공칭휨강도는 횡좌굴강도를 기준식(4.3-73)과 기준식(4.3-74)중 해당되는 식을 적용하여 산정한 후 항복강도와 비교하여 작은 값으로 한다.

또한, 이 조항은 플레이트 및 T형강의 웨브 접합부 검토 시에도 적용할 수 있다.

6.11.1 항복강도

$\dfrac{L_b d}{t^2} \le \dfrac{0.08E}{F_y}$ 을 만족하는 강축휨을 받는 각형강봉, 약축휨을 받는 각형강봉 또는 원형강봉의 경우

$$M_n = M_p = F_y Z \le 1.6 M_y \qquad \text{기준식(4.3-72)}$$

6.11.2 횡좌굴강도

(1) 강축휨을 받는 각형강봉에서 $\dfrac{0.08E}{F_y} < \dfrac{L_b d}{t^2} \le \dfrac{1.9E}{F_y}$ 인 경우

$$M_n = C_b\left[1.52 - 0.274\left(\frac{L_b d}{t^2}\right)\frac{F_y}{E}\right]M_y \le M_p \qquad \text{기준식(4.3-73)}$$

(2) 강축휨을 받는 각형강봉에서 $\dfrac{L_b d}{t^2} > \dfrac{1.9E}{F_y}$ 인 경우

$$M_n = F_{cr} S_x \le M_p \qquad \text{기준식(4.3-74)}$$

(3) 원형강봉 또는 약축휨을 받는 각형강봉의 경우에는 횡좌굴강도를 고려하지 않아도 된다.

6.12 비대칭단면

대칭축을 갖지 않는 단면의 휨부재는 소성응력분포가 아닌 탄성응력분포 개념으로 설계되며, 공칭휨강도는 3가지 한계상태, 즉 (1)항복모멘트, (2)탄성횡좌굴, (3)탄성국부좌굴에 의하여 결정된다. 횡좌굴응력 F_{cr}과 국부좌굴응력 F_{cr}은 별도의 해석으로부터 산정한다.

〈표 6.1.1〉 단순보일 경우 C_b의 값

하중조건	횡지지 조건	C_b
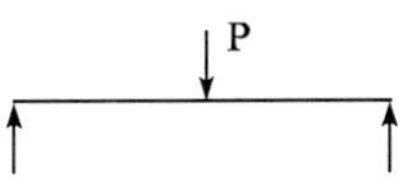	양단부	1.32
	양단부와 중앙 하중점	1.67 1.67
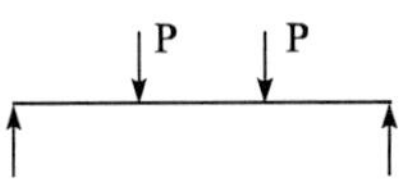	양단부	1.14
	양단부와 3등분 하중점	1.67 1.00 1.67
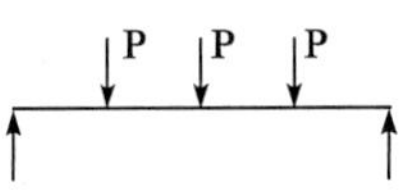	양단부	1.14
	양단부와 4등분 하중점	1.67 1.11 1.11 1.67
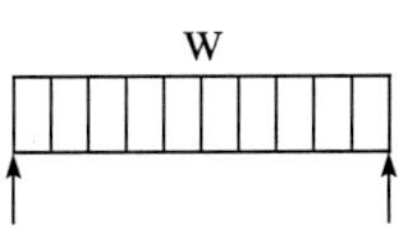	양단부	1.14
	양단부와 중앙부	1.30 1.30
	양단부와 3등분점	1.45 1.01 1.45
	양단부와 4등분점	1.52 1.06 1.06 1.52
	양단부와 5등분점	1.56 1.12 1.00 1.12 1.56

Note : 단부 지지점에서는 항상 횡지지가 되어야 한다.

6.13 예제

예제6.1 강축휨을 받는 2축대칭 H형강 보의 설계(전경간 연속 횡지지)

예제6.2 강축휨을 받는 2축대칭 H형강 보의 안전성 검토(3등분점 횡지지)

예제6.3 강축휨을 받는 2축대칭 H형강 보의 안전성 검토(2등분점 횡지지)

예제6.4 강축휨을 받는 ㄷ형강 보의 설계(전경간 연속 횡지지)

예제6.5 강축휨을 받는 ㄷ형강 보의 안전성 검토(4등분점 횡지지)

예제6.6 강축휨을 받는 2축대칭 H형강(콤팩트웨브, 비콤팩트플랜지) 보의 설계

예제6.7 콤팩트웨브 또는 비콤팩트웨브를 가진 강축휨을 받는 1축대칭 H형강 보의 설계

예제6.8 약축휨을 받는 2축대칭 H형강 보의 설계

예제6.9 콤팩트플랜지를 가진 각형강관 보의 설계

예제6.10 비콤팩트플랜지를 가진 각형강관 보의 설계

예제6.11 세장판플랜지를 가진 각형강관 보의 설계

예제6.12 원형강관 보의 설계

예제6.13 T형강 보의 설계

예제6.14 단일ㄱ형강 보의 설계

예제6.15 강축휨을 받는 각형강봉 보의 설계

예제6.16 휨을 받는 원형강봉 보의 설계

예제6.17 강축휨을 받는 비대칭 Z형강 보의 설계

예제6.1 강축휨을 받는 2축대칭 H형강 보의 설계(전경간 연속 횡지지)

아래 그림과 같이 경간 12m로서 강축휨을 받는 H형강 단순지지보에 등분포하중 $w_D = 6.7\,\mathrm{kN/m}$ 와 $w_L = 10.0\,\mathrm{kN/m}$ 이 작용하고 있다. 활하중에 대한 처짐제한은 L/360이다. 이 경우 보의 단면을 SHN355인 H형강으로 설계하시오. 단, 전경간이 연속 횡지지된 것으로 가정한다.

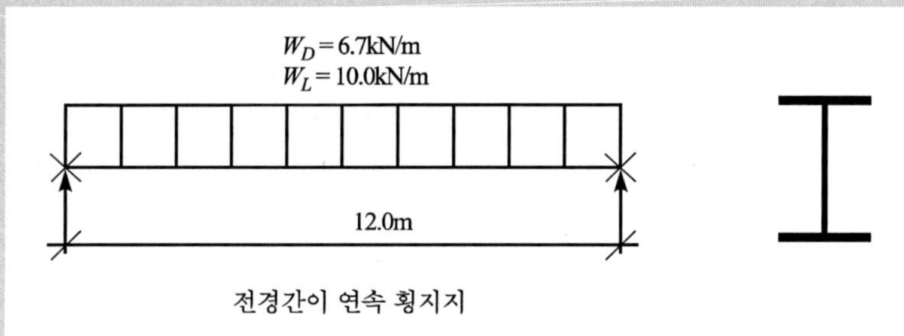

풀이 ▶

1. 소요휨강도 산정

$$\omega_u = 1.2(6.7) + 1.6(10.0) = 24.0\ \mathrm{kN/m}$$

$$M_u = \frac{24.0(12.0)^2}{8} = 433\ \mathrm{kN \cdot m}$$

2. 처짐제한에 의한 소요단면2차모멘트 산정

$$\Delta_{\max} = \frac{L}{360} = \frac{12.0 \times 10^3}{360} = 33.3\ \mathrm{mm}$$

$$I_{x(reqd)} = \frac{5\omega L^4}{384 E \Delta_{\max}} = \frac{5(10.0)(12{,}000)^4}{384(210{,}000)(33.3)} = 386 \times 10^6\,\mathrm{mm}^4$$

3. 단면 선정

$$\mathrm{H} - 496 \times 199 \times 9 \times 14\,(I_x = 419 \times 10^6\,\mathrm{mm}^4,\ Z_x = 1.91 \times 10^6\,\mathrm{mm}^3)$$

$$I_x = 419 \times 10^6\,\mathrm{mm}^4 > I_{x(reqd)}(= 386 \times 10^6\,\mathrm{mm}^4) \qquad \text{O.K}$$

4. 공칭휨강도 산정

(1) 판폭두께비 검토

① 플랜지(압축)

$$\lambda_f = \frac{b_f}{2t_f} = \frac{199}{2(14)} = 7.11 < \lambda_p = 9.24$$ ∴콤팩트요소 〈표 4.3-1〉

$$\lambda_p = 0.38\sqrt{E/F_y} = 0.38\sqrt{(210{,}000/355)} = 9.24$$ (구분1)

$$\lambda_r = 1.0\sqrt{E/F_y} = 1.0\sqrt{(210{,}000/355)} = 24.3$$

② 웨브

$$\lambda_w = \frac{h}{t_w} = \frac{496 - 2(14+20)}{9} = 47.6 < \lambda_p = 91.4$$ ∴콤팩트요소 〈표 4.3-1〉

$$\lambda_p = 3.76\sqrt{E/F_y} = 3.76\sqrt{(210{,}000/355)} = 91.4$$ (구분9)

$$\lambda_r = 5.7\sqrt{E/F_y} = 5.7\sqrt{(210{,}000/355)} = 139$$

③ 플랜지와 웨브가 모두 콤팩트요소이므로 콤팩트단면이며, 전경간이 연속 횡지지 되어있으므로 국부좌굴과 횡좌굴은 고려하지 않아도 된다. 따라서, 공칭휨강도 M_n는 소성휨모멘트 M_P에 의해 결정된다.

(2) 공칭휨강도

$$M_n = M_p = Z_x F_y = (1.91 \times 10^6)(355) = 678\,\text{kN} \cdot \text{m}$$ 기준식(4.3-2)

5. 설계휨강도 산정과 안전성 검토

$$\phi_b M_n = \phi_b M_p = 0.9(678) = 610\,\text{kN} \cdot \text{m} > M_u (= 433\,\text{kN} \cdot \text{m})$$ O.K ◀

예제6.2 강축휨을 받는 2축대칭 H형강 보의 안전성 검토(3등분점 횡지지)

[예제6.1]의 조건에서 선정된 H－496×199×9×14의 보단면에 대해 전경간 연속 횡지지가 아니고, 양단과 3등분점이 횡지지된 경우 설계휨강도를 산정하고 안전성을 검토하시오.
다만, 사용강재는 SHN355이다.

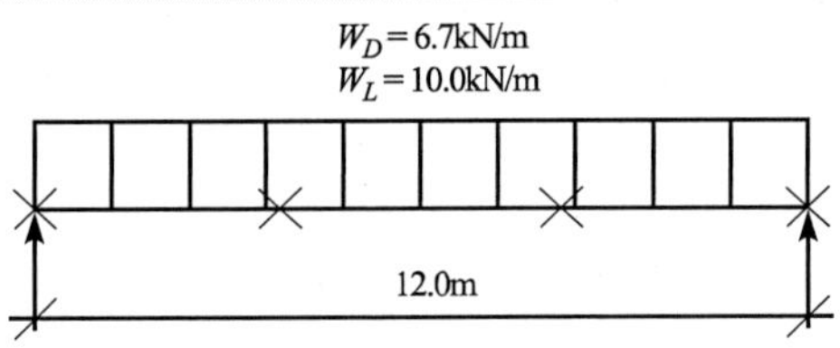

양단과 3등분점이 횡지지

풀이 ▶

1. 소요휨강도 산정

$$\omega_u = 1.2(6.7) + 1.6(10.0) = 24.0\,\mathrm{kN/m}$$

$$M_u = \frac{24.0(12.0)^2}{8} = 433\,\mathrm{kN\cdot m}$$

2. 단면 성능

H－496×199×9×14

($I_x = 419\times10^6\mathrm{mm}^4$, $S_x = 1.69\times10^6\mathrm{mm}^4$, $Z_x = 1.91\times10^6\mathrm{mm}^3$,

$J = 608\times10^3\mathrm{mm}^4$, $C_w = 1.07\times10^{12}\mathrm{mm}^6$, $h_0 = 482\mathrm{mm}$)

3. 횡좌굴모멘트수정계수 C_b 산정

보에 등분포모멘트가 발생하지 않는 경우의 공칭휨강도는 횡좌굴모멘트수정계수 C_b를 적용하여 산정한다. C_b 값은 기준식(4.3-1)을 사용하여 산정한다.

$$C_b = \frac{12.5\,M_{\max}}{2.5M_{\max} + 3M_A + 4M_B + 3M_C}R_m \le 3.0 \qquad \text{기준식(4.3-1)}$$

(1) 보의 비지지 구간중에서 중앙부 구간의 C_b값은 M_A, M_B, M_C 값을 중앙부 최대모멘트 $M_{\max}$에 대한 비율로서 산정할 수 있다. 단면형상계수 R_m은 2축대칭부재이므로 $R_m = 1.0$이다.

$$C_b = \frac{12.5(1.0)}{2.5(1.0) + 3(0.972) + 4(1.0) + 3(0.972)}(1.0) = 1.01$$

참고적으로, 〈표6.1.1〉에서 등분포하중을 받는 단순보의 3등분점 횡지지일 경우 C_b값을 찾아보면

$C_b = 1.01$ 임을 알 수 있다. 〈표 6.1.1〉

(2) 단부 구간의 C_b 값도 같은 방법으로 M_A, M_B, M_C 값을 중앙부 최대모멘트 $M_{\max}$에 대한 비율로서 산정해 보면

$$C_b = \frac{12.5(0.889)}{2.5(0.889)+3(0.306)+4(0.556)+3(0.750)}(1.0) = 1.46$$

참고로, 〈표 6.1.1〉에서는 $C_b = 1.45$로 비슷한 값이다.

(3) 중앙부 구간에 최대휨모멘트가 존재하며, C_b도 작은 값이므로 공칭휨강도를 지배한다.

4. 횡좌굴강도 산정

(1) $L_b = \dfrac{12,000}{3} = 4,000\,\text{mm}$

(2) $L_p = 1.76 r_y \sqrt{\dfrac{E}{F_y}} = 1.76(42.7)\sqrt{\dfrac{210,000}{355}} = 1,830\,\text{mm}$ 기준식(4.3-6)

(3) $L_r = 1.95\, r_{ts} \dfrac{E}{0.7F_y}\sqrt{\dfrac{Jc}{S_x h_o}}\sqrt{1+\sqrt{1+6.76\left(\dfrac{0.7F_y}{E}\dfrac{S_x h_o}{Jc}\right)^2}}$ 기준식(4.3-7)

여기서, $r_{ts}^2 = \dfrac{\sqrt{I_y C_w}}{S_x} = \dfrac{\sqrt{(18.4\times10^6)(1.07\times10^{12})}}{1.69\times10^6} = 2,630\,\text{mm}^2$ 기준식(4.3-8)

$r_{ts} = \sqrt{r_{ts}^2} = 51.3\,\text{mm}, \quad c = 1$(2축대칭 H형강) 기준식(4.3-8a)

$$L_r = 1.95(51.3)\frac{210,000}{(0.7)(355)}\sqrt{\frac{(608\times10^3)(1)}{(1.69\times10^6)(482)}}$$
$$\sqrt{1+\sqrt{1+6.76\left\{\frac{(0.7)(355)}{210,000}\times\frac{(1.69\times10^6)(482)}{(608\times10^3)(1)}\right\}^2}}$$
$$= 5,320\,\text{mm}$$

따라서, $L_p < L_b < L_r$ 인 콤팩트단면(예제6.1참조)의 경우 소성모멘트와 비탄성횡좌굴강도를 산정한 후 최소값이 공칭휨강도가 된다.

(4) 횡좌굴강도

$M_p = F_y Z_x = 355(1.91\times10^6) = 678\,\text{kN}\cdot\text{m}$ 기준식(4.3-2)

$M_n = C_b\left[M_p - (M_p - 0.7F_y S_x)\left(\dfrac{L_b - L_p}{L_r - L_p}\right)\right] \le M_p$ 기준식(4.3-3)

$$= 1.01\left[678 - \{678 - 0.7(355)(1.69\times10^6)/10^6\}\left(\frac{4,000-1,830}{5,320-1,830}\right)\right]$$
$$= 522\,\text{kN}\cdot\text{m} \le M_p (= 678\,\text{kN}\cdot\text{m})$$

5. 설계휨강도 산정과 안전성 검토

$\phi_b M_n = 0.9(522) = 470\,\text{kN}\cdot\text{m} > M_u (= 433\,\text{kN}\cdot\text{m})$ O.K ◀

예제6.3 강축휨을 받는 2축대칭 H형강 보의 안전성 검토(2등분점 횡지지)

[예제6.1]의 조건에서 선정된 H－496×199×9×14의 보단면에 대해 전경간 연속 횡지지가 아니고, 양단과 중앙부가 횡지지된 경우 설계휨강도를 산정하고 안전성 여부를 검토하시오.
다만, 사용강재는 SHN355이다.

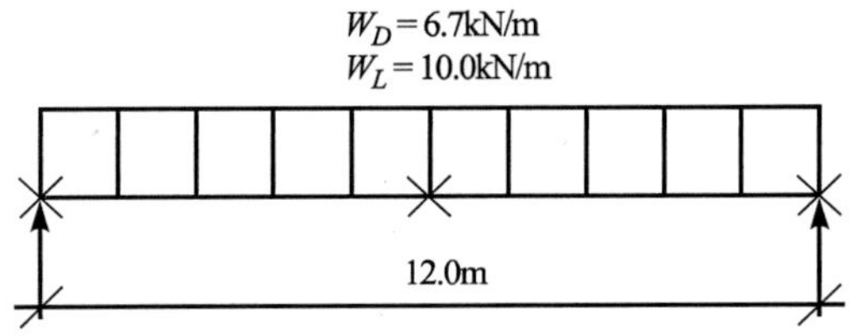

풀이 ▶

1. 소요휨강도 산정

$$\omega_u = 1.2(6.7) + 1.6(10.0) = 24.0\,\text{kN/m}$$

$$M_u = \frac{24.0(12.0)^2}{8} = 433\,\text{kN}\cdot\text{m}$$

2. 단면 성능

H－496×199×9×14

$(r_{ts} = 51.3\text{mm},\ S_x = 1.69\times10^6\text{mm}^3,\ J = 608\times10^3\text{mm}^4,\ h_0 = 482\text{mm})$

3. 횡좌굴모멘트수정계수 C_b 산정

보가 등분포모멘트가 발생하지 않는 경우의 공칭휨강도는 횡좌굴모멘트수정계수 C_b를 적용하여 산정한다. C_b 값은 기준식(4.3-1)을 사용하여 산정한다.

$$C_b = \frac{12.5\,M_{\max}}{2.5M_{\max} + 3M_A + 4M_B + 3M_C}R_m \le 3.0 \qquad \text{기준식(4.3-1)}$$

(1) 보의 비지지 구간중에서 왼쪽 구간의 C_b 값은 M_A, M_B, M_C 값을 중앙부 최대모멘트 $M_{\max}$에 대한 비율로서 산정할 수 있다. 단면형상계수 R_m은 2축대칭부재이므로 $R_m = 1.0$이다.

$$C_b = \frac{12.5(1.0)}{2.5(1.0) + 3(0.438) + 4(0.75) + 3(0.938)}(1.0) = 1.30$$

참고적으로, 〈표 6.1.1〉에서 등분포하중을 받는 단순보의 양단과 중앙부가 횡지지 일 경우 C_b값을 찾아보면 $C_b = 1.30$임을 알 수 있다. 〈표 6.1.1〉

4. 횡좌굴강도 산정

(1) $L_b = \dfrac{12,000}{2} = 6,000\,\text{mm}$

(2) $L_p = 1.76 r_y \sqrt{\dfrac{E}{F_y}} = 1.76(42.7)\sqrt{\dfrac{210,000}{355}} = 1,830\,\text{mm}$ 기준식(4.3-6)

(3) $L_r = 1.95\, r_{ts} \dfrac{E}{0.7F_y}\sqrt{\dfrac{Jc}{S_x h_o}}\sqrt{1+\sqrt{1+6.76\left(\dfrac{0.7F_y}{E}\dfrac{S_x h_o}{Jc}\right)^2}}$ 기준식(4.3-7)

여기서, $r_{ts}^2 = \dfrac{\sqrt{I_y C_w}}{S_x} = \dfrac{\sqrt{(18.4\times10^6)(1.07\times10^{12})}}{1.69\times10^6} = 2,630\,\text{mm}^2$ 기준식(4.3-8)

$r_{ts} = \sqrt{r_{ts}^2} = 51.3\,\text{mm}, \quad c = 1$(2축대칭 H형강) 기준식(4.3-8a)

$$L_r = 1.95(51.3)\frac{210,000}{(0.7)(355)}\sqrt{\frac{(608\times10^3)(1)}{(1.69\times10^6)(482)}}$$
$$\sqrt{1+\sqrt{1+6.76\left\{\frac{(0.7)(355)}{210,000}\times\frac{(1.69\times10^6)(482)}{(608\times10^3)(1)}\right\}^2}}$$
$$= 5,320\,\text{mm}$$

따라서, $L_b > L_r$인 콤팩트단면의 경우 공칭휨강도는 탄성횡좌굴강도 기준식(4.3-4)을 적용한다.

(4) 횡좌굴강도

$$F_{cr} = \frac{C_b \pi^2 E}{\left(\dfrac{L_b}{r_{ts}}\right)^2}\sqrt{1+0.078\frac{J_C}{S_x h_o}\left(\frac{L_b}{r_{ts}}\right)^2}$$ 기준식(4.3-5)

$$= \frac{1.3\pi^2(210,000)}{\left(\dfrac{6,000}{51.3}\right)^2}\sqrt{1+0.078\frac{(608\times10^3)(1)}{(1.69\times10^6)(482)}\left(\frac{6,000}{51.3}\right)^2}$$

$$= 263\,\text{N/mm}^2$$

$M_n = F_{cr} S_x \le M_p$ 기준식(4.3-4)

$= 263(1.69\times10^6) = 444\,\text{kN}\cdot\text{m} < M_p(= 678\,\text{kN}\cdot\text{m})$

5. 설계휨강도산 정과 안전성 검토

$\phi_b M_n = 0.9\times444 = 400\,\text{kN}\cdot\text{m} < M_u(= 433\,\text{kN}\cdot\text{m})$ N.G

따라서, 단면을으로 증가시켜(예를 들면, $\text{H}-500\times200\times10\times16$) 다시 검토하여야 한다. ◀

예제6.4 강축휨을 받는 ㄷ형강 보의 설계(전경간 연속 횡지지)

아래 그림과 같이 경간 7.5m로서 강축휨을 받는 ㄷ형강 단순지지보에 등분포하중 $w_D = 3.5\,\text{kN/m}$와 $w_L = 10.0\,\text{kN/m}$이 작용하고 있다. 활하중에 대한 처짐제한은 L/360이다. 이 경우 보의 단면을 SS275인 ㄷ형강으로 설계하시오. 단, 전경간이 연속 횡지지된 것으로 가정한다.

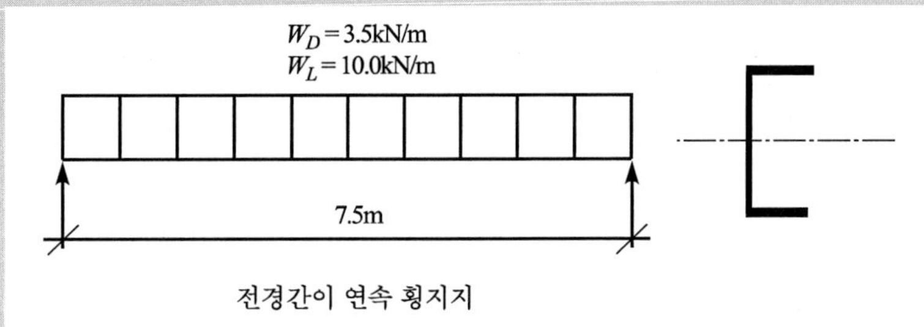

풀이 ▶

1. 소요휨강도 산정

$$\omega_u = 1.2(3.5) + 1.6(10.0) = 20.2\ \text{kN/m}$$

$$M_u = \frac{20.2(7.5)^2}{8} = 142\,\text{kN}\cdot\text{m}$$

2. 처짐제한에 의한 소요단면2차모멘트 산정

$$\Delta_{\max} = \frac{L}{360} = \frac{7.5\times10^3}{360} = 20.8\ \text{mm}$$

$$I_{x(reqd)} = \frac{5\omega L^4}{384E\Delta_{\max}} = \frac{5(10.0)(7{,}500)^4}{384(210{,}000)(20.8)} = 96.5\times10^6\,\text{mm}^4$$

3. 단면선정

ㄷ $-380\times100\times10\times16$

$(I_x = 145\times10^6\,\text{mm}^4,\ S_x = 765\times10^3\,\text{mm}^3,\ Z_x = 904\times10^3\,\text{mm}^3)$

$I_x = 145\times10^6\,\text{mm}^4 > I_{x(reqd)}(= 96.5\times10^6\,\text{mm}^4)$ O.K

4. 공칭휨강도 산정

(1) 판폭두께비 검토

① 플랜지(압축)

$$\lambda_f = \frac{b_f}{t_f} = \frac{100}{16} = 6.25 < \lambda_p = 10.5 \quad \therefore \text{콤팩트요소} \qquad \langle \text{표 } 4.3\text{-}1 \rangle$$

$$\lambda_p = 0.38\sqrt{E/F_y} = 0.38\sqrt{(210{,}000/275)} = 10.5 \qquad (\text{구분}1)$$

$$\lambda_r = 1.0\sqrt{E/F_y} = 1.0\sqrt{(210{,}000/275)} = 27.6$$

② 웨브

$$\lambda_w = \frac{h}{t_w} = \frac{380-2(16+18)}{10} = 31.2 < \lambda_p = 104 \quad \therefore \text{콤팩트요소} \qquad \langle \text{표 } 4.3\text{-}1 \rangle$$

$$\lambda_p = 3.76\sqrt{E/F_y} = 3.76\sqrt{(210{,}000/275)} = 104 \qquad (\text{구분}9)$$

$$\lambda_r = 5.70\sqrt{E/F_y} = 5.70\sqrt{(210{,}000/275)} = 158$$

③ 플랜지와 웨브가 모두 콤팩트요소이므로 콤팩트단면이며, 전경간이 연속 횡지지 되어있으므로 국부좌굴과 횡좌굴은 고려하지 않아도 된다. 따라서, 공칭휨강도 M_n는 소성휨모멘트 M_p에 의해 결정된다.

(2) 공칭휨강도

$$M_n = M_p = Z_x F_y = (904 \times 10^3)(275) = 248\,\text{kN}\cdot\text{m} \qquad \text{기준식}(4.3\text{-}2)$$

5. 설계휨강도 산정과 안전성 검토

$$\phi_b M_n = \phi_b M_p = 0.9(248) = 223\,\text{kN}\cdot\text{m} > M_u(=142\,\text{kN}\cdot\text{m}) \qquad \text{O.K}$$

◀

예제6.5 강축휨을 받는 ㄷ형강 보의 안전성 검토(4등분점 횡지지)

[예제6.4]의 조건에서 선정된 ㄷ－380×100×10×16의 보 단면에 대해 전경간 연속 횡지지가 아니고, 양단과 4등분점이 횡지지된 경우 설계휨강도를 산정하고 안전성을 검토하시오.
다만, 사용강재는 SS275이다.

풀이 ▶

1. 소요휨강도 산정

$$\omega_u = 1.2(3.5) + 1.6(10.0) = 20.2\,\text{kN/m}$$

$$M_u = \frac{20.2(7.5)^2}{8} = 142\,\text{kN}\cdot\text{m}$$

2. 단면 성능

ㄷ－380×100×10×16 ($r_y = 29\,\text{mm}$, $S_x = 765\times10^3\text{mm}^3$, $Z_x = 904\times10^3\text{mm}^3$)
($J = 394{,}000\text{mm}^4$)

3. 횡좌굴모멘트수정계수 C_b 산정

보에 등분포모멘트가 발생하지 않는 경우의 공칭휨강도는 횡좌굴모멘트수정계수 C_b를 적용하여 산정한다. C_b 값은 기준식(4.3-1)을 사용하여 산정한다.

$$C_b = \frac{12.5\,M_{max}}{2.5M_{max} + 3M_A + 4M_B + 3M_C}R_m \le 3.0$$ 기준식(4.3-1)

(1) 보의 비지지 구간중에서 내부 구간이 휨모멘트가 최대이고 C_b값이 최소이므로 설계휨강도를 지배한다.
〈표 6.1.1〉에서 등분포하중을 받는 단순보의 4등분점 횡지지인 경우 내부 구간 C_b값을 찾아보면 $C_b = 1.06$임을 알 수 있다. 〈표 6.1.1〉

4. 횡좌굴강도 산정

(1) $L_b = \dfrac{7{,}500}{4} = 1{,}880\,\text{mm}$

(2) $L_p = 1.76 r_y\sqrt{\dfrac{E}{F_y}} = 1.76(29)\sqrt{\dfrac{210{,}000}{275}} = 1{,}410\,\text{mm}$ 기준식(4.3-6)

(3) $L_r = 1.95\, r_{ts} \dfrac{E}{0.7F_y} \sqrt{\dfrac{Jc}{S_x h_o}} \sqrt{1 + \sqrt{1 + 6.76\left(\dfrac{0.7F_y}{E} \dfrac{S_x h_o}{Jc}\right)^2}}$ 기준식(4.3-7)

$= 1.95(34.5)(\dfrac{210{,}000}{0.7 \times 275}) \sqrt{\dfrac{394{,}000 \times 1.2}{765{,}000 \times 364}} \sqrt{1 + \sqrt{1 + 6.76(\dfrac{0.7(275)}{210{,}000} \times \dfrac{765{,}000(364)}{394{,}000(1.2)})^2}}$

$= 4{,}990\,\mathrm{mm}$

따라서, $L_p < L_b < L_r$ 인 콤팩트단면의 경우 소성모멘트와 비탄성횡좌굴강도를 산정한 후 최소값이 공칭휨강도가 된다.

(4) 횡좌굴강도

$M_p = F_y Z_x = 275(904 \times 10^3) = 248\mathrm{kN \cdot m}$ 기준식(4.3-2)

$M_n = C_b \left[M_p - (M_p - 0.7\, F_y\, S_x) \left(\dfrac{L_b - L_p}{L_r - L_p} \right) \right] \le M_p$ 기준식(4.3-3)

$= 1.06 \left[248 - \{248 - 0.7(275)(764.6 \times 10^3)/10^6\} \left(\dfrac{1{,}875 - 1{,}410}{4{,}993 - 1{,}410} \right) \right]$

$= 249\,\mathrm{kN \cdot m} > M_p (= 248\,\mathrm{kN \cdot m})$

따라서, $M_n = 248\,\mathrm{kN \cdot m}$ 이다

5. 설계휨강도 산정과 안전성 검토

$\phi_b M_n = 0.9(248) = 223\,\mathrm{kN \cdot m} > \mathrm{M_u} (= 142\,\mathrm{kN \cdot m})$ O.K ◀

예제6.6 강축휨을 받는 2축대칭 H형강(콤팩트웨브, 비콤팩트플랜지) 보의 설계

아래 그림과 같이 경간 9m로서 강축휨을 받는 H형강 단순지지보에 등분포하중 $w_D = 0.6\,kN/m$ 와 3등분점 집중하중 $P_L = 50\,kN$ 이 작용하고 있다. 이 경우 보의 단면을 SM420B 재질의 H형강으로 설계하고 처짐을 검토하시오. 단 전경간이 연속 횡지지된 것으로 가정한다.

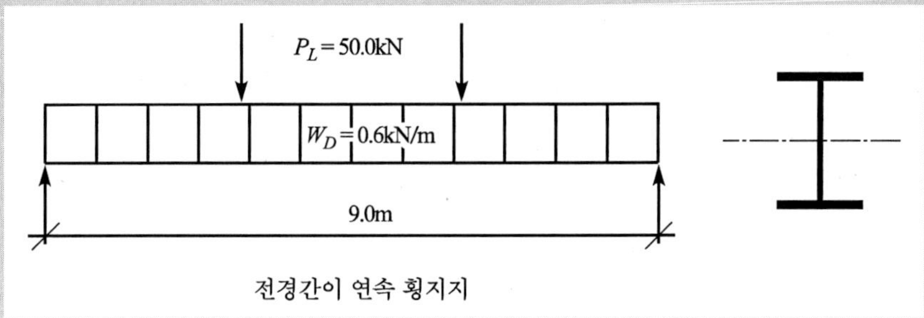

풀이 ▶

1. 소요휨강도 산정

$\omega_u = 1.2(0.6) = 0.72\,kN/m$

$P_u = 1.6(50) = 80\,kN$

$$M_u = \frac{w_u l^2}{8} + \frac{P_u l}{3} = \frac{0.72 \times 9.0^2}{8} + \frac{80.0 \times 9.0}{3} = 247\,kN \cdot m$$

2. 단면 선정

H$-$ 396×199×7×11 (SM420B : $F_y = 420$MPa, $F_u = 520$MPa)을 사용한다.

($I_x = 200 \times 10^6 mm^4$, $S_x = 1.01 \times 10^6 mm^3$, $Z_x = 1.13 \times 10^6 mm^3$)

3. 공칭휨강도 산정

(1) 판폭두께비 검토

① 플랜지(압축)

$$\lambda_f = \frac{b_f}{2t_f} = \frac{199}{2 \times 11} = 9.05$$ 〈표 4.3-1〉

$$\lambda_{pf} = 0.38\sqrt{\frac{E}{F_y}} = 0.38\sqrt{\frac{210{,}000}{420}} = 8.50$$ (구분1)

$$\lambda_{rf} = 1.0\sqrt{\frac{E}{F_y}} = 1.0\sqrt{\frac{210,000}{420}} = 22.4$$

$\lambda_{pf} = 8.50 < \lambda_f = 9.05 < \lambda_{rf} = 22.4$이므로 비콤팩트요소이다.

② 웨브

$$\lambda_w = \frac{h}{t_w} = \frac{342}{7} = 48.9$$ 〈표 4.3-1〉

$$\lambda_{pw} = 3.76\sqrt{\frac{E}{F_y}} = 3.76\sqrt{\frac{210,000}{420}} = 84.1$$ (구분9)

$\lambda_w = 48.9 < \lambda_{pw} = 84.1$이므로 콤팩트요소이다.

(2) 횡좌굴강도

전스팬에 대하여 연속으로 횡지지되어 있으므로 횡좌굴은 고려하지 않아도 된다. 따라서, 공칭휨강도는 기준 4.3.3.2 플랜지국부좌굴강도에 의해 결정된다.

(3) 플랜지국부좌굴강도 산정

$$M_p = F_y Z_x = 420(1.13 \times 10^6) = 475\,\text{kN}\cdot\text{m}$$ 기준식(4.3-2)

$$M_n = \left[M_p - (M_p - 0.7F_y S_x)\left(\frac{\lambda - \lambda_{pf}}{\lambda_{rf} - \lambda_{pf}}\right)\right]$$ 기준식(4.3-11)

$$= \left[475 - \left\{475 - \frac{0.7(420)(1.01 \times 10^6)}{10^6}\right\}\left(\frac{9.05 - 8.5}{22.4 - 8.5}\right)\right]$$

$$= 468\,\text{kN}\cdot\text{m}$$

그러므로, 공칭휨강도는 $M_n = 468\,\text{kN}\cdot\text{m}$ 이다.

4. 설계휨강도 산정과 안전성 검토

$\phi_b M_n = 0.9 \times 468 = 421\,\text{kN}\cdot\text{m} > M_u (= 247\,\text{kN}\cdot\text{m})$ ∴ O.K

5. 처짐 검토(처짐에 의해 단면이 결정되는 경우가 흔하므로 구조설계자가 적합한 제한값을 설정한다.)

$$\delta_{\max} = \frac{5wl^4}{384EI} + \frac{Pl^3}{28EI}$$

$$= \frac{5 \times 0.6 \times 9,000^4}{384 \times 210,000 \times 200 \times 10^6} + \frac{50,000 \times 9,000^3}{28 \times 210,000 \times 200 \times 10^6}$$

$$= 32.2\,\text{mm} < \frac{L}{240}(= 37.5\,\text{mm})$$ ∴ O.K ◀

예제6.7 콤팩트웨브 또는 비콤팩트웨브를 가진 강축휨을 받는 1축대칭 H형강 보의 설계

아래 그림과 같이 경간 9.0m로서 강축휨을 받는 1축대칭 H형강 단순지지보에 등분포하중 $w_D = 10.0\,\text{kN/m}$ 와 $w_L = 12.0\,\text{kN/m}$ 이 작용하고 있다. 보의 최대높이는 350mm이고 활하중에 대한 처짐제한은 25mm이다. 이 경우 보의 단면을 SN355인 비대칭 H형강으로 설계하시오. 단, 양단과 3등분점이 횡지지된 것으로 가정한다.

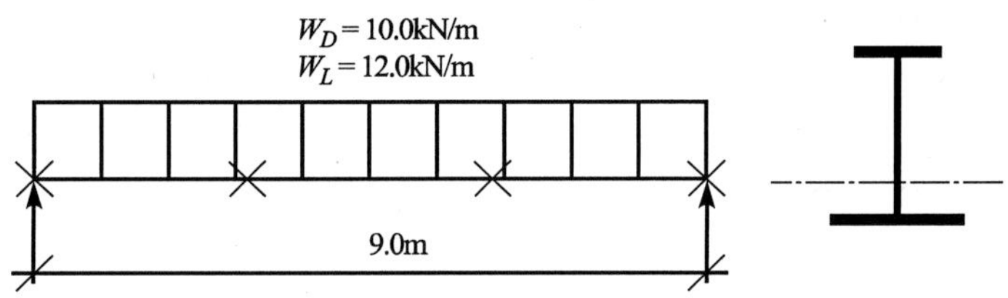

양단과 3등분점이 횡지지

풀이 ▶

1. 소요휨강도 산정

$$\omega_u = 1.2(10.0) + 1.6(12.0) = 31.2\,\text{kN/m}$$

$$M_u = \frac{31.2(9.0)^2}{8} = 316\,\text{kN} \cdot \text{m}$$

2. 처짐제한에 의한 소요단면2차모멘트 산정

$$\Delta_{\max} = 25.0\,\text{mm}$$

$$I_{x(reqd)} = \frac{5\omega L^4}{384E\Delta_{\max}} = \frac{5(12.0)(9{,}000)^4}{384(210{,}000)(25.0)} = 196 \times 10^6\,\text{mm}^4$$

3. 단면 선정

bH $- 312 \times 234 \times 344 \times 12 \times 18$

$(I_x = 248 \times 10^6\,\text{mm}^4,\ S_{xc} = 1.40 \times 10^6\text{mm}^3,\ S_{xt} = 1.83 \times 10^6\,\text{mm}^3,\ Z_x = 1.73 \times 10^6\,\text{mm}^3$
$C_w = 1.26 \times 10^{12}\,\text{mm}^6,\ J = 1.53 \times 10^6\text{mm}^4)$

$I_x = 248 \times 10^6\,\text{mm}^4 > I_{x(reqd)} (= 196 \times 10^6\,\text{mm}^4)$ $\quad \therefore$ O.K

4. 판폭두께비 검토

(1) 압축플랜지

$$\lambda_f = \frac{b_f}{2t_f} = \frac{234}{2(18)} = 6.5 < \lambda_p = 9.4 \quad \therefore \text{콤팩트요소}$$ 〈표 4.3-1〉

$$\lambda_{pf} = 0.38\sqrt{E/F_y} = 0.38\sqrt{(210{,}000/355)} = 9.24$$ (구분1)

$$\lambda_{rf} = 1.0\sqrt{E/F_y} = 1.0\sqrt{(210{,}000/355)} = 24.3$$

(2) 웨브

$$\lambda_w = \frac{h_c}{t_w} = \frac{312 - 2(18+22)}{12} = 19.3 < \lambda_{pw} = 50.4 \quad \therefore \text{콤팩트요소}$$ 〈표 4.3-1〉

$$\lambda_{pw} = \frac{\dfrac{h_c}{h_p}\sqrt{\dfrac{E}{F_y}}}{(0.54\dfrac{M_p}{M_y} - 0.09)^2} = \frac{\dfrac{274}{397}\sqrt{\dfrac{210{,}000}{355}}}{\left(0.54\dfrac{615}{498} - 0.09\right)^2} = 50.4 \le \lambda_{rw}$$ (구분11)

$$\lambda_{rw} = 5.70\sqrt{E/F_y} = 5.70\sqrt{(210{,}000/355)} = 139$$

(3) 플랜지와 웨브가 모두 콤팩트요소이므로 콤팩트단면이다.

5. 압축플랜지항복강도

$$M_n = R_{pc}M_{yc} = R_{pc}F_yS_{xc} = 1.24 \times 355 \times 1.40 \times 10^6 = 617\,\text{kN}\cdot\text{m}$$ 기준식(4.3-13)

여기서, $\dfrac{h_c}{t_w} \le \lambda_{pw}$ 이므로 $R_{pc} = \dfrac{M_p}{M_{yc}} = \dfrac{Z_xF_y}{S_{xc}F_y} = \dfrac{1.73 \times 10^6}{1.40 \times 10^6} = 1.24$ 기준식(4.3-22)

6. 횡좌굴모멘트수정계수 C_b 산정

보에 등분포모멘트가 발생하지 않는 경우의 공칭휨강도는 횡좌굴모멘트수정계수 C_b를 적용하여 산정한다. C_b 값은 준식(4.3-1)을 사용하여 산정한다.

$$C_b = \frac{12.5\,M_{\max}}{2.5M_{\max} + 3M_A + 4M_B + 3M_C}R_m \le 3.0$$ 기준식(4.3-1)

(1) 보의 비지지 구간중에서 중앙부 구간의 C_b 값은 M_A, M_B, M_C 값을 중앙부 최대모멘트 $M_{\max}$에 대한 비율로서 산정할 수 있다. 단면형상계수 R_m은 1축대칭 단곡률부재이므로 $R_m = 1.0$이다.

$$C_b = \frac{12.5(1.0)}{2.5(1.0) + 3(0.972) + 4(1.0) + 3(0.972)}(1.0) = 1.01$$

참고적으로, 〈표 6.1.1〉에서 등분포하중을 받는 단순보의 3등분점 횡지지일 경우 중앙부구간 C_b 값을 찾아보면 $C_b = 1.01$임을 알 수 있다. 〈표 6.1.1〉

7. 횡좌굴강도 산정

(1) $L_b = \dfrac{9,000}{3} = 3,000\,\text{mm}$

(2) $L_p = 1.1 r_t \sqrt{\dfrac{E}{F_y}} = 1.1(66.9)\sqrt{\dfrac{210,000}{355}} = 1,790\,\text{mm}$ 기준식(4.3-20)

여기서,

$$r_t = \frac{b_{fc}}{\sqrt{12\left(\dfrac{h_0}{d} + \dfrac{1}{6}a_w \dfrac{h^2}{h_0 d}\right)}} = \frac{234}{\sqrt{12\left(\dfrac{294}{312} + \dfrac{1}{6}(0.8)\dfrac{232^2}{(294)(312)}\right)}} = 66.9\,\text{mm}$$ 기준식(4.3-24)

$$a_w = \frac{h_c t_w}{b_{fc} t_{fc}} = \frac{(274)(12)}{(234)(18)} = 0.8$$ 기준식(4.3-25)

(3) $$L_r = 1.95\, r_t \frac{E}{F_L}\sqrt{\frac{J}{S_{xc}h_o}}\sqrt{1+\sqrt{1+6.76\left(\frac{F_L}{E}\frac{S_{xc}h_o}{J}\right)^2}}$$ 기준식(4.3-21)

$$= 1.95(66.9)\left(\frac{210,000}{248}\right)\sqrt{\frac{1.53\times10^6}{1.40\times10^6\times294}}\sqrt{1+\sqrt{1+6.76\left(\frac{228}{210,000}\times\frac{1.40\times10^6\times294}{1.53\times10^6}\right)^2}}$$

$= 10,100\,\text{mm}$

여기서, 공칭휨응력 F_L은 $\dfrac{S_{xt}}{S_{xc}} = \dfrac{1.83\times10^6}{1.40\times10^6} = 1.3 \geq 0.7$의 경우이므로

$F_L = 0.7F_y = 0.7\times355 = 248\text{MPa}$이다. 기준식(4.3-18)

따라서, $L_p < L_b < L_r$인 콤팩트단면의 1축대칭 H형강 보이며 또한 $S_{xt} \geq S_{xc}$이므로 공칭휨강도 M_n은 앞에서 산정한 기준 4.3.4.1 압축플랜지항복강도와 기준 4.3.4.2 횡좌굴강도를 산정한 후 최소값으로 한다.

(4) 횡좌굴강도 산정

$M_n = R_{pc}M_{yc} = 617\text{kN}\cdot\text{m}$ (위에서, 5. 압축플랜지항복강도 산정 참조)

$$M_n = C_b\left[R_{pc}M_{yc} - (R_{pc}M_{yc} - F_L S_{xc})\left(\frac{L_b - L_p}{L_r - L_p}\right)\right] \leq R_{pc}M_{yc}$$ 기준식(4.3-14)

$$= 1.01\left[617 - \left\{617 - (248)(1,40\times10^3)/10^6\left(\frac{3,000-1,790}{10,100-1,790}\right)\right\}\right]$$

$= 583\text{kN}\cdot\text{m} \leq R_{pc}M_{yc}(= 617\,\text{kN}\cdot\text{m})$

8. 설계휨강도 산정과 안전성 검토

$\phi_b M_n = 0.9\times583$

$= 525\text{kN}\cdot\text{m} > \text{M}_\text{u}(= 316\,\text{kN}\cdot\text{m})$ ∴ O.K ◀

예제6.8 약축휨을 받는 2축대칭 H형강 보의 설계

아래 그림과 같이 경간 5.0m로서 약축휨을 받는 2축대칭 H형강 단순지지보에 등분포하중 $w_D = 7.0\,\mathrm{kN/m}$ 와 $w_L = 30.0\,\mathrm{kN/m}$ 이 작용하고 있다. 활하중에 대한 처짐제한은 L/240이다. 이 경우 보의 단면을 SHN355인 H형강으로 설계하시오. 단, 양단만 횡지지된 것으로 가정한다.

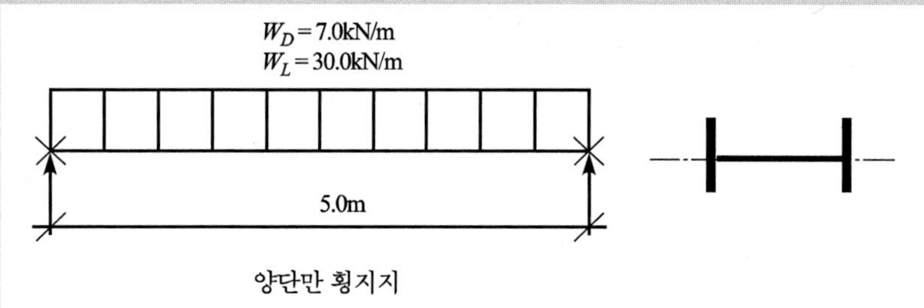

풀이 ▶

1. 소요휨강도 산정

$$\omega_u = 1.2(7.0) + 1.6(30.0) = 56.4\,\mathrm{kN/m}$$

$$M_u = \frac{56.4(5.0)^2}{8} = 176\,\mathrm{kN\cdot m}$$

2. 처짐제한에 의한 소요단면2차모멘트 산정

$$\Delta_{max} = \frac{L}{240} = 20.8\,\mathrm{mm}$$

$$I_{y(reqd)} = \frac{5\omega L^4}{384E\Delta_{max}} = \frac{5(30.0)(5{,}000)^4}{384(210{,}000)(20.8)} = 55.9\times10^6\,\mathrm{mm}^4$$

3. 단면 선정

H − 298 × 299 × 9 × 14

$(I_y = 62.4\times10^6\,\mathrm{mm}^4,\ S_y = 417\times10^3\,\mathrm{mm}^3,\ Z_y = 634\times10^3\,\mathrm{mm}^3)$

$I_y = 62.4\times10^6\,\mathrm{mm}^4 > I_{y(reqd)}(= 55.9\times10^6\,\mathrm{mm}^4)$ O.K

4. 횡좌굴과 웨브국부좌굴

기준 4.3.6에 의하면 약축휨을 받는 H형강 또는 ㄷ형강부재는 횡좌굴 또는 웨브국부좌굴이 발생치 않는다. 공칭휨강도 M_n은 기준 4.3.6.1 전소성모멘트에 의한 항복강도, 기준 4.3.6.2(2) 플랜지국부좌굴에 의한 강도를 산정한 후 최소값으로 한다.

5. 전소성모멘트 산정

$$M_n = M_p = F_y Z_y$$

$$= 355(634\times10^3) = 225\,\text{kN.m} \le 1.6F_yS_y (= 1.6(355)(417\times10^3) = 237\,\text{kN.m})$$

기준식(4.3-41)

6. 플랜지국부좌굴강도 산정

(1) 플랜지 판폭두께비 검토

$$\lambda_f = \frac{b_f}{2t_f} = \frac{299}{2(14)} = 10.7$$ 〈표 4.3-1〉

$$\lambda_{pf} = 0.38\sqrt{E/F_y} = 0.38\sqrt{(210{,}000/355)} = 9.24$$ (구분1)

$$\lambda_{rf} = 1.0\sqrt{E/F_y} = 1.0\sqrt{(210{,}000/355)} = 24.3$$

따라서, $\lambda_{pf} = 9.24 < \lambda_f = 10.7 < \lambda_{rf} = 24.3$ ∴비콤팩트요소

(2) 플랜지국부좌굴강도

$$M_n = \left[M_p - (M_p - 0.7F_yS_y)\left(\frac{\lambda - \lambda_{pf}}{\lambda_{rf} - \lambda_{pf}}\right)\right]$$ 기준식(4.3-42)

$$= \left[225 - \{225 - 0.7(355)(417\times10^3)/10^6\}\left(\frac{10.7 - 9.24}{24.3 - 9.24}\right)\right]$$

$$= 213\,\text{kN}\cdot\text{m}$$

7. 공칭휨강도

비콤팩트플랜지를 가진 부재는 플랜지국부좌굴강도가 전소성모멘트보다 당연히 작으므로

$M_n = 213\,\text{kN}\cdot\text{m}$

8. 설계휨강도 산정과 안전성 검토

$\phi_b M_n = 0.9(213) = 192\text{kN}\cdot\text{m} > \text{M}_\text{u}(= 176\,\text{kN}\cdot\text{m})$ O.K ◀

예제6.9 콤팩트플랜지를 가진 각형강관 보의 설계

아래 그림과 같이 경간 2.3m로서 각형강관 단순지지보에 등분포하중 $w_D = 2.0\text{kN/m}$와 $w_L = 6.0\text{kN/m}$이 작용하고 있다. 활하중에 대한 처짐제한은 L/240이다. 이 경우 보의 단면을 SNRT295인 각형강관으로 설계하시오. 단, 전경간이 연속 횡지지된 것으로 가정한다.

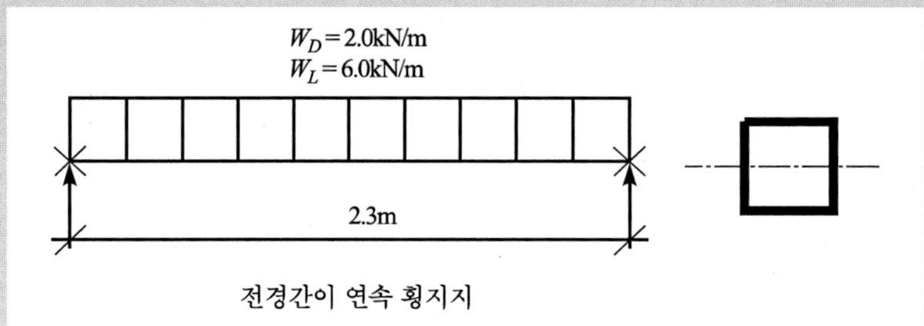

풀이 ▶

1. 소요휨강도 산정

$$\omega_u = 1.2(2.0) + 1.6(6.0) = 12.0\text{kN/m}$$

$$M_u = \frac{12.0(2.3)^2}{8} = 8.0\text{kN}\cdot\text{m}$$

2. 처짐제한에 의한 소요단면2차모멘트 산정

$$\Delta_{\max} = \frac{L}{240} = 9.6\text{mm}$$

$$I_{x(reqd)} = \frac{5\omega L^4}{384E\Delta_{\max}} = \frac{5(6.0)(2,300)^4}{384(210,000)(9.6)} = 1.09\times10^6\text{mm}^4$$

3. 단면선정

ㅁ $-80\times80\times4.5$

$(I_x = I_y = 1.22\times10^6\text{mm}^4,\ S_x = S_y = 30.4\times10^3\text{mm}^3,\ Z_x = Z_y = 37.0\times10^3\text{mm}^3)$

$I_x = 1.22\times10^6\text{mm}^4 > I_{x(reqd)}(= 1.09\times10^6\text{mm}^4)$ O.K

4. 판폭두께비 검토

각형강관 단면의 플랜지에 대하여 폭 b는 각 변의 내측 모서리반경을 감한 웨브 사이의 순간격이다. 각형강관 단면의 웨브에 대하여 h는 각 변의 내측 모서리반경을 감한 플랜지 사이의 순간격이다. 만일, 모서리반경을 알 수 없으면 단면의 외부치수 폭에서 두께의 3배를 감한 값으로 취한다

(1) 압축플랜지

$$\lambda_f = \frac{b}{t} = \frac{80-3(4.5)}{4.5} = 14.8 < \lambda_{pf} = 29.9 \quad \therefore \text{콤팩트요소} \qquad \langle\text{표 } 4.3\text{-}1\rangle$$

$$\lambda_{pf} = 1.12\sqrt{E/F_y} = 1.12\sqrt{(210{,}000/295)} = 29.9 \qquad (\text{구분}12)$$

$$\lambda_{rf} = 1.40\sqrt{E/F_y} = 1.40\sqrt{(210{,}000/295)} = 37.4$$

(2) 웨브

$$\lambda_w = \frac{h}{t} = \frac{80-3(4.5)}{4.5} = 14.8 < \lambda_{pw} = 64.6 \quad \therefore \text{콤팩트요소} \qquad \langle\text{표 } 4.3\text{-}1\rangle$$

$$\lambda_{pw} = 2.42\sqrt{E/F_y} = 2.42\sqrt{(210{,}000/295)} = 64.6 \qquad (\text{구분}13)$$

$$\lambda_{rw} = 5.70\sqrt{E/F_y} = 5.70\sqrt{(210{,}000/295)} = 152$$

(3) 플랜지와 웨브가 모두 콤팩트요소이므로 콤팩트단면이다.

기준 4.3.7에 의하여 플랜지국부좌굴과 웨브국부좌굴은 고려하지 않아도 된다.

따라서, 공칭휨강도 M_n은 기준 4.3.7.1 전소성모멘트에 의한 항복강도로 결정된다.

5. 공칭휨강도 산정

$$M_n = M_p = F_y Z = 295(37.0\times 10^3) = 10.9\,\text{kN}\cdot\text{m} \qquad \text{기준식}(4.3\text{-}45)$$

6. 설계휨강도 산정과 안전성 검토

$$\phi_b M_n = 0.9(10.9) = 9.8\text{kN}\cdot\text{m} > M_u (= 8\,\text{kN}\cdot\text{m}) \quad \text{O.K}$$

◀

예제6.10 비콤팩트플랜지를 가진 각형강관 보의 설계

아래 그림과 같이 경간 8m로서 강축휨을 받는 각형강관 단순지지보에 등분포하중 $w_D = 3.0\,\text{kN/m}$와 $w_L = 6.0\text{kN/m}$이 작용하고 있다. 활하중에 대한 처짐제한은 L/240이다. 이 경우 보의 단면을 SNRT295인 각형강관으로 설계하시오. 단, 양단만 횡지지된 것으로 가정한다.

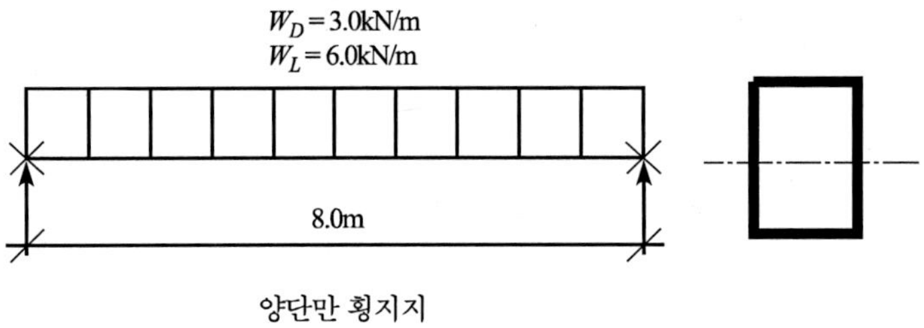

풀이 ▶

1. 소요휨강도 산정

$$\omega_u = 1.2(3.0) + 1.6(6.0) = 13.2\text{kN/m}$$

$$M_u = \frac{13.2(8)^2}{8} = 106\text{kN} \cdot \text{m}$$

2. 처짐제한에 의한 소요단면2차모멘트 산정

$$\Delta_{\max} = \frac{L}{240} = 33.3\text{mm}$$

$$I_{x(reqd)} = \frac{5\omega L^4}{384E\Delta_{\max}} = \frac{5(6.0)(8{,}000)^4}{384(210{,}000)(33.3)} = 45.8 \times 10^6\,\text{mm}^4$$

3. 단면선정

ㅁ $- 300 \times 200 \times 6.0$

$(I_x = 73.7 \times 10^6\,\text{mm}^4,\ S_x = 491 \times 10^3\text{mm}^3,\ Z_x = 601 \times 10^3\,\text{mm}^3)$

$I_x = 73.7 \times 10^6\,\text{mm}^4 > I_{x(reqd)} (= 45.8 \times 10^6\,\text{mm}^4)$ O.K

4. 판폭두께비 검토

(1) 압축플랜지

$$\lambda_f = \frac{b}{t} = \frac{200-3(6.0)}{6.0} = 30.3$$ 〈표 4.3-1〉

$$\lambda_{pf} = 1.12\sqrt{E/F_y} = 1.12\sqrt{(210{,}000/295)} = 29.9$$ (구분12)

$$\lambda_{rf} = 1.40\sqrt{E/F_y} = 1.40\sqrt{(210{,}000/295)} = 37.4$$

$\lambda_{pf} = 29.9 < \lambda_f = 30.3 < \lambda_{rf} = 37.4$ ∴비콤팩트요소

(2) 웨브

$$\lambda_w = \frac{h}{t} = \frac{300-3(6.0)}{6.0} = 47.0 < \lambda_{pw} = 64.6$$ ∴콤팩트요소 〈표 4.3-1〉

$$\lambda_{pw} = 2.42\sqrt{E/F_y} = 2.42\sqrt{(210{,}000/295)} = 64.6$$ (구분13)

$$\lambda_{rw} = 5.70\sqrt{E/F_y} = 5.70\sqrt{(210{,}000/295)} = 152$$

따라서, 이 각형강관은 비콤팩트플랜지와 콤팩트웨브를 가진 단면으로서, 기준 4.3.7에 의하여 공칭휨강도는 기준 4.3.7.1 전소성모멘트에 의한 항복강도와 기준 4.3.7.2(2) 플랜지국부좌굴강도를 산정한 후 최소값으로 한다.

5. 공칭휨강도 산정

(1) 항복강도

$$M_n = M_p = F_y Z$$ 기준식(4.3-45)

$$= 295(601\times10^3) = 177\text{kN}\cdot\text{m}$$

(2) 플랜지국부좌굴강도

$$M_n = M_p - (M_p - F_y S)\left(3.57\frac{b}{t}\sqrt{\frac{F_y}{E}} - 4.0\right) \le M_p$$ 기준식(4.3-46)

$$= 177 - \{177 - 295(491\times10^3)/10^6\}\left(3.57\times\frac{182}{6}\times\sqrt{\frac{295}{210{,}000}} - 4.0\right)$$

$$= 175\,\text{kN}\cdot\text{m} \le M_p = 177\text{kN}\cdot\text{m}$$

(3) 공칭휨강도는 작은 값으로서,

$$M_n = 175\,\text{kN}\cdot\text{m}$$

6. 설계휨강도 산정과 안전성 검토

$\phi_b M_n = 0.9(175) = 158\text{kN}\cdot\text{m} > M_u(= 106\,\text{kN}\cdot\text{m})$ ∴ O.K ◀

예제6.11 세장판플랜지를 가진 각형강관 보의 설계

아래 그림과 같이 경간 6.0m로서 각형강관 단순지지보에 등분포하중 $w_D = 2.0\,\text{kN/m}$ 와 $w_L = 6.0\,\text{kN/m}$ 이 작용하고 있다. 활하중에 대한 처짐제한은 L/240이다. 이 경우 보의 단면을 SNRT295인 각형강관으로 설계하시오. 단, 전경간이 연속 횡지지된 것으로 가정한다.

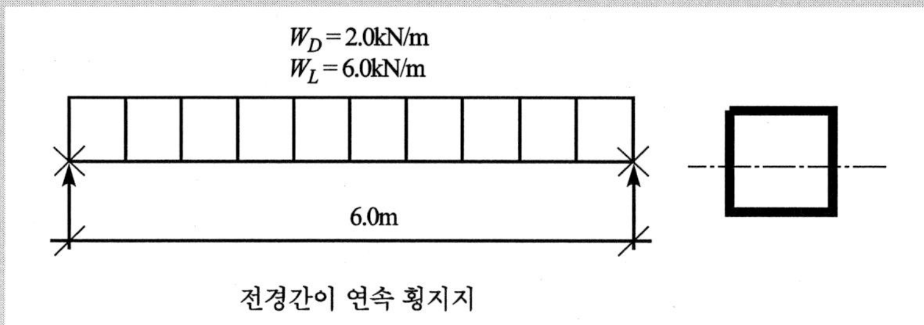

풀이 ▶

1. 소요휨강도 산정

$$\omega_u = 1.2(2.0) + 1.6(6.0) = 12.0\,\text{kN/m}$$

$$M_u = \frac{12.0(6)^2}{8} = 54.0\,\text{kN} \cdot \text{m}$$

2. 처짐제한에 의한 소요단면2차모멘트 산정

$$\Delta_{\max} = \frac{L}{240} = 25.0\text{mm}$$

$$I_{x(reqd)} = \frac{5\omega L^4}{384E\Delta_{\max}} = \frac{5(6.0)(6{,}000)^4}{384(210{,}000)(25.0)} = 19.3 \times 10^6\,\text{mm}^4$$

3. 단면선정

ㅁ $- 200 \times 200 \times 4.5$

$(I_x = 21.9 \times 10^6\,\text{mm}^4,\ S_x = 219 \times 10^3\text{mm}^3,\ Z_x = 258 \times 10^3\,\text{mm}^3)$

$I_x = 21.9 \times 10^6\,\text{mm}^4 > I_{x(reqd)} (= 19.3 \times 10^6\text{mm}^4)$ O.K

4. 판폭두께비 검토

(1) 압축플랜지

$$\lambda_f = \frac{b}{t} = \frac{200 - 3(4.5)}{4.5} = 41.4 > \lambda_{rf} = 37.4 \quad \therefore \text{세장판요소}$$ 〈표 4.3-1〉

$\lambda_{pf} = 1.12\sqrt{E/F_y} = 1.12\sqrt{(210{,}000/295)} = 29.9$ (구분12)

$\lambda_{rf} = 1.40\sqrt{E/F_y} = 1.40\sqrt{(210{,}000/295)} = 37.4$

(2) 웨브

$\lambda_w = \dfrac{h}{t} = \dfrac{200 - 3(4.5)}{4.5} = 41.4 < \lambda_{pw} = 64.6 \quad \therefore$콤팩트요소 〈표 4.3-1〉

$\lambda_{pw} = 2.42\sqrt{E/F_y} = 2.42\sqrt{(210{,}000/295)} = 64.6$ (구분13)

$\lambda_{rw} = 5.70\sqrt{E/F_y} = 5.70\sqrt{(210{,}000/295)} = 152$

따라서, 이 각형강관은 세장판플랜지와 콤팩트브를 가진 단면으로서,
기준 4.3.7에 의하여 공칭휨강도는 기준 4.3.7.1 전소성모멘트에 의한 항복강도와 기준 4.3.7.2(3) 플랜지국부좌굴강도를 산정한 후 최소값으로 한다.

5. 공칭휨강도 산정

(1) 항복강도

$M_n = M_p = F_y Z$ 기준식(4.3-45)

$= 295(258 \times 10^3) = 76.0\,\text{kN} \cdot \text{m}$

(2) 플랜지국부좌굴강도

$M_n = F_y S_{eff}$ 기준식(4.3-47)

여기서, S_{eff} : 압축플랜지의 유효폭 b_e에 대한 유효단면계수를 구하면

$$b_e = 1.92\,t\sqrt{\frac{E}{F_y}}\left[1 - \frac{0.38}{b/t}\sqrt{\frac{E}{F_y}}\right] \le b$$ 기준식(4.3-48)

$b = b_f - 3t = 200 - 3 \times 4.5 = 187\text{mm}$

$$b_e = 1.92(4.5)\sqrt{\frac{210{,}000}{295}}\left[1 - \frac{0.38}{41.4}\sqrt{\frac{210{,}000}{295}}\right]$$
$$= 174\text{mm} \le b = 187\text{mm}$$

따라서, 압축플랜지폭에서 유효하지 않은 폭 b_{nff}는

$b_{nff} = b - b_e = 187 - 174 = 13\text{mm}$

유효단면2차모멘트와 유효단면계수를 정확하게 산정하기 위해서는 압축플랜지중 유효하지 않는 폭으로 인한 중립축의 이동을 고려하여 계산할 수 있겠으나 여기서는 다소 안전 측으로 계산을 단순화하기 위해 유효하지 않은 폭이 상하 플랜지에 대칭으로 있다고 가정하여 공제한다.

$I_{eff} \approx 21.9 \times 10^6 - 2\left[13(4.5)(195.5/2)^2 + 13(4.5)^3/12\right] = 20.8 \times 10^6\text{mm}^4$

$$S_{eff} = \frac{I_{eff}}{d/2} = \frac{20.8 \times 10^6}{200/2} = 208 \times 10^3 \text{mm}^3$$

$$M_n = F_y S_{eff} = 295(208 \times 10^3) = 61.4\,\text{kN} \cdot \text{m} \le M_p (= 76.0\,\text{kN} \cdot \text{m})$$ 기준식(4.3-47)

(3) 그러므로, 공칭휨강도는 작은 값으로서,

$$M_n = 61.4\,\text{kN} \cdot \text{m}$$

6. 설계휨강도 산정과 안전성 검토

$$\phi_b M_n = 0.9(61.4) = 55.3\text{kN} \cdot \text{m} > M_u (= 54.0\,\text{kN} \cdot \text{m})$$ O.K ◀

예제6.12 원형강관 보의 설계

아래 그림과 같이 경간 5.0m로서 원형강관 단순지지보에 등분포하중 $w_D = 5.0\text{kN/m}$와 $w_L = 10.0\text{kN/m}$이 작용하고 있다. 보의 처짐제한은 없는 것으로 가정한다. 이 경우 보의 단면을 SNT275B인 원형강관으로 설계하시오. 단, 양단만 횡지지된 것으로 가정한다.

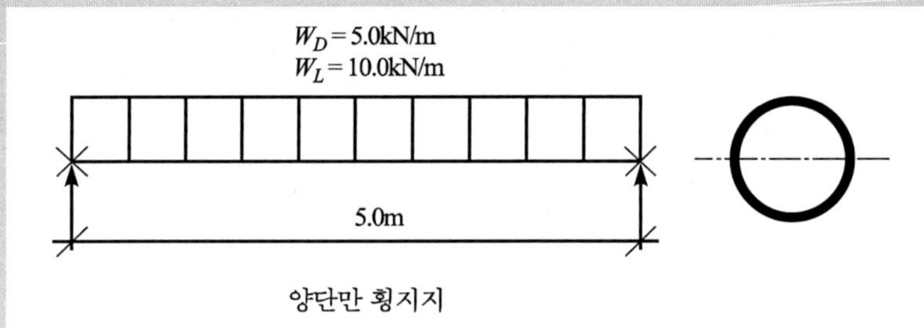

풀이 ▶

1. 소요휨강도 산정

$$\omega_u = 1.2(5.0) + 1.6(10.0) = 22.0\text{kN/m}$$

$$M_u = \frac{22(5.0)^2}{8} = 68.8\text{kN}\cdot\text{m}$$

2. 단면 선정

$$\phi - 216.3 \times 8.0$$

$$(I_x = 28.4 \times 10^6\text{mm}^4,\ S_x = 263 \times 10^3\text{mm}^3,\ Z_x = 347 \times 10^3\text{mm}^3)$$

3. 판폭두께비 검토

$$\lambda = \frac{D}{t} = \frac{216.3}{8.0} = 27.1 < \lambda_p = 53.5 \quad \therefore \text{콤팩트요소}$$ 〈표 4.3-1〉

$$\lambda_p = 0.07E/F_y = 0.07(210{,}000)/275 = 53.5$$ (구분15)

$$\lambda_r = 0.31E/F_y = 0.31(210{,}000)/275 = 237$$

따라서, 이 원형강관은 콤팩트단면으로서, 기준 4.3.8의 조건 $\frac{D}{t} < \frac{0.45E}{F_y} = 344$을 만족하므로 국부좌굴강도를 고려하지 않아도 되며, 공칭휨강도는 기준 4.3.8.1 항복강도(전소성모멘트)에 의해 산정된 값으로 한다.

4. 공칭휨강도 산정

(1) 항복강도

$$M_n = M_p = F_y Z$$ 기준식(4.3-50)

$$= 275(347 \times 10^3) = 95.5\,\text{kN} \cdot \text{m}$$

5. 설계휨강도 산정과 안전성 검토

$$\phi_b M_n = 0.9(95.5) = 86.0\text{kN} \cdot \text{m} > M_u (= 68.8\,\text{kN} \cdot \text{m})$$ O.K ◀

예제6.13 T형강 보의 설계

아래 그림과 같이 경간 3.5m로서 T형강 단순지지보에 등분포하중 $w_D = 1.5\text{kN/m}$와 $w_L = 4.0\text{kN/m}$이 작용하고, T형강 스템의 연단에 인장휨응력이 발생하고 있다. 보의 처짐제한은 없는 것으로 한다. 이 경우 보의 단면을 SHN355인 T형강으로 설계하시오. 단 전경간이 연속 횡지지된 것으로 가정한다.

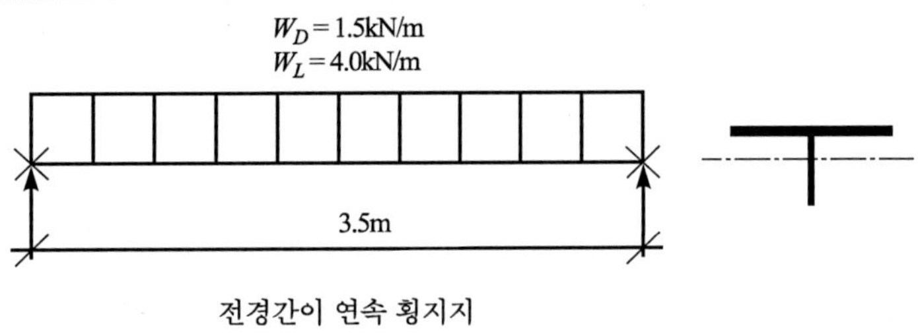

풀이 ▶

1. 소요휨강도 산정

$$\omega_u = 1.2(1.5) + 1.6(4.0) = 8.2\,\text{kN/m}$$

$$M_u = \frac{8.2(3.5)^2}{8} = 12.6\,\text{kN}\cdot\text{m}$$

2. 단면선정

T − 173×174×6×9

$(I_x = 6.79\times10^6\,\text{mm}^4,\ S_x = 50.0\times10^3\text{mm}^3,\ Z_x = 85.6\times10^3\,\text{mm}^3,\ b_f = 174\text{mm}$

$t_f = 9\text{mm},\ y_c = 37.1\text{mm},\ S_{xc} = I_x/y_c = 6.79\times10^6/37.1 = 183\times10^3\text{mm}^3)$

3. 판폭두께비 검토

$$\lambda_f = \frac{b_f}{2t_f} = \frac{174}{2(9)} = 9.67$$ 〈표 4.3-1〉

$$\lambda_{pf} = 0.38\sqrt{E/F_y} = 0.38\sqrt{(210{,}000/355)} = 9.24$$ (구분7)

$$\lambda_{rf} = 1.0\sqrt{E/F_y} = 1.0\sqrt{(210{,}000/355)} = 24.3$$

$\therefore\ \lambda_{pf} = 9.24 < \lambda_f = 9.67 < \lambda_{rf} = 24.3 \quad \therefore$ 비콤팩트플랜지

따라서, 이 T형강은 비콤팩트단면이며, 전경간이 연속적으로 횡지지되어 있고 스템이 인장휨응력인 경

우이므로 횡좌굴강도는 고려하지 않아도 된다. 그러나 만일 스템이 압축휨응력인 경우라면 전경간이 연속적으로 횡지지되어 있다고 하더라도 기준식(4.3-57)에 의하여 횡좌굴강도를 검토하여야 한다. 공칭휨강도는 기준 4.3.9.1 항복강도(전소성모멘트)와 기준 4.3.9.3(2) 플랜지국부좌굴강도를 산정한 후 최소값으로 한다.

4. 공칭휨강도 산정

(1) 항복강도

$M_n = M_p$ 기준식(4.3-54)

여기서, $M_p = F_y Z_x \le 1.6 M_y$ (스템이 인장인 경우) 기준식(4.3-55)

$$F_y Z_x = 355(85.6 \times 10^3) = 30.4\,\text{kN}\cdot\text{m}$$

$$1.6M_y = 1.6F_y S_x = 1.6(355)(50.0 \times 10^3) = 28.4\,\text{kN}\cdot\text{m} < M_p$$

따라서, $M_n = M_p = 28.4\,\text{kN}\cdot\text{m}$

(2) 플랜지국부좌굴강도

$M_n = F_{cr} S_{xc}$ 기준식(4.3-59)

여기서, $F_{cr} = F_y \left[1.19 - 0.50\left(\dfrac{b_f}{2t_f}\right)\sqrt{\dfrac{F_y}{E}}\right]$ 기준식(4.3-60)

$$= 355\left[1.19 - 0.50(9.67)\sqrt{\frac{355}{210{,}000}}\right]$$

$$= 352\,\text{MPa}$$

$$M_n = F_{cr} S_{xc} = 352(183 \times 10^3) = 64.4\,\text{kN}\cdot\text{m}$$

(3) 공칭휨강도는 작은 값으로서

$M_n = 28.4\,\text{kN}\cdot\text{m}$

5. 설계휨강도 산정과 안전성 검토

$\phi_b M_n = 0.9(28.4) = 25.6\text{kN}\cdot\text{m} > M_u (= 12.6\,\text{kN}\cdot\text{m})$ O.K ◀

예제6.14 단일ㄱ형강 보의 설계

아래 그림과 같이 경간 2.0m로서 단일ㄱ형강 단순지지보에 등분포하중 $w_D = 1.5\text{kN/m}$와 $w_L = 3.5\text{kN/m}$이 작용하고 있다. ㄱ형강의 다리가 아래로 향하고 있으며, 다리 연단에 인장휨응력이 발생하고 있다. 보의 처짐제한은 없는 것으로 한다. 이 경우 보의 단면을 SS275인 단일ㄱ형강으로 설계하시오. 단 양단만 횡지지된 것으로 가정하고, $C_b = 1.0$으로 가정한다.

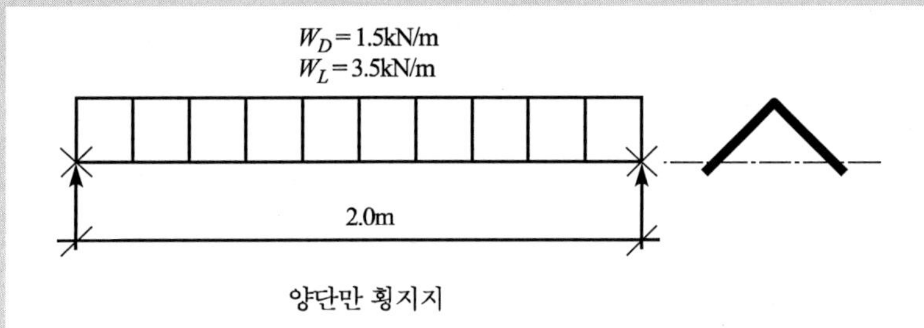

풀이 ▶

1. 소요휨강도 산정

$$\omega_u = 1.2(1.5) + 1.6(3.5) = 7.4\text{kN/m}$$

$$M_u = \frac{7.4(2.0)^2}{8} = 3.7\text{kN} \cdot \text{m}$$

2. 단면 선정

ㄴ$-100 \times 100 \times 7$

$(I_x = 1.29 \times 10^6\text{mm}^4,\ S_x = 17.7 \times 10^3\text{mm}^{3},\ Z_x = 32.7 \times 10^3\text{mm}^3)$

3. 판폭두께비 검토

$$\lambda_f = \frac{b}{t} = \frac{100}{7} = 14.3 < \lambda_{pf} = 14.9 \quad \therefore \text{콤팩트요소}$$ 〈표 4.3-1〉

$$\lambda_{pf} = 0.54\sqrt{E/F_y} = 0.54\sqrt{(210,000/275)} = 14.9$$ (구분7)

$$\lambda_{rf} = 0.91\sqrt{E/F_y} = 0.91\sqrt{(210,000/275)} = 25.1$$

따라서, 이 ㄱ형강은 콤팩트단면이며, 연속적인 횡지지가 없는 경우이므로 공칭휨강도는 기준 4.3.10.1 항복강도(전소성모멘트)와 기준 4.3.10.2 횡좌굴강도를 산정한 후 최소값으로 한다.

참고적으로, ㄱ형강의 다리가 아래로 향하고 있어 다리 연단이 인장휨응력이 발생하므로 여기서는 판폭두께비의 검토를 생략할 수 있다.

4. 공칭휨강도 산정

(1) 항복강도

$M_n = 1.5\,M_y$ 기준식(4.3-62)

여기서, 약축인 v축에 대한 항복모멘트 M_y의 값은 x 또는 y축에 대한 단면계수를 사용하여 계산된 항복모멘트에 0.8배를 곱한 값을 취한다.

$M_y = 0.80 S_x F_y = 0.8(17.7\times10^3)(275)/10^6 = 3.9\,\text{kN}\cdot\text{m}$

따라서, $M_n = 1.5M_y = 1.5(3.9) = 5.9\,\text{kN}\cdot\text{m}$

(2) 횡좌굴강도

① 탄성횡좌굴모멘트 M_e 산정

연속적인 횡지지가 없는 등변ㄱ형강의 경우로서 형강의 다리 끝부분이 인장을 받으므로 기준 4.3.10.2①(나)를 적용한다.

$$M_e = \frac{0.66E\,b^4 t\,C_b}{L^2}\left[\sqrt{1+0.78\left(\frac{Lt}{b^2}\right)^2}+1\right]$$ 기준식(4.3-66)

$$= \frac{0.66(210{,}000)(100)^4(7)(1.0)}{(2{,}000)^2}\left[\sqrt{1+0.78\left\{\frac{(2{,}000)(7)}{(100)^2}\right\}^2}+1\right]$$

$= 62.8\text{kN}\cdot\text{m} > M_y = 3.9\,\text{kN}\cdot\text{m}$

② 횡좌굴강도 산정

$M_e > M_y$이므로 기준식(4.3-64)을 적용하여 횡좌굴강도를 구한다.

$$M_n = \left(1.92 - 1.17\sqrt{\frac{M_y}{M_e}}\right)M_y \le 1.5M_y$$ 기준식(4.3-64)

$$= \left(1.92 - 1.17\sqrt{\frac{3.9}{62.8}}\right)3.9 = 6.4\text{kN}\cdot\text{m} > 5.9\text{kN}\cdot\text{m}\,(=1.5\,M_y)$$

③ 그러므로, 공칭휨강도는 $M_n = 5.9\,\text{kN}\cdot\text{m}$

5. 설계휨강도 산정과 안전성 검토

$\phi_b M_n = 0.9(5.9) = 5.3\text{kN}\cdot\text{m} > M_u (= 3.7\,\text{kN}\cdot\text{m})$ O.K ◀

예제6.15 강축휨을 받는 각형강봉 보의 설계

아래 그림과 같이 경간 3.0m로서 각형강봉 단순지지보에 등분포하중 $w_D = 6.5\,\mathrm{kN/m}$ 와 $w_L = 16.5\,\mathrm{kN/m}$ 이 작용하고 있다. 강봉 단면의 높이 제한을 150mm로 할 경우 보의 단면을 SS275인 각형강봉으로 설계하시오. 단, 양단과 중앙부만 횡지지된 것으로 가정하고, $C_b = 1.0$ 으로 가정한다.

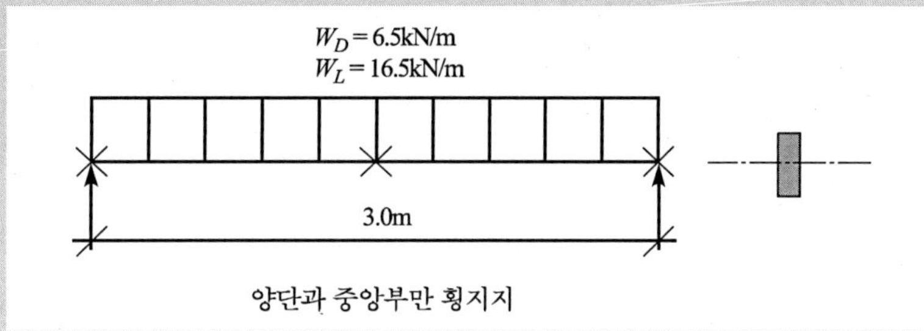

풀이 ▶

1. 소요휨강도 산정

$$\omega_u = 1.2(6.5) + 1.6(16.5) = 34.2\,\mathrm{kN/m}$$

$$M_u = \frac{34.2(3.0)^2}{8} = 38.5\,\mathrm{kN \cdot m}$$

2. 단면 선정

125×50 각형강봉

3. 단면 성능

(1) 탄성단면계수

$$S_x = \frac{bd^2}{6} = \frac{(50)(125)^2}{6} = 130 \times 10^3\,\mathrm{mm}^3$$

(2) 소성단면계수

$$Z_x = \frac{bd^2}{4} = \frac{(50)(125)^2}{4} = 195 \times 10^3\,\mathrm{mm}^3$$

강축휨을 받는 각형강봉으로 춤이 폭보다 클 경우 기준 4.3.11.2에 따른 횡좌굴강도를 고려하여야 하지만, $\frac{L_b d}{t^2} \le \frac{0.08E}{F_y}$ 조건을 만족하는 경우에는 공칭휨강도는 기준 4.3.11.1 항복강도(전소성모멘트)에 의해 결정된다.

4. 공칭휨강도 산정

(1) 항복강도

$M_n = M_p = F_y Z \le 1.6\,M_y$ 기준식(4.3-72)

$= 275(195 \times 10^3) = 53.6\,\text{kN}\cdot\text{m} < 1.6M_y\,(= 57.2\text{kN}\cdot\text{m})$

여기서, $M_y = S_x F_y = (130 \times 10^3)(275) = 35.8\,\text{kN}\cdot\text{m}$

$1.6M_y = 1.6(35.8) = 57.2\,\text{kN}\cdot\text{m}$

참고적으로, 제한값 $1.6\,M_y$ 조건식은 원형강봉에 해당되며, 형상계수가 1.5인 각형강봉에 항상 만족시키므로 적용할 필요가 없다.

따라서, $M_n = M_p = 53.6\text{kN}\cdot\text{m}$

(2) 횡좌굴강도

① $\dfrac{L_b d}{t^2} \le \dfrac{0.08E}{F_y}$ 여부 검토

$$\frac{L_b d}{t^2} = \frac{(1{,}500)(125)}{(50)^2} = 75.0 > \frac{0.08E}{F_y} = \frac{0.08(210{,}000)}{(275)} = 61.1$$

$$\frac{1.9E}{F_y} = \frac{1.9(210{,}000)}{(275)} = 1{,}450$$

$$\therefore\ \frac{0.08E}{F_y}(=61.1) < \frac{L_b d}{t^2}(=75.0) < \frac{1.9E}{F_y}(=1{,}450)$$

따라서, 기준 4.3.11.2(1)를 적용하여 횡좌굴강도를 산정한다.

② 횡좌굴강도 산정

$$M_n = C_b\left[1.52 - 0.274\left(\frac{L_b d}{t^2}\right)\frac{F_y}{E}\right]M_y \le M_p$$ 기준식(4.3-73)

$$= 1.0\left[1.52 - 0.274(75.0)\frac{275}{210{,}000}\right]35.8$$

$$= 53.4\text{kN}\cdot\text{m} \le M_p(= 53.6\,\text{kN}\cdot\text{m})$$

③ 그러므로, 공칭휨강도 $M_n = 53.4\,\text{kN}\cdot\text{m}$ 이다.

5. 설계휨강도 산정과 안전성 검토

$\phi_b M_n = 0.9(53.4) = 48.1\text{kN}\cdot\text{m} > M_u\,(= 38.5\,\text{kN}\cdot\text{m})$ O.K ◀

예제6.16 휨을 받는 원형강봉 보의 설계

아래 그림과 같이 경간 1.0m로서 원형강봉 단순지지보에 집중하중 $P_D = 0.5\,\mathrm{kN}$ 와 $P_L = 1.0\mathrm{kN}$ 이 작용하고 있다. 강봉 단면의 지름 제한을 50mm로 할 경우 보의 단면을 SS275인 원형강봉으로 설계하시오. 단, 양단만 횡지지된 것으로 가정하고, $C_b = 1.0$으로 가정한다.

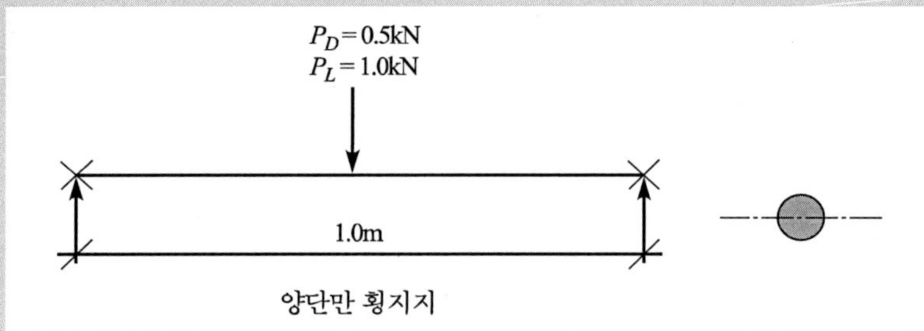

풀이 ▶

1. 소요휨강도 산정

$$P_u = 1.2(0.5) + 1.6(1.0) = 2.2\,\mathrm{kN}$$

$$M_u = \frac{2.2(1.0)}{4} = 0.55\,\mathrm{kN \cdot m}$$

2. 단면 선정

$\phi 28$ 원형강봉

3. 단면 성능

(1) 탄성단면계수

$$S_x = \frac{\pi d^3}{32} = \frac{\pi (28)^3}{32} = 2.16 \times 10^3\,\mathrm{mm}^3$$

(2) 소성단면계수

$$Z_x = \frac{d^3}{6} = \frac{(28)^3}{6} = 3.66 \times 10^3\,\mathrm{mm}^3$$

원형강봉의 경우 횡좌굴강도를 고려하지 않아도 된다. 따라서, 공칭휨강도는 기준 4.3.11.1 항복강도에 의해 결정된다.

4. 공칭휨강도 산정

(1) 항복강도

$M_n = M_p = F_y Z \le 1.6\,M_y$ 기준식(4.3-72)

$= 275(3.66 \times 10^3) = 1.01\text{kN} \cdot \text{m} > 1.6M_y(= 0.95\,\text{kN} \cdot \text{m})$

여기서, $M_y = S_x F_y = (2.16 \times 10^3)(275) = 0.60\,\text{kN} \cdot \text{m}$

$1.6M_y = 1.6(0.60) = 0.95\,\text{kN} \cdot \text{m}$

참고적으로, 제한값 $1.6\,M_y$ 조건식은 형상계수가 1.69인 원형강봉에 항상 적용하게 된다.

따라서, 공칭휨강도 $M_n = 0.95\text{kN} \cdot \text{m}$ 이다.

5. 설계휨강도 산정과 안전성 검토

$\phi_b M_n = 0.9(0.95) = 0.86\,\text{kN} \cdot \text{m} > M_u(= 0.55\,\text{kN} \cdot \text{m})$ O.K ◀

예제6.17 강축휨을 받는 비대칭 Z형강 보의 설계

아래 그림과 같이 경간 5.1m로서 단순지지된 Z형강 중도리보에 등분포하중 $w_D = 0.4\,\text{kN/m}$ 와 $w_L = 1.5\,\text{kN/m}$ 이 작용하고 있다. 이 경우 보의 단면을 SS275인 Z형강으로 설계하시오. 단, 양단과 3등분점이 횡지지되어 있으며, $C_b = 1.0$으로 가정한다. (실제 C_b 값은 1.01, <표 6.1.1>참조)

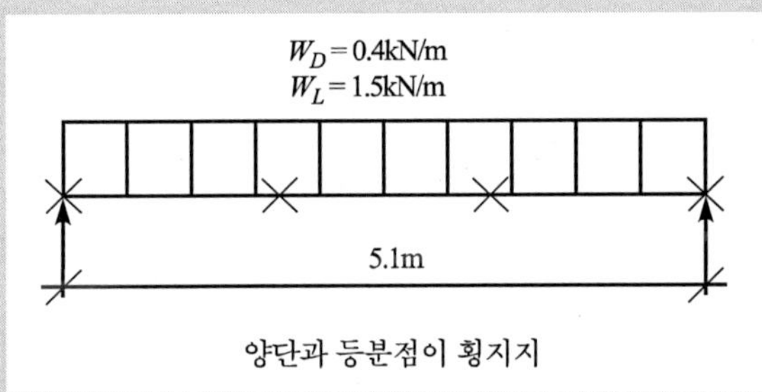

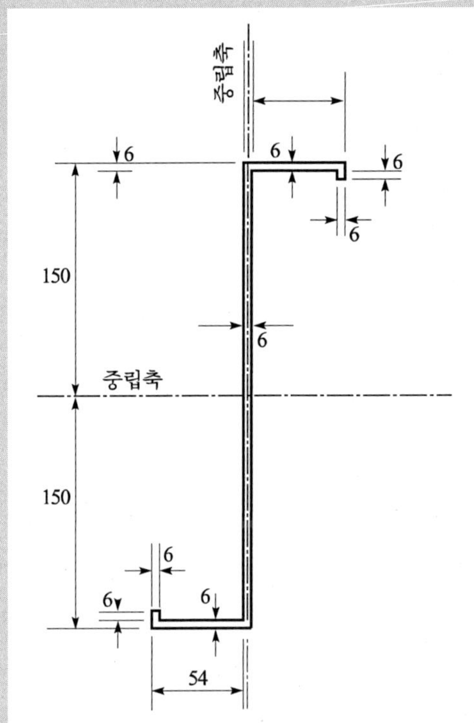

풀이 ▶

1. 소요휨강도 산정

$$\omega_u = 1.2(0.4) + 1.6(1.5) = 2.88\,\text{kN/m}$$

$$M_u = \frac{2.88(5.1)^2}{8} = 9.4\,\text{kN}\cdot\text{m}$$

2. 단면성능

$Z - 300 \times 60 \times 12 \times 6$

(1) 단면적(A)

$$A = 2(54)(6) + 2(6)(6) + 300(6) = 2{,}520\,\text{mm}^2$$

(2) 단면2차모멘트

$$I_x = 2\left\{\frac{54(6)^3}{12} + 54(6)(147)^2\right\} + 2\left\{\frac{6(6)^3}{12} + 6^2(141)^2\right\} + \frac{6(300)^3}{12}$$

$$= 28.9 \times 10^6\,\text{mm}^6$$

$$I_y = 2\left\{\frac{6(54)^3}{12} + 54(6)(33)^2\right\} + 2\left\{\frac{6(6)^3}{12} + 6^2(54)^2\right\} + \frac{300(6)^3}{12}$$

$$= 1.08 \times 10^6\,\text{mm}^6$$

(3) 탄성단면계수

$$S_x = \frac{I_x}{y} = \frac{28.9 \times 10^6}{150} = 193 \times 10^3\,\text{mm}^3$$

(4) 단면2차반경

$$r_y = \sqrt{\frac{I_y}{A}} = \sqrt{\frac{1.08 \times 10^6}{2{,}520}} = 20.7\text{mm}$$

(5) 횡좌굴에 대한 유효단면2차반경

$$r_{ts} \approx \frac{b_f}{\sqrt{12\left(1 + \frac{ht_w}{6b_ft_f}\right)}} = \frac{60}{\sqrt{12\left\{1 + \frac{288(6)}{6(60)(6)}\right\}}} = 12.9\,\text{mm}$$ 기준식(4.3-24)

기준식(4.3-76)

3. 공칭휨강도

(1) 항복강도

$$M_n = F_n S_x$$ 기준식(4.3-77)

$$= 275(193 \times 10^3) = 53.1\,\text{kN} \cdot \text{m}$$

여기서, $F_n = F_y = 275\,\text{MPa}$

(2) 국부좌굴강도

Z형강에 대한 국부좌굴 규정은 기준에 없으나 기준 〈표 4.3-1〉의 ㄷ형강의 관한 조항을 사용하여 판폭두께비를 검토한다.

단, 압축플랜지 검토시에 보수적 판단으로서 단부의 립은 무시한다.

① 압축플랜지

$$\lambda_f = \frac{b_f}{t} = \frac{60}{6} = 10.0 < \lambda_{pf} = 10.5 \qquad \therefore \text{콤팩트요소}$$

$$\lambda_{pf} = 0.38\sqrt{E/F_y} = 0.38\sqrt{(210{,}000/275)} = 10.5$$ 〈표 4.3-1〉

$$\lambda_{rf} = 1.0\sqrt{E/F_y} = 1.0\sqrt{(20{,}5000/275)} = 27.6$$ (구분1)

② 웨브

$$\lambda_w = \frac{h}{t} = \frac{288}{6} = 48.0 < \lambda_{pw} = 104 \quad \therefore \text{콤팩트요소}$$

$$\lambda_{pw} = 3.76\sqrt{E/F_y} = 3.76\sqrt{(210{,}000/275)} = 104$$ 〈표 4.3-1〉

$$\lambda_{rw} = 5.70\sqrt{E/F_y} = 5.70\sqrt{(210{,}000/275)} = 158$$ (구분9)

따라서, 이 Z형강은 콤팩트단면으로 국부좌굴강도는 고려하지 않아도 되므로, 공칭휨강도는 항복강도와 횡좌굴강도를 산정한 후 최소값으로 한다.

(3) 횡좌굴강도

① $L_b = \dfrac{5{,}100}{3} = 1{,}700\,\text{mm}$

② $L_p = 1.76 r_y\sqrt{\dfrac{E}{F_y}} = 1.76(20.7)\sqrt{\dfrac{210{,}000}{275}} = 1{,}010\,\text{mm}$ 기준식(4.3-6)

③ $L_r = 1.95\, r_{ts}\dfrac{E}{0.7F_y}\sqrt{\dfrac{Jc}{S_x h_o}}\sqrt{1+\sqrt{1+6.76\left(\dfrac{0.7F_y}{E}\dfrac{S_x h_o}{Jc}\right)^2}}$ 기준식(4.3-7)

기준식(4.3-7)에 의한 탄성횡좌굴응력 F_{cr}은 기준식(4.3-5) 중 제곱근호속의 값을 1.0으로 취하여 개략적으로 산정할 수 있다. 이 경우 비탄성횡좌굴한계 비지지길이 기준식(4.3-7))은 다음의 근사식으로 대체된다.

$$L_r = \pi r_{ts}\sqrt{\frac{E}{0.7F_y}}$$

$$= \pi(12.9)\sqrt{\frac{210{,}000}{0.7(275)}} = 1{,}340\,\text{mm}$$

따라서, $L_b = 1{,}700 > L_r = 1{,}340$ 인 콤팩트 Z형강보의 경우 탄성횡좌굴응력 F_{cr}은 등가의 ㄷ형강의 탄성횡좌굴응력의 1/2로 산정한다.

$$F_{cr} = 0.5\frac{C_b\pi^2 E}{\left(\dfrac{L_b}{r_{ts}}\right)^2}\sqrt{1+0.078\frac{J_C}{S_x h_o}\left(\frac{L_b}{r_{ts}}\right)^2}$$ 기준식(4.3-17)

위의 식에서 개략적으로 제곱근호 속의 값을 1.0으로 취하여 산정할 수 있으므로

$$F_{cr} = 0.5\frac{C_b\pi^2 E}{\left(\dfrac{L_b}{r_{ts}}\right)^2} = 0.5\frac{1.0\times\pi^2\times 210{,}000}{\left(\dfrac{1{,}700}{12.9}\right)^2} = 59.6\,\text{N/mm}^2$$

$F_n = F_{cr} \leq F_y$

$= 59.6\,\text{MPa} < F_y(= 275\,\text{MPa}) \quad \therefore$ O.K

따라서, 공칭휨강도 $M_n = F_n S_x = 59.6(203 \times 10^3) = 12.1\text{kN} \cdot \text{m}$이다.

5. 설계휨강도 산정과 안전성 검토

$\phi_b M_n = 0.9(12.1) = 10.9\text{kN} \cdot \text{m} > M_u(= 9.4\,\text{kN} \cdot \text{m})$ O.K ◀

제7장

전단력을 받는 부재

제7장 전단력을 받는 부재

STRUCTURAL STEEL DESIGN

7.1 개요

이 장은 웨브에 전단력을 받는 1축 또는 2축 대칭부재, 단일ㄱ형강 및 강관 그리고 약축방향에 전단력을 받는 1축 또는 2축 대칭단면에 적용한다.

7.2 설계전단강도

(1) 전단강도는 다음 2가지 방법으로 산정한다.

① 부재의 웨브 좌굴이후강도(인장역작용)를 이용하지 않고 산정한다.

② 인장역작용을 이용하여 산정한다.

(2) 공칭전단강도 V_n은 전단항복이나 전단좌굴의 한계상태로 산정한다.

V_n = 전단항복 또는 전단좌굴에 의한 공칭전단강도

(3) 설계전단강도 $\phi_v V_n$에서 강도저감계수 ϕ_v는 다음과 같다.

① $h/t_w \le 2.24\sqrt{E/F_y}$ 인 압연H형강의 웨브 : $\phi_v = 1.0$

② 위 ①을 제외한 나머지 모든 단면의 부재 : $\phi_v = 0.90$

7.3 공칭전단강도

전단강도의 산정에서 7.3.1은 웨브의 좌굴이후강도를 이용하지 않는 반면, 7.3.2는 웨브의 좌굴이후강도를 이용하여 산정한다.

7.3.1 비구속 또는 구속웨브를 갖는 부재의 공칭전단강도

(1) 웨브면 내에 전단력을 받는 1축 또는 2축 대칭단면과 ㄷ형강의 웨브에서, 비구속 또는 구속판요소웨브의 공칭전단강도 V_n은 전단항복과 전단좌굴의 한계상태로 다음과 같이 산정한다.

$$V_n = 0.6F_yA_wC_v$$ 기준식(4.4-1)

(2) 위 식에서 전단상수 C_v는 h/t_w값에 따라 다음과 같이 산정한다.

① $h/t_w \le 2.24\sqrt{E/F_y}$ 인 압연H형강의 웨브: $\phi_v = 1.0$이고 $C_v = 1.0$

② 원형강관을 제외한 모든 2축 대칭단면, 1축 대칭단면 및 ㄷ형강의 전단상수 C_v는

(가) $h/t_w \le 1.10\sqrt{k_vE/F_y}$ 일 때

$$C_v = 1.0$$ 기준식(4.4-2)

(나) $1.10\sqrt{k_vE/F_y} < h/t_w \le 1.37\sqrt{k_vE/F_y}$ 일 때

$$C_v = \frac{1.10\sqrt{k_vE/F_y}}{h/t_w}$$ 기준식(4.4-3)

(다) $h/t_w > 1.37\sqrt{k_vE/F_y}$ 일 때

$$C_v = \frac{1.51Ek_v}{(h/t_w)^2F_y}$$ 기준식(4.4-4)

앞 식에서 웨브판좌굴계수 k_v는 다음과 같이 산정한다.

(가) T형강의 스템을 제외한 $h/t_w < 260$인 비구속지지된 판요소웨브

$$k_v = 5$$ 기준식(4.4-5)

(나) $h/t_w < 260$인 T형강의 스템

$$k_v = 1.2$$ 기준식(4.4-6)

(다) 구속판요소웨브

$$k_v = 5 + \frac{5}{(a/h)^2}$$ 기준식(4.4-7)

$$k_v = 5 \ : \quad a/h > 3.0 \text{ 또는 } a/h > \left(\frac{260}{h/t_w}\right)^2 \text{ 인 경우}$$ 기준식(4.4-8)

여기서, a : 수직스티프너의 순간격, mm

h : 압연형강 플랜지간 순거리에서 필렛 또는 코너반경을 뺀 순거리, mm

용접형강의 경우 플랜지간 순거리, mm

볼트조립단면에서는 파스너 열간거리, mm

T형강의 경우 전체 높이, mm

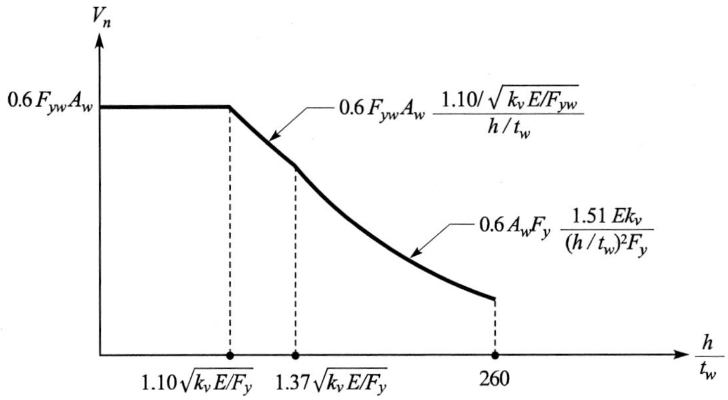

[그림 7.3.1] 웨브의 판폭두께비 $\dfrac{h}{t_w}$ 와 공칭전단강도 V_n

7.3.2 인장역작용을 이용한 공칭전단강도

인장역작용을 이용한 공칭전단강도 V_n은 인장역항복의 한계상태로 다음과 같이 산정한다.

(1) $h/t_w \leq 1.10\sqrt{k_v E/F_{yw}}$ 인 경우 :

$$V_n = 0.6F_{yw}A_w \qquad \text{기준식(4.4-10)}$$

(2) $h/t_w > 1.10\sqrt{k_v E/F_{yw}}$ 인 경우 :

$$V_n = 0.6F_{yw}A_w\left(C_v + \frac{1-C_v}{1.15\sqrt{1+(a/h)^2}}\right) \qquad \text{기준식(4.4-11)}$$

여기서, C_v : 웨브전단항복응력에 대한 선형좌굴이론에 따른 웨브임계응력의 비율을 나타내는 정수로서 기준 4.4.2.1에 따라 산정한다.

k_v : 웨브판좌굴계수로서 기준 4.4.2.1에 따라 산정한다.

A_w : 부재 전체춤 d와 웨브 두께 t_w의 곱, mm^2

7.4 비구속 또는 구속 웨브를 갖는 부재

대부분의 압연H형강은 전단좌굴이 발생하지 않으며, 게다가 전단성능이 우수하여 강도저감계수 $\phi_v = 1.0$이다.

7.5 인장역작용의 부재

(1) 인장역작용을 적용하기 위해서는 웨브의 4면 모두가 플랜지나 스티프너에 의해 지지되어 있어야 한다.
(2) 다음 같은 경우에는 인장역작용을 사용할 수 없고 공칭전단강도는 기준식 (4.4-11)에 따라 산정한다.

① 수직스티프너를 갖는 모든 부재내의 단부패널

② $a/h > 3.0$ 또는 $a/h > \left(\dfrac{260}{h/t_w}\right)^2$ 인 경우

③ $\dfrac{2A_w}{A_{fc} + A_{ft}} > 2.5$ 인 경우

④ $\dfrac{h}{b_{fc}}$ 또는 $\dfrac{h}{b_{ft}} > 6.0$ 인 경우

여기서, A_{fc} : 압축플랜지의 단면적, mm^2
A_{ft} : 인장플랜지의 단면적, mm^2
b_{fc} : 압축플랜지의 폭, mm
b_{ft} : 인장플랜지의 폭, mm

7.6 단일ㄱ형강

단일ㄱ형강 다리의 공칭전단강도 V_n은 기준식(4.4-1)로 산정한다.

$$V_n = 0.6 F_y A_w C_v \qquad \text{기준식(4.4-1)}$$

위 식에서, 전단상수 $C_v = 1.0$ 이고, 전단면적 $A_w = bt$ (b :전단력을 저항하는 ㄱ형강다리의 폭, mm)이며, 웨브판좌굴계수 $k_v = 1.2$ 를 적용한다.

압연ㄱ형강은 일반적으로 KS D 3503에 따라 제작되며, KS규격에 있는 모든 단일ㄱ형강의 전단상수 $C_v = 1.0$이다.

7.7 각형강관과 상자형단면

각형강관 및 상자형단면의 공칭전단강도 V_n은 7.3.1에 요약한 바와 같이 기준식(4.4-1)에 따라 산정한다. 이때, 전단면적 $A_w = 2ht$ (h : 코너반경 안쪽의 플랜지간 순거리, mm, 코너반경이 명기되지 않은 경우는 단면 외부치수에서 두께의 3배를 감한 값을 취한다. 웨브두께 $t_w = t$ 로 한다.)이며, 전단상수 C_v를 산정할 때 웨브판좌굴계수 $k_v = 5.0$ 을 적용한다.

7.8 원형강관

원형강관의 공칭전단강도 V_n은 전단항복 및 전단좌굴의 한계상태에 따라 다음같이 산정한다.

$$V_n = F_{cr} A_g / 2 \qquad \text{기준식(4.4-14)}$$

위 식에서, F_{cr} 은 다음 중 큰 값을 사용하되 $0.6F_y$를 초과해서는 안 된다.

$$F_{cr} = \frac{1.60E}{\sqrt{\frac{L_v}{D}}\left(\frac{D}{t}\right)^{\frac{5}{4}}} \qquad \text{기준식(4.4-15)}$$

$$F_{cr} = \frac{0.78E}{\left(\frac{D}{t}\right)^{\frac{3}{2}}} \qquad \text{기준식(4.4-16)}$$

여기서, A_g : 강관의 전단면적, mm^2

D : 강관의 외경, mm

L_v : 최대전단력작용점과 전단력이 0인 점 사이의 거리, mm

t : 강관의 두께, mm

KS규격에 있는 일반규격의 모든 원형강관과 파이프부재는 F_{cr}을 기준식(4.4-15)에 의해 $0.6F_y$로 할 수 있다.

7.9 1축 및 2축 대칭단면의 약축전단

약축에 하중이 작용하는 1축 또는 2축 대칭단면의 공칭전단강도 V_n은 기준식(4.4-1)과 기준 4.4.2.1(2) ②에 따라 산정한다. 이때, 전단면적 $A_w = b_f t_f$ 이며, 웨브판좌굴계수 $k_v = 1.2$ 를 적용한다.

7.10 웨브에 구멍이 있는 보

강재보 및 합성보의 웨브에 구멍이 있을 때에는 그 효과를 고려하여 공칭전단강도를 산정한다. 압축플랜지나 웨브의 국부좌굴, T형단면의 개구부상부 또는 하부압축역에서의 국부좌굴이나 인장, 횡좌굴과 모멘트-전단력 상호작용 또는 사용성 등을 포함한 강도한계상태가 웨브에 구멍이 있는 휨재의 설계를 결정하게 된다.

7.11 H형강부재의 형태제한

1축대칭 H형강부재는 다음 사항을 만족해야 한다.

$$0.1 \le \frac{I_{yc}}{I_y} \le 0.9 \qquad \text{기준식(4.3-81)}$$

세장판웨브를 가진 플레이트거더 등 H형강부재는 다음 사항도 만족해야 한다.

(1) $\frac{a}{h} \le 1.5$의 경우 :

$$\left(\frac{h}{t_w}\right)_{max} = 11.7\sqrt{\frac{E}{F_y}} \qquad \text{기준식(4.3-82)}$$

(2) $\frac{a}{h} > 1.5$ 의 경우 :

$$\left(\frac{h}{t_w}\right)_{max} = \frac{0.42E}{F_y} \qquad \text{기준식(4.3-83)}$$

여기서, a : 수직보강스티프너의 순간격, mm

스티프너가 없는 보는 h/t_w의 값이 260을 초과해서는 안 되며, 압축플랜지 단면적에 대한 웨브 단면적의 비가 10을 초과해서는 안 된다.

7.12 플레이트거더의 설계흐름도

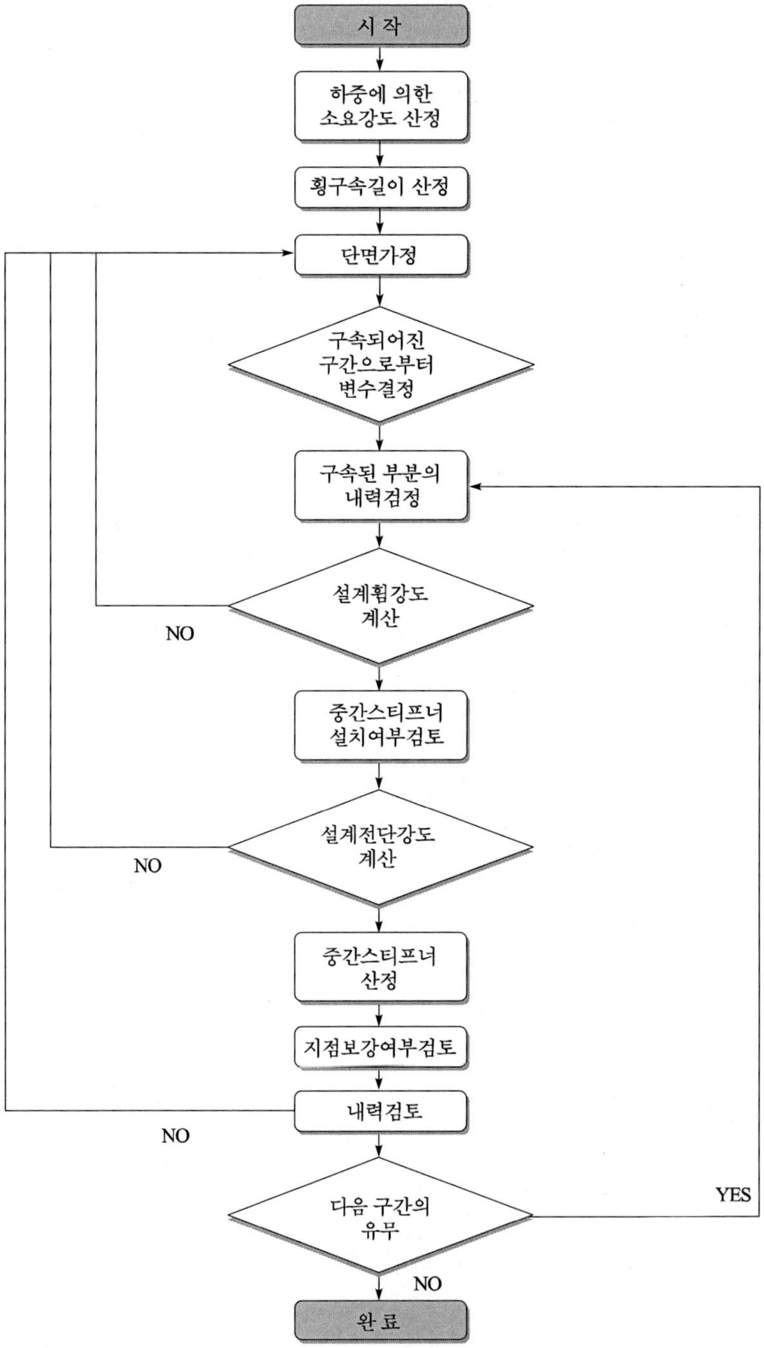

[그림 7.12.1] 플레이트거더의 설계흐름도

7.13 예제

예제7.1 H형강의 강축 전단강도 검토

예제7.2 ㄷ형강의 강축 전단강도 검토

예제7.3 단일ㄱ형강의 전단강도 검토

예제7.4 각형강관의 강축 전단강도 검토

예제7.5 원형강관의 전단강도 검토

예제7.6 2축 대칭단면의 약축 전단강도 검토

예제7.7 1축 대칭단면의 약축 전단강도 검토

예제7.8 플레이트거더의 휨과 전단에 대한 설계

예제7.1 H형강의 강축 전단강도 검토

H-600×200×11×17 SM355 H형강에 210kN의 고정하중과 560kN의 활하중이 단부 전단력으로 발생할 때 강축 전단에 대한 안전성을 검토하시오.

풀이 ▶

1. 재료 기준 3.3

   SM355 ($F_y = 355\text{MPa},\ F_u = 490\text{MPa}$) 〈표 3.3-1〉

2. 단면 KS규격

   H-600×200×11×17 $r = 22\,\text{mm}$

3. 소요전단강도 산정

   $V_u = 1.2(210) + 1.6(560) = 1{,}150\,\text{kN}$

4. 전단상수 C_v 산정 기준 4.4.2.1

   $h = d - 2t_f - 2r = 600 - 2\times 17 - 2\times 22 = 522\ \text{mm}$

   $h/t_w = 522/11 = 47.5$

   $2.24\sqrt{E/F_y} = 2.24\sqrt{210{,}000/355} = 54.5 > 47.5$

   $h/t_w \le 2.24\sqrt{E/F_y}$ 인 압연H형강의 웨브에 해당 기준 4.4.2.1(2)①

   $\therefore\ C_v = 1.0$이다.

5. 웨브 단면적 A_w 산정

   $A_w = dt_w = 600\times 11 = 6{,}600\,\text{mm}^2$

6. 공칭전단강도 V_n 산정

   $V_n = 0.6F_yA_wC_v$ 기준 4.4.2.1

   $= 0.6(355)(6{,}600)(1.0) = 1{,}410\,\text{kN}$

7. 설계전단강도 $\phi_v V_n$ 산정

   $h/t_w \le 2.24\sqrt{E/F_y}$ 인 압연 H형강의 웨브 : $\therefore\ \phi_v = 1.0$ 기준 4.4.2.1(2)①

   $\phi_v V_n = 1.0\times 1{,}410 = 1{,}410\ \text{kN}$

8. 설계전단강도와 소요전단강도의 비교

   $\phi_v V_n = 1{,}410\ \text{kN}\ > V_u (= 1{,}150\,\text{kN})$ ∴ O.K ◀

예제7.2 ㄷ형강의 강축 전단강도 검토

80kN의 고정하중과 230kN의 활하중을 단부 전단력으로 받는 ㄷ-380×100×10.5×16 SS275 ㄷ형강의 강축 전단에 대한 안전성을 검토하시오.

풀이 ▶

1. 재료 기준 3.3

   SS275 ($F_y = 275\text{MPa}$, $F_u = 400\text{MPa}$) 〈표 3.3-1〉

2. 단면 KS규격

   ㄷ-380×100×10.5×16,

3. 소요전단강도 산정

   $V_u = 1.2(80) + 1.6(230) = 464\,\text{kN}$

4. 전단상수 C_v 산정 기준 4.4.2.1

   $h = d - 2t_f - 2r = 380 - 2\times 16 - 2\times 18 = 312\text{ mm}$

   $h/t_w = 312/10.5 = 29.7$

   $h/t_w = 29.7 < 260$ 이며, 수직스티프너가 없는 판요소웨브이므로 웨브판좌굴계수 $k_v = 5.0$을 적용한다.

   $1.10\sqrt{k_v E/F_y} = 1.10\sqrt{5(210{,}000)/275} = 68.0 > 29.7 \quad \therefore C_v = 1.0$ 기준 4.4.2.2

   참고적으로, $F_y \le 248\text{MPa}$ 인 모든 압연ㄷ형강의 $C_v = 1.0$이다.

5. 웨브 단면적 A_w 산정

   $A_w = dt_w = (380)(10.5) = 3{,}990\,\text{mm}^2$

6. 공칭전단강도 V_n의 산정 기준 4.4.2.1

   $V_n = 0.6F_y A_w C_v = 0.6(275)(3{,}990)(1.0) = 658\,\text{kN}$

7. 설계전단강도 $\phi_v V_n$ 의 산정

   ㄷ형강의 ϕ_v=0.9를 적용한다. 기준 4.4.1.2(2)

   ($h/t_w \le 2.24\sqrt{E/F_y}$ 인 압연 H형강의 웨브를 제외하고 강도저감계수ϕ_v는 0.9를 적용한다.)

   $\phi_v V_n = 0.9\times 658 = 592\text{kN}$

8. 설계전단강도와 소요전단강도의 비교

   $\phi_v V_n = 592\,\text{kN} > V_u (= 464\,\text{kN}) \quad \therefore$ O.K ◀

예제7.3 단일ㄱ형강의 전단강도 검토

SS275인 L−125×75×7 형강이 15kN의 고정하중과 46kN의 활하중을 단부 전단력으로 받을 때, ㄱ형강의 강축 전단에 대한 안전성을 검토하시오.

풀이 ▶

1. 재료 기준 3.3

   SS275 $(F_y = 275\,\text{MPa}\,,\ F_u = 400\text{MPa})$ 〈표 3.3−1〉

2. 단면 KS규격

   L−125×75×7

3. 소요전단강도 산정

   $V_u = 1.2(15) + 1.6(46) = 91.6\,\text{kN}$

4. 전단상수 C_v 산정 기준 4.4.4

   ㄱ형강에 대한 전단상수 C_v=1.0이다.

5. 웨브 단면적 A_w 산정

   $A_w = bt = (125)(7.0) = 875\,\text{mm}^2$ 기준 4.4.4

6. 공칭전단강도 V_n 산정 기준식 (4.4−1)

   $V_n = 0.6F_yA_wC_v = 0.6(275)(875)(1.0)/1{,}000 = 144\,\text{kN}$

7. 설계전단강도 $\phi_v V_n$ 산정

   ㄱ형강에는 $\phi_v = 0.9$를 적용한다. 기준 4.4.1.2(2)

   ($h/t_w \le 2.24\sqrt{E/F_y}$ 인 압연 H형강의 웨브를 제외하고 강도저감계수 ϕ_v는 0.9를 적용한다.)

   $\phi_v V_n = 0.9(144) = 130\,\text{kN}$

8. 설계전단강도와 소요전단강도의 비교

   $\phi_v V_n = 130\,\text{kN}\ >\ V_u (= 91.6\,\text{kN})$ ∴ O.K ◀

예제7.4 각형강관의 강축 전단강도 검토

36kN의 고정하중과 120kN의 활하중을 단부 전단력으로 받는 ㅁ-150×100×6 SNRT355 각형강관의 강축 전단에 대한 안전성을 검토하시오.

풀이 ▶

1. 재료 기준 3.3

SNRT355 ($F_y = 355\,\text{MPa}$, $F_u = 490\text{MPa}$) 〈표 3.3-1〉

2. 단면 KS규격

ㅁ-150×100×6 ($d = 150\text{mm}$, $t = 6.0\text{mm}$)

3. 소요전단강도 V_u 산정

$V_u = 1.2(36) + 1.6(120) = 235\,\text{kN}$

4. 전단상수 C_v의 산정 기준 4.4.5

전단상수 C_v와 공칭전단강도V_n은 기준 4.4.2.1에 따라 다음과 같이 산정한다.

h : 코너반경 안쪽의 플랜지간 순거리, mm

코너반경이 명기되지 않은 경우는 단면 외부치수에서 두께의 3배를 감한 값을 취한다.

$t_w = t$

$h = d - (3t_w) = 150 - (3)(6.0) = 132\,\text{mm}$

$h/t_w = 132/6.0 = 22.0$

$h/t_w = 22.0 < 260$이며, 수직스티프너가 없는 판요소웨브이므로 웨브판좌굴계수 $k_v = 5.0$을 적용한다.

$1.10\sqrt{k_v E/F_y} = 1.10\sqrt{5(210{,}000/355)} = 59.8 > 22.0$

$\therefore\ C_v = 1.0$ 기준식 (4.4-2)

5. 웨브 단면적 A_w 산정

$A_w = 2ht = 2(132)(6.0) = 1{,}580\text{mm}^2$ 기준 4.4.5

6. 공칭전단강도 V_n 산정 기준식 (4.4-1)

$V_n = 0.6F_y A_w C_v = 0.6(355)(1{,}580)(1.0) = 337\,\text{kN}$

7. 설계전단강도 $\phi_v V_n$ 산정

$h/t_w \le 2.24\sqrt{E/F_y}$ 인 압연H형강의 웨브를 제외하고 강도저감계수 ϕ_v는 0.9를 적용한다.

$$\phi_v V_n = 0.9(337) = 303\,\text{kN}$$

8. 설계전단강도와 소요전단강도의 비교

$$\phi_v V_n = 303\,\text{kN} > V_u(= 235\,\text{kN}) \qquad \therefore \text{O.K}$$ ◀

예제7.5 원형강관의 전단강도 검토

140kN의 고정하중과 400kN의 활하중을 단부 전단력으로 받는 ∅406.4×9.0 SNT355B 원형강관의 전단에 대한 안전성을 검토하시오. 스팬은 9.8m이다.

풀이 ▶

1. 재료 　　기준 3.3

SNT355B $(F_y = 355\text{MPa},\ F_u = 490\,\text{MPa})$ 　　〈표 3.3-1〉

2. 단면 　　KS규격

∅406.4×9.0 $(D = 406.4\,\text{mm}\ ,\ t = 9.0\text{mm}\ ,\ A_g = 11{,}200\,\text{mm}^2\ )$

3. 소요전단강도 V_u 산정

$V_u = 1.2(140) + 1.6(400) = 808\text{kN}$

4. 좌굴응력 F_{cr} 산정 　　기준 4.4.6

$$F_{cr} = \frac{1.60E}{\sqrt{\frac{L_v}{D}}\left(\frac{D}{t}\right)^{5/4}} = \frac{1.60(210{,}000)}{\sqrt{\frac{4{,}900}{406.4}}\left(\frac{406.4}{9.0}\right)^{5/4}} = 827\,\text{MPa}$$ 　　기준식 (4.4-15)

(여기서 $L_v = \text{span}/2 = 4{,}900\text{mm}$)

또는

$$F_{cr} = \frac{0.78E}{(D/t)^{3/2}} = \frac{0.78(210{,}000)}{(406.4/9.0)^{3/2}} = 540\,\text{MPa}$$ 　　기준식 (4.4-16)

위 2개의 값 중 큰 값을 사용하되 $0.6F_y$를 초과해서는 안 된다.

$F_{cr} = 0.6F_y = 0.6(355) = 213\,\text{MPa}$ → 채택

5. 공칭전단강도 V_n 산정

$$V_n = \frac{F_{cr}A_g}{2} = \frac{(213)(11{,}200)}{2} = 1{,}200\,\text{kN}$$ 　　기준식 (4.4-14)

6. 설계전단강도 $\phi_v V_n$ 산정 　　기준식 (4.4-1)

$\phi_v V_n = 0.9(1{,}200) = 1{,}080\,\text{kN}$

7. 설계전단강도와 소요전단강도의 비교

$\phi_v V_n = 1{,}080\,\text{kN}\ >\ V_u(= 808\,\text{kN})$ 　　∴ O.K ◀

예제7.6 2축 대칭단면 약축 전단강도 검토

120kN의 고정하중과 360kN의 활하중을 단부 전단력으로 받는 H−496×199×9×14 SM355 H형강의 약축 전단에 대한 안전성을 검토하시오.

풀이 ▶

1. 재료 기준 3.3

SM355 ($F_y = 355\text{MPa},\ F_u = 490\,\text{MPa}$) 〈표 3.3−1〉

2. 단면 KS규격

H−496×199×9×14 ($b_f = 199\text{mm},\ t_f = 14.0\text{mm}$)

3. 소요전단강도 V_u 산정

$V_u = 1.2(120) + 1.6(360) = 720\text{kN}$

4. 전단상수 C_v 산정 기준식(4.4−1)

기준식(4.4−1)과 기준 4.4.2.1(2)①에 따라 약축전단강도 산정

$b_f/t_f = 199\,/14 = 14.2$ 〈 260이므로 T형강으로 보아

웨브판좌굴계수 $k_v = 1.2$

$1.10\sqrt{k_v E/F_y} = 1.10\sqrt{1.2(210{,}000)/(355)} = 29.3 > 14.2$

∴ $C_v = 1.0$이다.

5. 웨브 단면적 A_w 산정

$A_w = 2b_f t_f = 2(199)(14) = 5{,}570\,\text{mm}^2$

6. 공칭전단강도 V_n 산정 기준식 (4.4−1)

$V_n = 0.6F_y A_w C_v = 0.6(355)(5{,}570)(1.0) = 1{,}190\,\text{kN}$

7. 설계전단강도 $\phi_v V_n$의 산정

$h/t_w \le 2.24\sqrt{E/F_y}$ 인 압연 H형강의 웨브를 제외하고 강도저감계수 ϕ_v는 0.9를 적용한다.

$\phi_v V_n = 0.9(1{,}190) = 1{,}070\,\text{kN}$

8. 설계전단강도와 소요전단강도의 비교

$\phi_v V_n = 1{,}070\,\text{kN} > V_u(=720\,\text{kN})$ ∴ O.K ◀

예제7.7 1축 대칭단면의 약축 전단강도 검토

ㄷ-250×90×9×13 SS275 ㄷ형강에 36kN의 고정하중과 98kN의 활하중이 단부 전단력으로 작용할 때 약축 전단에 대한 안전성을 검토하시오.

풀이 ▶

1. 재료 기준 3.3

   SS275 ($F_y = 275\text{MPa},\ F_u = 400\text{MPa}$) 〈표 3.3-1〉

2. 단면 KS규격

   ㄷ-250×90×9×13 ($b_f = 90\text{mm},\ t_f = 13\text{mm}$)

3. 소요전단강도 V_u 산정

   $V_u = 1.2(36) + 1.6(98) = 200\text{kN}$

4. 전단상수 C_v 산정 기준식 (4.4-1)

   $b_f/t_f = 90/\ 13 = 6.92\ \langle\ 260$이므로 T형강으로 보아

   웨브판좌굴계수 $k_v = 1.2$

   $1.10\sqrt{k_v E/F_y} = 1.10\sqrt{1.2(210{,}000/275)} = 33.3 > 6.92$

   $\therefore\ C_v = 1.0$ 이다.

   기준식(4.4-1)과 기준 4.4.2.1(2)①에에 따라 약축 공칭전단강도 V_n 산정 기준 4.4.7

5. 웨브 단면적 A_w 산정

   $A_w = 2b_f t_f = 2(90)(13) = 2{,}340\text{mm}^2$

6. 공칭전단강도 V_n 산정 기준식 (4.4-1)

   $V_n = 0.6F_y A_w C_v = 0.6(275)(2{,}340)(1.0) = 386\text{kN}$

7. 설계전단강도 $\phi_v V_n$ 산정

   $h/t_w \le 2.24\sqrt{E/F_y}$ 인 압연 H형강의 웨브를 제외하고 강도저감계수 ϕ_v는 0.9를 적용한다.

   $\phi_v V_n = 0.9(386) = 347\text{kN}$

8. 설계전단강도와 소요전단강도의 비교

   $\phi_v V_n = 347\text{kN} > V_u(= 200\text{kN})$ ∴ O.K ◀

예제7.8 플레이트거더의 휨과 전단에 대한 설계

아래 그림과 같이 경간 30m로서, 등분포 계수하중 ω_u=35kN/m를 받는 단순지지보를 휨과 전단에 안전한 플레이트거더로 설계하시오. 다만, 사용강재는 SS275이며, 양단과 경간의 1/4 지점마다 횡변위가 구속되어 있다.

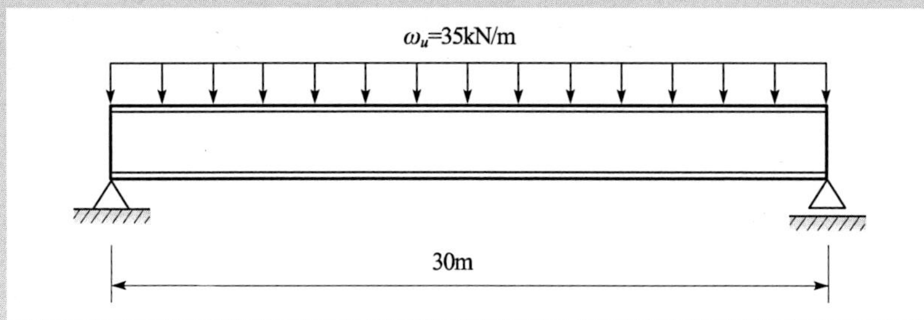

풀이 ▶

1. 기본 사항

1.1 재료

기준 3.3

SS275 $F_y = 275\,\text{MPa}$ $F_u = 400\text{MPa}$ 〈표 3.3-1〉

1.2 단면 가정과 단면성능

H−2,200×400×7×22 로 가정하면,

$t_w = 7.0\text{mm}$	$d = 2{,}200\text{mm}$	$b_{ft} = b_{fc} = 400\text{mm}$
$t_f = 22\text{mm}$	$h = 2{,}156\text{mm}$	$A_w = 15{,}400\text{mm}^2$
$A = 32{,}700\text{mm}^2$	$I_x = 26.7 \times 10^9\text{mm}^4$	$I_y = 235 \times 10^6\text{mm}^4$
$r_x = 904\text{mm}$	$r_y = 84.7\text{mm}$	$S_x = 24.3 \times 10^6\text{mm}^3$
$S_y = 1.17 \times 10^6\text{mm}^3$	$Z_x = 27.3 \times 10^6\text{mm}^3$	$r_T = 101\text{mm}$

1.3 소요휨모멘트 M_u와 소요전단력 V_u

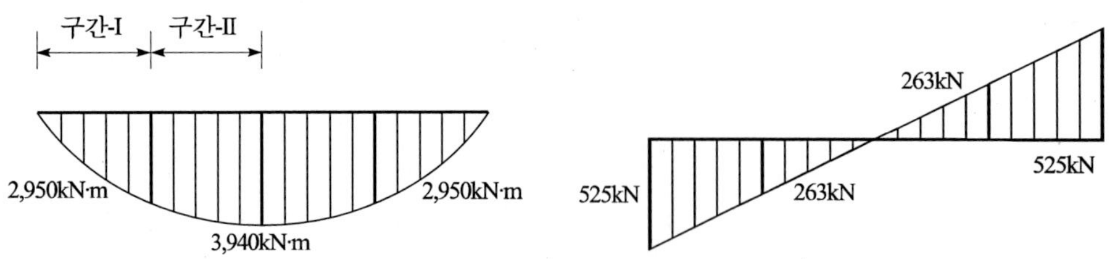

[휨모멘트도와 전단력도]

1.4 H형강 단면의 형태제한 검토 기준 4.3.13.2

(1) 단면비

$$0.1 \leq \frac{I_{yc}}{I_y} \leq 0.9$$ 기준식 (4.3-81)

$$I_{yc} = 22(400^3)/12 = 117 \times 10^6 \text{mm}^3$$

$$0.1 \leq \frac{I_{yc}}{I_y} = \frac{117 \times 10^6}{235 \times 10^6} = 0.498 \leq 0.9 \quad \therefore \text{O.K}$$

(2) 웨브세장비 기준 4.3.13.2

수직스티프너가 없는 경우 : $h/t_w \leq 260$

수직스티프너가 있는 경우 : $$\left(\frac{h}{t_w}\right)_{max} = 11.7\sqrt{\frac{E}{F_y}}$$ 기준식 (4.3-82)

$$= 11.7\sqrt{210,000/275} = 323$$

$$260 \langle\ h/t_w (= \frac{2,156}{7.0} = 308)\ \langle\ 323 \quad \therefore \text{O.K}$$

∴ 스티프너가 필요한 플레이트거더로 설계 기준 4.3.13.2

(3) 플랜지단면비 : 압축플랜지 단면적에 대한 웨브단면적의 비

$$\frac{A_w}{A_{fc}} = \frac{2,156 \times 7}{400 \times 22} = 1.72 < 10 \quad \therefore \text{O.K}$$ 기준 4.3.13.2

1.5 웨브의 단면분류 기준 1.5.3.4

$h/t_w > 5.7\sqrt{E/F_y}$ 일 경우 세장판요소 웨브로 분류한다. 〈표 1.5-1〉구분9

$5.7\sqrt{E/F_y} = 5.7\sqrt{210,000/275} = 158 < 308$

∴ 세장판요소 웨브로 분류

2. 〈구간 - I의 검토〉

M_u = 2,950kN·m V_u = 525kN

2.1 휨강도의 검토

공칭휨강도 M_n은 압축플랜지항복, 횡좌굴, 플랜지국부좌굴, 인장플랜지항복의 한계상태 중 최소값으로 한다.

(1) 플레이트거더 휨강도감소계수 R_{pg}와 유효단면2차반경 r_t 산정

$$a_w = \frac{h_c t_w}{b_{fc} t_{fc}} = \frac{2,156 \times 7}{400 \times 22} = 1.72$$ 기준식 (4.3-25)

$$R_{pg} = 1 - \frac{a_w}{1,200 + 300a_w}\left(\frac{h_c}{t_w} - 5.7\sqrt{\frac{E}{F_y}}\right) \leq 1.0$$ 기준식 (4.3-36)

$$= 1 - \frac{1.72}{1200 + 300 \times 1.72}\left(\frac{2,156}{7} - 5.7\sqrt{\frac{210,000}{275}}\right) = 0.85$$

$$r_t = \frac{b_{fc}}{\sqrt{12\left(\frac{h_o}{d} + \frac{1}{6}a_w\frac{h^2}{h_o d}\right)}} = \frac{400}{\sqrt{12\left(\frac{2,178}{2,200} + \frac{1}{6} \times 1.72 \times \frac{2,156^2}{2,178 \times 2,200}\right)}}$$

$= 103\text{mm}$ 기준식 (4.3-24)

(2) 압축플랜지 항복강도 산정

$M_n = R_{pg} F_y S_{xc} = 0.85(275)(24.3 \times 10^6) = 5,680 \text{ kN} \cdot \text{m}$ 기준식 (4.3-31)

(3) 횡좌굴강도 산정

$L_b = 30,000/4 = 7,500\text{mm}$

소성한계비지지길이 L_p와 비탄성한계비지지길이 L_r 은

$$L_p = 1.1 r_t\sqrt{\frac{E}{F_y}} = 1.1 \times 103 \times \sqrt{\frac{210,000}{275}} = 3,130\text{mm}$$ 기준식(4.3-20)

$$L_r = \pi r_t\sqrt{\frac{E}{0.71F_y}} = 3.14 \times 103 \times \sqrt{\frac{210,000}{0.7(275)}} = 10,700\text{mm}$$ 기준식 (4.3-35)

$L_p(= 3,130\text{mm}) < L_b(= 7,500\text{mm}) \leq L_r(= 10,700\text{mm})$ 이므로

$$F_{cr} = C_b\left[F_y - (0.3F_y)\left(\frac{L_b - L_p}{L_r - L_p}\right)\right] \leq F_y$$ 기준식 (4.3-33)

$$= 1.52\left[275 - 0.3(275)\left(\frac{7,500 - 3,130}{10,700 - 3,130}\right)\right] = 346\text{MPa} > 275\text{MPa}$$

위에서 $C_b = \frac{12.5M_{max}}{2.5M_{max} + 3M_A + 4M_B + 3M_C}R_m \leq 3.0$ 기준식 (4.3-1)

〈표 6.1.1〉에서 찾으면 $C_b = 1.52$ 〈표 6.1.1〉

따라서, $M_n = R_{pg}F_{cr}S_{xc} = 0.85(275)(24.3 \times 10^6) = 5,680 \text{ kN} \cdot \text{m}$ 기준식 (4.3-32)

(4) 압축플랜지 국부좌굴강도 산정

$M_n = R_{pg} F_{cr} S_{xc}$ 기준식 (4.3-37)

$\lambda_p = 0.38\sqrt{E/F_y} = 0.38\sqrt{210,000/275} = 10.5$ 〈표 4.3-1〉

플랜지 판폭두께비 $\lambda = \frac{b}{t} = 200/22 = 9.09 < \lambda_p$

플랜지가 콤팩트요소인 경우이므로 플랜지 국부좌굴을 고려하지 않는다.

(5) 인장플랜지 항복강도 산정

상하대칭인 단면에 축력없이 모멘트만 존재하기에, $S_{xt} \geq S_{xc}$인 경우이므로 인장플랜지항복을 고려하지 않는다.

(6) 공칭휨강도 M_n 선정 기준 4.3.5

공칭휨강도 M_n은 압축플랜지항복강도, 횡좌굴강도, 플랜지국부좌굴강도, 인장플랜지항복강도의 한계상태 중 최소 값으로 하므로 $M_n = 5{,}680\text{kN}\cdot\text{m}$

(7) 설계휨강도 $\phi_b M_n$와 소요휨강도 M_u의 비교

$\phi_b M_n = 0.9(5{,}680) = 5{,}110\text{kN}\cdot\text{m} > M_u(= 2{,}950\text{kN}\cdot\text{m})$ ∴ O.K

2.2 수직스티프너 필요여부 검토

(1) $2.46\sqrt{E/F_y} = 2.46\sqrt{210{,}000/275} = 68.0$ 기준 4.4.2.2

$h/t_w = (2{,}156)/(7.0) = 308 > 68.0(= 2.46\sqrt{E/F_y})$ 이므로 수직스티프너가 필요할 수 있다.

(2) 설계전단강도 안전여부에 따른 수직스티프너 필요여부 검토

$k_v = 5$ 일 경우의 전단상수 C_v 및 전단강도 V_n 산정

$1.37\sqrt{k_v E/F_y} = 1.37\sqrt{(5)(210{,}000)/(275)} = 84.7 < h/t_w(= 308)$ 이므로

$$C_v = \frac{1.51 E k_v}{(h/t_w)^2 F_y} = \frac{1.51(210{,}000)(5)}{(308)^2(275)} = 0.0608$$ 기준식(4.4-4)

공칭전단강도는

$V_n = 0.6 F_y A_w C_v = 0.6(275)(15{,}400)(0.0608) = 155\text{ kN}$

설계전단강도는

$\phi_v V_n = 0.9(155) = 140\text{kN} < 525.0\text{kN}(= V_u)$ N.G

따라서, 수직스티프너가 필요하다.

2.3 수직스티프너의 설치간격 산정

스티프너의 간격 a = 1,500mm로 가정하면

$\frac{a}{h}$ = 1,500/2,156 = 0.69 < 1.5인 경우이므로 기준 4.3.13.2

$$\left(\frac{h}{t_w}\right)_{max} = 11.7\sqrt{\frac{E}{F_y}} = 11.7 \times \sqrt{\frac{210{,}000}{275}} = 323$$ 기준식 (4.3-82)

$\frac{h}{t_w}(= 308) < \left(\frac{h}{t_w}\right)_{max}(= 323)$을 만족시키므로 적합함.

2.4 전단강도 검토

2.4.1 단부판넬의 전단강도 검토

단부판넬은 인장역작용이 허용되지 않기에(기준 4.4.3.1(2)①), 수직스티프너 간격을 좁혀서 공칭전단강도 V_n 는 기준 4.4.2에 따라 산정하여 검토

수직스티프너를 750mm간격으로 가정하여 검토한다.

a = 750mm

a/h = 750/2,156 = 0.348

(1) 웨브판좌굴계수 k_v

$$k_v = 5 + \frac{5}{(a/h)^2} = 5 + \frac{5}{(0.348)^2} = 46.3 \qquad \text{기준식 (4.4-7)}$$

(2) 전단상수 C_v

$$C_v = \frac{1.51\,E\,k_v}{(h/t_w)^2\,F_y} = \frac{1.51(210{,}000)(46.3)}{(308)^2(275)} = 0.563 \qquad \text{기준식 (4.4-4)}$$

(3) 공칭전단강도 V_n

$$V_n = 0.6F_{yw}A_w\,C_v$$
$$= 0.6(275)(15{,}400)(0.563) = 1{,}430\text{kN}$$

(4) 설계전단강도 $\phi_v V_n$와 소요전단강도 V_u의 비교

$\phi_v V_n = 0.9(1{,}430) = 1{,}290\text{kN} > V_u (= 525\text{kN})$ O.K

∴ 단부판넬에는 수직스티프너를 750mm 간격으로 설치한다.

2.4.2 2번째 판넬의 전단강도 검토

단부에서 2번째 판넬부터는 수직스티프너 간격 a = 1,500mm로 배치하면 기준 4.4.2.1에 따라 인장역작용을 사용할 수 있다.

(1) 웨브판좌굴계수 k_v

$$k_v = 5 + \frac{5}{(a/h)^2} = 5 + \frac{5}{(0.69)^2} = 15.5 \qquad \text{기준식 (4.4-7)}$$

(2) 전단상수C_v

$$C_v = \frac{1.51\,E\,k_v}{(h/t_w)^2\,F_y} = \frac{1.51(210{,}000)(15.5)}{(308)^2(275)} = 0.188 \qquad \text{기준식 (4.4-4)}$$

(3) 공칭전단강도 V_n

$$V_n = 0.6F_{yw}A_w\left(C_v + \frac{1-C_v}{1.15\sqrt{1+(a/h)^2}}\right) \qquad \text{기준식 (4.4-11)}$$

$$= 0.6(275)(15,400)\left(0.188 + \frac{1-0.188}{1.15\sqrt{1+(0.69)^2}}\right) = 1,950 \text{ kN}$$

(4) 설계전단강도 $\phi_v V_n$와 소요전단강도 V_u의 비교

단부에서 2번째 판넬의 소요전단력 : V_u = 525kN−(35kN/m)(0.75m) = 499 kN

$\phi_v V_n = 0.9(1,950) = 1,760 \text{ kN} > V_u (= 499\text{kN})$ O.K

2.5 인장력작용을 적용하는 수직스티프너의 설계

단일판 수직스티프너 $b_s = 120\text{mm}$, $t_s = 8\text{mm}$ 로 설계할 경우

(1) 스티프너의 단면2차모멘트 검토 기준 4.4.2.2

$I_{st} \geqq a\,t_w^3\,j$ 이어야 하므로

웨브판과 스티프너 접합면에 대한

$$I_{st} = \frac{t_s\,b_s^3}{3} = \frac{8\,(120)^3}{3} = 4.61 \times 10^6\text{mm}^4$$

$$j = \frac{2.5}{(a/h)^2} - 2 = \frac{2.5}{0.69^2} - 2 = 3.25 \geqq 0.5 \quad \therefore j = 3.25 \qquad \text{기준식 (4.4-9)}$$

$$a\,t_w^3\,j = 1,500(7)^3(3.25) = 1.67 \times 10^6\text{mm}^4$$

$I_{st} = 4.61 \times 10^6\text{mm}^4 > a t_w^3 j (= 1.67 \times 10^6\text{mm}^4)$ ∴ O.K 기준 4.4.2.2(2)

(2) 스티프너의 판폭두께비 검토 기준 4.4.3.3

$(b/t)_{st} \leq 0.56\sqrt{E/F_{yst}}$ 이어야 하므로 기준식 (4.4-12)

$(b/t)_{st}$ = 120/8 = 15.0

$0.56\sqrt{E/F_y} = 0.56\sqrt{210,000/275} = 15.5 > 15.0$ ∴ O.K

(3) 스티프너의 단면적 검토

D_s = 2.4 (단일판 스티프너)

$$A_{st})_{\min} = \frac{F_{yw}}{F_{yst}}\left[0.15D_s h\,t_w(1-C_v)\frac{V_r}{\phi_v V_n} - 18t_w^2\right] \qquad \text{기준식 (4.4-13)}$$

$$= \frac{275}{275}\left[0.15(2.4)(2,156)(7)(1-0.188)\left(\frac{525}{1,760}\right) - 18(7)^2\right]$$

$$= 434\text{mm}^2 < A_{st}(= 120 \times 8 = 960\text{mm}^2) \qquad \text{O.K}$$

(4) 따라서, 단일판 수직스티프너 $b_s = 120\text{mm}$, $t_s = 8\text{mm}$ 로 설계한다.

3. 〈구간 – Ⅱ의 검토〉

M_u = 3,940kN・m V_u = 263kN

3.1 휨강도의 검토

공칭휨강도 M_n은 압축플랜지항복, 횡좌굴, 플랜지국부좌굴, 인장플랜지항복의 한계상태 중 최소값으로 한다.

(1) 플레이트거더 휨강도감소계수 R_{pg}와 유효단면2차반경 r_t : 〈구간 – I〉의 값과 동일

(2) 압축플랜지 항복강도 : 〈구간 – I〉의 값과 동일

$M_n = R_{pg} F_y S_{xc}$ =5,680 kN・m　　기준식 (4.3-31)

(3) 횡좌굴강도 산정

$L_b = 30{,}000/4 = 7{,}500\text{mm}$

소성한계비지지길이 L_p와 비탄성한계비지지길이 L_r 은 〈구간 – I〉의 값과 동일

$$L_p = 1.1 r_t \sqrt{\frac{E}{F_y}} = 3{,}130\text{mm}$$　　기준식(4.3-20)

$$L_r = \pi r_t \sqrt{\frac{E}{0.71F_y}} = 10{,}700\text{mm}$$　　기준식 (4.3-35)

$L_p(= 3{,}130\text{mm}) < L_b(= 7{,}500\text{mm}) \le L_r(= 10{,}700\text{mm})$ 이므로

$$F_{cr} = C_b\left[F_y - (0.3F_y)\left(\frac{L_b - L_p}{L_r - L_p}\right)\right] \le F_y$$　　기준식 (4.3-33)

$$= 1.06\left[275 - 0.3(275)\left(\frac{7{,}500 - 3{,}130}{10{,}700 - 3{,}130}\right)\right] = 241\text{MPa} < 275\text{MPa}$$

위에서 $C_b = \dfrac{12.5 M_{\max}}{2.5M_{\max} + 3M_A + 4M_B + 3M_C} R_m \le 3.0$　　기준식 (4.3-1)

〈표 6.1.1〉에서 찾으면 C_b = 1.06　　〈표 6.1.1〉

따라서, $M_n = R_{pg} F_{cr} S_{xc} = 0.85(241)(24.3 \times 10^6) =$ 4,980 kN・m　　기준식 (4.3-32)

(4) 압축플랜지 국부좌굴강도 : 〈구간 – I〉의 값과 동일

플랜지가 콤팩트요소인 경우이므로 플랜지 국부좌굴을 고려하지 않는다.

(5) 인장플랜지 항복강도 : 〈구간 – I〉의 값과 동일

상하대칭인 단면에 축력없이 모멘트만 존재하기에, $S_{xt} \ge S_{xc}$인 경우이므로 인장플랜지항복을 고려하지 않는다.

(6) 공칭휨강도 M_n 선정 기준 4.3.5

공칭휨강도 M_n은 압축플랜지항복강도, 횡좌굴강도, 플랜지국부좌굴강도, 인장플랜지항복강도의 한계상태 중 최소 값으로 하므로 $M_n = 4{,}980\text{kN}\cdot\text{m}$

(7) 설계휨강도 $\phi_b M_n$와 소요휨강도 M_u의 비교

$\phi_b M_n = 0.9(4{,}980) = 4{,}480\text{kN}\cdot\text{m} > M_u(= 3{,}940\text{kN}\cdot\text{m}) \therefore$ O.K

3.2 수직스티프너 필요여부 검토

설계전단강도 안전여부에 따른 수직스티프너 필요여부 검토

공칭전단강도는 〈구간 - I〉의 값과 동일하다.

$V_n = 0.6 F_y A_w C_v = 155\,\text{kN}$

설계전단강도는

$\phi_v V_n = 0.9(155) = 140\text{kN} < 263\text{kN}(= V_u)$ N.G

따라서, 수직스티프너가 필요하다.

3.3 수직스티프너의 설치간격 산정

스티프너의 간격 a = 2,500mm로 가정하면

$\dfrac{a}{h}$ = 2,500/2,156 = 1.16 〈 1.5인 경우이므로 기준 4.3.13.2

$$\left(\frac{h}{t_w}\right)_{max} = 11.7\sqrt{\frac{E}{F_y}} = 11.7 \times \sqrt{\frac{210{,}000}{275}} = 323$$ 기준식 (4.3-82)

$\dfrac{h}{t_w}(= 308) < \left(\dfrac{h}{t_w}\right)_{max}(= 323)$을 만족시키므로 적합함.

3.4 전단강도 검토

3.4.1 인장역작용 사용가능성 검토 기준 4.4.3.1

(1) 웨브의 4면 모두가 플랜지와 스티프너에 의해 지지되어 있고,

(2) ① 단부패널이외의 부분이고

② $a/h < 3.0$ 또는 $a/h < \left(\dfrac{260}{h/t_w}\right)^2$ 이며,

③ $\dfrac{2A_w}{A_{fc} + A_{ft}} < 2.5$ 이며,

④ $\dfrac{h}{b_{fc}}$ 또는 $\dfrac{h}{b_{ft}} < 6.0$ 인 경우이므로 인장역작용 사용가능함

3.4.2 공칭전단강도 V_n의 산정

(1) 웨브판좌굴계수 k_v

$$k_v = 5 + \frac{5}{(a/h)^2} = 5 + \frac{5}{(1.16)^2} = 8.72 \qquad \text{기준식 (4.4-7)}$$

(2) 전단상수

$$C_v = \frac{1.51 E\, k_v}{(h/t_w)^2 F_y} = \frac{1.51(210{,}00)(8.72)}{(308)^2(275)} = 0.106 \qquad \text{기준식 (4.4-4)}$$

(3) 공칭전단강도

$$V_n = 0.6 F_{yw} A_w \left(C_v + \frac{1 - C_v}{1.15\sqrt{1 + (a/h)^2}} \right) \qquad \text{기준식 (4.4-11)}$$

$$= 0.6(275)(15{,}400)\left(0.106 + \frac{1 - 0.106}{1.15\sqrt{1 + (1.16)^2}}\right) = 1{,}560\,\text{kN}$$

3.4.3 설계전단강도 $\phi_v V_n$와 소요전단강도 V_u의 비교

$\phi_v V_n = 0.9(1{,}560) = 1{,}400\,\text{kN} > V_u (= 263\text{kN})$ O.K

3.5 인장력작용을 적용하는 수직스티프너의 설계

단일판 수직스티프너 $b_s = 120\text{mm}$, $t_s = 8\text{mm}$ 로 설계할 경우

(1) 스티프너의 단면2차모멘트 검토 기준 4.4.2.2

$I_{st} \geqq a\, t_w^3\, j$ 이어야 하므로

웨브판과 스티프너 접합면에 대한

$$I_{st} = \frac{t_s\, b_s^3}{3} = \frac{8(120)^3}{3} = 4{,}61 \times 10^6 \text{mm}^4$$

$$j = \frac{2.5}{(a/h)^2} - 2 = \frac{2.5}{1.16^2} - 2 = -0.14 < 0.5 \quad \therefore\ j = 0.5 \qquad \text{기준식 (4.4-9)}$$

$a\, t_w^3\, j = 2{,}500(7)^3(0.5) = 429{,}000\text{mm}^4$

$I_{st} = 4.61 \times 10^6 \text{mm}^4 > a t_w^3 j (= 429\text{mm}^4)$ ∴ O.K 기준 4.4.2.2(2)

(2) 스티프너의 판폭두께비 검토 : 〈구간 - I〉의 값과 동일 기준 4.4.3.3

$0.56\sqrt{E/F_y}\,(= 15.5) > (b/t)_{st}(= 15.0)$ ∴ O.K

(3) 스티프너의 단면적 검토

D_s = 2.4 (단일판 스티프너)

$$A_{st})_{\min} = \frac{F_{yw}}{F_{yst}}\left[0.15 D_s h t_w (1 - C_v)\frac{V_r}{\phi_v V_n} - 18 t_w^2\right]$$ 기준식 (4.4-13)

$$= \frac{275}{275}\left[0.15(2.4)(2,156)(7)(1-0.106)\left(\frac{263}{1,400}\right) - 18(7)^2\right]$$

$$= 30.5\text{mm}^2 < A_{st}(= 120 \times 8 = 960\text{mm}^2) \qquad \text{O.K}$$

(4) 따라서, 단일판 수직스티프너 $b_s = 120\text{mm}$, $t_s = 8\text{mm}$ 로 설계한다.

4. 지점보강 필요성 검토

지점보강 필요성 여부 및 보강설계는 타 장의 예제를 참조한다.

5. 설계요약

플레이트거더 H − 2,200 × 400 × 7 × 22 에 두께 8mm 폭 120mm인 단일판 수직스티프너로 보강한다. 아래 그림과 같이, 스티프너의 간격은 구간−Ⅱ(중앙부)에서 2,500mm이며, 구간−I(양쪽1/4구간)에서 1,500mm이되 양쪽 첫 단부판넬에서는 750mm이다.

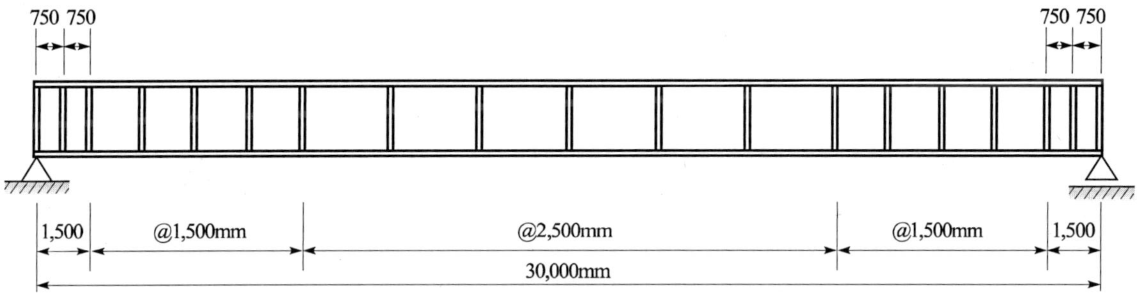

플레이트거더(입면도)

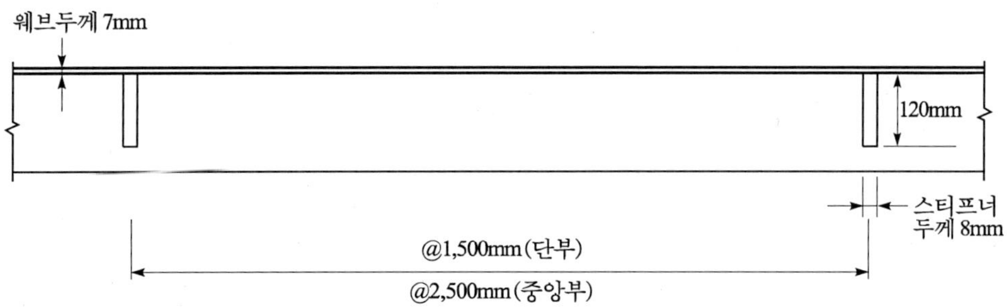

단일판 스티프너(평단면도)

제8장

조합력과 비틀림을 받는 부재

제8장 조합력과 비틀림을 받는 부재

8.1 개요

이 장에서는 인장력, 압축력, 휨응력, 비틀림 응력 가운데 2개 이상의 조합력을 받는 부재의 설계예제를 취급하였으며 KS 강재의 변경에 따른 설계기준강도를 적용하였다. 실무설계에 있어서 아주 예외적인 경우를 제외하고는 강도비, 즉 설계강도에 대한 소요강도의 비율들의 조합으로 표시되는 상관관계식(interaction equation) 규정을 적용하여 설계하였다. 따라서, 이 장에서는 실무설계에서 사용빈도가 가장 높은 휨과 압축 또는 휨과 인장에 의한 조합응력을 받는 대칭단면 보-기둥 부재, 그리고 폐단면 비틀림재 및 비틀림과 휨의 조합력을 받는 폐단면 부재의 설계예제를 집필하였다. 특히 휨과 압축을 받는 보-기둥 부재의 2차효과를 반영하기 위한 증폭계수 B_1 및 B_2의 산정 과정을 보여주는 예제를 삽입하여 독자의 이해를 돕고자 하였다.

8.2 예제

예제8.1 압축력과 1축휨을 받는 대칭단면부재 검토

예제8.2 압축력과 2축휨을 받는 대칭단면부재 검토

예제8.3 횡이동이 구속되지 않은 골조에서 1축휨과 압축력을 받는 기둥 검토

예제8.4 인장력과 2축휨을 받는 대칭단면부재 검토

예제8.5 각형강관의 비틀림강도 산정

예제8.6 원형강관의 비틀림강도 산정

예제8.7 비틀림과 휨을 받는 강관부재 검토

예제8.1 압축력과 1축휨을 받는 대칭단면부재 검토

아래 그림과 같이 H-400×400×13×21(SN275) 단면을 가진 기둥의 양단은 회전지점이다. 이러한 기둥에 $P_D = 700$ kN 과 $P_L = 1,500$ kN 의 압축력이 작용하고, 강축에 대한 휨모멘트가 기둥 상단에 $M_{ntx,D} =$ 50kN·m 및 $M_{ntx,L} =$ 150kN·m만큼 단곡률로 작용하고 있다. 그리고 기둥은 골조 면내에서 횡지지가 되어있고, 비지지길이는 4m이다($K_x = K_y = 1.0$). 이 기둥의 안전성을 검토하시오.

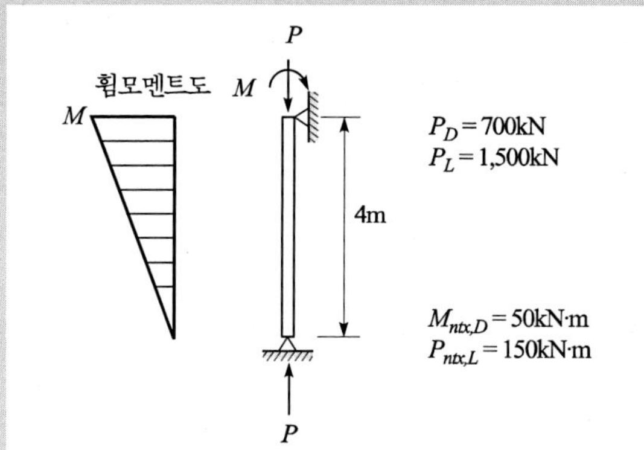

풀이 ▶

1. 부재의 단면성능(H-400×400×13×21)

$A = 21{,}900\text{mm}^2$, $Z_x = 3.67 \times 10^6\text{mm}^3$, $S_x = 3.33 \times 10^6\text{mm}^3$

$I_x = 666 \times 10^6\text{mm}^4$, $I_y = 224 \times 10^6\text{mm}^4$

$r = 22\text{mm}$, $r_x = 175\text{mm}$, $r_y = 101\text{mm}$

2. 소요압축강도 P_r 산정

$P_r = 1.2\,P_D + 1.6\,P_L = 1.2(700) + 1.6(1{,}500) = 3{,}240\text{kN}$

3. 소요휨강도 M_{rx} 산정

(1) 강축에 대하여 작용하는 계수하중에 의한 휨모멘트 산정

$M_{ntx,r} = 1.2\,M_{ntx,D} + 1.6\,M_{ntx,L} = 1.2(50) + 1.6(150) = \;300\text{kN}\cdot\text{m}$

(2) 횡지지된 모멘트 M_{nt}의 증폭계수 B_1 산정

$$C_m = 0.6 - 0.4\left(\frac{M_1}{M_2}\right) = 0.6 - 0.4\left(-\frac{0}{300}\right) = 0.6 \quad (\because \text{단곡률})$$

$$P_e = \frac{\pi^2 EI}{(KL)^2} = \frac{\pi^2(210,000)(666\times10^6)}{\{(1.0)(4,000)\}^2} = 86,300\,\text{kN}$$

$$B_1 = \frac{C_m}{1-P_r/P_e} = \frac{0.6}{1-(3,240/86,300)} = 0.623$$

$B_1 \geq 1.0$이어야 하므로 $B_1 = 1.0$으로 산정한다.

$\therefore\ M_{rx} = B_1 M_{ntx,r} = 1.0(300) = 300\text{kN}\cdot\text{m}$

4. 설계압축강도 P_c 산정

(1) 위험좌굴축 및 좌굴영역 검토

① 세장비KL/r 검토

$$\left(\frac{KL}{r}\right)_x = \frac{1.0(4,000)}{175} = 22.9, \qquad \left(\frac{KL}{r}\right)_y = \frac{1.0(4,000)}{101} = 39.6$$

따라서, $\left(\frac{KL}{r}\right)_{max} = \left(\frac{KL}{r}\right)_y = 39.6$(약축방향 좌굴이 지배)

② 좌굴영역 검토

기준 4.2.3(1)에 따라 좌굴영역을 검토하면,

$$\left(\frac{KL}{r}\right) = 39.6 < 4.71\sqrt{\frac{E}{F_y}} = 4.71\sqrt{\frac{210,000}{275}} = 130$$

따라서, 설계압축강도는 비탄성영역에서 결정된다.

(2) 휨좌굴응력 F_{cr}와 설계압축강도 P_c 산정

$$F_{cr} = [0.658^{F_y/F_e}]F_y = [0.658^{275/1320}](275) = 252\,\text{MPa}$$ 기준식(4.2-2)

여기서, 탄성좌굴응력 $F_e = \frac{\pi^2 E}{(KL/r)^2} = \frac{\pi^2(210,000)}{(39.6)^2} = 1,320\,\text{MPa}$ 기준식(4.2-4)

$\therefore\ P_c = \phi_c P_n = \phi_c F_{cr} A_g = 0.9(252)(21,900) = 4,960\,\text{kN}$

5. 설계휨강도 M_{cx} 산정

설계휨강도는 부재의 소성모멘트, 국부좌굴, 그리고 횡좌굴강도 중 최솟값을 채택한다.

(1) 소성모멘트

$$M_{px} = F_y Z_x = (275)(3.67\times10^6) = 1,010\text{kN}\cdot\text{m}$$

(2) 국부좌굴 검토

① 플랜지 국부좌굴(Flange Local Buckling, FLB) 검토

$\lambda = b/t_f = (400/2)/21 = 9.52$

$\lambda_p = 0.38\sqrt{E/F_y} = 0.38\sqrt{210{,}000/275} = 10.5$ 〈표 1.5-1〉

$\therefore\ \lambda < \lambda_p$로서 콤팩트요소이므로 플랜지 국부좌굴을 고려하지 않아도 된다. (구분1)

② 웨브 국부좌굴(Web Local Buckling, WLB) 검토

$\lambda = h/t_w = [400 - 2(21+22)]/13 = 24.2$

$\lambda_p = 3.76\sqrt{E/F_y} = 3.76\sqrt{210{,}000/275} = 104$ 〈표 1.5-1〉

$\therefore\ \lambda < \lambda_p$로서 콤팩트요소이므로 웨브 국부좌굴을 고려하지 않아도 된다. (구분9)

(3) 횡좌굴(Lateral Torsional Buckling, LTB)강도 검토

$L_b = 4{,}000\text{mm}$

$L_p = 1.76\, r_y\sqrt{E/F_y} = 1.76(101)\sqrt{210{,}000/275} = 4{,}910\,\text{mm}$ 기준식(4.3-6)

$\therefore\ L_b < L_p$이므로 횡좌굴강도를 고려하지 않아도 된다.

(4) 따라서, 주어진 기둥은 (1)소성모멘트에 의해 설계휨강도가 결정된다.

$\therefore\ M_{cx} = \phi_b M_{nx} = \phi_b M_{px} = 0.9(1{,}010) = 909\text{kN}\cdot\text{m}$

6. 조합력에 대한 내력 상관관계식 검토

압축력과 휨을 받는 2축 대칭단면부재이므로 기준 4.5.1.1에 따라 내력을 검토한다.

$\dfrac{P_r}{P_c} = \dfrac{3{,}240}{4{,}960} = 0.65 > 0.2$인 경우로 기준식(4.5-1)을 적용한다.

$$\frac{P_r}{P_c} + \frac{8}{9}\left(\frac{M_{rx}}{M_{cx}} + \frac{M_{ry}}{M_{cy}}\right) \le 1.0$$ 기준식(4.5-1)

$$\Rightarrow\ \frac{P_r}{P_c} + \frac{8}{9}\left(\frac{M_{rx}}{M_{cx}} + \frac{M_{ry}}{M_{cy}}\right) = \frac{3{,}240}{4{,}960} + \frac{8}{9}\left(\frac{300}{909}\right) = 0.95 < 1.0 \quad \text{O.K}$$

◀

예제8.2 압축력과 2축휨을 받는 대칭단면부재 검토

아래 그림과 같이 H−440×300×11×18(SN355) 단면인 기둥의 양단은 회전지점이며, 가새골조의 기둥에 압축력과 2축 휨모멘트가 동시에 작용하고 있다. 압축력은 그림 (a)와 같이 $P_{DL}=600\text{kN}$, $P_{LL}=800\text{kN}$ 이고, 강축에 대한 휨모멘트는 그림 (b)와 같이 기둥 상단부에 $M_{x,DL}=20\text{kN}\cdot\text{m}$, $M_{x,LL}=30\text{kN}\cdot\text{m}$, 기둥 하단부에 $M_{x,DL}=30\text{kN}\cdot\text{m}$, $M_{x,LL}=70\text{kN}\cdot\text{m}$가 각각 같은 방향으로 작용하고 있다. 그리고 약축에 대한 휨모멘트는 그림 (c)와 같이 기둥 상단부와 하단부에서 $M_{y,DL}=5\text{kN}\cdot\text{m}$, $M_{y,LL}=10\text{kN}\cdot\text{m}$로 같은 크기와 방향으로 작용하고 있다. 이 기둥의 안전성을 검토하시오. (단, $K_x=K_y=1.0$)

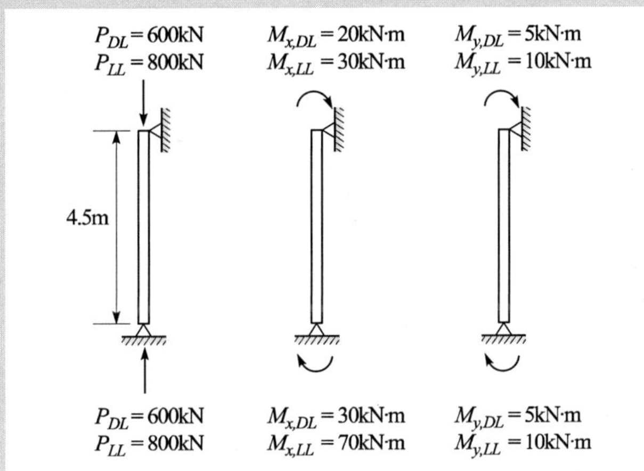

풀이 ▶

1. 부재의 단면성능 (H−440×300×11×18)

$A=15{,}700\,\text{mm}^2$, $Z_x=2.820\times10^6\,\text{mm}^3$, $Z_y=828{,}000\,\text{mm}^3$, $S_x=2.55\times10^6\,\text{mm}^3$

$S_y=541{,}000\,\text{mm}^3$, $I_x=561\times10^6\,\text{mm}^4$, $I_y=81.1\times10^6\,\text{mm}^4$

$r_x=189\,\text{mm}$, $r_y=71.8\,\text{mm}$, $r(\text{필렛반경})=24\,\text{mm}$

2. 소요압축강도 P_r 산정

$$P_r=1.2P_{DL}+1.6P_{LL}=1.2(600)+1.6(800)=2{,}000\text{kN}$$

3. 강축에 대한 소요휨강도 M_{rx} 산정

(1) 강축에 대한 계수휨모멘트

① 기둥 상단부

$$M_{ntx,r} = 1.2M_{ntx,DL} + 1.6M_{ntx,LL} = 1.2(20) + 1.6(30) = 72\text{kN}\cdot\text{m}$$

② 기둥 하단부

$$M_{ntx,r} = 1.2M_{ntx,DL} + 1.6M_{ntx,LL} = 1.2(30) + 1.6(70) = 148\text{kN}\cdot\text{m}$$

기둥 하단부의 휨모멘트가 더 크므로 $M_{ntx,r} = 148\text{kN}\cdot\text{m}$

(2) 모멘트 증폭계수 B_1 반영

$$C_m = 0.6 - 0.4\left(\frac{M_1}{M_2}\right) = 0.6 - 0.4\left(\frac{72}{148}\right) = 0.405 \quad (\because 복곡률)$$

$$P_e = \frac{\pi^2 EI}{(K_x L)^2} = \frac{\pi^2(210{,}000)(561\times10^6)}{\{(1.0)(4{,}500)\}^2} = 57{,}400\,\text{kN}$$

$$B_1 = \frac{C_m}{1 - P_r/P_e} = \frac{0.405}{1-(2{,}000/57{,}400)} = 0.42$$

$B_1 \geq 1$이어야 하므로 강축에 대한 $B_1 = 1$이다.

$$M_{rx} = B_1 M_{ntx,r} = 1.0(148) = 148\text{kN}\cdot\text{m}$$

4. 약축에 대한 소요휨강도 M_{ry} 산정

(1) 약축에 대한 계수휨모멘트

약축에 대한 기둥 상단부 및 하단부 휨모멘트 크기는 동일하다.

$$M_{nty,r} = 1.2M_{nty,DL} + 1.6M_{nty,LL} = 1.2(5) + 1.6(10) = 22\text{kN}\cdot\text{m}$$

(2) 모멘트 증폭계수B_1반영

$$C_m = 0.6 - 0.4\left(\frac{M_1}{M_2}\right) = 0.6 - 0.4\left(\frac{22}{22}\right) = 0.2 \quad (\because 복곡률)$$

$$P_e = \frac{\pi^2 EI}{(K_y L)^2} = \frac{\pi^2(210{,}000)(81.1\times10^6)}{\{(1.0)(4{,}500)\}^2} = 8{,}300\text{kN}\cdot\text{m}$$

$$B_1 = \frac{C_m}{1 - P_r/P_e} = \frac{0.2}{1-(2{,}000/8{,}300)} = 0.263$$

$B_1 \geq 1$이어야 하므로 약축방향의 $B_1 = 1$이다.

$$M_{ry} = B_1 M_{nty,r} = 1.0(22) = 22\text{kN}\cdot\text{m}$$

5. 설계압축강도 P_c 산정

(1) 위험좌굴축 및 좌굴영역 검토

① 세장비KL/r 검토

$$\left(\frac{KL}{r}\right)_x = \frac{1.0(4,500)}{189} = 23.8, \qquad \left(\frac{KL}{r}\right)_y = \frac{1.0(4,500)}{71.8} = 62.7$$

$$\Rightarrow \left(\frac{KL}{r}\right)_{\max} = \left(\frac{KL}{r}\right)_y = 62.7 \text{ (약축에 대한 좌굴이 지배)}$$

② 좌굴영역 검토

기준 4.2.3(1)에 따라 좌굴영역을 검토하면,

$$\left(\frac{KL}{r}\right) = 62.7 < 4.71\sqrt{\frac{E}{F_y}} = 4.71\sqrt{\frac{210,000}{355}} = 115$$

따라서, 설계압축강도는 비탄성영역에서 결정된다.

(2) 휨좌굴응력 F_{cr}와 설계압축강도 P_c 산정

$F_{cr} = [0.658^{F_y/F_e}]F_y = [0.658^{355/527}](355) = 268\,\text{MPa}$ 기준식(4.2-2)

여기서, 탄성좌굴응력 $F_e = \dfrac{\pi^2 E}{(KL/r)^2} = \dfrac{\pi^2(210,000)}{(62.7)^2} = 527\,\text{MPa}$ 기준식(4.2-4)

$\therefore\ P_c = \phi_c P_n = \phi_c F_{cr} A_g = 0.9(268)(15,700) = 3,800\,\text{kN}$

6. 강축에 대한 설계휨강도 M_{cx} 산정

강축에 대한 설계휨강도M_{cx}는 부재의 소성모멘트, 국부좌굴, 횡좌굴강도중 최솟값을 채택한다.

(1) 소성모멘트

$M_{px} = F_y Z_x = 355 \times 2.82 \times 10^6 = 1,000\text{kN}\cdot\text{m}$

(2) 국부좌굴 검토

① 플랜지 국부좌굴(Flange Local Buckling, FLB)

$\lambda = b/t_f = (300/2)/18 = 8.33$

$\lambda_p = 0.38\sqrt{E/F_y} = 0.38\sqrt{210,000/355} = 9.24$ 〈표 1.5-1〉

$\therefore\ \lambda < \lambda_p$ 로서 콤팩트요소이므로 플랜지 국부좌굴을 고려하지 않아도 된다. (구분1)

② 웨브 국부좌굴(Web Local Buckling, WLB)

$\lambda = h/t_w = [440 - 2\times(18+24)]/11 = 32.4$

$\lambda_p = 3.76\sqrt{E/F_y} = 3.76\sqrt{210,000/355} = 91.4$ 〈표 1.5-1〉

$\therefore\ \lambda < \lambda_p$ 로서 콤팩트요소이므로 웨브 국부좌굴을 고려하지 않아도 된다. (구분9)

(3) 횡좌굴(Lateral Torsional Buckling, LTB)강도 검토

① 횡좌굴구간 검토

$L_b = 4{,}500\text{mm}$

$L_p = 1.76\, r_y \sqrt{E/F_y} = 1.76(71.8)\sqrt{210{,}000/355} = 3{,}070\,\text{mm}$ 기준식(4.3-6)

$$L_r = 1.95\, r_{ts}\frac{E}{0.7F_y}\sqrt{\frac{Jc}{S_x h_o}}\sqrt{1+\sqrt{1+6.76\left(\frac{0.7F_y}{E}\frac{S_x h_o}{Jc}\right)^2}}$$ 기준식(4.3-7)

$$= 1.95(81.9)\frac{210{,}000}{0.7(355)}\sqrt{\frac{(1.35\times10^6)(1)}{(2.55\times10^6)(422)}}\sqrt{1+\sqrt{1+6.76\left\{\frac{0.7(355)}{210{,}000}\frac{(2.55\times10^6)(422)}{(1.35\times10^6)(1)}\right\}^2}}$$

$= 9{,}130\,\text{mm}$

여기서, $r_{ts} = \sqrt{\frac{I_y h_o}{2S_x}} = \sqrt{\frac{(8.11\times10^7)(422)}{2(2.55\times10^6)}} = 81.9$ 기준식(4.3-8)

$h_o = 422\text{mm}$: 상하부 플랜지간 중심거리

$c = 1$: 2축대칭인 H형강 부재의 경우

$S_x = 2.55\times10^6\,\text{mm}^3$: 단면계수

$J = 1.35\times10^6\,\text{mm}^4$: 단면비틀림상수

$\therefore L_p < L_b < L_r$ 으로서 비탄성 횡좌굴구간에 해당한다.

② C_b 산정

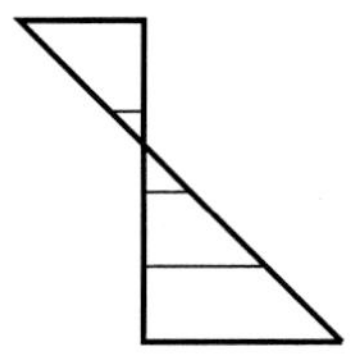

[휨모멘트도]

$$C_b = \frac{12.5M_{\max}}{2.5M_{\max}+3M_A+4M_B+3M_C}$$

$$= \frac{12.5(148)}{2.5(148)+3(17)+4(38)+3(93)}$$

$= 2.17$

$$M_{nx} = C_b\left[M_p - (M_p - 0.7F_yS_x)\left(\frac{L_b-L_p}{L_r-L_p}\right)\right] \le M_p$$ 기준식(4.3-3)

$$= 2.17\left[1{,}000 - \{1{,}000 - 0.7(355)(2.55\times10^6)/10^6\}\left(\frac{4{,}500-3{,}070}{9{,}130-3{,}070}\right)\right]$$

$= 1{,}980\text{kN}\cdot\text{m} > M_{px} = 1{,}000\text{kN}\cdot\text{m}$

따라서, 횡좌굴강도는 소성모멘트 M_{px}와 같다.

(4) 설계휨강도 선정

(1), (2), (3)에 의하여 강축에 대한 설계휨강도M_{cx}는 소성모멘트에 의해 결정된다.

$M_{cx} = \phi_b M_{nx} = 0.9(1{,}000) = 900\text{kN}\cdot\text{m}$

7. 약축에 대한 설계휨강도 M_{cy} 산정

약축에 대한 설계휨강도 M_{cy}는 부재의 소성모멘트와 국부좌굴 강도를 비교하여 최솟값을 채택한다. 주어진 기둥 부재의 경우는 앞서 강축방향에 대한 검토에서 보듯이 플랜지 국부좌굴과 웨브 국부좌굴에 대하여 콤팩트요소이므로 약축에 대한 설계휨강도는 소성모멘트에 의해 산정하면 된다.

$M_{ny} = M_{py} = F_y Z_y \le 1.6 F_y S_y$ 기준식(4.3-41)

$F_y Z_y = 355(828{,}000)$

$= 294\,\text{kN}\cdot\text{m} < 1.6F_yS_y = 1.6(355)(541{,}000) = 307\text{kN}\cdot\text{m}$

$M_{cy} = \phi_b M_{ny} = 0.9(294) = 265\text{kN}\cdot\text{m}$

8. 조합력에 대한 내력 상관관계식 검토

압축력과 2축휨을 받는 2축 대칭단면부재이므로 기준 4.5.1.1에 따라 내력을 검토할 수 있다.

$\dfrac{P_r}{P_c} = \dfrac{2{,}000}{3{,}800} = 0.527 > 0.2$ 이므로 기준식(4.5-1)을 적용한다.

$\dfrac{P_r}{P_c} + \dfrac{8}{9}\left(\dfrac{M_{rx}}{M_{cx}} + \dfrac{M_{ry}}{M_{cy}}\right) \le 1.0$ 기준식(4.5-1)

$\Rightarrow \dfrac{P_r}{P_c} + \dfrac{8}{9}\left(\dfrac{M_{rx}}{M_{cx}} + \dfrac{M_{ry}}{M_{cy}}\right) = \dfrac{2{,}000}{3{,}800} + \dfrac{8}{9}\left(\dfrac{148}{900} + \dfrac{22}{265}\right) = 0.747 < 1.0$ O.K

◀

예제8.3 횡이동이 구속되지 않은 골조에서 1축휨과 압축력을 받는 기둥 검토

아래 그림과 같은 골조에서 기둥 부재 CD(H-400×400×13×21, SN275)의 안전성 여부를 검토하시오. 단, 주어진 중력하중 P_u와 풍하중 $\sum H$은 모두 계수하중이며 기둥의 유효좌굴길이는 $K_{x,AB} = K_{x,CD} = 2.0$이고, $K_{y,AB} = K_{y,CD} = 1.0$으로 가정한다. (이 예제의 구조물은 보의 휨강성이 기둥의 휨강성보다 월등히 크다는 조건을 의도적으로 부여하였다. 이는 아래에서 보는 바와 같이 유효좌굴길이의 산정과 구조해석을 수월하게 하면서도, 2차효과를 고려한 모멘트골조의 보-기둥 부재설계의 전 과정을 상세히 전달하기 위함이다).

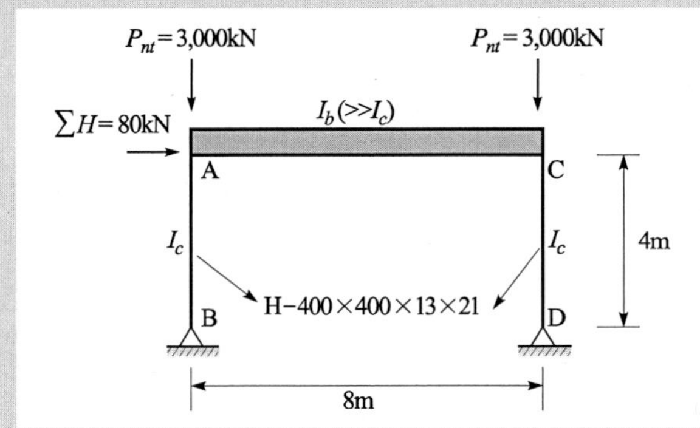

풀이 ▶

1. 구조해석

주어진 골조는 횡방향 구속 여부를 기준으로 아래 그림들과 같이 비횡변위골조(nonsway frame)와 횡변위골조(sidesway frame)로 나누어 해석할 수 있다. 중력하중과 횡력이 동시에 작용할 경우 설계기준의 모멘트증폭계수를 적절하게 적용하기 위해서는 아래 그림들처럼 비횡변위골조와 횡변위골조로 분리하여 1차해석을 수행한 후 중첩하는 과정이 필요하다. 여기서 비횡변위골조라 함은 그림에서 보듯이 층바닥 높이에 가상의 인위적 횡지지를 설치한 골조에 중력하중만을 가한 것이다. 인위적 횡지지에서 발생하는 반력은 실제 횡력과 합하여 횡지지골조에 가함으로써 상쇄시킨다. 비횡변위골조의 해석에서 얻어진 기둥부재의 모멘트에는 부재효과(member effect)를 반영하는 증폭계수 B_1을 곱하고, 횡변위골조의 해석에서 얻어진 응력에는 골조효과(frame effect)를 반영하는 증폭계수 B_2를 곱한다.

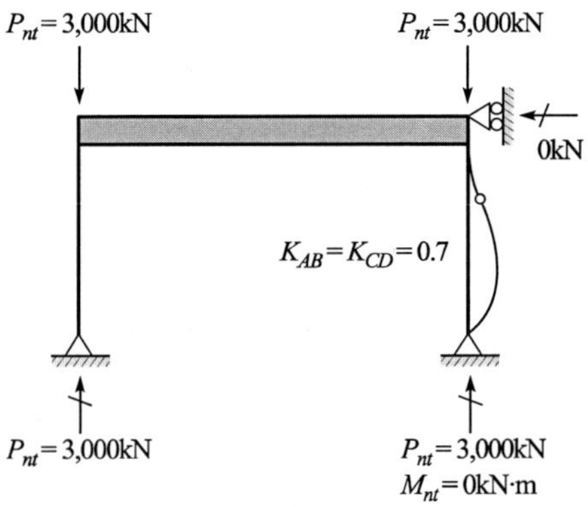

[비횡변위골조의 M_{nt}와 P_{nt}]

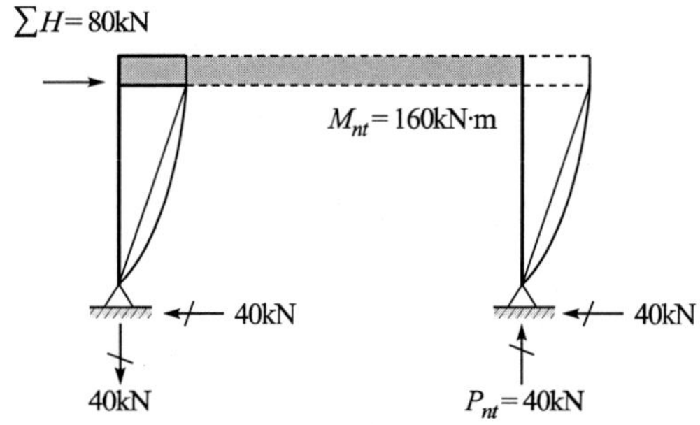

[횡변위골조의 M_{lt}와 P_{lt}]

2. 부재의 단면성능 (H−400×400×13×21)

$A = 21,900\,\text{mm}^2$, $Z_x = 3.67 \times 10^6\,\text{mm}^3$, $S_x = 3.33 \times 10^6\,\text{mm}^3$

$I_x = 666 \times 10^6\,\text{mm}^4$, $I_y = 224 \times 10^6\,\text{mm}^4$

$r = 22\,\text{mm}$, $r_x = 175\,\text{mm}$, $r_y = 101\,\text{mm}$

3. 모멘트 증폭계수 B_1 및 B_2 산정

(1) B_1 산정

비횡변위골조에서 $M_{nt} = 0$이므로 B_1을 구할 필요가 없다.

(2) B_2 산정

$$\sum P_{nt} = 6,000\text{kN}$$

$$\sum P_{e2} = 2\frac{\pi^2 EI}{(KL)^2} = (2)\frac{\pi^2(210,000)(666\times 10^6)}{\{2.0(4,000)\}^2} = 43,100\text{kN}$$

$$\therefore\ B_2 = \frac{1}{1-\dfrac{\sum P_{nt}}{\sum P_{e2}}} = \frac{1}{1-\dfrac{6,000}{43,100}} = \frac{1}{1-0.139} = 1.16\ (\geq 1.0)$$

4. 소요압축강도 P_r 및 소요휨강도 M_r의 산정

(1) 소요압축강도 P_r

$$P_r = P_{nt} + B_2 P_{lt} = 3,000 + 1.16(40) = 3,050\,\text{kN}$$

(2) 소요휨강도 M_r

$$M_r = B_1 M_{nt} + B_2 M_{lt} = 0 + 1.16(160) = 186\text{kN}\cdot\text{m}$$

5. 설계압축강도 P_c 및 설계휨강도 M_{cx} 의 산정

(1) 설계압축강도 P_c

① 강축과 약축의 유효좌굴길이($K_x = 2.0$, $K_y = 1.0$)를 고려한 세장비 KL/r 검토

$$\left(\frac{KL}{r}\right)_x = \frac{(2.0)(4,000)}{175} = 45.7, \qquad \left(\frac{KL}{r}\right)_y = \frac{(1.0)(4,000)}{101} = 39.6$$

$$\Rightarrow \left(\frac{KL}{r}\right)_{\max} = \left(\frac{KL}{r}\right)_x = 45.7(\text{강축에 대한 좌굴이 지배})$$

② 좌굴영역 검토

기준 4.2.3(1)에 따라 좌굴영역을 검토하면,

$$\left(\frac{KL}{r}\right) = 45.7 < 4.71\sqrt{\frac{E}{F_y}} = 4.71\sqrt{\frac{210,000}{275}} = 130$$

따라서, 설계압축강도는 비탄성영역에서 결정된다.

③ 휨좌굴응력 F_{cr} 설계압축강도 P_c 산정

$$F_{cr} = [0.658^{F_y/F_e}]F_y = [0.658^{275/992}](275) = 245\,\text{MPa} \qquad \text{기준식(4.2-2)}$$

여기서, 탄성좌굴응력 $F_e = \dfrac{\pi^2 E}{(KL/r)^2} = \dfrac{\pi^2(210,000)}{(45.7)^2} = 992\text{MPa}$ 기준식(4.2-4)

$$\therefore\ P_c = \phi_c F_{cr} A_g = 0.9 \times 245 \times 21,900 = 4,820\,\text{kN}$$

(2) 설계휨강도 M_{cx} 산정

설계휨강도는 부재의 소성모멘트, 국부좌굴, 횡좌굴강도를 비교하여 최솟값을 채택한다.

① 소성모멘트

$$M_{px} = F_y Z_x = (275)(3.67 \times 10^6) = 1,010\text{kN}\cdot\text{m}$$

② 국부좌굴

(가) 플랜지 국부좌굴(Flange Local Buckling, FLB) 검토

$$\lambda = b/t_f = (400/2)/21 = 9.52$$

$$\lambda_p = 0.38\sqrt{E/F_y} = 0.38 \times \sqrt{210,000/275} = 10.5 \qquad \langle\text{표 1.5-1}\rangle$$

$\therefore\ \lambda < \lambda_p$로서 콤팩트요소이므로 플랜지 국부좌굴을 고려하지 않아도 된다. (구분1)

(나) 웨브 국부좌굴(Web Local Buckling, WLB) 검토

$$\lambda = h/t_w = [400 - (2)(21 + 22)]/13 = 24.2$$

$$\lambda_p = 3.76\sqrt{E/F_y} = 3.76\sqrt{210,000/275} = 104 \qquad \langle\text{표 1.5-1}\rangle$$

$\therefore\ \lambda < \lambda_p$ 로서 콤팩트요소이므로 웨브 국부좌굴을 고려하지 않아도 된다. (구분9)

③ 횡좌굴(Lateral Torsional Buckling, LTB) 검토

$L_b = 4{,}000\ \mathrm{mm}$

$L_p = 1.76\, r_y \sqrt{E/F_y} = 1.76\,(101)\,\sqrt{210{,}000/275} = 4{,}910\ \mathrm{mm}$ 기준식(4.3-6)

$\therefore\ L_b < L_p$ 이므로 횡좌굴을 고려하지 않아도 된다.

④ 따라서, 주어진 기둥 CD는 소성모멘트에 의해 설계휨강도가 결정된다.

$\therefore\ M_{cx} = \phi_b M_{nx} = \phi_b M_{px} = (0.9)(1{,}010) = 909\mathrm{kN \cdot m}$

6. 조합력에 대한 내력 상관관계식 검토

압축력과 휨을 받는 2축 대칭단면부재이므로 기준 4.5.1.1에 따라 내력을 검토한다.

$\dfrac{P_r}{P_c} = \dfrac{3{,}050}{4{,}820} = 0.632 > 0.2$ 인 경우이므로 기준식(4.5-1)을 적용한다.

$$\frac{P_r}{P_c} + \frac{8}{9}\left(\frac{M_{rx}}{M_{cx}} + \frac{M_{ry}}{M_{cy}}\right) \le 1.0$$ 기준식(4.5-1)

$$\Rightarrow\ \frac{P_r}{P_c} + \frac{8}{9}\left(\frac{M_{rx}}{M_{cx}} + \frac{M_{ry}}{M_{cy}}\right) = \frac{3{,}050}{4{,}820} + \frac{8}{9}\left(\frac{186}{909}\right) = 0.814 < 1.0 \quad \mathrm{O.K}$$

◀

예제8.4 인장력과 2축휨을 받는 대칭단면부재 검토

비지지길이가 9m이며, 부재의 양단이 회전지점인 H형강 부재가 있다. 고정하중에 의해 150kN, 활하중에 의해 400kN의 인장력이 발생하며, 등분포하중에 의해 부재의 중앙부에 $M_{xD} = 45\text{kN}\cdot\text{m}$, $M_{xL} = 130\text{kN}\cdot\text{m}$, $M_{yD} = 5\text{kN}\cdot\text{m}$, $M_{yL} = 10\text{kN}\cdot\text{m}$가 발생한다. 이러한 조건에서 H−500×200×10×16 (SN275) 형강을 사용할 경우 부재의 안전성을 검토하시오. 단, 접합부에는 구멍이 없는 것으로 가정한다.

풀이 ▶

1. 부재의 단면 성능(H−500×200×10×16)

$A = 11{,}400\ \text{mm}^2$, $Z_x = 2.18 \times 10^6\ \text{mm}^3$, $Z_y = 335{,}000\ \text{mm}^3$,

$S_x = 1.91 \times 10^6 \text{mm}^3$, $S_y = 214{,}000\,\text{mm}^3$

$I_x = 478 \times 10^6\ \text{mm}^4$, $I_y = 21.4 \times 10^6\ \text{mm}^4$

$r_x = 205\ \text{mm}$, $r_y = 43.3\,\text{mm}$, $r(\text{필렛반경}) = 20\,\text{mm}$

2. 소요강도 산정

(1) 소요인장강도 P_r 산정

$$P_r = 1.2\,P_D + 1.6P_L = 1.2(150) + 1.6(400) = 820\ \text{kN}$$

(2) 소요휨강도 M_{rx}, M_{ry} 산정

주어진 부재는 인장력을 받는 경우이므로 축력에 의한 모멘트 증폭을 고려할 필요가 없다.

$$M_{rx} = 1.2M_{xD} + 1.6M_{xL} = 1.2(45) + 1.6(130) = 262\text{kN}\cdot\text{m}$$

$$M_{ry} = 1.2M_{yD} + 1.6M_{yL} = 1.2(5) + 1.6(10) = 22\text{kN}\cdot\text{m}$$

3. 설계인장강도 P_t 산정

$$P_t = \phi_t P_n = \phi_t F_y A_g = (0.9)(275)(11{,}400) = 2{,}830\,\text{kN}$$

4. 설계휨강도 M_{cx}, M_{cy} 산정

(1) 판폭두께비 검토

한계상태에 따른 부재의 설계휨강도를 산정하기 위해서 부재의 플랜지와 웨브에 대한 판폭두께비를 검토한다. 〈표 4.3-1〉

① 플랜지

$\lambda = b/t_f = (200/2)/16 = 6.25$

$\lambda_p = 0.38\sqrt{E/F_y} = 0.38\sqrt{210{,}000/275} = 10.5$ 〈표 1.5-1〉

$\therefore\ \lambda < \lambda_p$ 이므로 플랜지는 콤팩트요소이므로 국부좌굴을 고려하지 않아도 된다.

② 웨브

$\lambda = h/t_w = [500-(2)(16+20)]/10 = 42.8$

$\lambda_p = 3.76\sqrt{E/F_y} = 3.76\sqrt{210{,}000/275} = 104$ 〈표 1.5-1〉

$\therefore\ \lambda < \lambda_p$ 이므로 웨브는 콤팩트요소이므로 국부좌굴을 고려하지 않아도 된다.

(2) 강축에 대한 설계휨강도 M_{cx}의 산정

플랜지와 웨브가 콤팩트요소이므로 설계휨강도 M_{cx}는 부재의 소성모멘트와 횡좌굴강도를 비교하여 최솟값을 택한다.

1) 소성휨모멘트

$M_{px} = F_y Z_x = (275)(2.18\times10^6) =$ 600kN · m

2) 횡좌굴(Lateral Torsional Buckling, LTB) 강도

① 횡좌굴구간 검토

$L_b = 9{,}000\,\text{mm}$

$$L_r = 1.95\, r_{ts}\frac{E}{0.7F_y}\sqrt{\frac{Jc}{S_x h_o}}\sqrt{1+\sqrt{1+6.76\left(\frac{0.7F_y}{E}\frac{S_x h_o}{Jc}\right)^2}} \quad \text{기준식(4.3-7)}$$

$$= 1.95\,(52.1)\frac{210{,}000}{0.7(275)}\sqrt{\frac{(707\times10^3)(1)}{(1.91\times10^6)(484)}}\sqrt{1+\sqrt{1+6.76\left\{\frac{0.7(275)}{210{,}000}\frac{(1.91\times10^6)(484)}{(710\times10^3)(1)}\right\}^2}}$$

$= 6{,}330\,\text{mm}$

여기서, $r_{ts} = \sqrt{\dfrac{I_y h_o}{2S_x}} = \sqrt{\dfrac{(21.4\times10^6)(484)}{2(1.91\times10^6)}} = 52.1\text{mm}$

$h_o = 484\,\text{mm}$: 상하부 플랜지간 중심거리

$c = 1$: 2축대칭인 H형강 부재의 경우

$S_x = 1.91\times10^6\text{mm}^3$: 단면계수

$J = 707\times10^3\,\text{mm}^4$: 단면비틀림상수

$\therefore\ L_b > L_r$ 이므로 탄성횡좌굴구간에 해당한다.

② C_b 산정

$$C_b = \frac{12.5M_{\max}}{2.5M_{\max} + 3M_A + 4M_B + 3M_C}$$

$$= \frac{12.5(262)}{2.5(262) + 3(65.5) + 4(131) + 3(196.5)} = 1.67$$

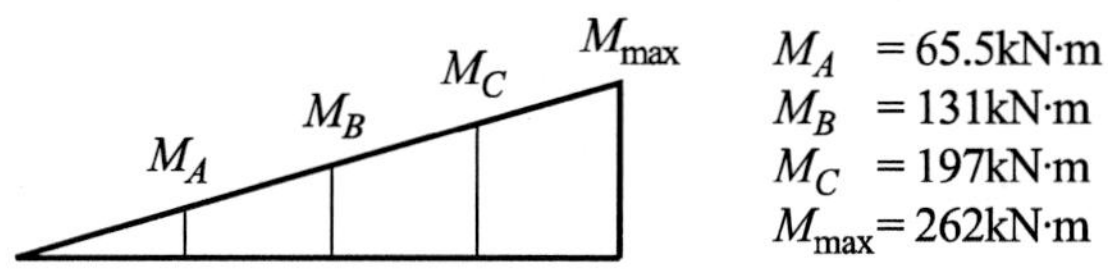

[휨모멘트도]

2축대칭단면을 가진 부재에 인장력과 휨이 동시에 작용하는 경우"tension-stiffening"효과에 의해 C_b 값을 $\sqrt{1+P_r/P_{ey}}$ 만큼 증가시킬 수 있다. 기준 4.5.1.2

$$P_{ey} = \frac{\pi^2 EI_y}{L_b^2} = \frac{\pi^2(210,000)(21.4\times 10^6)}{(9,000)^2} = 548\,\text{kN}$$

$$C_b' = C_b\sqrt{1+\frac{P_r}{P_{ey}}} = 1.67\sqrt{1+\frac{820}{548}} = 2.64$$

$$F_{cr} = \frac{C_b'\pi^2 E}{\left(\frac{L_b}{r_{ts}}\right)^2}\sqrt{1+0.078\frac{J_C}{S_x h_o}\left(\frac{L_b}{r_{ts}}\right)^2}$$ 기준식(4.3-5)

$$= \frac{(2.64)\pi^2(210,000)}{\left(\frac{9,000}{52.1}\right)^2}\sqrt{1+0.078\frac{(707\times 10^3)(1)}{(1.91\times 10^6)(484)}\left(\frac{9,000}{52.1}\right)^2}$$

$$= 306\,\text{MPa}$$

$$M_{nx} = F_{cr}S_x \le M_p$$ 기준식(4.3-4)

$$= (306)(1.91\times 10^6) = 584\text{kN}\cdot\text{m} < M_p = 600\text{kN}\cdot\text{m}$$

③ 설계휨강도 결정

1), 2)에 의하여 강축에 대한 설계휨강도 M_{cx}는 횡좌굴강도에 의해 결정된다.

$$M_{cx} = \phi_b M_{nx} = (0.9)(584) = 526\text{kN}\cdot\text{m}$$

(3) 약축에 대한 설계휨강도 M_{cy} 산정

플랜지가 콤팩트요소이므로 항복한계상태에 대한 검토를 통하여 약축에 대한 설계휨강도 M_{cy}는 부재의 항복강도(소성휨모멘트)로부터 얻는다.

1) 항복강도

$M_{ny} = M_{py} = F_y Z_y \le 1.6 F_y S_y$ 기준식(4.3-41)

$= (275)(335{,}000) \le 1.6(275)(214{,}000)$

$= 92\text{kN} \cdot \text{m} < 94\text{kN} \cdot \text{m}$

따라서, M_{cy}는 92kN・m이다.

5. 조합력에 대한 내력 상관관계식 검토

인장력과 휨을 받는 2축 대칭단면부재이므로 기준 4.5.1.2에 따라 내력을 검토한다.

$\dfrac{P_r}{P_t} = \dfrac{820}{2{,}830} = 0.290 > 0.2$이므로, 기준식(4.5-1)을 적용한다.

$$\frac{P_r}{P_t} + \frac{8}{9}\left(\frac{M_{rx}}{M_{cx}} + \frac{M_{ry}}{M_{cy}}\right) \le 1.0$$ 기준식(4.5-1)

$$\Rightarrow \frac{P_r}{P_t} + \frac{8}{9}\left(\frac{M_{rx}}{M_{cx}} + \frac{M_{ry}}{M_{cy}}\right) = \frac{820}{2{,}830} + \frac{8}{9}\left(\frac{262}{526} + \frac{22}{92}\right) = 0.945 < 1.0 \quad \text{O.K}$$ ◀

예제8.5 각형강관의 비틀림강도 산정

각형강관 □-150×100×6(SRT355)의 설계비틀림강도 $\phi_T T_n$을 산정하시오.

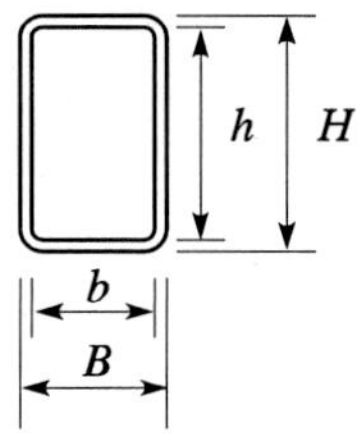

풀이 ▶

1. 부재의 치수(□-150×100×6)

$H = 150\,\text{mm}$, $h = 132\,\text{mm}$, $B = 100\,\text{mm}$, $b = 82\,\text{mm}$, $t = 6\,\text{mm}$

2. 공칭비틀림강도 T_n 산정

비틀림항복과 비틀림좌굴한계상태에 의한 공칭비틀림강도 T_n은 다음 식으로 산정한다.

$T_n = F_{cr}C$ 기준식(4.5-5)

(1) F_{cr} 산정 기준 4.5.3.1

$h/t = 132/6 = 22.0 > b/t = 82/6 = 13.7$ 이므로 h/t 의 값이 지배하며,

$h/t = 22.0 \leq 2.45\sqrt{E/F_y} = 2.45\sqrt{210{,}000/355} = 59.6$ 이므로, 기준식(4.5-8)을 적용한다.

$F_{cr} = 0.6F_y = 0.6(355) = 213\text{MPa}$ 기준식(4.5-8)

(2) 각형강관의 비틀림상수 C 산정

각형강관의 비틀림상수는 다음과 같이 보수적으로 취할 수 있다.

$C = 2(B-t)(H-t)t - 4.5(4-\pi)t^3$

$= 2(100-6)(150-6)(6) - 4.5(4-\pi)(6)^3$

$= 162{,}000\text{mm}^3$

따라서, $T_n = F_{cr}C = 213(162{,}000) = 34.4\text{kN}\cdot\text{m}$

3. 설계비틀림강도 $\phi_T T_n$ 산정

$\phi_T T_n = 0.9(34.4) = 31.0\text{kN}\cdot\text{m}$ ◀

예제8.6 원형강관의 비틀림강도 산정

길이 4.5m인 원형강관 165.2×6(SRT355)의 설계비틀림강도 $\phi_T T_n$을 산정하시오.

풀이 ▶

1. 부재의 치수(원형강관 165.2×6)

$D = 165.2\,\mathrm{mm}$, $t = 6\,\mathrm{mm}$

2. 공칭비틀림강도 T_n 산정

비틀림항복과 비틀림좌굴한계상태에 의한 공칭비틀림강도 T_n은 다음 식으로 산정한다.

$$T_n = F_{cr}C \qquad \text{기준식(4.5-5)}$$

(1) F_{cr} 산정 기준 4.5.3.1

F_{cr}은 아래 ①, ② 중 큰 값을 사용한다. 그러나 $0.6F_y$를 초과할 수는 없다.

$$① \; F_{cr} = \frac{1.23E}{\sqrt{\frac{L}{D}}\left(\frac{D}{t}\right)^{\frac{5}{4}}} = \frac{1.23(210,000)}{\sqrt{\frac{4,500}{165.2}}\left(\frac{165.2}{6}\right)^{\frac{5}{4}}} = 785\mathrm{MPa} \qquad \text{기준식(4.5-6)}$$

$$② \; F_{cr} = \frac{0.60E}{\left(\frac{D}{t}\right)^{\frac{3}{2}}} = \frac{0.60(210,000)}{\left(\frac{165.2}{6}\right)^{\frac{3}{2}}} = 872\mathrm{MPa} \qquad \text{기준식(4.5-7)}$$

$$③ \; F_{cr} = 851\mathrm{MPa} > 0.6F_y = 0.6(355) = 213\,\mathrm{MPa}$$

따라서, $F_{cr} = 213\,\mathrm{MPa}$

(2) 원형강관의 비틀림상수 C 산정

원형강관의 비틀림상수는 다음과 같이 보수적으로 취할 수 있다.

$$C = \frac{\pi(D-t)^2 t}{2} = \frac{\pi(165.2-6.0)^2(6.0)}{2} = 239,000\mathrm{mm}^3$$

따라서, $T_n = F_{cr}C = 213(239,000) = 50.9\mathrm{kN \cdot m}$

3. 설계비틀림강도 $\phi_T T_n$ 산정

$\phi_T T_n = 0.9(50.9) = 45.8\mathrm{kN \cdot m}$ ◀

예제8.7 비틀림과 휨을 받는 강관부재 검토

아래 그림과 같이 경간이 3m 이며, 등분포하중이 재하된 각형강관 □-200×100×6(SRT355)의 안전성을 검토하시오. 다만, 휨모멘트와 전단력에 대한 양단부는 단순지지이며, 단면 중심선으로부터 150mm 떨어진 위치에 재하되어 발생하는 비틀림에 대한 양단부는 구속되어 있다.

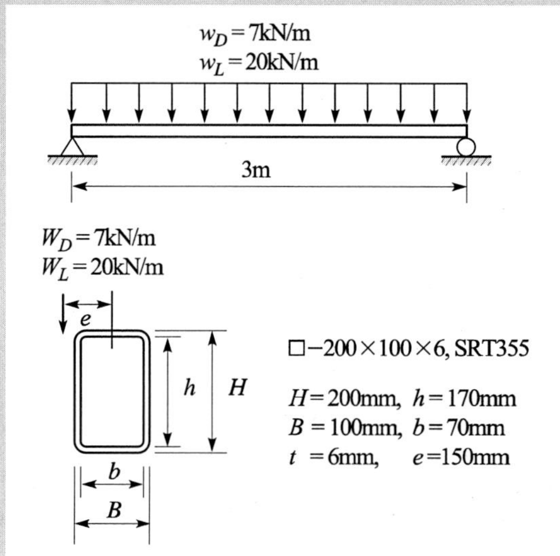

풀이 ▶

1. 부재의 치수 및 단면 성능(□-200×100×6)

$H = 200\,\text{mm}$, $h = 170\,\text{mm}$, $B = 100\,\text{mm}$, $b = 70\,\text{mm}$, $t = 6\,\text{mm}$

$A_o = 18{,}200\,\text{mm}^2$, $S_x = 170{,}000\,\text{mm}^3$, $Z_x = 222{,}000\,\text{mm}^3$

2. 소요강도의 산정

(1) 계수하중 w_u의 산정

$$w_u = 1.2\,w_d + 1.6w_L = 1.2(7) + 1.6(20) = 40.4\,\text{kN/m}$$

(2) 소요전단강도 V_r의 산정

$$V_r = V_u = w_u l/2 = 40.4(3)/2 = 60.6\,\text{kN}$$

(3) 소요휨강도 M_r의 산정

$$M_r = M_u = w_u l^2/8 = 40.4(3)^2/8 = 45.5\text{kN}\cdot\text{m}$$

(4) 소요비틀림강도 T_r의 산정

$T_r = T_u = w_u le/2 = 40.4(3)(0.15)/2 = 9.09\text{kN}\cdot\text{m}$

3. 설계강도 산정

(1) 설계전단강도 V_c 산정

기준 4.4.1.2(2)에 따르면 $\phi_v = 0.9$이고 공칭전단강도 V_n은 기준 4.4.2.1(2)에 의해 기준식(4.4-1)을 적용하여 다음과 같이 산정한다.

① 전단상수 C_v의 산정

$$\frac{h}{t_w} = \frac{170}{6} = 28.3$$

$$1.10\sqrt{\frac{k_v E}{F_y}} = 1.10\sqrt{\frac{(5.0)(210,000)}{355}} = 59.8 \text{ (각형강관의 경우 } k_v = 5.0\text{)}$$

$$\Rightarrow \frac{h}{t_w} < 1.10\sqrt{\frac{k_v E}{F_y}} \text{ 이므로 } C_v = 1.0$$

② 설계전단강도 산정

$\therefore V_c = \phi_v V_n = 0.9(0.6F_y A_w C_v)$ 기준식(4.4-1)

$= 0.9[0.6(355)(2\times 170\times 6)(1.0)] = 391\text{ kN}$

여기서, 웨브의 전단강도를 산정하므로 $A_w = 2ht$이다.

(2) 설계휨강도 M_c의 산정

각형강관의 설계휨강도는 소성모멘트, 국부좌굴에 대한 설계강도를 비교하여 최솟값을 택한다.

① 소성모멘트

$M_p = F_y Z_x = 355(222,000) = 78.8\text{kN}\cdot\text{m}$

② 국부좌굴

(가) 플랜지 국부좌굴(FLB) 검토

$\lambda = b/t = 70/6 = 11.7$

$\lambda_p = 1.12\sqrt{E/F_y} = 1.12\sqrt{210,000/355} = 27.2$ 〈표 1.5-1〉

$\therefore \lambda < \lambda_p$ 콤팩트요소이므로 플랜지 국부좌굴을 고려하지 않아도 된다. (구분12)

(나) 웨브 국부좌굴(WLB) 검토

$\lambda = h/t = 170/6 = 28.3$

$\lambda_p = 2.42\sqrt{E/F_y} = 2.42\sqrt{210,000/355} = 58.9$ 〈표 1.5-1〉

$\therefore \lambda < \lambda_p$ 콤팩트요소이므로 웨브 국부좌굴을 고려하지 않아도 된다. (구분13)

③ 설계휨강도 M_c의 산정

각형강관의 국부좌굴을 고려하지 않아도 되므로, 공칭휨강도(M_n)는 소성모멘트(M_p)와 같다.

$M_c = \phi_b M_p = 0.9(78.8) = 70.9\text{kN}\cdot\text{m}$

(3) 설계비틀림강도 T_c의 산정

① F_{cr} 산정

$$\frac{h}{t} = \frac{170}{6} = 28.3$$

$$2.45\sqrt{\frac{E}{F_y}} = 2.45\sqrt{\frac{210,000}{355}} = 59.6$$

$\Rightarrow \ \dfrac{h}{t} < 2.45\sqrt{\dfrac{E}{F_y}}$ 이므로 $F_{cr} = 0.6F_y$ 기준식(4.5-8)

② 비틀림상수 C 산정

$$C = 2tA_0 = 2t\left[(B-t)(H-t) - \frac{9t^2(4-\pi)}{4}\right]$$

$$= 2t(B-t)(H-t) - 4.5t^3(4-\pi)$$

$$= 2(6)(94)(194) - 4.5(6^3)(4-\pi) = 218,000\text{mm}^3$$

③ 설계비틀림강도 T_c 산정

$\therefore \ T_c = \phi_T T_n = \phi_T(F_{cr}C) = 0.9(0.6\times 355)(218,000) = 41.8\text{kN}\cdot\text{m}$ 기준식(4.5-5)

4. 조합력 검토

소요비틀림강도 T_r이 설계비틀림강도 T_c의 20%를 초과할 경우에는 비틀림, 전단, 휨, 그리고 축력의 상관관계는 아래 기준식(4.5-11)에 의해 제한된다.

$$\left(\frac{P_r}{P_c} + \frac{M_r}{M_c}\right) + \left(\frac{V_r}{V_c} + \frac{T_r}{T_c}\right)^2 \le 1.0$$ 기준식(4.5-11)

위에 산정한 값을 이 식에 대입하면,

$$\left(0 + \frac{45.5}{70.9}\right) + \left(\frac{60.6}{391} + \frac{9.09}{41.8}\right)^2 = 0.78 \le 1.0 \quad \text{O.K}$$ ◀

제9장

합성부재

제9장 합성부재

STRUCTURAL STEEL DESIGN

9.1 개요

합성부재의 설계강도는 소성응력분포법이나 변형률적합법을 사용하여 구할 수 있다. 이 예제의 합성부재 설계는 소성응력분포법을 근거로 하였다.

건축물 강구조 설계기준(KDS 41 31 00 : 2019)의 합성부재의 설계기준은 이전의 기준(KBC2016)과 마찬가지로 새로운 단면강도모델, 인장 및 전단설계에 대한 기준을 제시하고 있으며, 충전형합성기둥(CFT) 부재에 대해 세장단면까지 설계할 수 있도록 적용범위가 확대되었다.

합성단면의 설계는 강재와 콘크리트의 거동을 동시에 고려해야 한다. 합성부재 설계기준은 강구조설계기준과 콘크리트구조설계기준 사이의 모순점을 최소화하고 합성부재의 장점을 나타낼 목적으로 만들어졌다. 모순점을 최소화하는 방법의 하나로 설계기준에서는 기둥의 설계에 있어 콘크리트구조설계기준에서 사용되는 단면강도법을 사용한다. 이를 통해 합성기둥과 합성보 모두에 대해 단면강도를 사용하는 일관성을 유지할 수 있게 되었다.

9.2 축력을 받는 합성부재 (합성기둥)

9.2.1 일반사항

합성부재의 설계강도는 단면을 구성하는 모든 요소들의 강도의 합성으로 구해진다. 강재와 콘크리트가 일체인 합성으로 작용할 수 있도록 몇 가지 요구사항이 건축구조기준에 제시되어 있다.

인장부재의 경우 콘크리트의 인장강도는 무시하며 강재의 강도와 적절하게 정착된 철근의 강도를 사용하여 설계인장강도를 구한다.

전단에 저항하는 경우 강재와 콘크리트 사이에서 발생할 수 있는 변형의 차이를 고려하여 강재와 철근콘크리트 중에서 하나만을 사용하여 설계전단강도를 구한다. 매입형합성기둥(SRC)과 충전형합성기둥(CFT) 모두에 대해 합성부재 내의 하중 전달경로를 고려하여야 하며 전단전달기구 및 관련 상세가 제시되어야 한다.

9.2.2 합성기둥에 대한 설계 제한조건

(1) 공 통 :

- 콘크리트의 설계기준압축강도는 21MPa 이상이어야 하며 70MPa를 초과할 수 없다.
- 구조용 강재 및 철근의 설계기준항복강도는 650MPa를 초과할 수 없다.
- 압축강도의 강고감소계수 ϕ_c는 0.75를 적용한다.

(2) 매입형합성기둥 :

- 강재코어단면의 강재비(A_s/A_g)는 1% 이상이어야 한다.
- 연속된 길이방향 철근의 철근비(A_{sr}/A_g)는 0.4% 이상이어야 한다.
- 강재코어의 설계기준항복강도가 450MPa를 초과할 경우 콘크리트의 단면적은 피복두께와 띠철근의 직경을 제외한 심부콘크리트의 유효단면적으로 산정한다. 다만, 합성단면의 유효휨강성(EI_{eff}) 산정시에는 콘크리트의 전체 단면적을 사용한다.

(3) 충전형합성기둥 :

- 강관단면적의 최소강재비(A_s/A_g)는 1% 이상이어야 한다.
- 각형강관의 판폭두께비 b/t는 최대 $5\sqrt{E/F_y}$ 이하이어야 한다.
- 원형강관의 지름두께비 D/t는 최대 $0.31E/F_y$ 이하이어야 한다.

9.3 휨을 받는 합성부재 (노출형합성보)

건축물 강구조 설계기준(KDS 41 31 00)의 4.6.8 강재앵커에는 최근의 연구결과를 반영하여 데크가 없는 합성보에서 사용되는 스터드앵커 대한 감소계수 R_p를 1.0에서 0.75로 감소되었다. 대표적인 완전합성보와 부분합성보에 대한 설계를 예제9.1, 9.2, 9.3에서 다루었다.

9.3.1 휨강도

건축물 강구조 설계기준(KDS 41 31 00)에 따라서, 강재보가 $h/t_w > 3.76\sqrt{E/F_y}$를 만족하는 단면은 소성응력분포를 적용하여 공칭휨강도를 산정할 수 있다. 이 경우 [그림 9.3.1]과 같은 휨강도설계모델을 사용한다. 여기서, 합성부재의 휨강도감소계수 ϕ_b는 강재와 동일하게 0.9를 적용한다.

정모멘트에 대한 휨강도설계모델로서 [그림 9.3.1(b)]의 등가 소성응력분포를 이용하면, 공칭휨강도는 다음과 같다.

$$M_n = C(d_1 + d_2) + P_y(d_3 - d_2)$$

$$\phi_b = 0.90$$

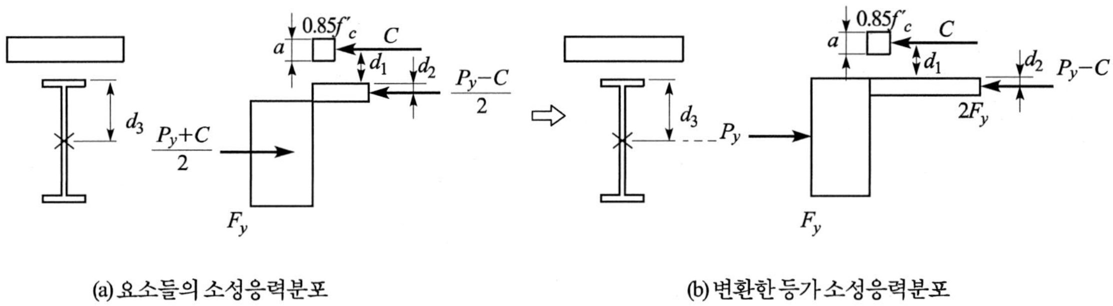

[그림 9.3.1] 노출형합성보의 정모멘트에 대한 휨강도설계모델

여기서, P_y : 강재 전체단면이 인장항복할 때 인장력($= A_s F_y$)

C : 콘크리트 유효압축력($= 0.85 f_{ck} b_e a$)

d_1 : 콘크리트 유효압축력의 중심부터 강재단면의 상단까지 거리

d_2 : 강재의 일부단면이 압축항복할 때, 강재 압축력의 중심부터 강재단면의 상단까지 거리; 강재단면에 압축력이 없을 때는 0

d_3 : 강재 전체단면의 도심부터 강재단면의 상단까지 거리

$(d_1 + d_2)$: 콘크리트 유효압축력의 중심부터 강재 압축력의 중심까지 거리: 강재 압축력이 없을 때는 d_1

$(d_3 - d_2)$: 강재 전체단면의 도심부터 강재 압축력의 중심까지 거리: 강재 압축력이 없을 때는 d_3

위와 같은 정모멘트에 대한 휨강도설계모델은 다음과 같은 경우에도 적용할 수 있다.

1) 좌우대칭인 강재 단면이 상하 비대칭인 경우
2) 강재보 단면 플랜지 위에, 플랜지 내부에 또는 웨브에 소성중립축이 존재하는 경우
3) 완전합성보 뿐만 아니라 부분합성보인 경우

강재앵커의 양을 절약하기 위하여 완전합성보에 비하여 설계휨강도와 휨강성이 적은 부분합성보를 사용할 경우가 있다. 이 경우 ΣQ_n의 변화에 따른 부분합성보의 공칭휨강도 $M_{p.c}$는 [그림 9.3.2]에 보이는 다음과 같은 선형보간식을 사용하여 보수적으로 산정할 수 있다.

$$M_{p.c} = M_s + (M_{f.c} - M_s)\frac{\Sigma Q_n}{P_y}$$

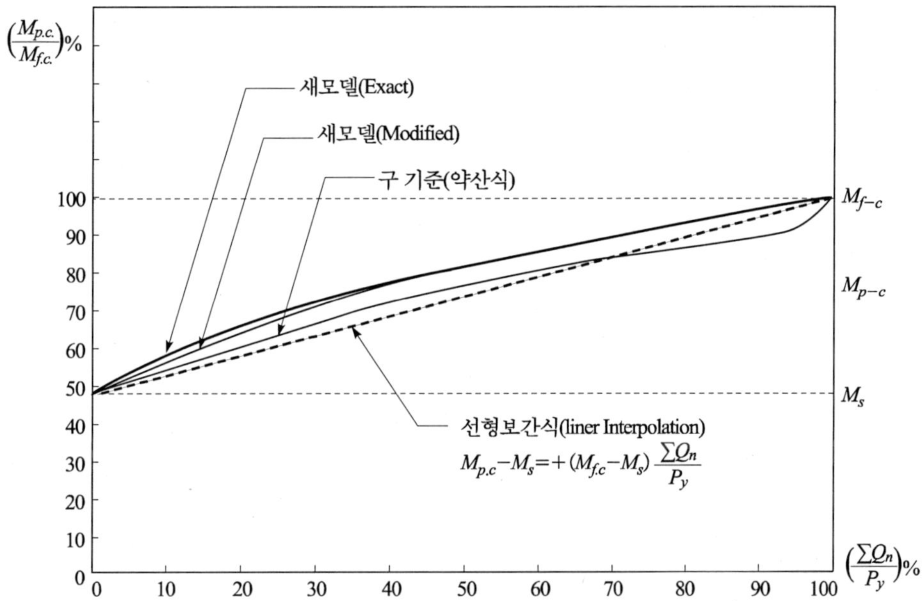

[그림 9.3.2] 노출형 부분합성보의 전단연결강도와 공칭휨강도의 상관곡선

여기서, $M_{f.c}$: 완전합성보의 공칭휨강도, kN・m

$M_{p.c}$: ΣQ_n의 변화에 따른 부분합성보의 공칭휨강도, kN・m

M_s : 강재단면만의 공칭휨강도(소성모멘트)(= $Z_x F_y$), kN・m

ΣQ_n : 부분합성보에서 스터드앵커의 수평전단강도, kN

P_y : 완전합성보에서 요구되는 스터드앵커의 수평전단강도(= $A_s F_y$), kN

9.3.2 휨강성(I_{lb})

합성부재의 휨강성을 정확하게 구하는 것은 실용적이지 않을 수 있다. 단기처짐에 대한 실험결과를 비교해 보면 유효단면2차모멘트 I_{eff}는 선형탄성이론에 의해 계산된 값 I_{equiv}에 비해 15%에서 30% 정도 작음을 알 수 있다. 따라서, 처짐의 계산에는 I_{eff}의 값으로 $0.75I_{equiv}$를 사용한다.

다른 보수적인 방법으로서, 다음과 같이 (탄성)중립축 Y_{ENA}을 산정후 하한값 단면2차모멘트 I_{LB}를 산정하여 사용할 수 있다.

$$Y_{ENA} = \frac{A_s d_3 + (\Sigma Q_n / F_y)(d + d_1)}{A_s + (\Sigma Q_n / F_y)}$$

$$I_{LB} = I_s + A_s (Y_{ENA} - d_3)^2 + (\Sigma Q_n / F_y)(d + d_1 - Y_{ENA})^2$$

여기서, A_s : 강재의 전체 단면적, mm^2

ΣQ_n : 정모멘트가 최대가 되는 위치와 모멘트가 0이 되는 위치 사이의 강재앵커 공칭강도의 합, N

d : 강재 단면의 춤, mm

d_1 : 콘크리트 유효압축력의 중심부터 강재단면의 상단까지 거리, mm

d_3 : 강재 전체단면의 도심부터 강재단면의 하단까지 거리, mm

Y_{ENA} : 합성단면의 (탄성)중립축부터 강재단면의 하단까지 거리, mm

I_s : 강재 단면의 단면2차모멘트, mm^4

I_{LB} : 합성단면의 하한값 단면2차모멘트, mm^4

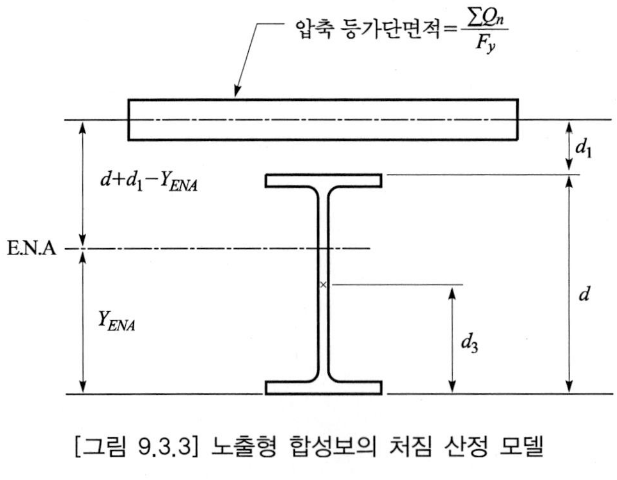

[그림 9.3.3] 노출형 합성보의 처짐 산정 모델

위와 같은 정모멘트에 대한 하한값 단면2차모멘트 I_{LB} 산정식은 다음과 같은 경우에도 적용할 수 있다.

1) 좌우대칭인 강재 단면이 상하 비대칭인 경우
2) 강재보 단면 플랜지 위에, 플랜지 내부에 또는 웨브에 소성중립축이 존재하는 경우
3) 완전합성보 뿐만 아니라 부분합성보인 경우

9.4 압축과 휨의 조합력을 받는 합성부재 (합성보-기둥)

압축과 휨의 조합력을 받는 합성부재를 설계할 때 매입형합성부재와 콤팩트단면의 충전형합성부재는 일반적인 강구조의 휨과 압축력의 상관관계곡선 뿐만 아니라 KDS 41 31 00에 제시된 소성응력분포법이나 변형률적합법을 사용할 수 있다. 하지만, 비콤팩트 또는 세장단면의 충전형합성부재는 휨과 압축력의 상관관계곡선을 사용하여 구해야 한다. 예제9.7과 9.11은 소성응력분포법을 사용한 예를 나타낸 것이다.

이러한 강도곡선을 유도하는데 사용할 수 있도록 관련 식들이 [그림 9.4.1]~[그림 9.4.4]에 정리되어 있다. 이러한 식들은 세장비효과를 고려하지 않은 경우의 상관관계곡선 상의 특정한 점을 나타낸다. [그림 9.4.1]에서 [그림 9.4.4]는 특수한 경우들을 나타낸 것이다. 식들의 적용은 동일한 단면에 대해서도 서로 다른 결과를 줄 수 있으므로 주의 깊게 고려되어야 한다. 예로서 [그림 9.4.1]의 식들은 철근이 중심선의 위치에 배치된 경우에 대해서는 적합하지만 이와 다른 배치의 경우에는 적합하지 않다. 한편 이러한 식들은 철근의 양에 상관없이 적용될 수 있다. [그림 9.4.2]의 식들은 4개의 철근이 매입형 단면의 모서리에 배치된 경우에 한해 적합하다. 설계가 제시된 경우와 다른 경우에는 동일한 원리를 적용하여 적절한 상호관계곡선을 유도하여 사용할 수 있다.

직사각형 매입형 H형강합성기둥의 x–x축에 대한 소성강도

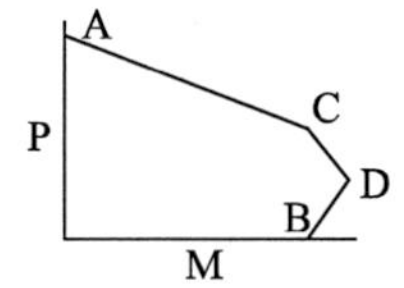

단면	소성응력분포	포인트	공식
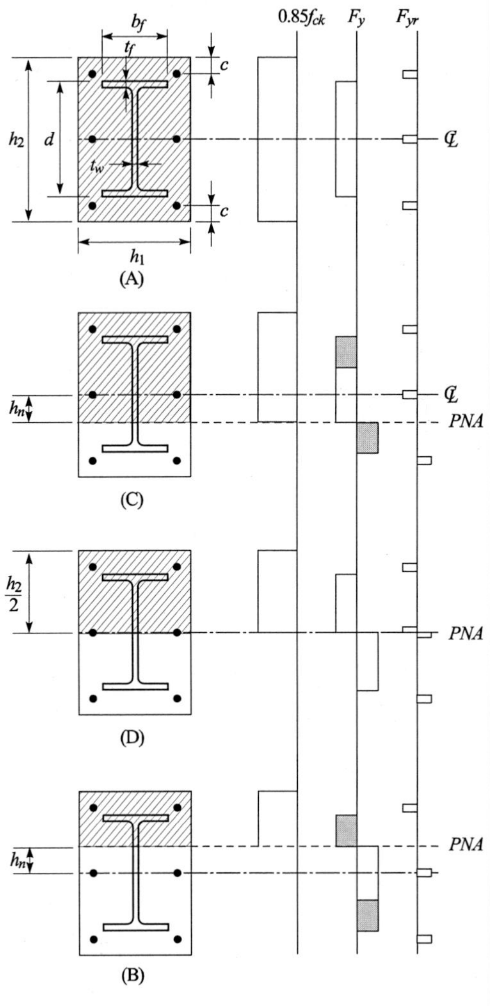		A	$P_A = A_sF_y + A_{sr}F_{yr} + 0.85f_{ck}A_c$ $M_A = 0$ A_s =형강의 단면적 A_{sr} =연속철근의 전체단면적 $A_c = h_1h_2 - A_s - A_{sr}$
		C	$P_C = 0.85f_{ck}A_c$ $M_C = M_B$
		D	$P_D = \dfrac{0.85f_{ck}A_c}{2}$ $M_D = Z_sF_y + Z_rF_{yr} + \dfrac{Z_c(0.85f_{ck})}{2}$ Z_s =x축에 대한 전체형강단면의 소성단면계수 $A_{sr\,s}$ =x축선에 있는 연속철근의 단면적 $Z_r = (A_{sr} - A_{sr\,s})(\dfrac{h_2}{2} - c)$ $Z_c = \dfrac{h_1h_2^2}{4} - Z_s - Z_r$
		B	$P_B = 0$ $M_B = M_D - Z_{sn}F_y - \dfrac{Z_{cn}(0.85f_{ck})}{2}$ $Z_{cn} = h_1h_n^2 - Z_{sn}$ 플랜지아래에 있는 h_n, $(h_n \leq \dfrac{d}{2} - t_f)$ $h_n = \dfrac{0.85f_{ck}(A_c + A_{sr\,s}) - 2F_{yr}A_{sr\,s}}{2[0.85f_{ck}(h_1 - t_w) + 2F_yt_w}$ $Z_{sn} = t_wh_n^2$ 플랜지 내에 있는 h_n, $(\dfrac{d}{2} - t_f < h_n \leq \dfrac{d}{2})$ $h_n = \dfrac{0.85f_{ck}(A_c + A_s - db_f + A_{sr\,s}) - 2F_y(A_s - db_f) - 2F_{yr}A_{sr\,s}}{2[0.85f_{ck}(h_1 - b_f) + 2F_yb_f]}$ $Z_{sn} = Z_s - b_f(\dfrac{d}{2} - h_n)(\dfrac{d}{2} + h_n)$ 플랜지 위에 있는 h_n, $(h_n > \dfrac{d}{2})$ $h_n = \dfrac{0.85f_{ck}(A_c + A_s + A_{sr\,s}) - 2F_yA_s - 2F_{yr}A_{sr\,s}}{2(0.85f_{ck}h_1)}$ $Z_{sn} = Z_{sx}$ =x축에 대한 전체형강단면의 소성단면계수

[그림 9.4.1] H형강 매입형합성기둥, 강축에 대한 앵커 포인트

직사각형 매입형 H형강합성기둥의 y-y축에 대한 소성강도

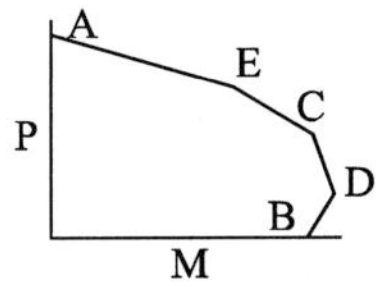

단면 / 소성응력분포

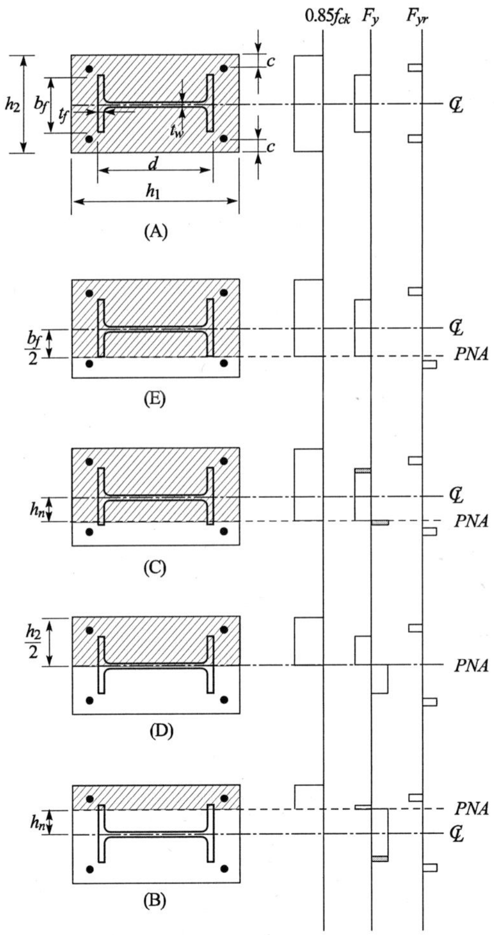

포인트	공식
A	$P_A = A_sF_y + A_{sr}F_{yr} + 0.85f_{ck}A_c$ $M_A = 0$ A_s =형강의 단면적 A_{sr} =연속철근의 단면적 $A_c = h_1h_2 - A_s - A_{sr}$
E	$P_E = A_sF_y + (0.85f_{ck})[A_c - \frac{h_1}{2}(h_2 - b_f) + \frac{A_{sr}}{2}]$ $M_E = M_D - Z_{sE}F_y - \frac{Z_{cE}(0.85f_{ck})}{2}$ $Z_{sE} = Z_{sy}$ =y축에 대한 전체형강단면의 소성단면계수 $Z_{cE} = \frac{h_1b_f^2}{4} - Z_{sE}$
C	$P_C = 0.85f_{ck}A_c$ $M_C = M_B$
D	$P_D = \frac{0.85f_{ck}A_c}{2}$ $M_D = Z_sF_y + Z_rF_{yr} + \frac{Z_c(0.85f_{ck})}{2}$ Z_s =y축에 대한 전체형강단면의 소성단면계수 $Z_r = A_{sr}(\frac{h_2}{2} - c)$ $Z_c = \frac{h_1h_2^2}{4} - Z_s - Z_r$

[그림 9.4.2] H형강 매입형합성기둥, 약축에 대한 앵커 포인트

각형 충전형합성기둥의 x-x축 또는 y-y축에 대한 소성강도

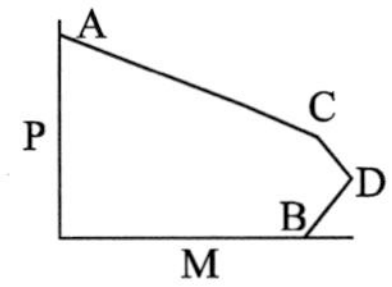

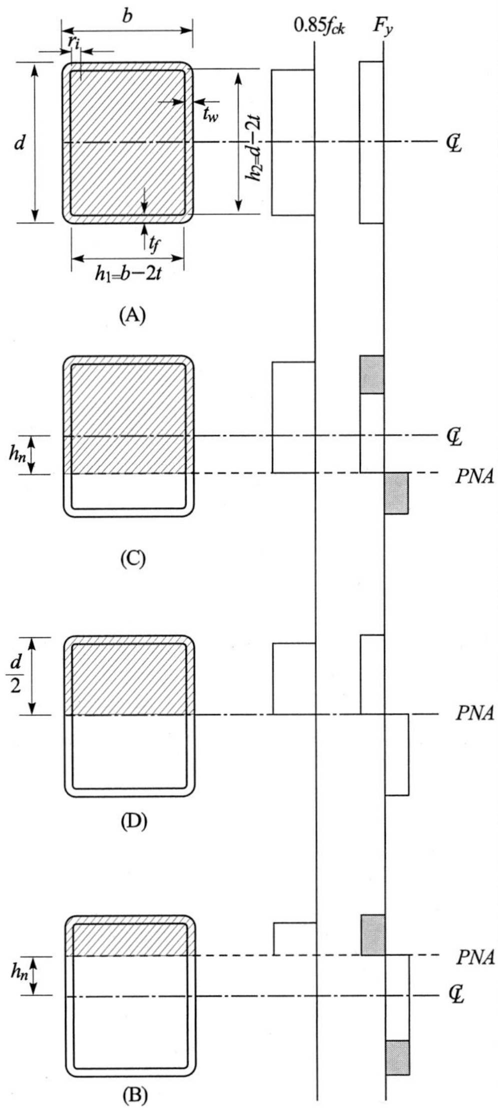

단면	소성응력분포	포인트	공식
		A	$P_A = A_sF_y + A_c(0.85f_{ck})$ $M_A = 0$ A_s =형강의 단면적 $A_c = h_1h_2 - 0.858r_i^2$
		C	$P_C = A_c(0.85f_{ck})$ $M_C = M_B$
		D	$P_D = \frac{0.85f_{ck}A_c}{2}$ $M_D = Z_sF_y + Z_rF_{yr} + \frac{Z_c(0.85f_{ck})}{2}$ Z_s =x축에 대한 전체형강단면의 소성단면계수 $Z_c = \frac{h_1h_2^2}{4} - 0.192r_i^3$
		B	$P_B = 0$ $M_B = M_D - Z_{sn}F_y - \frac{Z_{cn}(0.85f_{ck})}{2}$ $Z_{sn} = 2t_wh_n^2$ $h_n = \frac{0.85f_{ck}A_c}{2[0.85f_{ck}h_1 + 4t_wF_y} \le \frac{h_2}{2}$

[그림 9.4.3] 각형 충전형합성기둥, 강축 또는 약축에 대한 앵커 포인트

원형 충전형합성기둥의 소성강도

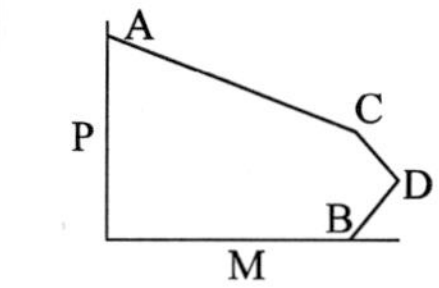

단면	소성응력분포	포인트	공식
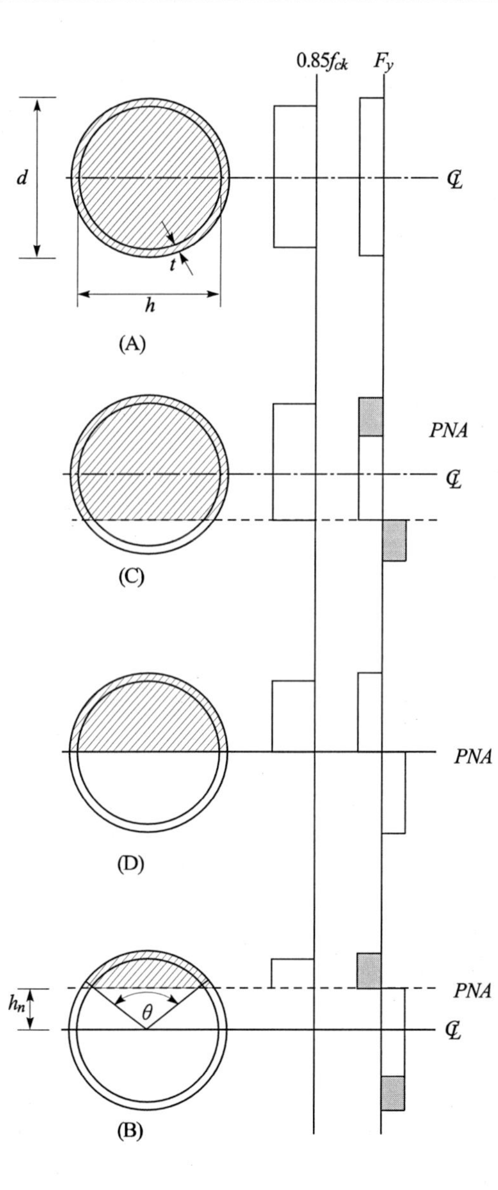		A	$^{*}P_A = A_sF_y + 0.85f_{ck}A_c$ $M_A = 0$ $A_s = \pi(dt - t^2)$ $A_c = \frac{\pi h^2}{4}$
		C	$P_C = 0.85f_{ck}A_c$ $M_C = M_B$
		D	$P_D = \frac{0.85f_{ck}A_c}{2}$ $M_D = Z_sF_y + \frac{Z_c(0.85f_{ck})}{2}$ Z_s =전체형강단면의 소성단면계수= $\frac{d^3}{6} - Z_c$ $Z_c = \frac{h^3}{6}$
		B	$P_B = 0$ $M_B = Z_{sB}F_y - \frac{Z_{cB}(0.85f_{ck})}{2}$ $Z_{sB} = \frac{d^3\sin^3(\theta/2)}{6} - Z_{cB}$ $Z_{cB} = \frac{h^3\sin^3(\theta/2)}{6}$ $\theta = \frac{0.0260K_c - 2K_s}{0.0848K_c} +$ $\frac{\sqrt{(0.0260K_c + 2K_s)^2 + 0.857K_cK_sf_{ck}A_c}}{0.0848K_c}$, (라디안 사용) $K_c = f_{ck}h^2$ $K_s = F_y(\frac{d-t}{2})t$ ("thin" HSS wall assumed) $h_n = \frac{h}{2}sin(\frac{\pi - \theta}{2}) \le \frac{h}{2}$ (사용되지 않음, 참고용)

합성기둥에 순수한 압축력만 작용할 경우에는 $^{*}P_A = A_sF_y + 0.95f_{ck}A_c$ 를 허용한다.

[그림 9.4.4] 원형 충전형합성기둥, 앵커 포인트

9.5 매입형합성기둥의 주각부

- 강재기둥이 부담하는 하중 : $P_s = P_u \dfrac{A_s F_y}{A_s F_y + A_{sr} F_{yr} + 0.85 A_c f_{ck}}$
- 베이스플레이트의 최소 소요지압면적 : $A_1 = \dfrac{1}{A_2}\left(\dfrac{P_s}{\phi_c 0.85 f_{ck}}\right)^2 \geq \dfrac{P_s}{\phi_c (1.7 f_{ck})}$
- 베이스플레이트의 지압면적 : $A_1 = B_p N_p$

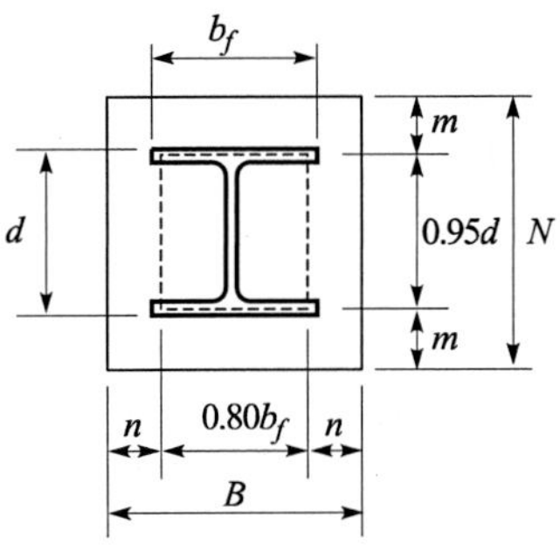

[그림 9.5.1] H형강 바깥쪽 베이스플레이트의 유효내민길이

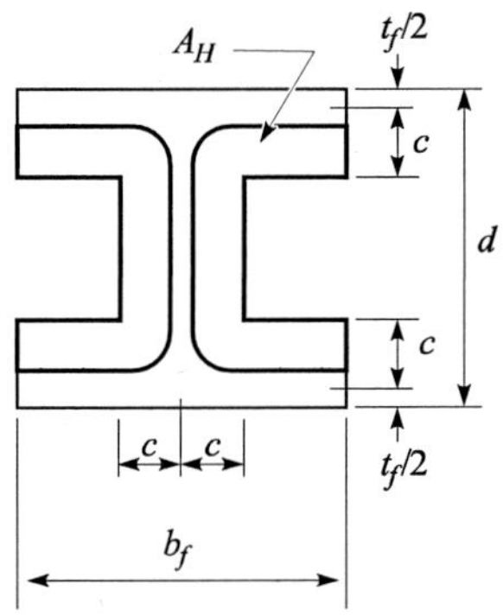

[그림 9.5.2] H형강 안쪽 베이스플레이트의 유효내민길이

베이스플레이트의 두께 산정공식-1 :

$m = (N_p - 0.95d)/2$

$n = (B_p - 0.8b_f)/2$

$t_p = \max(m,n) \times [2P_s/(0.9F_y BN)]^{0.5}$

베이스플레이트의 두께 산정공식-2 :

$P_o = P_s b_f d/(BN)$

$A_H = P_o/(\phi_c 1.7 f_{ck})$

$c = \left[d + b_f - t_f - \{(d + b_f - f_f)^2 - 4(A_H - t_f b_f)\}^{0.5}\right]/4$

$t_p = c[2P_o/(0.9F_y A_H)]^{0.5}$

여기서, P_o = H형강 폐쇄단면에 부하되는 계수하중, N
P_s = H형강이 부담하는 계수하중, N
A_1 = 베이스플레이트의 면적, mm^2
A_2 = 베이스플레이트와 닮은꼴의 콘크리트지지부분의 최대면적, mm^2
A_H = 베이스플레이트의 H형 영역의 면적, mm^2
F_y = 강재의 설계기준항복강도, MPa
f_{ck} = 콘크리트의 설계기준압축강도, MPa
t_p = 베이스플레이트의 두께, mm
ϕ_c = 콘크리트의 지압에 대한 강도감소계수, 0.65

9.6 예제

예제9.1 노출형 완전합성보의 설계: 소성중립축이 슬래브 내에 있을 경우

예제9.2 노출형 부분합성보의 설계: 소성중립축이 플랜지 내에 있을 경우

예제9.3 노출형 부분합성보의 안전성 검토: 소성중립축이 웨브 내에 있을 경우

예제9.4 압축력을 받는 매입형합성기둥의 안전성 검토

예제9.5 매입형합성기둥의 하중전달 설계

예제9.6 인장력을 받는 매입형합성기둥의 안전성 검토

예제9.7 축력과 휨을 받는 매입형합성기둥의 안전성 검토

예제9.8 압축력을 받는 각형 충전형합성기둥의 안전성 검토

예제9.9 인장력을 받는 각형 충전형합성기둥의 안전성 검토

예제9.10 전단력을 받는 각형 충전형합성기둥의 안전성 검토

예제9.11 축력과 휨을 받는 각형 충전형합성기둥의 안전성 검토

예제9.12 각형 충전형합성기둥의 힘의 분배 산정

예제9.13 각형 충전형합성기둥의 힘 전달기구 설계

예제9.14 비콤팩트단면 각형 충전형합성기둥의 안전성 검토

예제9.15 매입형합성기둥의 주각부 설계

예제9.1 노출형 완전합성보의 설계: 소성중립축이 슬래브 내에 있을 경우

아래 그림과 같은 평면의 사무실 건물에서 스팬 13.5m, 보간격 3.0m인 단순보 SB1을 시공시 동바리를 사용하지 않는 노출형 완전합성보로 설계하시오. 슬래브는 골이 있는 데크플레이트(골춤 75mm, 골간격 300mm, 평균골폭 150mm, 강판두께 1.2mm)를 사용하고 슬래브의 총 두께는 175mm로 한다. 단, 콘크리트 설계기준압축강도 $f_{ck}=27\text{MPa}$, 강재는 SM275를 사용한다.

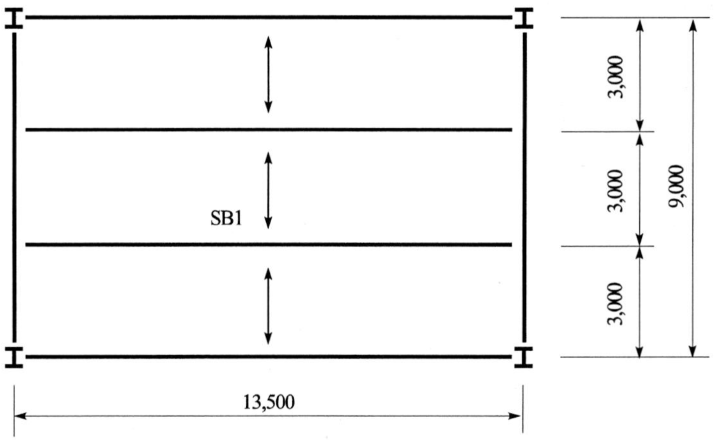

구조평면도

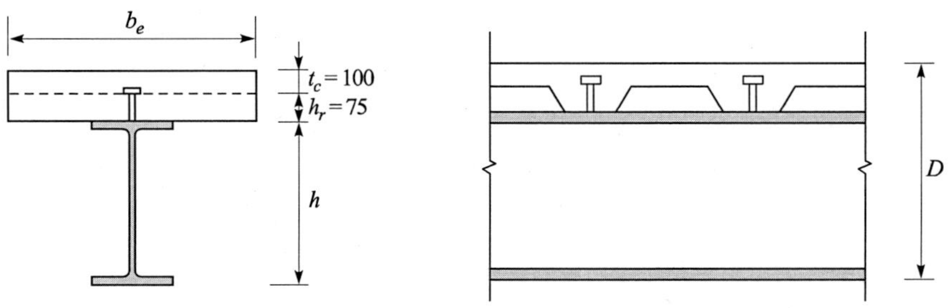

종단면도 횡단면도

설계하중 :

고정하중 :	강재 보	=	0.50	(가정)
	데크플레이트+토핑콘크리트(t=75+100)	=	3.00	
	천장 및 덕트	=	0.30	
	OA Floor	=	0.50	
	합계		4.30kN/m^2	
활하중 :	사무실	=	2.50	
	경량 칸막이벽	=	1.00	
	합계		3.50kN/m^2	

풀이 ▶

1. 재료 특성

콘크리트 : $f_{ck} = 27\text{MPa}$, $E_c = 26{,}700\text{MPa}$

강 재 보 : $F_y = 275\text{MPa}$, $F_u = 410\text{MPa}$, $E_s = 210{,}000\text{MPa}$

철 근 : $F_{yr} = 400\text{MPa}$

2. 계수하중과 소요강도 산정

간격 3.0m의 강재보에 대한 선형 등분포하중에 대한 경우로서 다음과 같다.

2.1 공사단계 하중(콘크리트 양생전 강재보로 저항)

공사시 고정하중 : $w_{sDL} = (0.50 + 3.00)(3.00) = 10.5\text{kN/m}$

공사시 작업하중 : $w_{sLL} = (1.20)(3.00) = 3.6\text{kN/m}$ 〈콘크리트 타설과정 및 양생전 작업〉

공사시 계수하중 : $w_u = 1.4DL = 1.4(10.50) = 14.7\text{kN/m}$

$w_u = 1.2DL + 1.6LL = 1.2(10.50) + 1.6(3.60) = 18.4\text{kN/m}$

$\therefore\ w_u = 18.4\text{kN/m}$

2.2 사용단계 하중(합성보로 저항)

합성전 고정하중 : $w_{sDL1} = (0.50 + 3.00)(3.00) = 10.5\text{kN/m}$

합성후 고정하중 : $w_{sDL2} = (0.30 + 0.50)(3.00) = 2.4\text{kN/m}$

합성후 활 하 중 : $w_{sLL} = (2.50 + 1.00)(3.00) = 10.5\text{kN/m}$

사용시 계수하중 : $w_u = 1.4DL = 1.4(10.50 + 2.40) = 18.1\text{kN/m}$

$$w_u = 1.2DL + 1.6LL = 1.2(10.50 + 2.40) + 1.6(10.50) = 32.3\text{kN/m}$$

$$\therefore w_u = 32.3\text{kN/m}$$

2.3 공사단계 소요휨강도와 소요전단강도

$$M_u = \frac{w_u l^2}{8} = \frac{(18.4)(13.5)^2}{8} = 419\text{kN} \cdot \text{m}$$

$$V_u = \frac{w_u l}{2} = \frac{(18.4)(13.5)}{2} = 124\,\text{kN}$$

2.4 사용단계 소요휨강도와 소요전단강도

$$M_u = \frac{w_u l^2}{8} = \frac{(32.3)(13.5)^2}{8} = 736\,\text{kN} \cdot \text{m}$$

$$V_u = \frac{w_u l}{2} = \frac{(32.3)(13.5)}{2} = 218\text{kN}$$

3. 유효폭

$$b_{eff} = \frac{l}{8}(2) = \frac{13,500}{8}(2) = 3,380\text{mm}$$

$$b_{eff} = \frac{s}{2}(2) = \frac{3,000}{2}(2) = 3,000\text{mm}$$

$$\therefore b_e = 3,000\text{mm}$$

4. 강재 단면의 설계

우선 공사단계 하중에 대한 소요휨강도와 처짐을 고려하여 이에 적합한 강재단면을 일차적으로 선정한다. 이때 강재보는 공사시에 데크에 의해 횡좌굴이 방지된다고 가정하고, 공사시 강재보의 처짐은 콘크리트 타설의 시공성을 고려하여 공사시 고정하중으로 산정한 처짐이 $L/360$ 이하가 되도록 제한한다 (AISC Design Guide 3 권장 내용 참조).

4.1 공사단계 소요휨강도에 적합한 강재단면의 소성단면계수

$$Z_{req} = \frac{M_u}{\phi_b F_y} = \frac{419 \times 10^6}{0.9(275)} = 1.7 \times 10^6\text{mm}^3$$

설계 단면으로 H-500×200×10×16 (SM275)를 가정한다. 이 단면의 특성은 다음과 같다.

$$A_s = 11,400\text{mm}^2$$

$Z_{sx} = 2.18 \times 10^6 \text{mm}^3 > Z_{req}$

$I_{sx} = 478 \times 10^6 \text{mm}^4$

$w_{self} = 880 \text{N/m}$

4.2 가정 단면에 대한 공사단계 처짐 산정

$w_{sDL} = 10.5 \text{kN/m} = 10.5 \text{N/mm}$

$$\Delta_{DL1} = \frac{5 w_{DL} l^4}{384 EI} = \frac{5(10.5)(13,500)^4}{384(210,000)(478 \times 10^6)} = 45.2 \text{mm}$$

$$= L/299 > L/360$$

가정 단면이 공사단계 처짐 한계를 초과하므로 1) 부재 사이즈를 증가시키거나, 2) 부재에 치올림(캠버)을 적용하여야 한다. 이 예제에서는 치올림을 적용하는 것으로 한다.

처짐량이 크므로 바닥의 평탄성과 슬래브 콘크리트 두께의 적정성을 고려하여 상향 치올림을 둔다.

$Camber = 0.75 \times 45.2 = 33.9$ mm ⇒ 35mm 상향 치올림

참고적으로, 치올림의 양은 시공시 보의 단부 경계조건과 합성후 보의 단부경계조건 등을 고려한 처짐 등의 여러 설계조건을 고려하여 구조설계자의 판단에 따라 결정되어야한다. 일반적인 조건에서 상향 치올림의 양은 시공시 고정하중에 의한 처짐의 약 75% 정도로 한다.

5. 강재앵커(전단연결재)

5.1 수평전단력

정모멘트가 최대가 되는 위치와 모멘트가 0이 되는 위치 사이의 총 수평전단력은 기준식(4.6-19)와 (4.6-20)에서 구한 값 중에서 가장 작은 값으로 한다.

콘크리트 압괴 : $V' = 0.85 f_{ck} A_c = 0.85(27)(3,000)(100) = 6,890 \text{kN}$

강재단면의 인장항복강도 : $V' = F_y A_s = (275)(11,400) = 3,140 \text{kN}$

둘중의 작은 값 $\quad \therefore V' = 3,140 \text{kN}$

5.2 스터드앵커의 직경과 높이

스터드앵커의 직경은 용접되는 플랜지두께의 2.5배 이하이고, 길이는 용접후의 스터드 높이가 단면직경의 4배 이상이고 설계기준인장강도가 450MPa 이하인 스터드를 선택한다.

따라서, 직경 19mm, 길이 90mm인 크기와 $F_u = 400 \text{MPa}$(HS1)인 스터드를 사용한다.

$d_{stud} = 19 \text{mm} \langle 2.5 t_f = 2.5(16) = 40 \text{mm}$ O.K 기준(4.6.8.1)

$l_{stud} = 90 \text{mm} \rangle 4 d_{stud} = 4.0(19) = 76 \text{mm}$ O.K 기준(4.6.8.2)

5.3 스터드앵커의 강도

$Q_n = 0.5A_{sc}\sqrt{f_{ck}E_c} \le R_g R_p A_{sc} F_u$ 기준식(4.6-33)

데크플레이트의 골방향이 강재보에 직각이며 골 당 스터드의 개수가 2개인 경우에 $R_g = 0.85$, 스터드 몸체의 바깥면으로부터 데크프레이트 웨브(데크골의 중간 높이)까지의 거리 $(e_{mid-ht}) = (150-19)/2 = 65.5\text{mm} \ge 50\text{mm}$ 이므로 강한 위치로서 $R_p = 0.75$로 한다.

스터드앵커 ϕ19의 단면적은 $A_{sc} = 283\text{mm}^2$, 콘크리트의 설계기준압축강도 $f_{ck} = 27\text{MPa}$, 콘크리트의 탄성계수 $E_c = 26{,}700\text{MPa}$이므로

$Q_n = 0.5(283)\sqrt{(27)(26{,}700)} = 120\,\text{kN}$

$Q_n = R_g R_p A_{sc} F_u = (0.85)(0.75)(283)(400) = 72.2\,\text{kN}$

그러므로 스터드앵커의 1개당 공칭강도는 $Q_n = 72.2\,\text{kN}$ 으로 한다.

5.4 스터드앵커($\phi19\times90$)의 소요개수

완전합성보의 경우 스터드앵커의 소요개수

$$n_{stud} = \frac{V'}{Q_n} = \frac{3{,}140}{72.2} = 43.5 \Rightarrow 44\text{개}$$

보의 전체길이에 대한 스터드앵커의 총 개수는 2(44)=88개가 필요하다.

5.5 스터드앵커의 배치와 간격 검토

2열 배치로 할 경우 스터드앵커의 간격은 다음과 같이 300mm로 하면 데크플레이트의 골 간격 300mm에 적합하게 배치할 수 있다.

$$s_{stud} = \frac{l/2}{(n_{stud}/2)} = \left(\frac{13{,}500/2}{44/2}\right) = 307 \Rightarrow 300\text{mm}$$

합성보의 길이방향에 대한 간격 검토

$6d_{stud} = 6(19) = 114\text{mm} < s_{stud}(=300\text{mm}) < 8t_{slab}(=8\times100=800\text{mm}) < 900\text{mm}$

기준(4.6.8.2(4))

골방향에 대한 간격

$4d_{stud} = 4(19) = 76\text{mm} \Rightarrow 80\text{mm}$

그러므로 스터드앵커($\phi19\times90$)를 보 길이의 중앙부 위치에서 각 지지부까지 각각 44개씩 배치한다. 즉, 보의 전체 길이에 걸쳐서는 총 88개가 배치되며, 보에 직각방향 간격은 80mm으로 하여 2열로 300mm 간격으로 보의 전 길이에 걸쳐 배치한다.

5.6 스터드앵커의 공칭강도의 합

정모멘트가 최대가 되는 위치와 모멘트가 0이 되는 위치 사이에 있는 스터드앵커의 공칭강도의 합

은 다음과 같다. 이 예제의 경우에는 보의 중간위치에서 지지점까지에 해당되는 스터드앵커의 공칭강도의 합이 된다.

$\Sigma Q_n = Q_n N_{stud} = (72.2)(44) = 3,180\text{kN} > V'(= 3,140\text{kN})$ ∴ 완전합성보

6. 정모멘트에 대한 설계휨강도 산정과 안전성 검토

6.1 웨브의 판폭두께비

$h/t_w = [500 - 2\times(16+20)]/10 = 42.8 \le 3.76\sqrt{E/F_y}(= 3.76\sqrt{210,000/275} = 104)$

그러므로 M_n은 합성단면의 항복한계상태에 대한 소성응력분포로부터 산정한다(소성모멘트).

또한 휨강도감소계수 $\phi_b = 0.90$이다. 기준(4.3.1.1)

6.2 슬래브의 유효압축력

$C_c = 0.85 f_{ck} b_e t_c = 0.85(27)(3,000)(100) = 6,890\text{kN}$

$C_s = P_y = A_s F_y = (11,400)(275) = 3,140\text{kN}$

$C_a = \Sigma Q_n = (72.2)(44) = 3,180\text{kN}$

그러므로, 최소값인 $C_e = C_s = 3,140\text{kN}$이고, $C_e = P_y$이므로 소성중립축은 슬래브 내에 있다.

6.3 H형강의 플랜지 상단부터 각 요소의 응력 중심까지 거리(d_1, d_2, d_3)

$$a = \frac{C_e}{0.85 f_{ck} b_e} = \frac{3.14\times10^6}{0.85(27)(3,000)} = 45.6\text{mm}$$

$$d_1 = h_r + t_c - \frac{a}{2} = 75 + 100 - \frac{45.6}{2} = 152\text{mm}$$

$d_2 = 0$, (소성중립축이 슬래브 내에 있으므로)

$$d_3 = \frac{h}{2} = \frac{500}{2} = 250\text{mm}$$

6.4 설계휨강도 산정과 안전성 검토

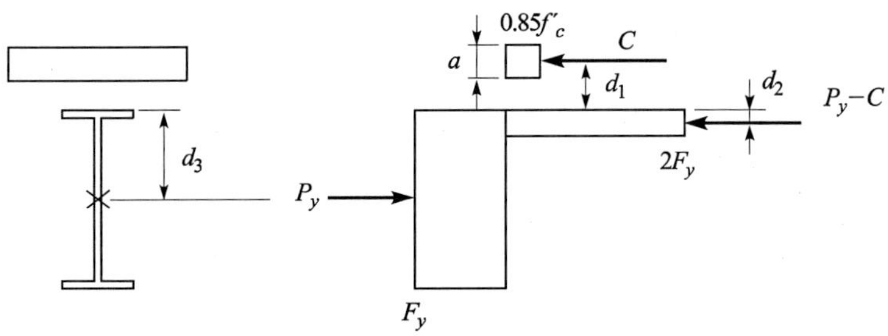

$$M_n = C_e(d_1 + d_2) + P_y(d_3 - d_2)$$

$= (3,140)(152+0)+(3,140)(250-0) = 1,260\,\text{kN}\cdot\text{m}$

$h/t_w = [500-2\times(16+20)]/10 = 42.8 \le 3.76\sqrt{E/F_y}\,(=104)$이므로

휨강도감소계수 $\phi_b = 0.9$이다.

그러므로 설계휨강도는 다음과 같고, 소요휨강도보다 크므로 안전하다.

$\phi_b M_n = 0.9(1,260) = 1,130\,\text{kN}\cdot\text{m} > M_u(=736\,\text{kN}\cdot\text{m})$ O.K

7. 강재보 양단부의 설계전단강도 산정과 안전성 검토

$V_n = 0.6F_yA_wC_v$

$h/t_w = [500-2\times(16+20)]/10 = 42.8 \le 2.24\sqrt{E/F_y}\,(=2.24\sqrt{210,000/275} = 61.9)$

인 압연 H형강이므로, 웨브의 전단상수 $C_v = 1.0$이고, 전단강도감소계수 $\phi_v = 1.0$이다

그러므로 공칭전단강도는

$V_n = 0.6F_yA_wC_v = 0.6(275)(500\times10)(1.0) = 825\text{kN}$

설계전단강도는 다음과 같고, 소요전단강도보다 크므로 안전하다.

$\phi_v V_n = 1.0(825) = 825\text{kN} > V_u(=218\text{kN})$ O.K

8. 합성보의 처짐 검토

8.1 합성보의 하한값 단면2차모멘트 산정

$$a = \frac{\Sigma Q_n}{0.85f_{ck}b_e} = \frac{A_sF_y}{0.85f_{ck}b_e} = \frac{3.14\times10^6}{0.85(27)(3,000)} = 45.6\text{mm}$$

$$d_1 = (h_r+t_c) - a/2 = (75+100) - 45.6/2 = 152\text{mm}$$

$$Y_{ENA} = \frac{A_sd_3 + (\Sigma Q_n/F_y)(d+d_1)}{A_s + (\Sigma Q_n/F_y)}$$

$$= \frac{(11,400)(250) + (3,180,000/275)(500+152)}{11,400 + 3,180,000/275}$$

$$= 452\text{mm}$$

$$I_{LB} = I_s + A_s(Y_{ENA}-d_3)^2 + (\Sigma Q_n/F_y)(d+d_1-Y_{ENA})^2$$

$$= 478\times10^6 + 11,420\times(452-250)^2 + (3,180,000/275)(500+152-452)^2$$

$$= 1.41\times10^9\text{mm}^4$$

8.2 콘크리트양생 후 재하되는 고정하중에 의한 처짐

$$w_{sDL} = (0.30+0.50)(3.0) = 2.4\text{kN/m} = 2.4\text{N/mm}^2$$

$$\Delta_{DL2} = \frac{5\,w_{sDL}\,l^4}{384\,E_s\,I_{LB}} = \frac{5(2.4)(13{,}500)^4}{384(210{,}000)(1.41\times 10^9)} = 3.51\,\text{mm} = \frac{l}{3{,}850}$$

8.3 콘크리트양생 후 재하되는 활하중에 의한 처짐

$$w_{sLL} = (2.50+1.00)(3.0) = 10.5\text{kN/m} = 10.5\,\text{N/mm}^2$$

$$\Delta_{LL} = \frac{5\,w_{sLL}\,l^4}{384\,E_s\,I_{LB}} = \frac{5(10.5)(13{,}500)^4}{384(210{,}000)(1.41\times 10^9)} = 15.4\text{mm} = \frac{l}{877} \langle \frac{l}{360} \quad \text{O.K}$$

8.4 고정하중과 활하중에 의한 처짐

$$\Delta_{tot} = (\Delta_{DL1} - Camber) + \Delta_{DL2} + \Delta_{LL}$$

$$= (45.2-35)+3.51+15.4 = 29.1\text{mm} = \frac{l}{464} \langle \frac{l}{240} \quad \text{O.K}$$

> 참고사항 : KDS 41 31 00에는 처짐의 제한값을 구체적으로 규정하고 있지 않으므로, AISC 'Steel Design Guide 3 – Serviceability Design Considerations for Steel Buildings (2003) Table 1을 참조하였다.

9. 보행자 진동에 대한 평가

이 예제풀이에서 보행자 진동에 대한 평가를 생략하였으나, 실제 설계에서는 반드시 검토되어야 한다.

> 참고사항: AISC에서 발행한 'Steel Design Guide 11 – Floor Vibrations Due to Human Activity'에 바닥진동에 대한 제한치와 평가방법에 대한 구체적인 내용이 포함되어있다.

◀

예제9.2 노출형 부분합성보의 설계: 소성중립축이 플랜지 내에 있을 경우

예제9.1에서 설계된 완전합성보를 부분합성보로 설계하시오.

풀이 ▶

1. 부분합성보의 사전 검토

   예제9.1에서처럼 완전합성보로 설계할 경우에 설계휨강도가 $\phi_b M_n = 0.90(1,260) = 1,130\,\text{kN} \cdot \text{m}$ 이므로 소요휨강도 $M_u = 736\,\text{kN} \cdot \text{m}$ 에 비해 여유가 많고 합성후의 처짐도 제한값보다 여유가 있다. 따라서, 스터드앵커의 배치 개수를 줄여 경제성을 도모할 수 있다.

2. 스터드앵커의 소요개수

   2.1 부분합성보의 수평전단강도

   소요휨강도 M_u를 만족시키는 부분합성보의 개략적인 최소 수평전단강도 V''은 [그림 9.3.2]에 있는 선형보간식을 이용하여 다음과 같이 구할 수 있다.

$$V'' = V' \frac{M_u - \phi_b M_{sn}}{\phi_b M_n - \phi_b M_{sn}}$$

$$= 3,140 \times \frac{736 - 540}{1,130 - 540} = 3,140 \times 0.332 = 1,040\text{kN} > 0.25(3,140) = 785\text{kN}$$

   이때의 합성정도(Degree of shear connection)는 약 $V''/V' = (1,040)/(3,140) = 0.332$가 된다. 따라서, 약 40%의 부분합성보로 설계할 때 필요한 수평전단강도는 다음과 같다.

$$V'' = (3,140)(0.40) = 1,260\,\text{kN}$$

   2.2 스터드앵커의 소요개수

   예제9.1에서 구한 스터드앵커의 강도에 의해 필요한 스터드의 소요개수를 구한다.

$$n_{stud} = \frac{V''}{Q_n} = \frac{1,260}{72.2} = 17.5 \Rightarrow 22\text{개}$$

   그러므로 스터드앵커(ϕ19×90)를 300mm 간격으로 보길이의 중앙부 위치에서 각 지지부까지 각각 22개씩 배치한다. 즉, 보의 전 길이에 걸쳐서는 총 44개가 배치되어야 한다.

   2.3 스터드앵커의 공칭강도의 합

$$C_e = \Sigma Q_n' = Q_n n_{stud} = (72.2)(22) = 1,590\text{kN}$$

$$\text{합성정도} = \frac{1,590}{3,140} = 0.506 = 50\%\ \text{부분합성}$$

3. 부분합성보의 설계휨강도 산정과 안전성 검토

3.1 슬래브의 유효압축력

$C_c = 0.85 f_{ck} b_e t_c = 0.85(27)(3,000)(100) = 6,890\text{kN}$

$C_s = P_y = A_s F_y = (11,400)(275) = 3,140\text{kN}$

$C = \Sigma Q_n' = Q_n n_{stud} = (72.2)(22) = 1,590\text{kN}$

그러므로, 최소값인 $C_e = \Sigma Q_n' = 1,590\text{kN}$ 이고, 소성중립축은 H형강 단면 내에 있다.

3.2 H형강 단면의 상단에서 각 힘의 중심까지 거리(d_1, d_2, d_3)

$$a = \frac{C_e}{0.85 f_{ck} b_e} = \frac{1,590 \times 10^3}{0.85(27)(3,000)} = 23.1\text{mm}$$

$$d_1 = h_r + t_c - \frac{a}{2} = 75 + 100 - \frac{23.1}{2} = 163\text{mm}$$

$$2d_2 = \frac{(P_y - C_e)/2}{F_y b_f} = \frac{(3,140 \times 10^3 - 1,590 \times 10^3)/2}{(275)(200)} = 14.1\text{mm} \langle t_f = 16\text{mm}$$

즉, 소성중립축은 H형강의 상부 플랜지 내에 있다.

$$d_2 = \frac{14.1}{2} = 7.05\text{mm}$$

$$d_3 = \frac{h}{2} = \frac{500}{2} = 250\text{mm}$$

3.3 설계휨강도 산정과 안전성 검토

$$M_n = C_e(d_1 + d_2) + P_y(d_3 - d_2)$$
$$= 1,590 \times (163 + 7.05) + 3,140 \times (250 - 7.05) = 1,030\text{kN} \cdot \text{m}$$

$\phi_b M_n = 0.9(1,030) = 927\text{kN} \cdot \text{m} \rangle M_u (= 736\text{kN} \cdot \text{m})$ O.K

그러므로, 약 50%의 합성보는 안전하다.

참고적으로, 부분합성보의 공칭휨강도를 다음의 보수적인 약산식으로 산정하면

$$M_{p.c} = M_s + (M_{f.c} - M_s)\frac{\Sigma Q_n}{P_y}$$
$$= 600 + (1,260 - 600) \times \frac{1,590}{3,140} = 934\text{kN.m} \langle 1,030\text{kN} \cdot \text{m}$$

약간 보수적임을 알 수 있다.

4. 부분합성보의 전단강도 안전성 검토

부분합성보로 설계하더라도, 강재보만을 이용하는 설계전단강도는 완전합성보와 동일하다.

즉, 완전합성보로서 전단강도가 안전하였기에 부분합성보의 전단강도에 대한 안전성 검토가 불필요하다.

5. 부분합성보의 처짐검토

5.1 부분합성보의 하한값 단면2차모멘트 산정

$a = 23.1\text{mm}$

$d_1 = 163\text{mm}$

$$Y_{ENA} = \frac{A_s d_3 + (\Sigma Q_n / F_y)(d + d_1)}{A_s + (\Sigma Q_n / F_y)}$$

$$= \frac{(11{,}400)(250) + (1{,}590{,}000/275)(500 + 163)}{11{,}400 + 1{,}590{,}000/275}$$

$$= 389\,\text{mm}$$

$$I_{LB} = I_s + A_s (Y_{ENA} - d_3)^2 + (\Sigma Q_n / F_y)(d + d_1 - Y_{ENA})^2$$

$$= 478 \times 10^6 + 11{,}420 \times (389 - 250)^2 + (1{,}590{,}000/275)(500 + 163 - 389)^2$$

$$= 1.13 \times 10^9 \text{mm}^4$$

5.2 콘크리트양생 후 재하되는 고정하중에 의한 처짐

$$w_{sDL} = (0.30 + 0.50)(3.0) = 2.4\text{kN/m} = 2.4\,\text{N/mm}^2$$

$$\Delta_{DL2} = \frac{5\, w_{sDL}\, l^4}{384\, E_s\, I_{LB}} = \frac{5(2.4)(13{,}500)^4}{384(210{,}000)(1.13 \times 10^9)} = 4.37\,\text{mm} = \frac{l}{3{,}090}$$

5.3 콘크리트양생 후 재하되는 활하중에 의한 처짐

$$w_{sLL} = (2.50 + 1.00)(3.0) = 10.5\text{kN/m} = 10.5\,\text{N/mm}^2$$

$$\Delta_{LL} = \frac{5\, w_{sLL}\, l^4}{384\, E_s\, I_{LB}} = \frac{5(10.5)(13{,}500)^4}{384(210{,}000)(1.13 \times 10^9)} = 19.2\text{mm} = \frac{l}{703} < \frac{l}{360} \quad \text{O.K}$$

5.4 고정하중과 활하중에 의한 처짐

$$\Delta_{tot} = (\Delta_{DL1} - Camber) + \Delta_{DL2} + \Delta_{LL}$$

$$= (45.2 - 35) + 4.37 + 19.2 = 33.8\text{mm} = \frac{l}{399} < \frac{l}{240} \quad \text{O.K}$$

◀

예제9.3 노출형 부분합성보의 안전성 검토: 소성중립축이 웨브 내에 있을 경우

예제9.2에서 설계된 부분합성보로 시공한 후, 용도변경에 의해 활하중이 5kN/m^{2}으로 증가되었다. 따라서, H형강의 하부에 보강판(b_{fp}=250mm, t_p=12mm, SS275)으로 용접부착하여 보강하기로 하였다. 이때 보강된 합성보의 설계휨강도를 검토하시오.

풀이 ▶

1. 사용단계 소요휨강도 산정

합성전 고정하중 : $w_{sDL} = (0.50 + 3.00)(3.00) = 10.5\text{kN/m}$

합성후 고정하중 : $w_{sDL} = (0.30 + 0.50)(3.00) = 2.4\text{kN/m}$

합성후 활 하 중 : $w_{sLL} = (5.0)(3.00) = 15.0\text{kN/m}$

사용시 계수하중 : $w_u = 1.4DL = 1.4(10.50 + 2.40) = 18.1\text{kN/m}$

$w_u = 1.2DL + 1.6LL = 1.2(10.50 + 2.40) + 1.6(15.0) = 39.5\text{kN/m}$

$\therefore\ w_u = 39.5\text{kN/m}$

$$M_u = \frac{w_u l^2}{8} = \frac{(39.5)(13.50)^2}{8} = 900\,\text{kN}\cdot\text{m}$$

2. 기시공된 합성보의 사전 검토

(1) 기시공된 스터드앵커의 공칭강도의 합

$$C_e = \Sigma Q_n{}' = Q_n n_{stud} = (72.2)(22) = 1{,}590\text{kN}$$

(2) 슬래브의 소성항복블록의 춤

$$a = \frac{\Sigma Q_n{}'}{0.85 f_{ck} b_e} = \frac{1{,}590 \times 10^3}{0.85(27)(3{,}000)} = 23.1\text{mm}$$

3. 보강된 강재 전체단면의 인장항복강도와 압축항복영역

$$P_y = (A_s + A_{pl})F_y = (11{,}400 + 250 \times 12) \times 275 = 3{,}960\,\text{kN}$$

강재의 압축소성영역 T형단면의 단면적 ;

$$A_T = \frac{(P_y - C)}{2F_y} = \frac{(3{,}960 - 1{,}590) \times 10^3}{2(275)} = 4{,}310\,\text{mm}^2$$

H형강의 웨브 압축항복응력의 깊이 : 상부플랜지 하부면부터의 깊이 [그림 9.3.1]

$$d_{wc} = \frac{A_T - A_f}{t_w} = \frac{4{,}310 - 200 \times 16}{10} = 111\,\text{mm} > 0$$

따라서, 소성중립축은 웨브에 위치함을 알 수 있다.

4. 설계휨강도

4.1 휨강도설계모델의 공식에 의한 방법

슬래브의 소성압축블록의 중심에서 H형강의 상단까지 거리 ; d_1

$$d_1 = h_r + t_c - \frac{a}{2} = 75 + 100 - \frac{23.1}{2} = 163\,\text{mm}$$

보강판을 포함한 H형강 전체단면의 도심(H형강의 상단부터 거리) ; d_3

요소구분	A_i		y_i		$A_i \cdot y_i$	
H형강		11,400	500/2=	250.0		2,850,000
보강판	250×12=	3,000	500+12/2=	506.0		1,520,000
합계	ΣA_i=	14,400			$\Sigma A_i \cdot y_i$=	4,370,000

$$d_3 = \frac{\Sigma A_i \cdot y_i}{\Sigma A_i} = \frac{4,370,000}{14,400} = 303\,\text{mm}$$

H형강의 압축영역에 있는 상부 T단면의 도심(H형강의 상단부터 거리) ; d_2

요소구분	A_i		y_i		$A_i \cdot y_i$	
플랜지	200×16=	3,200	16/2=	8.0		25,600
웨브	10×111=	1,110	16+111/2=	71.5		79,400
합계	ΣA_i=	4,310			$\Sigma A_i \cdot y_i$=	105,000

$$d_2 = \frac{\Sigma A_i \cdot y_i}{\Sigma A_i} = \frac{105,000}{4,310} = 24.4\,\text{mm}$$

$$M_n = C_e(d_1 + d_2) + P_y(d_3 - d_2)$$

$$= (1,590)(163 + 24.4) + (3,960)(303 - 24.4) = 1,400\,\text{kN}\cdot\text{m}$$

$\phi_b M_n = 0.9(1,400) = 1,260\text{kN}\cdot\text{m} > M_u(= 900\,\text{kN}\cdot\text{m})$ O.K

그러므로 보강한 합성보의 설계휨강도는 용도변경에 의해 증가된 활하중에 대해 적합하다. ◀

예제9.4 압축력을 받는 매입형합성기둥의 안전성 검토

아래 그림과 같이 매입형합성기둥에 고정하중 1,500kN과 활하중 4,500kN의 압축력이 작용할 때 안전성을 검토하시오. 단, 부재 단면의 크기는 600×600mm, 콘크리트의 설계기준압축강도는 f_{ck} =35MPa, 내부코어는 H−250×250×9×14(SM355), 길이방향철근은 8−D25(SD400), 띠철근은 D13@300이다. 기둥의 순높이는 4.2m이고 양단부의 경계조건은 핀으로 가정한다.

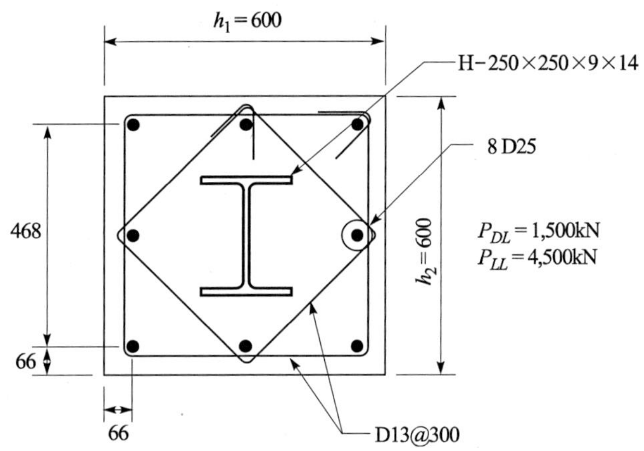

매입형합성기둥 단면도

풀이 ▶

1. 소요압축강도 산정

$$P_u = 1.4(1{,}500) = 2{,}100\text{kN}$$

$$P_u = 1.2DL + 1.6LL = 1.2(1{,}500) + 1.6(4{,}500) = 9{,}000\text{kN}$$

$$\therefore P_u = \ 9{,}000\text{kN}$$

2. 재료 특성

강재코어 : $F_y = 355\text{MPa}$, $F_u = 490\text{MPa}$, $E_s = 210{,}000\text{MPa}$

콘크리트 : $f_{ck} = 35\text{MPa}$, $E_c = 28{,}800\text{MPa}$

철 근 : $F_{yr} = 400\text{MPa}$, $E_s = 200{,}000\text{MPa}$

3. 단면 특성

3.1 강재코어 H−250×250×9×14 :

$A_s = 9{,}220\text{mm}^2,\ I_{sx} = 108\times10^6\text{mm}^4,\ I_{sy} = 36.5\times10^6\text{mm}^4$

3.2 길이방향철근 8−D25 :

$A_{sr} = 8(507) = 4{,}060\text{mm}^2$

$$I_{sr} = \Sigma(\frac{\pi r^4}{4}) + \Sigma(Ad^2)$$

$$= 8\frac{\pi(25/2)^4}{4} + 6(507)(234)^2$$

$$= 153{,}000 + 167{,}000{,}000 = 167\times10^6\text{mm}^4$$

3.3 콘크리트 :

$A_c = A_{cg} - A_s - A_{sr} = 360{,}000 - 9{,}220 - 4{,}060 = 347{,}000\ \text{mm}^2$

약축에 대한 단면2차모멘트

$$I_c = I_{cg} - I_{sy} - I_{sr} = \frac{600\times600^3}{12} - 36.5\times10^6 - 167\times10^6 = 10.6\times10^9\ \text{mm}^4$$

4. 구조제한 검토

4.1 콘크리트의 설계기준압축강도

$21\text{MPa} \le f_{ck}(=35\text{MPa}) \le 70\text{MPa}$ O.K

4.2 강재 및 철근의 설계기준항복강도

$F_y(=355\text{MPa}) \le 440\text{MPa}$ O.K

4.3 강재코어의 단면적

$$\rho_s = \frac{A_s}{A_g} = \frac{9{,}220}{360{,}000} = 0.0256 > 0.01 \quad \text{O.K}$$

4.4 횡방향철근(D13@300)의 단면적

$$\frac{2(127)}{300} = 0.84\text{mm}^2/\text{mm} > 0.23\text{mm}^2/\text{mm} \quad \text{O.K}$$

4.5 길이방향철근(8−D25)의 단면적

$$\rho_{sr} = \frac{A_{sr}}{A_g} = \frac{4{,}060}{360{,}000} = 0.0113 > 0.004 \quad \text{O.K}$$

5. 설계압축강도

5.1 세장효과를 고려하지 않은 압축강도(소성압축강도)

$$P_o = A_s F_y + A_{sr} F_{yr} + 0.85 A_c f_{ck}$$
$$= (9{,}220)(355) + (4{,}060)(400) + 0.85(347{,}000)(35)$$
$$= 15{,}200\text{kN}$$

5.2 합성단면의 유효강성

$$C_1 = 0.1 + 2\left(\frac{A_s}{A_c + A_s}\right) = 0.1 + 2\left(\frac{9{,}220}{347{,}000 + 9{,}220}\right) = 0.152 \leq 0.3$$

약축에 대한 유효단면2차모멘트(합성단면2차모멘트)

$$EI_{eff} = E_s I_{sy} + 0.5 E_s I_{sr} + C_1 E_c I_c$$
$$= (210{,}000)(36.5 \times 10^6) + 0.5(200{,}000)(167 \times 10^6) + (0.152)(28{,}800)(10.6 \times 10^9)$$
$$= 70.8 \times 10^{12}\ \text{N·mm}^2$$

5.3 오일러좌굴하중

$$P_e = \pi^2 (EI_{eff}) / (KL)^2$$
$$= \pi^2 (70.8 \times 10^{12}) / (4{,}200)^2 = 39{,}600\text{kN}$$

5.4 공칭압축강도

$\dfrac{P_o}{P_e} = \dfrac{15{,}200}{39{,}600} = 0.384 \leq 2.25$ 인 경우 기준식(4.6−2)에 의하여 구한다.

$$P_n = P_o \left[0.658^{\left(\frac{P_o}{P_e}\right)} \right]$$
$$= 15{,}200 [0.658^{(0.384)}] = 12{,}900\text{kN}$$

5.5 설계압축강도

$$\phi_c = 0.75$$
$$\phi_c P_n = 0.75(12{,}900) = 9{,}680\text{kN}$$

6. 안전성 검토

$\phi_c P_n = 9{,}680\text{kN} \ \rangle\ P_u (= 9{,}000\text{kN})$ O.K ◀

예제9.5 매입형합성기둥의 하중전달 설계

예제9.4의 기둥에서 하중 전체가 콘크리트에만 직접 가해질 경우에 축력의 일부가 강재기둥에 적절하게 전달되도록 스터드앵커(직경 ϕ16)의 소요개수와 간격을 구하시오.

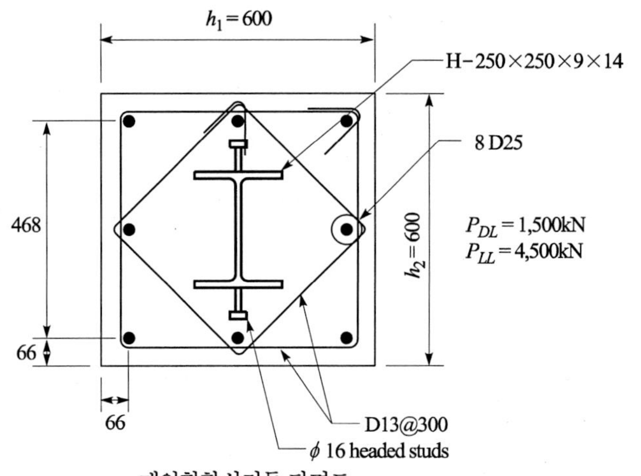

매입형합성기둥 단면도

풀이 ▶

1. 축하중전달을 위한 소요외력과 강재에 전달되어야 할 힘

$P_r = 9{,}000\text{kN}$

$V' = P_r(F_y A_s / P_{no})$ 기준식(4.6-27)

$= 9{,}000(355)(9{,}220)/(15.2 \times 10^6) = 1{,}940\text{kN}$

2. 재료 특성

콘크리트 : $f_{ck} = 35\text{MPa}$

스터드앵커(HS1) : $F_u = 400\text{MPa}$

3. 단면 특성

3.1 강재코어 H-250×250×9×14 :

$A_s = 9{,}220\text{mm}^2,\ A_{flange} = 3{,}500\text{mm}^2,\ A_{web} = 2{,}000\text{mm}^2,\ d_s = 250\text{mm}$

3.2 스터드앵커 ϕ16 :

$A_{sa} = 200\text{mm}^2/$개

3.3 콘크리트 :

$d_c = 600\text{mm}$

4. 스터드앵커(ϕ16) 1개의 설계전단강도 기준 4.6.8.3(1)

$Q_{nv} = F_u A_{sa} = (400)(200) = 80\text{kN}$ 기준식(4.6-35)

$\phi_v Q_{nv} = 0.65 \times 80 = 52\ \text{kN}$

5. 스터드앵커의 소요 개수와 간격

5.1 소요개수

$$\frac{V'}{\phi_v Q_{nv}} = \frac{1{,}940}{52} = 37.3\ \text{개}$$

그러므로 대칭으로 각 플랜지에 최소한 19개씩 부착되어야 한다.

5.2 스터드앵커의 간격

스터드앵커는 하중도입부 길이 안에, 즉 매입형기둥 단면의 최소폭의 2배와 부재길이의 1/3 중 작은 값인 길이 안에 배치한다. 기준 4.6.6.4(1)

기둥 단면의 최소폭의 2배 $= 2 \times 600 = 1{,}200\text{mm}$

기둥 길이의 1/3 $= 1/3 \times 4{,}200 = \ = 1{,}400\text{mm}$

따라서, 하중도입부 길이 = 1,200mm

스터드앵커의 중심간 최소간격은 스터드 직경의 4배, 최대간격은 32배로 하고, 축하중을 전달하는 스터드앵커는 단면축에 대해 대칭인 형태로 최소한 2면 이상에 설치한다. 기준 4.6.8.3(5)

스터드앵커의 최소간격 = $4 \times 16 = \ 64\text{mm}$

스터드앵커의 최대간격 = $32 \times 16 = \ 512\text{mm}$

스터드앵커의 소요간격 = 1,200/(19−1) = 66.7mm 〉 64mm

따라서, 스터드앵커의 간격은 65mm로 하고, 단부에서 1,200mm의 위치 내에 설치한다.

> 참고사항 : 미국의 강구조설계기준 AISC 360-16에서는 하중도입부의 길이를 하중작용방향의 상하부로 각각 합성부재단면의 최소폭의 2배 이하로 산정하는 것으로 규정하고 있다.

5.3 스터드앵커의 길이

스터드앵커의 최대 길이 = $\left(\dfrac{d_c - d_s}{2}\right) - 75 = \left(\dfrac{600 - 250}{2}\right) - 75 = 100\text{mm}$ (문제의 그림 참조)

스터드앵커의 최소 길이 = $5(16) = 80\text{mm}$ 기준 4.6.8.3①

즉, 직경 ϕ16mm의 스터드앵커의 길이는 80mm가 적당하다.

따라서, 직경 16mm, 길이 80mm, F_u =400MPa의 스터드앵커를 양쪽의 각 플랜지에 ϕ16×80@65 배치하여 용접부착한다. ◀

예제9.6 인장력을 받는 매입형합성기둥의 안전성 검토

예제9.4의 매입형합성기둥에 고정하중에 의한 압축력 700kN과 활하중에 의한 인장력 2,000kN이 작용할 때 안전성을 검토하시오. 기둥의 양단부의 경계조건은 핀으로 가정한다. 형강과 길이방향의 철근은 인장력을 충분히 전달할 수 있도록 양단부에 연결되어 있다.

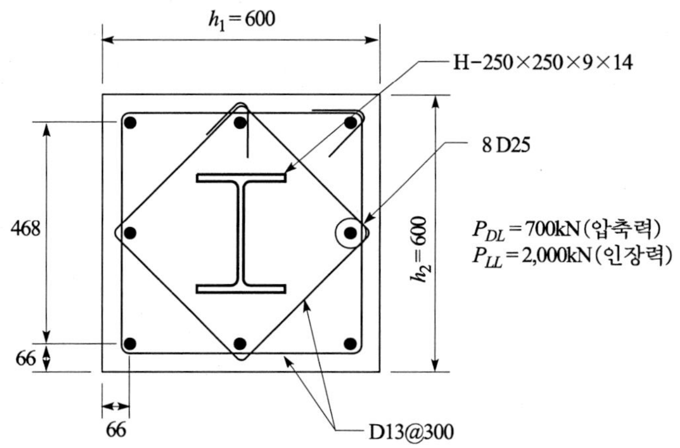

매입형합성기둥 단면도

풀이 ▶

1. 소요인장강도 산정

$$P_u = 1.2DL + 1.6LL = 1.2(-700) + 1.6(2{,}000) = 2{,}360\text{kN}$$

$$P_u = 0.9DL + 1.6LL = 0.9(-700) + 1.6(2{,}000) = 2{,}570\text{kN}$$

$$\therefore\ P_u = 2{,}570\text{kN}$$

2. 재료 특성

강재코어 : $F_y = 355\text{MPa}$, $F_u = 490\text{MPa}$, $E_s = 210{,}000\text{MPa}$

콘크리트 : $f_{ck} = 35\text{MPa}$, $E_c = 28{,}800\text{MPa}$

철　근 : $F_{yr} = 400\text{MPa}$

3. 단면 특성

3.1 강재코어 H-250×250×9×14 :

$$A_s = 9{,}220\,\text{mm}^2,\ I_{sx} = 108 \times 10^6\ \text{mm}^4\ ,\ I_y = 36.5 \times 10^6 \text{mm}^4$$

3.2 길이방향철근(8−D25):

$A_{sr} = 8(507) = 4{,}060\text{mm}^2$, $I_{sr} = 167 \times 10^6\text{mm}^4$

3.3 콘크리트 :

$A_c = 347{,}000\,\text{mm}^2$, $I_c = 10.6 \times 10^9\text{mm}^2$

4. 구조제한 검토

4.1 콘크리트의 설계기준압축강도

$21\text{MPa} \le f_{ck}(= 35\text{MPa}) \le 70\text{MPa}$ O.K

4.2 강재 및 철근의 설계기준항복강도

$F_y(= 325\text{MPa}) \le 440\text{MPa}$ O.K

4.3 강재코어의 단면적

$$\rho_s = \frac{A_s}{A_g} = \frac{9{,}220}{360{,}000} = 0.0256 > 0.01 \quad \text{O.K}$$

4.4 횡방향철근(D13@300)의 단면적

$$\frac{2(127)}{300} = 0.84\text{mm}^2/\text{mm} > 0.23\text{mm}^2/\text{mm} \quad \text{O.K}$$

4.5 길이방향철근(8−D25)의 단면적

$$\rho_{sr} = \frac{A_{sr}}{A_g} = \frac{4{,}060}{360{,}000} = 0.011 > 0.004 \quad \text{O.K}$$

5. 설계인장강도 :

$$P_n = A_s F_y + A_{sr} F_{yr}$$
$$= (9{,}220)(355) + (4{,}060)(400) = 4{,}900\,\text{kN}$$
$$\phi_t = 0.9$$
$$\phi_t P_n = 0.9(4{,}900) = 4{,}410\text{kN}$$

6. 안전성 검토

$\phi_t P_n = 4{,}410\,\text{kN} > P_u(= 2{,}570\,\text{kN})$ O.K ◀

예제9.7 축력과 휨을 받는 매입형합성기둥의 안전성 검토

예제9.4의 매입형합성기둥에 고정하중 1,000kN, 활하중 3,500kN의 압축력과 고정하중 100kN·m, 활하중 300kN·m의 휨모멘트가 강축에 작용할 때 기둥부재의 적정성을 검토하시오.

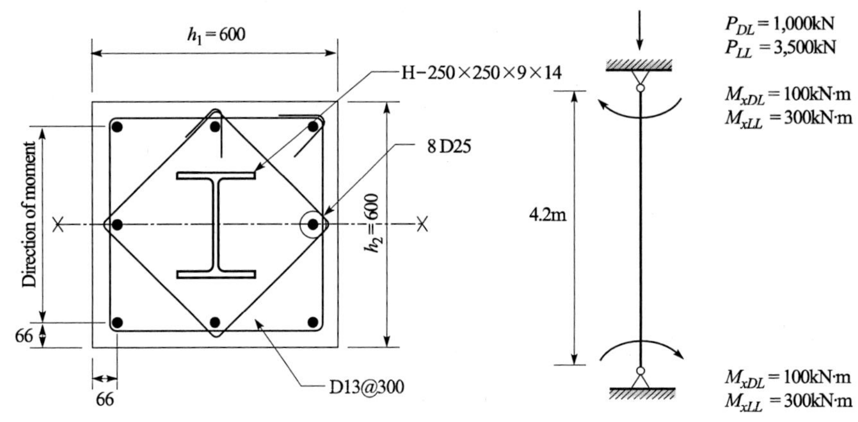

매입형합성기둥 단면도

풀이 ▶

1. 재료 특성

   강재코어 : $F_y = 355\text{MPa}$, $F_u = 490\text{MPa}$, $E_s = 210{,}000\text{MPa}$

   콘크리트 : $f_{ck} = 35\text{MPa}$, $E_c = 28{,}800\text{MPa}$

   철　근 : $F_{yr} = 400\text{MPa}$, $E_s = 200{,}000\text{MPa}$

2. 단면 특성

   2.1 강재코어 H-250×250×9×14 :

   $A_s = 9{,}220\text{mm}^2$, $I_{sx} = 108 \times 10^6\text{mm}^4$, $I_{sy} = 36.5 \times 10^6\text{mm}^4$

   $Z_x = 960{,}000\text{mm}^3$, $Z_y = 444{,}000\text{mm}^3$

   2.2 길이방향철근(8−D25) : 예제9.4참조

   $A_{sr} = 4{,}060\text{mm}^2$

   $I_{sr} = 167 \times 10^6\text{mm}^4$

2.3 콘크리트 : 예제9.4참조

$$A_c = A_{cg} - A_s - A_{sr} = 347{,}000\ \mathrm{mm}^2$$

$$I_c = I_{cg} - I_s - I_{sr} = 10.6 \times 10^9\ \mathrm{mm}^4$$

3. 구조제한 검토

3.1 콘크리트의 설계기준압축강도

$21\mathrm{MPa} \le f_{ck}(=35\mathrm{MPa}) \le 70\mathrm{MPa}$ O.K

3.2 강재 및 철근의 설계기준항복강도

$F_y(=355\mathrm{MPa}) \le 440\mathrm{MPa}$ O.K

3.3 강재코어의 단면적

$$\rho_s = \frac{A_s}{A_g} = \frac{9{,}220}{360{,}000} = 0.0256 > 0.01 \quad \text{O.K}$$

3.4 횡방향철근(D13@300)의 단면적

$$\frac{2(127)}{300} = 0.84\mathrm{mm}^2/\mathrm{mm} > 0.23\mathrm{mm}^2/\mathrm{mm} \quad \text{O.K}$$

3.5 길이방향철근(8−D25)의 단면적

$$\rho_{sr} = \frac{A_{sr}}{A_g} = \frac{4{,}060}{360{,}000} = 0.0113 > 0.004 \quad \text{O.K}$$

4. 소요강도 산정

$$P_u = 1.4DL = 1.4(1{,}000) = 1{,}400\,\mathrm{kN}$$

$$M_u = 1.4(100) = 140\,\mathrm{kN \cdot m}$$

$$P_u = 1.2DL + 1.6LL = 1.2(1{,}000) + 1.6(3{,}500) = 6{,}800\,\mathrm{kN}$$

$$M_u = 1.2(100) + 1.6(300) = 600\,\mathrm{kN \cdot m}$$

$$\therefore P_u = 6{,}800\mathrm{kN}$$

$$M_u = 600\,\mathrm{kN \cdot m}$$

5. 압축과 휨의 조합(P−M상관도)

합성부재에 축력과 휨이 동시에 작용할 경우의 각각의 설계강도를 [예제그림 9.7.1]과 같은 상호작용곡선으로 작성하여 구한다. 이 경우 세장효과를 고려하여 공칭강도를 산정한 후 강도감소계수를 곱하여 설계강도가 산정된다. [그림 9.4.1]의 식들이 [예제그림 9.7.2]와 같은 상관도를 만드는데 사용된다.

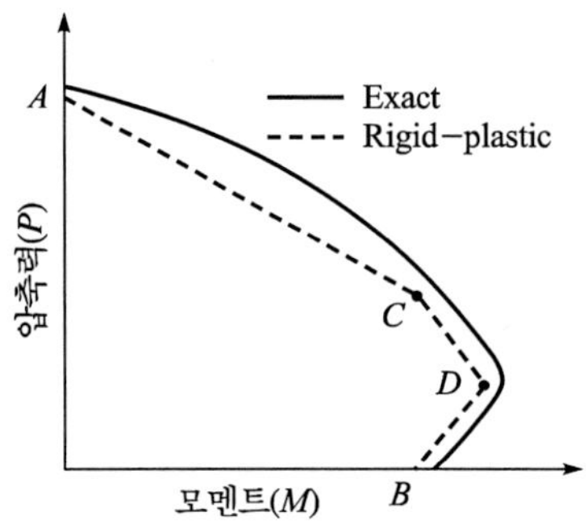

[예제그림 9.7.1] 합성보-기둥설계를 위한 상관도

5.1 포인트 A($M=0$)의 공칭압축강도

$$P_o = A_s F_y + A_{sr} F_{yr} + 0.85 A_c f_{ck}$$

$$= (9{,}220)(355) + (4{,}060)(400) + 0.85(347{,}000)(35) = 15{,}200\,\text{kN}$$

$$C_1 = 0.1 + 2\left(\frac{A_s}{A_c + A_s}\right) = 0.1 + 2\left(\frac{9{,}220}{347{,}000 + 9{,}220}\right) = 0.152 \le 0.3$$

$$EI_{eff} = E_s I_{sy} + 0.5 E_s I_{sr} + C_1 E_c I_c$$

$$= (210{,}000)(36.5\times 10^6) + 0.5(200{,}000)(167\times 10^6) + (0.152)(28{,}800)(10.6\times 10^9)$$

$$= 70.8\times 10^{12}\ \text{N}\cdot\text{mm}^2$$

$$P_e = \pi^2 (EI_{eff})/(KL)^2$$

$$= \pi^2 (70.8\times 10^{12})/(4{,}200)^2 = 39{,}600\text{kN}$$

$\dfrac{P_o}{P_e} = \dfrac{15{,}200}{39{,}600} = 0.384 \le 2.25$ 인 경우 아래와 같이 구한다.

$$P_{nA} = P_o\left[0.658^{\left(\frac{P_o}{P_e}\right)}\right]$$

$$= 15{,}200\left[0.658^{(0.384)}\right] = 12{,}900\,\text{kN}$$

5.2 포인트 D $\left(P_{oD} = \dfrac{A_c(0.85 f_{ck})}{2}\right)$의 공칭압축강도와 공칭휨강도

$$P_{oD} = \frac{A_c(0.85 f_{ck})}{2} = \frac{(347{,}000)(0.85)(35)}{2} = 5{,}160\text{kN}$$

Z_s = 형강의 x축에 대한 소성단면계수= $960{,}000\text{mm}^3$

$$Z_r = (A_{sr} - A_{srs})\left(\frac{h_2}{2} - c\right) = (4{,}060 - 2\times 507)\left(\frac{600}{2} - 66\right) = 712{,}000\text{mm}^3$$

$$Z_c = \frac{h_1 h_2^2}{4} - Z_s - Z_r = \frac{(600)(600)^2}{4} - 960{,}000 - 712{,}000 = 52.3\times 10^6\,\text{mm}^3$$

$$M_D = Z_s F_y + Z_r F_{yr} + \frac{1}{2} Z_c (0.85 f_{ck})$$

$$= (960{,}000)(355) + (712{,}000)(400) + \frac{1}{2}(52.3\times 10^6)(0.85)(35)$$

$$= 341\times 10^6 + 285\times 10^6 + 778\times 10^6 = 1{,}400\text{kN}\cdot\text{m}$$

$$M_{nD} = 1{,}400\,\text{kN}\cdot\text{m}$$

$$P_{nD} = P_{oD}\left[0.658^{\left(\frac{P_o}{P_e}\right)}\right] = (5{,}160)\left[0.658^{(0.384)}\right] = 4{,}390\,\text{kN}$$

5.3 포인트 B($P_B = 0$)에서의 공칭휨강도

h_n이 플랜지 내에 위치할 경우, $(\frac{d}{2} - t_f) < h_n \le \frac{d}{2}$

$$h_n = \frac{0.85 f_{ck}(A_c + A_s - db_f + A_{srs}) - 2F_y(A_s - db_f) - 2F_{yr}A_{srs}}{2[0.85 f_{ck}(h_1 - b_f) + 2F_y b_f]}$$

$$= \frac{0.85(35)[347{,}000 + 9{,}220 - (250)(250) - 1{,}014] - 2(355)[9{,}220 - (250)(250)] - 2(400)(1{,}014)}{2[(0.85)(35)(600-250) + 2(355)(250)]}$$

$$= 118\text{mm}$$

$$Z_{sn} = Z_s - b_f\left(\frac{d}{2} - h_n\right)\left(\frac{d}{2} + h_n\right)$$

$$= 960{,}000 - 250\left(\frac{250}{2} - 118\right)\left(\frac{250}{2} + 118\right) = 535{,}000\text{mm}^3$$

$$Z_{cn} = h_1 h_n^2 - Z_{sn} = (250)(118)^2 - 836{,}000 = 2.65\times 10^6\text{mm}^3$$

$$M_B = M_D - Z_{sn}F_y - \frac{1}{2} Z_{cn}(0.85 f_{ck})$$

$$= 1{,}400\times 10^6 - (836{,}000)(355) - \frac{1}{2}(2.65\times 10^6)(0.85)(35)$$

$$= 1{,}070\text{kN}\cdot\text{m}$$

$$M_{nB} = 1{,}070\text{kN}\cdot\text{m}$$

5.4 포인트 C($M_C = M_B$, $P_C = 0.85 f_{ck} A_c$)의 공칭압축강도와 공칭휨강도

$$P_C = A_c(0.85 f_{ck}) = (347{,}000)(0.85)(35) = 10{,}300\text{kN}$$

$$M_{nC} = M_{nB} = 1{,}070\,\text{kN} \cdot \text{m}$$

$$P_{nC} = P_C\left[0.658^{\left(\frac{P_o}{P_e}\right)}\right] = (10{,}300)\left[0.658^{(0.384)}\right] = 8{,}770\,\text{kN}$$

6. 압축력과 휨의 공칭강도와 설계강도 요약

6.1 Point A, B, C, D의 공칭강도

앞에서 구한 공칭강도를 아래 표와 같이 정리하였다.

구분	공칭압축강도	공칭휨강도
Point A	$P_{nA} = 12{,}900\,\text{kN}$	$M_{nA} = 0$
Point B	$P_{nB} = 0$	$M_{nB} = 1{,}070\,\text{kN} \cdot \text{m}$
Point C	$P_{nC} = 8{,}770\,\text{kN}$	$M_{nC} = 1{,}070\,\text{kN} \cdot \text{m}$
Point D	$P_{nD} = 4{,}390\,\text{kN}$	$M_{nD} = 1{,}400\,\text{kN} \cdot \text{m}$

6.2 Point A, B, C, D의 설계강도

공칭강도에 강도감소계수 $\phi_c = 0.75$, $\phi_b = 0.90$를 곱한 설계강도는 아래 표와 같다.

구분	설계압축강도	설계휨강도
Point A	$\phi_c P_{nA} = 9{,}680\,\text{kN}$	$\phi_b M_{nA} = 0$
Point B	$\phi_c P_{nB} = 0$	$\phi_b M_{nB} = 961\,\text{kN} \cdot \text{m}$
Point C	$\phi_c P_{nC} = 6{,}580\,\text{kN}$	$\phi_b M_{nC} = 961\,\text{kN} \cdot \text{m}$
Point D	$\phi_c P_{nD} = 3{,}290\,\text{kN}$	$\phi_b M_{nD} = 1{,}260\,\text{kN} \cdot \text{m}$

6.3 조합하중의 안전성 검토

$P_u = 6{,}800\text{kN}$, $M_u = 600\text{kN} \cdot \text{m}$ 의 압축력과 휨의 조합하중의 안전성을 검토할 수 있고, 조합력에 대한 상호작용식에 의해 검토할 수 있다.

(1) P–M상관도에 의한 검토

앞에서 구한 공칭강도(참고적으로 적성)와 설계강도에 대한 P–M상관도를 아래의 [예제그림 9.7.2]와 같이 작성하였다. 설계강도에 대한 소요강도의 안전성 검토로서, 상관도에서 소요압축강도 $P_u = 6{,}800\text{kN}$ 과 소요휨강도 $M_u = 600\text{kN} \cdot \text{m}$ 이 동시에 작용하는 점이 설계강도 상관도 내부에 있으므로, 설계된 기둥단면은 안전하다.

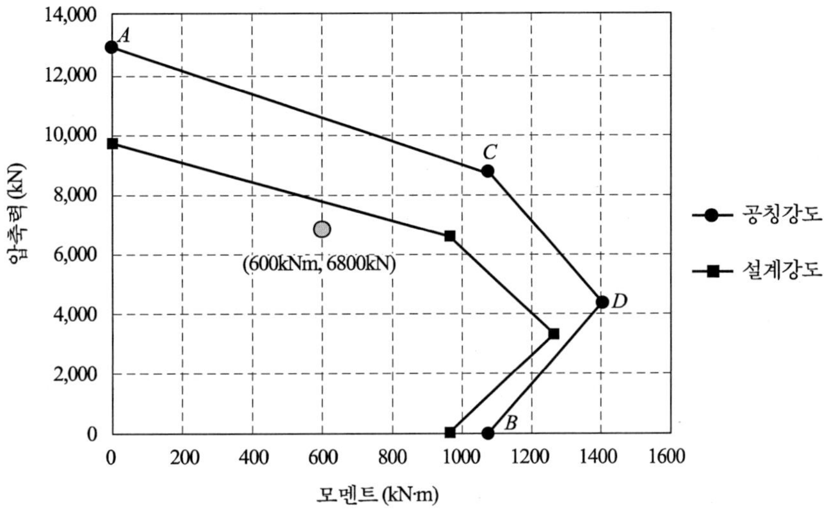

[예제그림 9.7.2] P-M상관도

(2) 상호작용식에 의한 검토

$P_u = 6{,}800\text{kN} \ > \ \phi_c P_{nC} = 6{,}580\,\text{kN}$ 이므로 압축력과 휨의 조합하중을 검토한다.

$$\frac{P_u - \phi_c P_{nC}}{\phi_c P_{nA} - \phi_c P_{nC}} + \frac{M_u}{\phi_b M_{nC}} = \frac{6{,}800 - 6{,}580}{9{,}680 - 6{,}580} + \frac{600}{961} = 0.70 \leq 1.0$$

그러므로, 소요휨강도 $P_u = 6{,}800\text{kN}$ 과 소요휨강도 $M_u = 600\text{kN} \cdot \text{m}$ 가 동시에 작용할 때 설계된 기둥단면은 안전하다.

이 상호작용식에서 계산된 강도비 0.70은 안전성 여부를 판단할 뿐이지, 압축력과 휨이 작용할 경우의 설계조합강도에 대한 소요조합강도의 비율을 의미하는 것은 아니다. 즉, 안전성에 대한 30% 여류를 보유하고 있는 것은 아님에 주의하여야 한다. ◀

예제9.8 압축력을 받는 각형 충전형합성기둥의 안전성 검토

아래 그림과 같이 각형강관 □-500×500×12(SM355)에 콘크리트(f_{ck}=35MPa)로 충전된 4.2m 높이의 합성기둥에 고정하중 1,500kN과 활하중 4,500kN의 압축력이 작용할 때 기둥의 안전성을 검토하시오. 단, 기둥의 양단부의 경계조건은 핀이고, 베이스플레이트 상부에서 하중이 직접지압으로 콘크리트에 전달된다.

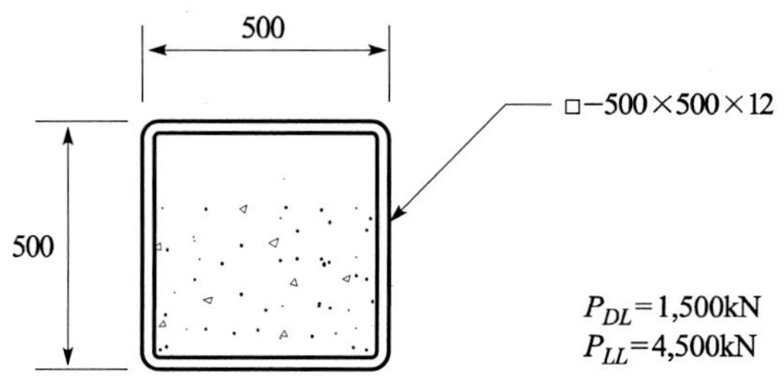

각형 충전형합성기둥 단면도

풀이 ▶

1. 소요압축강도 산정

$P_u = 1.4(1,500) = 2,100\text{kN}$

$P_u = 1.2(1,500) + 1.6(4,500) = 9,000\text{kN}$

$\therefore P_u = \ 9,000\text{kN}$

2. 재료 특성

강관 : F_y = 355MPa, F_u = 490MPa, E_s = 210,000MPa

콘크리트 : f_{ck} = 35MPa, E_c = 28,800MPa

3. 단면 특성

3.1 강관 □-500×500×12 :

$t = 12\text{mm},\ b = 500\text{mm},\ h = 500\text{mm}$

$A_s = 23,100\text{mm}^2,\ I_s = 908 \times 10^6\text{mm}^4$

3.2 콘크리트 :

(1) 콘크리트 단면적

$$A_c = (b-2t)(h-2t) - (4-\pi)(0.5t)^2$$

$$= (500-2\times12)(500-2\times12) - (4-3.14)(0.5\times12)^2 = 227{,}000\,\text{mm}^2$$

(2) 콘크리트 단면2차모멘트

$$I_c = \frac{(b-2t)(h-2t)^3}{12} = \frac{(500-2\times12)(500-2\times12)^3}{12} = 4.28\times10^9\text{mm}^4$$

4. 구조제한 검토

4.1 강관의 단면적

$$\rho_s = \frac{A_s}{A_g} = \frac{23{,}100}{(227{,}000+23{,}100)} = 0.0927 > 0.01 \quad \text{O.K}$$

4.2 각형강관의 판폭두께비

$b/t = (500-3\times12)/12 = 38.7 \le 2.26\sqrt{E_s/F_y}\,(= 2.26\sqrt{210{,}000/355} = 54.9)$ 콤팩트단면

5. 설계압축강도

5.1 세장효과를 고려하지 않은 압축강도(소성압축강도)

각형단면의 경우

$$P_o = A_sF_y + A_{sr}F_{yr} + 0.85A_cf_{ck}$$

$$= (23{,}100)(355) + (0)(0) + 0.85(226{,}000)(35) = 14{,}900\text{kN}$$

5.2 합성단면의 유효강성

$$C_3 = 0.6 + 2\left(\frac{A_s}{A_c + A_s}\right) = 0.6 + 2\left(\frac{23{,}100}{227{,}000+23{,}100}\right) = 0.79 < 0.9$$

$$EI_{eff} = E_sI_s + E_sI_{sr} + C_2E_cI_c$$

$$= (210{,}000)(908\times10^6) + (200{,}000)(0) + (0.78)(28{,}800)(4.28\times10^9)$$

$$= 287{,}000\text{kN}\cdot\text{m}^2$$

5.3 오일러좌굴하중

$$P_e = \pi^2(EI_{eff})/(KL)^2$$

$$= \pi^2(287{,}000)/(4.2)^2 = 161{,}000\text{kN}$$

5.4 공칭압축강도

$\frac{P_o}{P_e} = \frac{14,900}{161,000} = 0.0925 \leq 2.25$ 인 경우

$$P_n = P_o\left[0.658^{\left(\frac{P_o}{P_e}\right)}\right]$$

$$= 14,900[0.658^{0.0925}] = 14,300\text{kN}$$

5.5 설계압축강도

$\phi_c = 0.75$

$\phi_c P_n = 0.75(14,300) = 10,700\text{kN}$

6. 안전성 검토

$\phi_c P_n = 10,700\text{kN} > P_u (= 9,000\,\text{kN})$ O.K ◀

예제9.9 인장력을 받는 각형 충전형합성기둥의 안전성 검토

예제9.8의 각형 충전합성기둥에 고정하중에 의한 압축력 700kN과 활하중에 의한 인장력 2,000kN이 작용할 때 안전성을 검토하시오. 기둥의 양단부의 경계조건은 핀으로 가정한다. 모든 인장력은 베이스플레이트와 캡플레이트에 의해 전달된다.

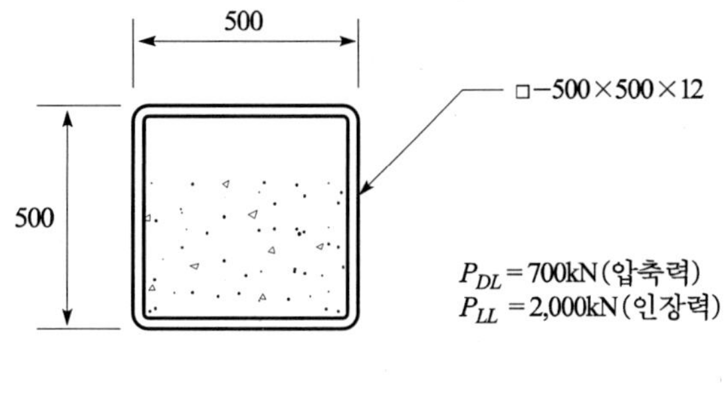

각형 충전형합성기둥 단면도

풀이 ▶

1. 소요인장강도 산정

$$P_u = 1.2DL + 1.6LL = 1.2(-700) + 1.6(2{,}000) = 2{,}360\text{kN}$$

$$P_u = 0.9DL + 1.6LL = 0.9(-700) + 1.6(2{,}000) = 2{,}570\text{kN}$$

$$\therefore\ P_u = 2{,}570\text{kN}$$

2. 재료 특성

강관 : $F_y = 355\text{MPa}$, $F_u = 490\text{MPa}$

콘크리트 : $f_{ck} = 35\text{MPa}$, $E_c = 28{,}800\text{MPa}$

3. 단면 특성

강관 □−500×500×12 :

$$A_s = 23{,}100\,\text{mm}^2$$

4. 설계인장강도 산정

$$P_n = P_o = A_s F_y + A_{sr} F_{yr} = (23{,}100)(355) + (0)(0) = 8{,}200\,\text{kN}$$

$$\phi_t P_n = 0.9(8{,}200) = 7{,}380\text{kN}$$

5. 안전성 검토

$$\phi_t P_n = 7{,}380\text{kN} > P_u (= 2{,}570\,\text{kN}) \quad \text{O.K}$$

◀

예제9.10 전단력을 받는 각형 충전형합성기둥의 안전성

예제9.8의 각형 충전합성기둥에 고정하중 350kN, 활하중 950kN의 전단력이 작용할 때 부재의 안전성을 검토하시오.

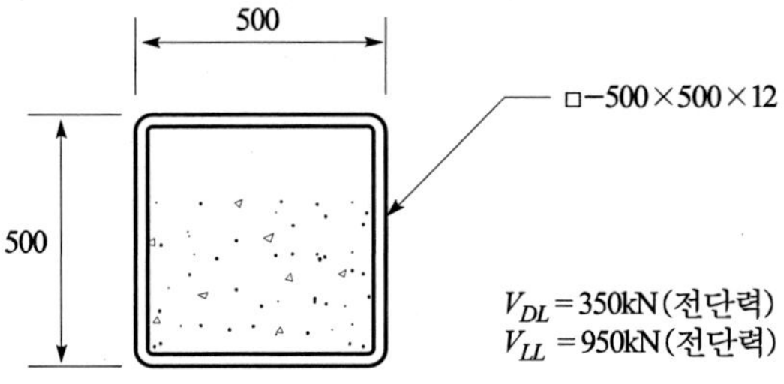

각형 충전형합성기둥 단면도

풀이 ▶

1. 소요전단강도 산정

$V_u = 1.2(350) + 1.6(950) = 1{,}940\text{kN}$

2. 재료 특성

강관 : $F_y =$ 355MPa, $F_u =$ 490MPa

콘크리트 : $f_{ck} =$ 35MPa

3. 단면 특성

강관 □−500×500×12 : $d = 500\text{mm}$, $t_w = 12\text{mm}$

4. 설계전단강도 산정 기준 4.4.5

$h = d - 3t_w = 500 - 3(12) = 464\text{mm}$

$A_w = 2ht_w = 2(464)(12) = 11{,}100\text{mm}^2$

$h/t_w = 464/12 = 38.7 \le 1.10\sqrt{k_v E/F_y}\,(= 1.10\sqrt{5(210{,}000)/355} = 59.8)$이므로 $C_v = 1.0$

$V_n = 0.6F_y A_w C_v = 0.6(355)(11{,}100)(1.0) = 2{,}360\,\text{kN}$

$\phi_v = 0.9$

$\phi_v V_n = 0.9(2{,}360) = 2{,}120\text{kN}$

5. 안전성 검토

$\phi_v V_n = 2{,}120\text{kN} \;> P_u(= 1{,}940\text{kN})$ O.K ◀

예제9.11 축력과 휨을 받는 각형 충전형합성기둥의 안전성 검토

예제9.8의 충전형합성기둥에 고정하중 1,000kN, 활하중 3,500kN의 압축력과 고정하중 100kN · m, 활하중 300kN · m의 휨모멘트가 강축에 작용할 때 기둥부재의 안전성을 검토하시오.

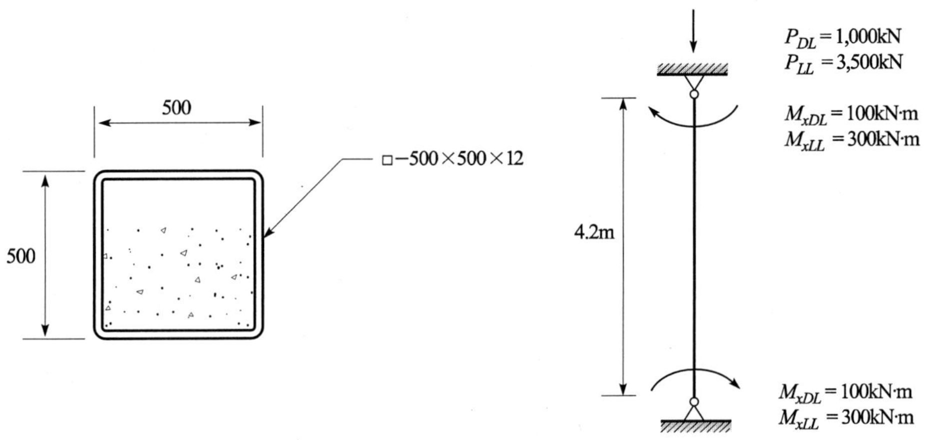

각형 충전형합성기둥 단면도

풀이 ▶

1. 재료 특성

   강관 : $F_y = 355\text{MPa}$, $F_u = 490\text{MPa}$, $E_s = 210{,}000\text{MPa}$

   콘크리트 : $f_{ck} = 35\text{MPa}$, $E_c = 28{,}800\text{MPa}$

2. 단면 특성

   2.1 강관 □−500×500×12 :

   $A_s = 23{,}100\text{mm}^2$, $I_s = 908\times10^6\text{mm}^4$, $Z_s = 4{,}130\times10^3\text{mm}^3$

   2.2 콘크리트 : 예제9.8참조

   $A_c = 227{,}000\text{mm}^2$

   $I_c = 4.28\times10^9\text{mm}^4$

3. 구조제한 검토

3.1 강관의 단면적

$$\rho_s = \frac{A_s}{A_g} = \frac{23,100}{(226,000+23,100)} = 0.0927 > 0.01 \quad \text{O.K}$$

3.2 각형강관의 판폭두께비

$$b/t = (500-3\times12)/12 = 38.7 \le 2.26\sqrt{E_s/F_y}\,(=2.26\sqrt{210,000/355}=54.9) \text{ 콤팩트단면}$$

4. 소요강도 산정

$P_u = 1.4DL = 1.4(1,000) = 1,400\,\text{kN}$

$M_u = 1.4(100) = 140\,\text{kN}\cdot\text{m}$

$P_u = 1.2DL + 1.6LL = 1.2(1,000) + 1.6(3,500) = 6,800\,\text{kN}$

$M_u = 1.2(100) + 1.6(300) = 600\,\text{kN}\cdot\text{m}$

$\therefore P_u = 6,800\text{kN}$

$M_u = 600\,\text{kN}\cdot\text{m}$

5. 압축과 휨의 조합(P−M상관도)

합성부재에 축력과 휨이 동시에 작용할 경우의 각각의 설계강도를 [예제그림 9.11.1]과 같은 상호작용곡선으로 작성하여 구한다. 이 경우 세장효과를 고려하여 공칭강도를 산정한 후 강도감소계수를 곱하여 설계강도가 산정된다. [그림 9.4.1]의 식들이 [예제그림 9.11.1]과 같은 상관도를 만드는데 사용된다.

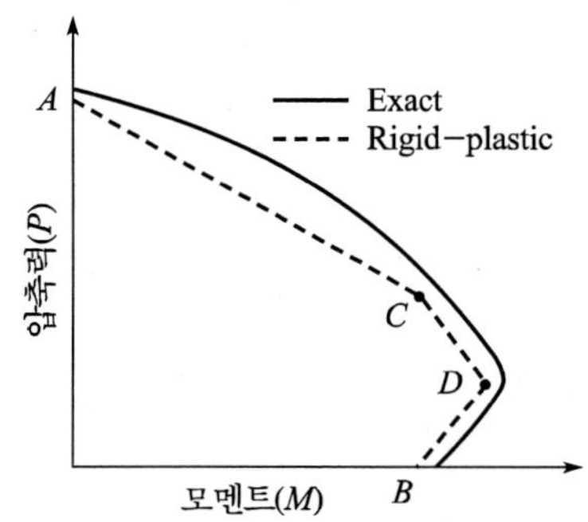

[예제그림9.11.1] 합성보-기둥설계를 위한 P−M상관도

5.1 포인트 A($M=0$)의 공칭압축강도

$$P_o = A_sF_y + A_{sr}F_{yr} + 0.85A_cf_{ck}$$
$$= (23,100)(355) + (0)(0) + 0.85(227,000)(35) = 14,900\text{kN}$$

$$C_3 = 0.6 + 2(\frac{A_s}{A_c + A_s}) = 0.6 + 2(\frac{23,100}{227,000 + 23,100}) = 0.785 < 0.9$$

$$EI_{eff} = E_s I_s + E_s I_{sr} + C_2 E_c I_c$$

$$= (210,000)(908 \times 10^6) + (200,000)(0) + (0.785)(28,800)(4.28 \times 10^9)$$

$$= 287 \times 10^{12} \text{N} \cdot \text{mm}^2$$

$$P_e = \pi^2 (EI_{eff})/(KL)^2$$

$$= \pi^2 (287 \times 10^{12})/(4,200)^2 = 161,000\text{kN}$$

$\frac{P_o}{P_e} = \frac{14,900}{161,000} = 0.0925 \le 2.25$인 경우 아래 식에 의하여 구한다.

$$P_{nA} = P_o [0.658^{(\frac{P_o}{P_e})}]$$

$$= 14,900 [0.658^{0.0925}] = 14,300\text{kN}$$

5.2 포인트 D$\left(P_{oD} = \frac{A_c(0.85 f_{ck})}{2}\right)$의 공칭압축강도와 공칭휨강도

$$P_{oD} = \frac{A_c(0.85 f_{ck})}{2} = \frac{(226,000)(0.85)(35)}{2} = 3,360\text{kN}$$

Z_s =강관의 x축에 대한 소성단면계수= $4.13 \times 10^6 \text{mm}^3$

$$Z_c = \frac{h_1 h_2^2}{4} - Z_s - Z_r = \frac{(476)(476)^2}{4} - 4.13 \times 10^6 - 0 = 22.8 \times 10^6 \text{mm}^3$$

$$M_D = Z_s F_y + Z_r F_{yr} + \frac{1}{2} Z_c (0.85 f_{ck})$$

$$= (4.13 \times 10^6)(355) + (0)(0) + \frac{1}{2}(22.8 \times 10^6)(0.85)(35)$$

$$= 1,810\text{kN} \cdot \text{m}$$

$$M_{nD} = 1,810\text{kN} \cdot \text{m}$$

$$P_{nD} = P_{oD}\left[0.658^{\left(\frac{P_o}{P_e}\right)}\right] = (3,360)[0.658^{(0.0925)}] = 3,230\text{kN}$$

5.3 포인트 B($P_B = 0$)의 공칭휨강도

$h_n = \frac{0.85 f_{ck} A_c}{2(0.85 f_{ck} b_i + 4F_y t)} \le \frac{h_i}{2}$ 인 경우 확인

$$h_n = \frac{0.85(35)(226,000)}{2[0.85(35)(476) + 4(355)(12)]} = 108\text{mm} \le \frac{476}{2} (= 238\text{mm})$$

$$Z_{sn} = 2t h_n^2$$
$$= 2(12)(108)^2 = 280{,}000\text{mm}^3$$
$$Z_{cn} = b_i h_n^2 = (476)(108)^2 = 5.55 \times 10^6 \text{mm}^3$$
$$M_B = M_D - Z_{sn}F_y - \frac{1}{2}Z_{cn}(0.85f_{ck})$$
$$= 1{,}810 \times 10^6 - (280{,}000)(355) - \frac{1}{2}(5.55 \times 10^6)(0.85)(35)$$
$$= 1{,}630\,\text{kN}\cdot\text{m}$$
$$M_{nB} = 1{,}630\,\text{kN}\cdot\text{m}$$

5.4 포인트 C($M_C = M_B$, $P_C = 0.85f_{ck}A_c$)의 공칭압축강도와 공칭휨강도

$$P_C = A_c(0.85f_{ck}) = (227{,}000)(0.85)(35) = 6{,}720\text{kN}$$
$$M_{nC} = M_{nB} = 1{,}630\,\text{kN}\cdot\text{m}$$
$$P_{nC} = P_C\left[0.658^{\left(\frac{P_o}{P_e}\right)}\right] = (6{,}720)\left[0.658^{(0.0925)}\right] = 6{,}460\,\text{kN}$$

6. 압축력과 휨의 공칭강도와 설계강도 요약

6.1 Point A, B, C, D의 공칭강도

앞에서 구한 공칭강도를 아래 표와 같이 정리하였다.

구분	공칭압축강도	공칭휨강도
Point A	$P_{nA} = 14{,}300\text{kN}$	$M_{nA} = 0$
Point B	$P_{nB} = 0$	$M_{nB} = 1{,}630\text{kN}\cdot\text{m}$
Point C	$P_{nC} = 6{,}460\text{kN}$	$M_{nC} = 1{,}630\text{kN}\cdot\text{m}$
Point D	$P_{nD} = 3{,}230\text{kN}$	$M_{nD} = 1{,}810\text{kN}\cdot\text{m}$

6.2 Point A, B, C, D에 설계강도

공칭강도에 강도감소계수 $\phi_c = 0.75$, $\phi_b = 0.90$를 곱한 설계강도는 아래표와 같다.

구분	설계압축강도	설계휨강도
Point A	$\phi_c P_{nA} = 10{,}700\text{kN}$	$\phi_b M_{nA} = 0$
Point B	$\phi_c P_{nB} = 0$	$\phi_b M_{nB} = 1{,}470\text{kN}\cdot\text{m}$
Point C	$\phi_c P_{nC} = 4{,}850\text{kN}$	$\phi_b M_{nC} = 1{,}470\text{kN}\cdot\text{m}$
Point D	$\phi_c P_{nD} = 2{,}420\text{kN}$	$\phi_b M_{nD} = 1{,}630\text{kN}\cdot\text{m}$

6.3 조합하중의 안전성 검토

$P_u = 6{,}800\text{kN}$, $M_u = 600\text{kN} \cdot \text{m}$ 의 압축력과 휨의 조합하중의 안전성을 검토할 수 있고, 조합력에 대한 상호작용식에 의해 검토할 수 있다.

(1) P-M상관도에 의한 검토

앞에서 구한 공칭강도(참고적으로 적성)와 설계강도에 대한 P-M상관도를 아래의 [예제그림 9.11.2]와 같이 작성하였다. 설계강도에 대한 소요강도의 안전성 검토로서, 상관도에서 소요압축강도 $P_u = 6{,}800\text{kN}$ 과 소요휨강도 $M_u = 600\text{kN} \cdot \text{m}$ 이 동시에 작용하는 점이 설계강도 상관도 내부에 있으므로, 설계된 기둥단면은 안전하다.

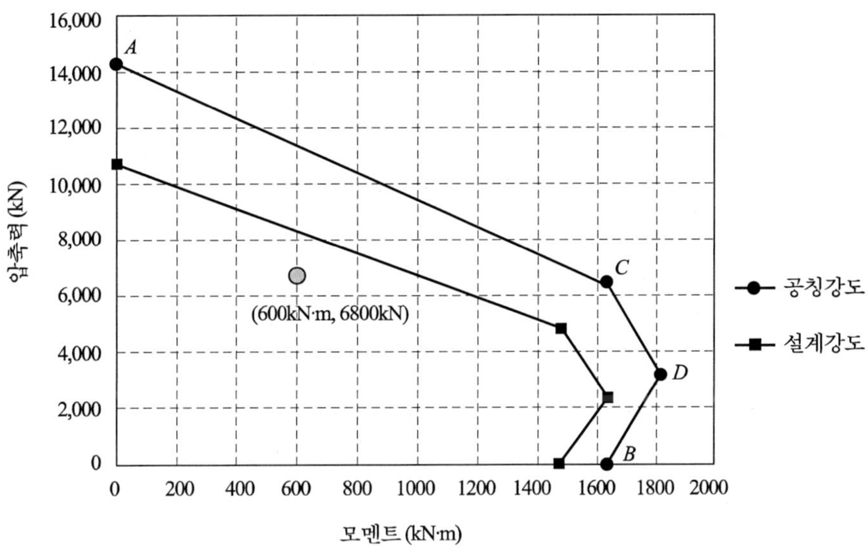

[예제그림 9.11.2] P-M상관도

(2) 상호작용식에 의한 검토

$P_u = 6{,}800\text{kN} \; > \; \phi_c P_{nC} = 6{,}580\,\text{kN}$ 이므로 압축력과 휨의 조합하중을 검토한다.

$$\frac{P_u - \phi_c P_{nC}}{\phi_c P_{nA} - \phi_c P_{nC}} + \frac{M_u}{\phi_b M_{nC}} = \frac{6{,}800 - 4{,}850}{10{,}700 - 4{,}850} + \frac{600}{1{,}470} = 0.74 \le 1.0$$

그러므로, 소요휨강도 $P_u = 6{,}800\text{kN}$ 과 소요휨강도 $M_u = 600\text{kN} \cdot \text{m}$ 가 동시에 작용할 때 설계된 기둥단면은 안전하다.

이 상호작용식에서 계산된 강도비 0.74는 안전성 여부를 판단할 뿐이지, 압축력과 휨이 작용할 경우의 설계조합강도에 대한 소요조합강도의 비율을 의미하는 것은 아니다. 즉, 안전성에 대한 26% 여류를 보유하고 있는 것은 아님에 주의하여야 한다. ◀

예제9.12 각형 충전형합성기둥의 힘의 분배 산정

아래 그림과 같이 강관 500×500×12(SNRT355)에 콘크리트(f_{ck}=35MPa)로 충전된 합성기둥에 고정하중 1,500kN, 활하중 4,500kN의 압축력이 작용할 때, (a), (b) 및 (c) 조건에 대한 힘의 분배 V_r'을 산정하시오.

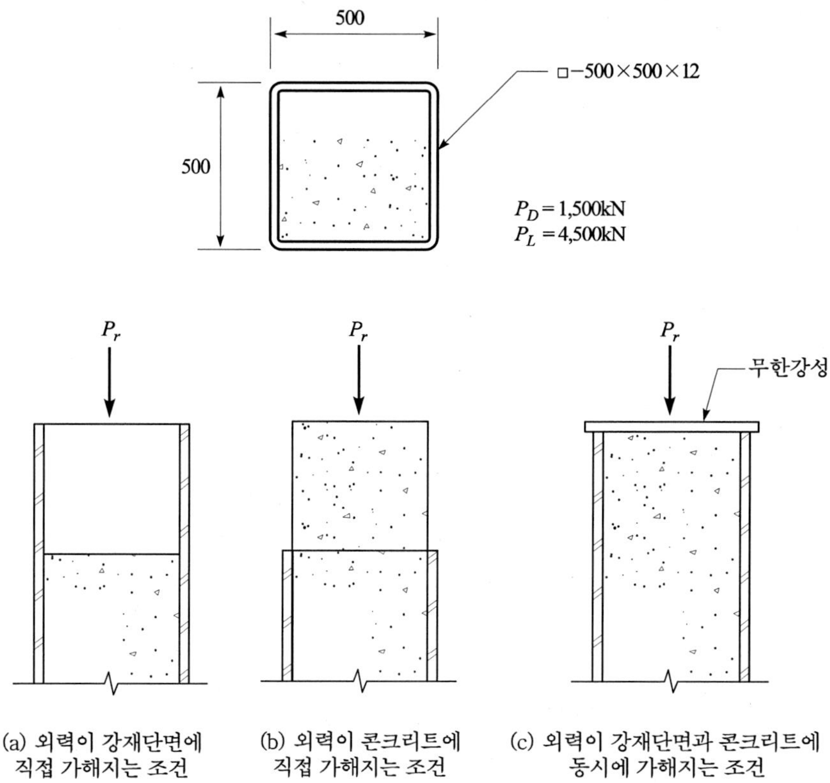

각형 충전형합성기둥의 단면도와 가력 조건

풀이 ▶

1. 소요압축강도 산정

$$P_u = 1.4(1,500) = 2,100\text{kN}$$

$$P_u = 1.2(1,500) + 1.6(4,500) = 9,000\text{kN}$$

$$P_r = P_u = 9,000\text{kN}$$

2. 재료 특성

강관 : $F_y = 355\text{MPa}$, $E_s = 210{,}000\text{MPa}$

콘크리트 : $f_{ck} = 35\text{MPa}$, $E_c = 28{,}800\text{MPa}$

3. 단면 특성

3.1 강관 □-500×500×12 :

$t = 12\,\text{mm}$, $b = 500\,\text{mm}$, $h = 500\,\text{mm}$

$A_s = 23{,}100\text{mm}^2$

3.2 콘크리트 : 예제9.8 참조

$A_c = 227{,}000\text{mm}^2$

$b_i = 500 - 2(12) = 476\text{mm}$

$h_i = 500 - 2(12) = 476\text{mm}$

4. 구조제한 검토

4.1 강재 코어의 단면적

$$\rho_s = \frac{A_s}{A_g} = \frac{23{,}100}{226{,}000 + 23{,}100} = 0.0927 > 0.01, \quad \text{O.K}$$

4.2 각형강관의 판폭두께비

$b/t = (500 - 3 \times 12)/12 = 38.7 \le 2.26\sqrt{E_s/F_y}(= 2.26\sqrt{210{,}000/355} = 54.9)$ 콤팩트단면

5. 설계압축강도

5.1 세장효과를 고려하지 않은 압축강도(소성압축강도)

각형단면의 경우

$$P_{no} = A_s F_y + A_{sr} F_{yr} + 0.85 A_c f_{ck}$$
$$= (23{,}100)(355) + (0)(0) + 0.85(227{,}000)(35) = 14{,}900\text{kN}$$

6. 각 부분의 힘의 분배

6.1 (a) 외력이 강재단면에 직접 가해지는 조건

$$V_r{}' = P_r(1 - F_y A_s / P_{no})$$
$$= (9{,}000)[1 - (355)(23{,}100)/(14.9 \times 10^6)] = 4{,}050\text{kN}$$

6.2 (b) 외력이 콘크리트에 직접 가해지는 조건

$V_r{}' = P_r(F_y A_s / P_{no})$

$= (9{,}000)[(355)(23{,}100)/(14.9 \times 10^6)] = 4{,}950\,\text{kN}$

6.3 (c) 외력이 강재단면과 콘크리트에 동시에 가해지는 조건

$V_r{}' = P_{rs} - P_r(F_y A_s / P_{no})$

단, (a)-(b)가 음수인 경우

$P_{rs} = P_r[E_s A_s / (E_s A_s + E_c A_c)]$

$= (9{,}000)[(210{,}000)(23{,}100)/\{(210{,}000)(23{,}100) + (28{,}800)(227{,}000)\}] = 3{,}840\text{kN}$

$V_r{}' = |P_{rs} - P_r(F_y A_s / P_{no})|$

$= [3{,}840 - \{(9{,}000)(355 \times 23{,}100 / 14.9 \times 10^6)\}] = 1{,}110\text{kN}$ ◀

예제9.13 각형 충전형합성기둥의 힘 전달기구 설계

예제9.13에서 보여준 콘크리트(f_{ck}=35MPa)로 충전된 강관 500×500×12(SNRT355) 합성기둥이 아래 그림과 같이 기준층의 강재보들로부터 고정하중 600kN과 활하중 400kN이 작용하고 있다. 이 경우 힘의 분배를 산정하고, 직접부착작용으로 안전성을 검토하시오. 아울러, 안전하더라도 직접지압으로 설계하여보시오.

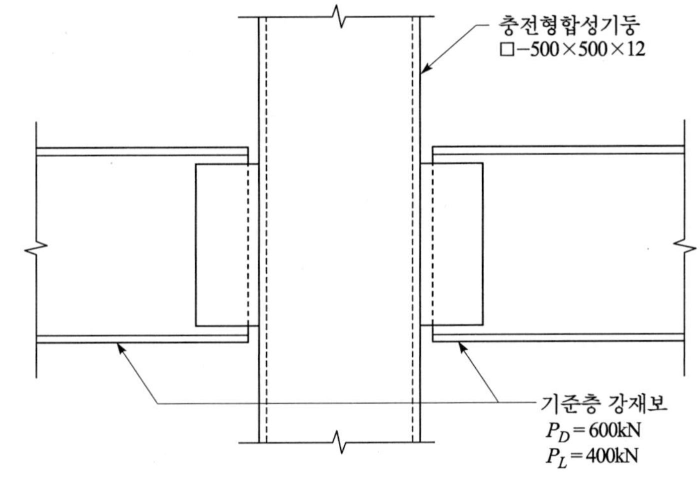

기준층의 충전형합성기둥과 강재보

풀이 ▶

1. 추가되는 소요압축강도 산정

$$P_u = 1.4(600) = 840\text{kN}$$

$$P_u = 1.2(600) + 1.6(400) = 1,360\text{kN}$$

$$P_r = P_u = 1,360\text{kN}$$

2. 재료 특성

강관 : F_y = 355MPa, E_s = 210,000MPa

콘크리트 : f_{ck} = 35MPa, E_c = 28,800MPa

3. 단면 특성

3.1 강관 □-500×500×12 :

$t = 12\,\text{mm}$, $b = 500\,\text{mm}$, $h = 500\,\text{mm}$

$A_s = 23,100\text{mm}^2$

3.2 콘크리트 : 예제 9.8 참조

$A_c = 227{,}000\text{mm}^2$

$b_i = 500 - 2(12) = 476\text{mm}$

$h_i = 500 - 2(12) = 476\text{mm}$

4. 구조제한 검토

4.1 강재 코어의 단면적

$$\rho_s = \frac{A_s}{A_g} = \frac{23{,}100}{226{,}000 + 23{,}100} = 0.0927 > 0.01, \quad \text{O.K}$$

4.2 각형강관의 판폭두께비

$b/t = (500 - 3 \times 12)/12 = 38.7 \le 2.26\sqrt{E_s/F_y}\,(= 2.26\sqrt{210{,}000/355} = 54.9)$ 콤팩트단면

5. 설계압축강도

5.1 세장효과를 고려하지 않은 압축강도(소성압축강도)

각형단면의 경우

$$P_{no} = A_s F_y + A_{sr} F_{yr} + 0.85 A_c f_{ck}$$
$$= (23{,}100)(355) + (0)(0) + 0.85(227{,}000)(35) = 14{,}900\text{kN}$$

6. 각 부분의 힘의 분배

기준층의 강재보들이 충전형합성기둥의 강재면에 접합되어 있으므로 "외력이 강재단면에 직접 가해지는 조건"에 해당된다.

$$V_r' = P_r(1 - F_y A_s / P_{no})$$
$$= (1{,}360)[1 - (355)(23{,}100)/(14.9 \times 10^6)] = 611\text{kN}$$

충전형합성기둥에서 강재와 콘크리트 간에 전달되어야 하는 하중의 크기 V_r'는 3가지 하중전달 기구인 직접부착강도, 직접지압강도, 전단접합에 의해 전달되어야 한다. 여기서, 3가지 하중전달 기구 중 가장 큰 공칭강도를 가지는 하중전달 기구를 사용할 수 있으나 이들을 중첩하여 사용할 수는 없다.

7. 직접부착강도로 안전성 여부 검토

7.1 공칭직접부착강도

$$R_n = U_{in} L_{in} F_{in} \quad \text{기준식(4.6-31)}$$
$$= (2b_i + 2h_i)\{4 \times \min(b, h)\} F_{in}$$
$$= \{2 \times (500 - 2 \times 12) + 2 \times (500 - 2 \times 12)\}(4 \times 500)(0.40) = 1{,}520\,\text{kN}$$

〈표 4.6-3〉 공칭부착응력, F_{in}

단면 종류		F_{in}, MPa
콘크리트에 완전매입된 H형강단면		0.66
콘크리트충전 사각형 강관단면	조밀, 비조밀, 세장	0.40
콘크리트충전 원형 강관단면	조밀	1.22
	비조밀, 세장	0.40

여기서, 기준층인 하중전달층의 상하에 합성기둥이 있으므로, 하중도입부 길이 L_{in} 은 합성기둥단면 최소폭의 4배이다.

> AISC 360-16 / I6.4b. Filled Composite Members
>
> Force transfer mechanisms shall be distributed within the load introduction length, which shall not exceed a distance of two times the minimum transverse dimension of a rectangular steel member or two times the diameter of a round steel member both above and below the load transfer region.

7.2 설계직접부착강도

$\phi = 0.45$

$\phi R_n = 0.45(1{,}520) = 684\text{ kN}$

7.3 안전성 검토

$\phi R_n = 684\text{ kN} > V_r'(=611\text{ kN})$ O.K

8. 직접지압강도로 설계

앞에서, 직접부착강도로 검토한 결과 안전하게 하중이 전달되지만, 직접지압강도로 설계하여 본다.

8.1 공칭직접지압강도 산정

아래의 [예제그림 9.13.1(b)]와 같이 내부로 내민 지압판의 길이 L_p를 40mm로 가정하여, 지압면적과 공칭직접지압강도를 산정한다.

$A_1 = A_c - (b_i - 2L_p)(h_i - 2L_p)$

$= (226{,}000) - [(476) - 2(40)][(476) - 2(40)] = 69{,}200\text{ mm}^2$

$R_n = 1.7 f_{ck} A_1$ 기준식(4.6-29)

$= (1.7)(35)(69{,}200) = 4{,}120\text{ kN}$

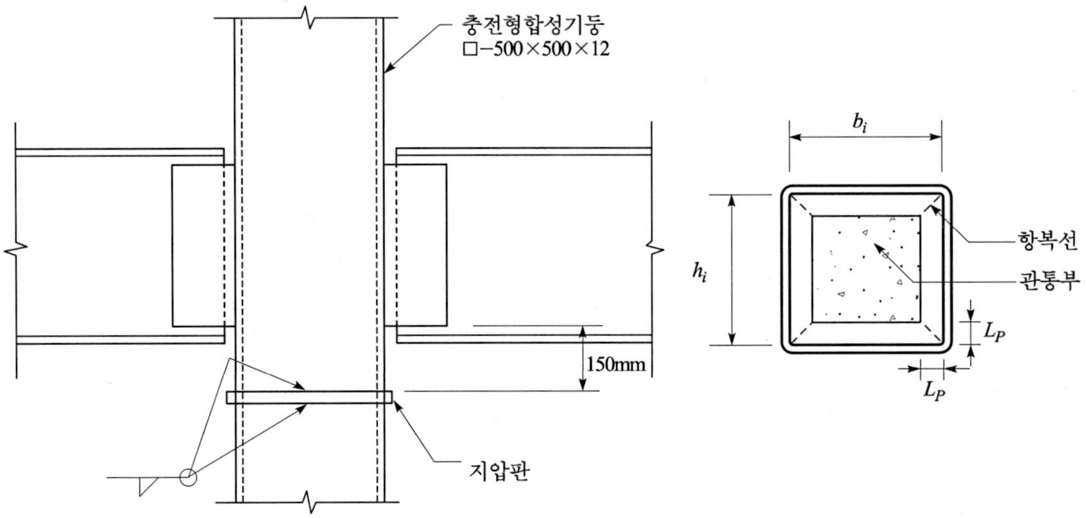

(a) 지압판 위치 (b) 지압판 항복선 패턴

[예제그림 9.13.1] 지압판의 위치와 항복선 패턴

8.2 설계직접지압강도 산정

$\phi = 0.65$

$\phi R_n = 0.65(4,120) = 2,680\ \mathrm{kN}$

8.3 안전성 검토

$\phi R_n = 2,680\ \mathrm{kN} > V_r{}' = 611\ \mathrm{kN}$ O.K

8.4 지압판 두께 설계

각형강관 내부에 설치한 지압판의 두께를 산정하기 위하여 [예제그림 9.13.1(b)]에 나타낸 것과 같은 항복선 패턴을 가정하여 계산한다. 이때 각형강관의 곡률반경은 무시한다.

$\phi = 0.9$

$$t_p = \sqrt{\frac{V_r'/A_1}{2\phi F_y}\left[L_p(b_i + h_i) - \frac{8L_p^2}{3}\right]}$$

$$= \sqrt{\frac{611 \times 10^3/(69,200)}{2(0.9)(355)}\left[40(476+476) - \frac{8(40)^2}{3}\right]} = 21.6\ \mathrm{mm} \Rightarrow 22\mathrm{mm(SM355)}$$

그러므로, 내부 지압판은 내민길이 40mm인 PL−22(SM355)강판으로 설계한다.

8.5 지압판 위치

지압판은 하중도입부 길이 내부에 위치하여야 한다. 즉 하층부 기둥에서 $2b$ 인 1,000mm 이내에 위치하여야 하므로, [예제그림 9.13.1(a)]와 같이 강재보 접합부 하단에서 150mm 아래에 설치한다.

9. 전단접합

각형강관 내부에 스터드앵커를 설치하여 하중을 전달할 수 있으나 용접조립단면(Built-up Section)이 아닌 성형각형강관인 경우는 강관 내부에 스터드앵커를 설치하기 곤란하므로 이 예제에서는 생략한다. ◀

예제9.14 비콤팩트단면 각형강관 충전형합성기둥의 안전성 검토

용접조립 직사각형 강관 700×700×12(SM355)에 콘크리트(f_{ck}=35MPa)로 채워진 9m 높이의 각형강관 충전형합성기둥에 소요압축강도 P_u=5,800kN과 소요휨강도 M_u=750kN·m가 동시에 작용할 경우 부재의 안전성을 검토하시오.

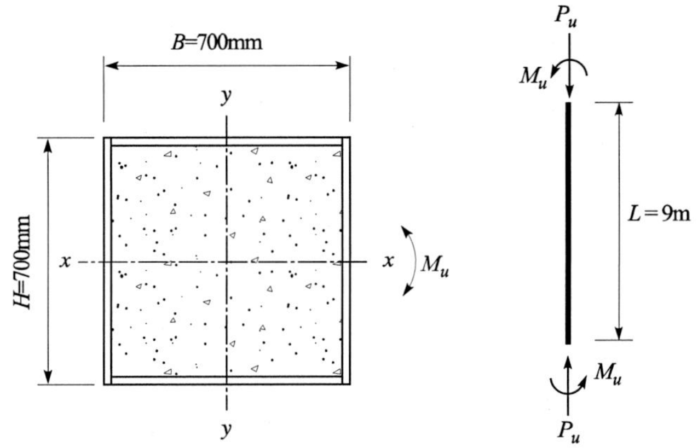

충전형합성기둥의 단면도와 소요강도

풀이 ▶

1. 재료 특성

강관 : F_y = 355MPa, F_u = 490MPa, E_s = 210,000MPa

콘크리트 : f_{ck} = 35MPa, E_c = 28,800MPa

2. 단면 특성

2.1 강관 □-700×700×12 :

$$A_s = 33{,}000\text{mm}^2,\ I_s = 2.61\times10^9\text{mm}^4\ ,\ Z_s = 8.52\times10^6\text{mm}^3$$

2.2 콘크리트 :

$$A_c = 457{,}000\text{mm}^2,\ I_c = 16.8\times10^9\text{mm}^4$$

3. 구조제한 검토

3.1 강관의 단면적

$$\rho_s = \frac{A_s}{A_g} = \frac{33{,}000}{(457{,}000+33{,}000)} = 0.0673 > 0.01 \qquad \text{O.K}$$

3.2 각형강관의 판폭두께비

$$b/t = 676/12 = 56.3 > \lambda_p (= 2.26\sqrt{E_s/F_y} = 2.26\sqrt{210{,}000/355} = 54.9)$$

$$b/t = 676/12 = 56.3 \le \lambda_r (= 3.0\sqrt{E_s/F_y} = 3.0\sqrt{210{,}000/355} = 73.0)$$ ∴ 비콤팩트단면

4. 소요강도

$P_u = 5{,}800\,\text{kN}$

$M_u = 750\,\text{kN} \cdot \text{m}$

5. 설계압축강도

5.1 세장효과를 고려하지 않은 압축강도 (비콤팩트단면)

$P_p = F_y A_s + F_{yr} A_{sr} + C_2 f_{ck} A_c$ 여기서, $C_2 = 0.85$ 기준식(4.6-10)

$= (355)(33{,}000) + (0.85)(35)(457{,}000)$

$= 25{,}300\,\text{kN}$

$P_y = F_y A_s + 0.7 f_{ck}(A_c + A_{sr}\dfrac{E_s}{E_c})$ 기준식(4.6-12)

$= (355)(33{,}000) + (0.7)(35)(457{,}000)$

$= 22{,}900\,\text{kN}$

$P_{no} = P_p - \dfrac{P_p - P_y}{(\lambda_r - \lambda_p)^2}(\lambda - \lambda_p)^2$ 기준식(4.6-11)

$= 25{,}300 - \dfrac{25{,}300 - 22{,}900}{(73 - 54.9)^2}(56.3 - 54.9)^2$

$= 25{,}300\,\text{kN}$

5.2 합성단면의 유효강성

$C_3 = 0.6 + 2[\dfrac{A_s}{A_c + A_s}] \le 0.9$ 기준식(4.6-17)

$= 0.6 + 2(\dfrac{33{,}000}{457{,}000 + 33{,}000}) \le 0.9$

$= 0.735 < 0.9$

$= 0.735$

$EI_{eff} = E_s I_s + E_{sr} I_{sr} + C_3 E_c I_c$ 기준식(4.6-16)

$= (210{,}000)(2.61 \times 10^9) + 0.735(28{,}800)(16.8 \times 10^9)$

$= 904 \times 10^9\,\text{kNmm}^2$

5.3 오일러좌굴하중과 공칭압축강도 산정

$$P_e = \pi^2 \frac{(EI_{eff})}{(KL)^2} \text{ 여기서, } K = 1.0$$

$$= \frac{\pi^2 (904 \times 10^9)}{(1 \times 9{,}000)^2}$$

$$= 110{,}000\,\text{kN}$$

$$\frac{P_{no}}{P_e} = \frac{25{,}300}{110{,}000}$$

$$= 0.23 < 2.25$$

$$P_n = P_{no}(0.658^{\frac{P_{no}}{P_e}})$$

$$= 25{,}300(0.658^{0.23})$$

$$= 23{,}000\,\text{kN}$$

5.4 설계압축강도 산정

$$\phi_c = 0.75$$

$$\phi_c P_n = 0.75(23{,}000)$$

$$= 17{,}300\,\text{kN}$$

5.5 안전성 검토

$$\phi_c P_n = 17{,}300\,\text{kN} > P_u (= 5{,}800\,\text{kN}) \quad \text{O.K..}$$

6. 설계휨강도

6.1 공칭휨강도

비콤팩트단면의 충전형 합성부재의 공칭휨강도는 KDS 41 31 00 식(4.6-25)와 같이 각형강관 단면의 폭두께비에 따른 소성모멘트 M_p와 항복모멘트 M_y의 비율로 결정된다. 따라서, 공칭휨강도 계산을 위해서는 소성모멘트와 항복모멘트가 먼저 계산되어야 한다.

$$M_n = M_p - (M_p - M_y)\frac{(\lambda - \lambda_p)}{(\lambda_r - \lambda_p)} \qquad \text{기준식(4.6-25)}$$

6.2 소성모멘트

합성단면의 소성모멘트는 [예제그림 9.14.1]의 소성응력 블록과 힘의 분배를 가정하여 다음과 같이 계산할 수 있다.

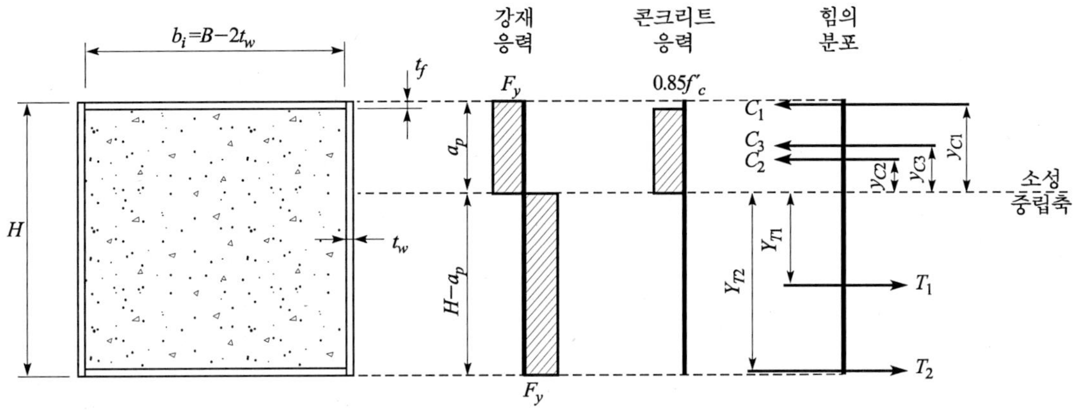

[예제그림 9.14.1] 소성모멘트 계산을 위한 응력블록 및 힘의 분포

분류	힘	모멘트팔길이
플랜지의 압축력	$C_1 = b_i t_f F_y$	$y_{c1} = a_p - \frac{t_f}{2}$
콘크리트의 압축력	$C_2 = 0.85 f_{ck}(a_p - t_f) b_i$	$y_{c2} = \frac{a_p - t_f}{2}$
웨브의 압축력	$C_3 = a_p 2 t_w F_y$	$y_{c3} = \frac{a_p}{2}$
웨브의 인장력	$T_1 = (H - a_p) 2 t_w F_y$	$y_{T1} = \frac{H - a_p}{2}$
콘크리트의 인장력	$T_2 = b_i t_f F_y$	$y_{T2} = H - a_p - \frac{t_f}{2}$

여기서, $a_p = \dfrac{2F_y H t_w + 0.85 f_{ck} b_i t_f}{4 t_w F_y + 0.85 f_{ck} b_i}$

$M_p = \Sigma$(힘)(모멘트팔길이)

소성중립축 위치 산정

$$a_p = \frac{2(355)(700)(12) + 0.85(35)(676)(12)}{4(12)(355) + 0.85(35)(676)}$$

$$= 167\,\text{mm}$$

힘	모멘트팔길이	힘×모멘트팔길이
C_1 = (700)(12)(355) = 2,980 kN	$y_{c1} = 167 - \dfrac{12}{2} = 161\text{mm}$	$C_1 y_{c1}$ = 480 kNm
C_2 = 0.85(35)(167−12)(676) = 3,120 kN	$y_{c2} = \dfrac{167-12}{2} = 77.5\text{mm}$	$C_2 y_{c2}$ = 242 kNm
C_3 = (167)(2)(12)(355) = 1,420 kN	$y_{c3} = \dfrac{167}{2} = 83.5\text{mm}$	$C_3 y_{c3}$ = 119 kNm
T_1 = (700−167)(2)(12)(355) = 4,540 kN	$y_{T1} = \dfrac{700-167}{2} = 266.5\text{mm}$	$T_1 y_{T1}$ = 1,210 kNm
T_2 = (676)(12)(355) = 2,880 kN	$y_{T2} = 700 - 167 - \dfrac{12}{2} = 527\text{mm}$	$T_2 y_{T2}$ = 1,520 kNm
$M_p = \Sigma$(힘)(모멘트팔길이)		

소성모멘트 산정

$M_p = \Sigma$(힘)(모멘트팔길이)

$= 480 + 242 + 119 + 1{,}210 + 1{,}520 = 3{,}570\,\text{kN}\cdot\text{m}$

6.3 항복모멘트 산정

비콤팩트 단면의 항복모멘트(인장플랜지의 항복과 압축플랜지의 첫 항복에 대응하는 항복모멘트)는 [예제그림 9.14.2]의 응력블록 및 힘의 분포를 가정하여 계산할 수 있다. 여기서, 강재의 응력분포는 압축항복응력부터 선형 탄성응력분포로 가정하며, 콘크리트의 최대압축응력은 $0.7f_{ck}$의 선형 탄성응력분포로 가정한다.

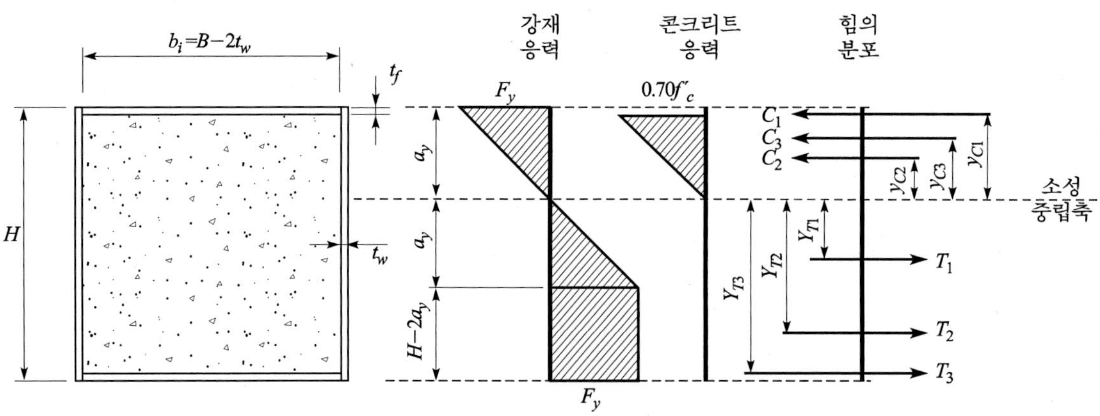

[예제그림 9.14.2] 항복모멘트 계산을 위한 응력블록 및 힘의 분포

분류	힘	모멘트팔길이
플랜지의 압축력	$C_1 = b_i t_f F_y$	$y_{c1} = a_y - \frac{t_f}{2}$
콘크리트의 압축력	$C_2 = 0.35 f_{ck}(a_y - t_f) b_i$	$y_{c2} = \frac{2(a_y - t_f)}{3}$
웨브의 압축력	$C_3 = a_y 2t_w 0.5F_y$	$y_{c3} = \frac{2a_y}{3}$
웨브의 인장력	$T_1 = a_y 2t_w 0.5F_y$ $T_2 = (H - 2a_y) 2t_w F_y$	$y_{T1} = \frac{2a_y}{3}$ $y_{T2} = \frac{H}{2}$
플랜지의 인장력	$T_3 = b_i t_f F_y$	$y_{T3} = H - a_y - \frac{t_f}{2}$
여기서, $a_y = \frac{2F_y H t_w + 0.35 f_{ck} b_i t_f}{4t_w F_y + 0.35 f_{ck} b_i}$ $M_y = \Sigma(\text{힘})(\text{모멘트팔길이})$		

항복모멘트 계산을 위한 중립축 위치 산정

$$a_y = \frac{2(355)(700)(12) + 0.35(35)(676)(12)}{4(12)(355) + 0.35(35)(676)}$$
$$= 239\,\text{mm}$$

힘	모멘트팔길이	힘×모멘트팔길이
$C_1 = (676)(12)(355)$ $= 2{,}880\text{ kN}$	$y_{C1} = 239 - \frac{12}{2} = 233\text{mm}$	$C_1 y_{C1} = 671\text{ kNm}$
$C_2 = 0.35(35)(239-12)(676)$ $= 1{,}880\text{ kN}$	$y_{C2} = \frac{2(239-12)}{3} = 151\text{mm}$	$C_2 y_{C2} = 284\text{ kNm}$
$C_3 = (239)(2)(12)(0.5)(355)$ $= 1{,}020\text{ kN}$	$y_{C3} = \frac{2(239)}{3} = 159\text{mm}$	$C_3 y_{C3} = 162\text{ kNm}$
$T_1 = (239)(2)(12)(0.5)(355)$ $= 1{,}020\text{ kN}$	$y_{T1} = \frac{2(239)}{3} = 159\text{mm}$	$T_1 y_{T1} = 162\text{ kNm}$
$T_2 = [700-2(239)](2)(12)(355)$ $= 1{,}900\text{ kN}$	$y_{T2} = \frac{700}{2} = 350\text{mm}$	$T_2 y_{T2} = 665\text{ kNm}$
$T_3 = (676)(12)(355)$ $= 2{,}880\text{ kN}$	$y_{T3} = 700 - 239 - \frac{12}{2} = 455\text{mm}$	$T_3 y_{T3} = 1{,}310\text{ kNm}$
$M_y = \Sigma(\text{힘})(\text{모멘트팔길이})$		

항복모멘트 산정

$M_y = \Sigma$(힘)(모멘트팔길이)

$= 671 + 284 + 162 + 162 + 665 + 1{,}310 = 3{,}250\,\text{kN}\cdot\text{m}$

6.4 공칭휨강도 산정

$$M_n = M_p - (M_p - M_y)\left(\frac{\lambda - \lambda_p}{\lambda_r - \lambda_p}\right)$$ 기준식(4.6-25)

$$= 3{,}570 - (3{,}570 - 3{,}250)\left(\frac{56.3 - 54.9}{73 - 54.9}\right)$$

$$= 3{,}550\,\text{kN}\cdot\text{m}$$

6.5 설계휨강도 산정

$$\phi_b M_n = 0.9(3{,}550)$$

$$= 3{,}200\,\text{kN}\cdot\text{m}$$

6.6 안전성 검토

$\phi_b M_n = 3{,}200\,\text{kN}\cdot\text{m} > M_u (= 750\,\text{kN}\cdot\text{m})$ O.K.

7. 조합력에 대한 내력 상관관계식 검토

비콤팩트 단면의 충전형합성기둥의 조합력에 대해서는 일반적인 강구조 부재의 상호작용식을 적용하여 안전성을 검토한다.

$\dfrac{P_u}{\phi_c P_n} = \dfrac{5{,}800}{17{,}300} = 0.335 > 0.2$ 인 경우로 KDS 41 31 00의 식(4.5-1)을 적용한다.

$$\frac{P_u}{\phi_c P_n} + \frac{8}{9}\left(\frac{M_u}{\phi_b M_n}\right) = 0.335 + \frac{8}{9}\left(\frac{750}{3{,}550}\right)$$ 기준식(4.5-1)

$$= 0.523 < 1.0 \quad \text{O.K}$$

조합력에 대한 검토결과 소요압축강도 $P_u = 5{,}800\,\text{kN}$ 와 소요휨강도 $M_u = 750\,\text{kN}\cdot\text{m}$ 가 동시에 작용할 때 안전한 범위에 있다. ◀

예제9.15 매입형합성기둥의 주각부 설계

예제9.4의 매입형합성기둥에 고정하중 1,500kN과 활하중 4,500kN의 순수 압축력이 작용할 때 800mm×800mm의 평면크기의 철근콘크리트 페데스탈 위에 위치한 합성기둥의 주각부를 설계하시오. 단, 합성기둥단면의 크기는 600×600㎜, 내부코어는 H−250×250×9×14(SM355), 콘크리트의 설계기준 압축강도 f_{ck} = 35MPa, 내부 주근은 8−D25(SD400)이다.

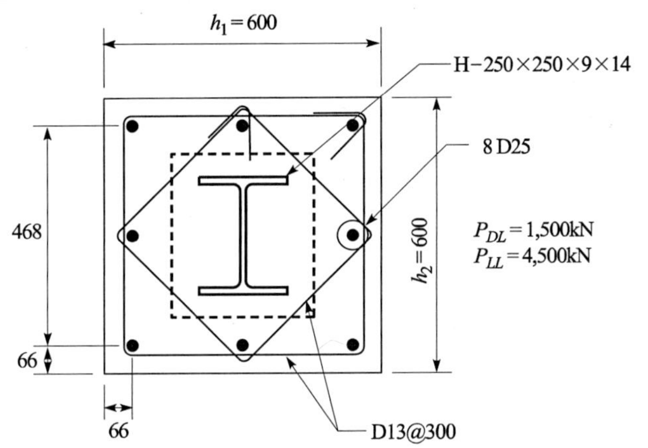

매입형합성기둥의 단면과 주각부 (점선은 베이스플레이트)

풀이 ▶

1. 재료 정수

   강재코어 : $F_y = 355$MPa, $F_u = 490$MPa, $E_s = 210,000$MPa

   콘크리트 : $f_{ck} = 35$MPa, $E_c = 28,800$MPa

   철근 : $F_{yr} = 400$MPa

   베이스플레이트 : $F_y = 355$MPa, $F_u = 490$MPa

2. 단면 특성

   2.1 강재코어 H−250×250×9×14 :

   $$A_s = 9,220\,\text{mm}^2,\ I_{sx} = 108 \times 10^6\,\text{mm}^4\ ,\ I_{sy} = 36.5 \times 10^6\,\text{mm}^4$$

   2.2 길이방향철근(8−D25) :

   $$A_{sr} = 8(507) = 4,060\,\text{mm}^2$$

2.3 콘크리트 :

$$A_c = A_{cg} - A_s - A_{sr} = (600)(600) - 9,220 - 4,060 = 347,000\,\text{mm}^2$$

3. 소요압축강도와 강재기둥이 부담하는 하중

3.1 소요압축강도

$$P_u = 1.4(1,500) = 2,100\text{kN}$$

$$P_u = 1.2DL + 1.6LL = 1.2(1,500) + 1.6(4,500) = 9,000\text{kN}$$

$$\therefore P_u = \ 9,000\text{kN}$$

3.2 강재기둥이 부담하는 하중

베이스플레이트는 강재 단면 H-250×250×9×14이 부담하는 하중에 대하여 설계한다.

$$P_o = A_s F_y + A_{sr} F_{yr} + 0.85 A_c f_{ck}$$
$$= (9,220)(355) + (4,060)(400) + 0.85(347,000)(35)$$
$$= (3,270 \times 10^3) + (1,620 \times 10^3) + (10,320 \times 10^3)$$
$$= 15,200\text{kN}$$

그러므로 강재기둥이 분담하는 계수하중 P_s는 다음과 같다.

$$P_s = P_u \frac{A_S F_y}{P_o} = (9,000)\frac{(3,270)}{(15,200)} = 1,940\,\text{kN}$$

4. 베이스플레이트의 평면 크기($B \times D$)와 설계지압강도

4.1 베이스플레이트의 최소 소요면적(A_1) 기준 4.7.8

$$A_1 = \frac{1}{A_2}\left(\frac{P_s}{\phi_c 0.85 f_{ck}}\right)^2 \geq \frac{P_s}{\phi_c(1.7 f_{ck})} \text{ 이어야 한다.}$$ 기준식(4.7-23)

$$\frac{1}{A_2}\left(\frac{P_s}{\phi_c 0.85 f_{ck}}\right)^2 = \frac{1}{(800)(800)}\left[\frac{1,940 \times 10^3}{0.65(0.85)(35)}\right]^2 = 15,600\text{mm}^2$$

$$\frac{P_s}{\phi_c(1.7 f_{ck})} = \frac{1,940 \times 10^3}{0.65(1.7 \times 35)} = 50,200\text{mm}^2$$

그러므로 베이스플레이트의 최소면적은 $50,200\text{mm}^2$이 필요하다.

4.2 베이스플레이트의 크기

베이스플레이트를 강재기둥단면에서 최소한 25mm 이상 돌출시킬 경우의 최소베이스플레이트의 크기는 다음과 같이

$B_p \geq b_f + 2(25)$, $N_p \geq d + 2(25)$가 요구된다.

따라서, 베이스플레이트의 크기는

$B_p = 250 + 2(25) = 300\text{mm}$, $N_p = 250 + 2(25) = 300\text{mm}$로 가정한다.

그러므로 다음과 같이 베이스플레이트의 면적은 요구되는 면적보다 크다.

$A_1 = B_p N_p = (300)(300) = 90{,}000\text{mm}^2 \ \rangle\ 50{,}200\text{mm}^2$이 된다.

4.3 베이스플레이트 밑면의 설계지압강도 확인

$$\phi_c P_p = \phi_c 0.85 f_{ck}\left(\frac{A_2}{A_1}\right)^{0.5} A_B$$

$$= 0.65(0.85)(35)\left(\frac{800\times800}{300\times300}\right)^{0.5}(300\times300) = 4{,}640\text{kN}$$

$$\phi_c P_p = \phi_c 1.7 f_{ck} A_B$$

$$= 0.65(1.7)(35)(300\times300) = 3{,}480\text{kN}$$

그러므로, 설계지압강도는 작은 값인 $\phi_c P_p = \phi_c 1.7 f_{ck} A_B = 3{,}480\text{kN}$ 이고, 다음과 같이 소요지압강도보다 크므로 안전하다.

$\phi_c P_p = 3{,}480\text{kN} \ \rangle\ P_u (= P_s = 1{,}940\text{kN})$ O.K

5. 베이스플레이트의 두께 산정

5.1 H형강 바깥쪽 내민부분 : m, n [그림 9.5.1]

(1) 내민길이 m, n의 산정

$$m = \frac{N_p - 0.95d}{2} = \frac{300 - 0.95(250)}{2} = 31\text{mm}$$

$$n = \frac{B_p - 0.8b_f}{2} = \frac{300 - 0.8(250)}{2} = 50\text{mm}$$

그러므로 최대 내민길이를 50mm로 하여 플레이트 두께를 구한다.

(2) 플레이트 두께

$$t_p = \max(m,n) \times \left[2P_s/(0.9F_y B\cdot N)\right]^{0.5}$$

$$= (50)\left[2(1.94\times10^6)/\{0.9(355)(300)(300)\}\right]^{0.5} = 18.4\text{mm}$$

5.2 H형강 안쪽 내민부분 : c [그림 9.5.2]

H형강 안쪽 부분의 폐쇄단면 부분에 대한 필요 두께

(1) H형강 폐쇄단면에 부하되는 소요하중

$P_o = P_s b_f d/(BN) = [(1{,}940)(250)(250)]/[(300)(300)] = 1{,}300\text{kN}$

(2) H형 영역의 면적(A_H)

H형강 폐쇄부분에 부하되는 소요하중 P_o 가 H형 영역에 작용하는 것으로 고려한다.

$A_H = P_o/(\phi_c 1.7 f_{ck}) = (1.30 \times 10^6)/[0.65(1.7)(35)] = 33{,}600\text{mm}^2$

(3) 내민길이 c의 산정

$c = \left[d + b_f - t_f - \left\{(d + b_f - t_f)^2 - 4(A_H - t_f b_f)\right\}^{0.5}\right]/4$

$= \left[250 + 250 - 14 - \left\{(250 + 250 - 14)^2 - 4(33{,}600 - 14 \times 250)\right\}^{0.5}\right]/4$

$= 36.4\text{mm}$

(4) 플레이트의 두께

$t_p = c[2P_o/(0.9F_y A_H)]^{0.5}$

$= 36.4[(2 \times 1.3 \times 10^6)/(0.9 \times 355 \times 33{,}600)]^{0.5} = 18.4\text{mm}$

5.3 베이스플레이트의 최종 두께 결정

따라서, 5.1과 5.2에서 계산된 두께 중에서 최대두께를 적용하여야 하므로 베이스플레이트의 두께는 $t_p =$ 20mm(SM355)로 설계한다.

6. 다우얼 설계

6.1 다우얼 철근 산정

(1) 주각부 저면 콘크리트 부분에 의해 전달할 수 있는 설계지압강도

$\phi_c 1.7 f_{ck}(A_g - A_p) = 0.65(1.7 \times 35)(600 \times 600 - 300 \times 300) = 10{,}400\text{kN}$

(2) 콘크리트에 의해 전달되는 계수하중

철근콘크리트에 의해 전달되는 하중$= P_u - P_s = 9{,}000 - 1{,}940 = 7{,}060\text{kN} \langle 10{,}400\text{kN}$

위와 같이 철근콘크리트에 의해 전달되는 계수하중보다 저면 콘크리트 부분에 의해 전달할 수 있는 축력보다 적다. 그러므로 기준에서 요구하는 최소한의 다우얼 철근만 필요하다..

(3) 최소 다우얼 철근량 검토

$A_{d,\min} = 0.005A_g = 0.005(600 \times 600) = 1{,}800\text{mm}^2$

합성기둥의 길이방향철근(8-D25)의 단면적:

$A_d = 8(507) = 4{,}060\text{mm}^2$

다음과 같이 합성기둥의 길이방향철근만으로 충분하다.

$A_{d,\ \min} = 1{,}800\text{mm}^2 \langle A_d(= 4{,}060\text{mm}^2)$ $\therefore$ O.K

6.2 페데스탈 부분에서 다우얼 이형철근의 압축정착길이

$$l_{dh} = \frac{0.25 d_b f y}{\sqrt{f_{ck}}} \le 0.043 d_b f y$$

$$\frac{0.25(25)(400)}{\sqrt{35}} = 423\text{mm}$$

$$0.043(25)(400) = 430\text{mm}$$

따라서, 페데스탈 속으로 430mm 이상 정착되어야 한다.

그러나 소요철근량이 배근철근량에 비해 상당히 적으므로 위의 계산된 정착길이는 보정계수를 곱하여 줄일 수 있다.

6.3 기둥에서 다우얼 이형철근의 압축이음길이

$0.072 f_y d_b = 0.072(400)(25) = 720\text{mm}$ ◀

제10장

접 합

STRUCTURAL STEEL DESIGN

제10장 접 합

STRUCTURAL STEEL DESIGN

10.1 개요

이 장은 접합부의 설계 및 안전성 검토에 관하여 설명한다. 이 장의 주요 내용은 용접 및 볼트 접합부의 설계이다. 접합부 설계에서는 충전재, 겹침, 기둥 베이스, 집중하중, 앵커, 그리고 나사부분까지 고려하도록 한다. 특별한 접합부에 대해서는 다른 전문서적을 참고할 수 있기에 이 장에서는 다루지 않았다.

10.2 예제

예제10.1 축방향 전단에 대한 필릿용접 설계

아래 그림과 같이 10mm두께의 플레이트에 8 mm × 450 mm의 플레이트를 필릿용접을 한다. 플레이트들은 강재 SM355을 사용하며, 용접재(KS D 7006 고장력강용 피복아크 용접봉)의 설계기준인장강도 $F_{uw} = 490\,\text{MPa}$이다. 플레이트에 작용하는 하중은 $P_D = 145\,\text{kN}$, $P_L = 445\,\text{kN}$ 이다. 이 경우 적합한 용접사이즈와 용접길이를 설계하시오.

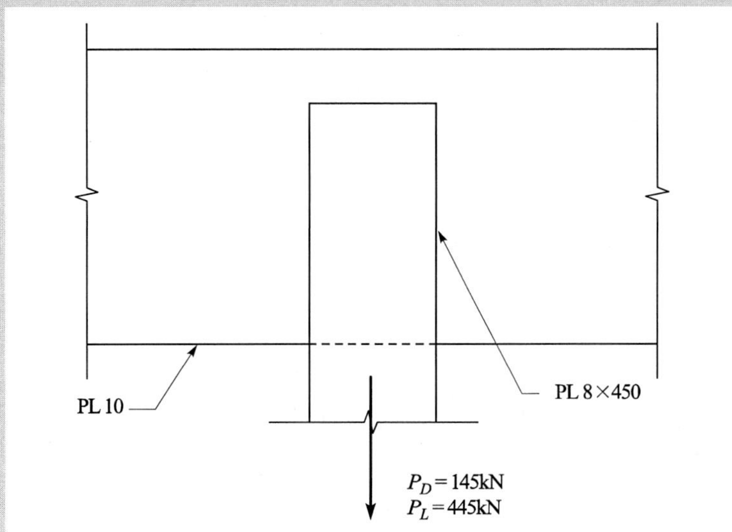

풀이 ▶

1. 소요강도 산정

$$P_u = 1.2P_D + 1.6P_L$$

$$P_u = 1.2(145) + 1.6(445) = 886\,\text{kN}$$

2. 필릿용접의 최소, 최대 용접사이즈 산정 기준 4.7.2.3

최소용접사이즈: $6 < t \le 13$인 경우, $s = 5\,\text{mm}$ 〈표 4.7-6〉

최대용접사이즈: $t - 2$, $s = 6\,\text{mm}$

용접사이즈는 6 mm로 가정한다.

사이즈 6 mm의 필릿용접은 단일 패스로 수직 하향 또는 수평 보기 자세로 용접할 수 있다.

3. 용접길이 산정 기준 4.7.2.5

필릿용접의 단위길이당 설계강도

$\phi R_n = 0.75 F_{nw} A_{we}$ 기준식(4.7-2)

여기서, F_{nw} : 용접재의 공칭강도, MPa 〈표 4.7-6〉

A_{we} : 용접유효면적, mm^2

필릿용접의 유효목두께는 필릿사이즈의 0.7배 기준 4.7.2.3

$\phi R_n = 0.75 \times (0.6 \times 490) \times (0.7 \times 6) = 926\,N/mm$

$$_{req'd}\, l_e = \frac{P_u}{\phi R_n} = \frac{886{,}000}{2 \times 926} = 478\,mm$$

$l_w = l_e + 2s = 478 + 2(6) = 490\,mm$

각각의 용접면에 대한 용접길이는 500mm로 한다.

4. 설계강도 ϕR_n 산정

$\phi R_n = 2 \times 926 \times (500 - 2 \times 6) = 904\,kN$

5. 안전성 검토

$\phi R_n (= 904\,kN) > P_u (= 886\,kN)$ ∴ O.K

따라서, 각각의 면에 대해서 필릿사이즈 6mm를 길이 500mm로 용접하도록 한다.

6. 플레이트의 필릿용접

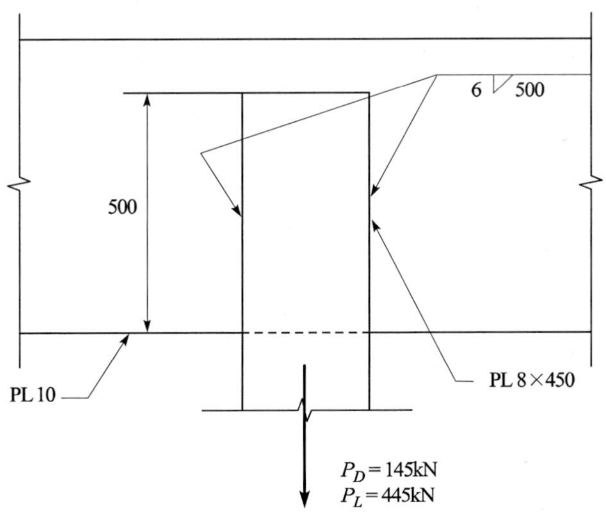

예제10.2 경사력에 대한 필릿용접 설계

아래 그림과 같이 고정하중 220 kN 과 활하중 660 kN 이 용접부에서 두께 20mm인 거셋플레이트 단부에 60° 각도로 작용할 경우 필릿용접을 설계하시오. 거셋플레이트 길이와 보 단면의 두께는 적합한 크기라고 가정한다. 사용 강재는 SM355이며, 용접재(KS D 7006 고장력강용 피복아크 용접봉)의 설계기준인장강도 $F_{uw} = 490\,\mathrm{kN}$ 이다.

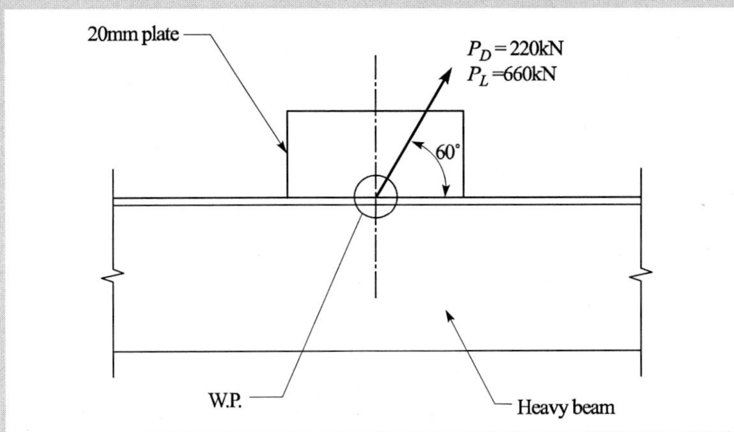

풀이 ▶

1. 계수하중 산정

$$P_u = 1.2P_D + 1.6P_L$$

$$P_u = 1.2(220) + 1.6(660) = 1,320\,\mathrm{kN}$$

계수하중을 수평방향 분력과 수직방향 분력으로 나눈다.

$$P_{uH} = 1,320(\cos 60^\circ) = 660\,\mathrm{kN}$$

$$P_{uV} = 1,320(\sin 60^\circ) = 1,140\,\mathrm{kN}$$

2. 양면 필릿용접에 대한 수평방향 전단응력과 수직방향 전단응력을 산정한다.

$$A_w = 2l_e(0.7s) = 1.4sl_e \text{ mm}$$ 기준 4.7.2.3

$$v_H = \frac{P_{uH}}{A_w} = \frac{660,000}{1.4sl_e} = \frac{471,000}{s\,l_e} \text{ MPa}$$

$$v_V = \frac{P_{uV}}{A_w} = \frac{1,140,000}{1.4sl_e} = \frac{816,000}{sl_e} \text{ MPa}$$

3. 용접길이를 산정한다.

$$\sqrt{(v_H)^2 + (v_V)^2} < \phi F_w$$

$$\sqrt{\left(\frac{471{,}000}{s\,l_e}\right)^2 + \left(\frac{816{,}000}{s\,l_e}\right)^2} < 0.75(0.6 \times 490)$$

$\therefore\ s\,l_e = 4{,}280\,\text{mm}^2$

용접사이즈 $s = 8\,\text{mm}$ 라고 하면,

$l_e = 535\,\text{mm}$

$l_w = l_e + 2s = 535 + 2 \times 8 =$ 551mm => 560mm로 설계한다.

4. 안전성 검토

$s = 8\,\text{mm},\ l_w = 560\,\text{mm}$ 인 경우

$\phi R_n = 0.75 F_w A_w$ 기준식(4.7-2)

$= 0.75 \times 2 \times (0.6 \times 490) \times (0.7 \times 8) \times (560 - 2 \times 8) = 1{,}340\,\text{kN}$

$\phi R_n (= 1{,}340\,\text{kN}) > P_u (= 1{,}320\,\text{kN})$ ∴ O.K

따라서, 양면에 대해서 필릿사이즈 8mm를 길이 560mm로 용접하도록 한다.

5. 가셋플레이트의 필릿용접

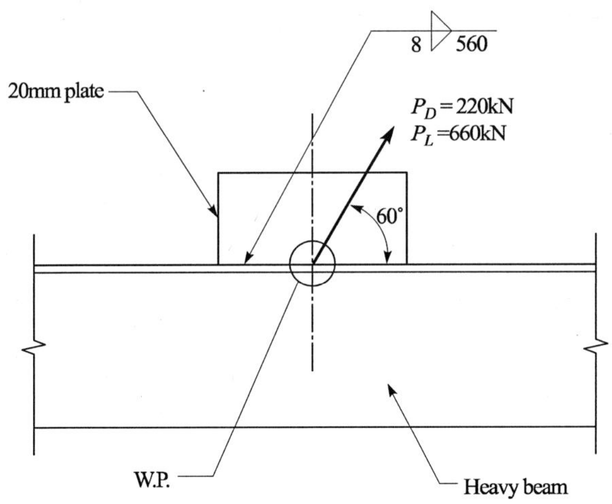

예제10.3 인장력과 전단력의 조합력을 받는 고장력볼트 검토

고장력볼트 M20(F10T)에 고정하중 15 kN 과 활하중 55 kN 이 인장력으로 작용하고, 동시에 고정하중 6 kN 과 활하중 18 kN 이 전단력으로 작용하고 있다. 인장력과 전단력의 조합력에 대한 볼트의 안전성을 검토하시오. 단, 나사부는 전단면에 포함되어 있지 않다.

풀이 ▶

1. 소요강도 산정

소요인장강도 : $T_u = 1.2(15) + 1.6(55) = 106\text{kN}$

소요전단강도 : $V_u = 1.2(6) + 1.6(18) = 36\text{kN}$

2. 소요전단응력 산정 기준 4.7.3.3

$f_v = V_u / A_b = 36{,}000/314 = 115\,\text{MPa}$

여기서, A_b : 볼트의 공칭단면적 〈표 4.7-9〉

3. 전단응력의 효과를 고려한 설계인장강도 산정

$$F_{nt}' = 1.3F_{nt} - \frac{F_{nt}}{\phi F_{nv}} f_v \le F_{nt}$$ 기준식(4.7-5)

여기서, $F_{nt} = 750\,\text{MPa}$, $F_{nv} = 500\,\text{MPa}$ 〈표 4.7-8〉

$$\therefore\ F_{nt}' = 1.3(750) - \frac{750}{0.75(500)}(115)$$

$$= 745\,\text{MPa} < 750\,\text{MPa}$$

$$R_n = F_{nt}' A_b = 745 \times (314) = 234\,\text{kN}$$ 기준식(4.7-4)

인장력과 전단력의 조합에서, $\phi = 0.75$ 기준 4.7.3.4

$\phi R_n = 0.75(234) = 176\,\text{kN}$

4. 안전성 검토

$\phi R_n (= 176\,\text{kN}) > T_u (= 106\,\text{kN})$ ∴ O.K ◀

예제10.4.1 고장력볼트의 단슬롯구멍 마찰접합 설계

고장력볼트 M16(F10T)을 사용하여 플레이트를 미끄럼한계상태에 대한 마찰접합으로 설계한다. 고장력볼트는 하중방향에 수직인 단슬롯구멍으로 설계하며, 마찰면은 블라스트 청소되어 있다. 2면접합인 경우 미끄럼에 견딜 수 있는 볼트의 개수를 산정하시오. $P_D = 75\,\text{kN}$, $P_L = 225\,\text{kN}$

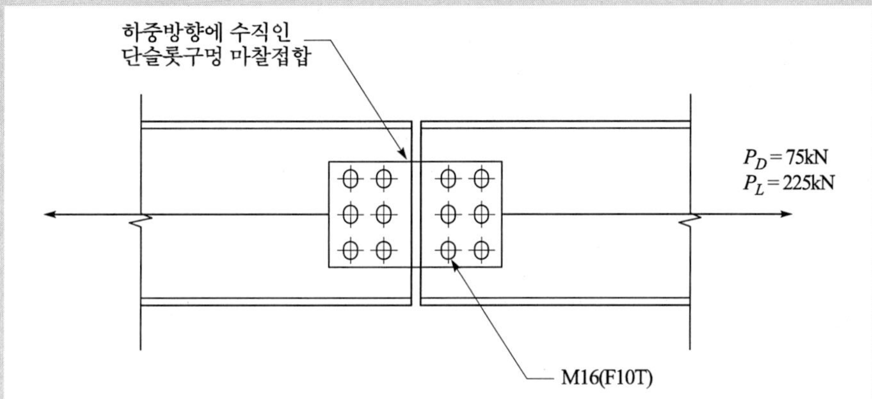

풀이 ▶

1. 소요강도 산정 기준 4.7.3.6

   $P_u = 1.2(75) + 1.6(225) = 450\,\text{kN}$

2. 설계미끄럼강도 ϕR_n 산정

   $\mu = 0.5$ (페인트하지 않은 블라스트 청소인 경우)

   $h_f = 1.0$

   $T_o = 106\,\text{kN}$ 〈표 4.7-9〉

   $N_s = 2$ (전단면의 수)

   $\phi R_n = \phi \mu h_f T_o N_s = 1.0 \times 0.5 \times 1.0 \times 106 \times 2 = 106\,\text{kN/ea}$ 기준식(4.7-9)

   여기서, 단슬롯구멍이 하중방향에 수직인 경우 표준구멍과 동일하게 $\phi = 1.00$ 이다.

3. 볼트 개수 산정

   ${}_{req'd}N_b = P_u / \phi R_n = 450/106 = 4.2$ bolts

   따라서, 6개의 M16(F10T) 볼트를 2열 3단으로 배치한다.

4. 볼트 배치

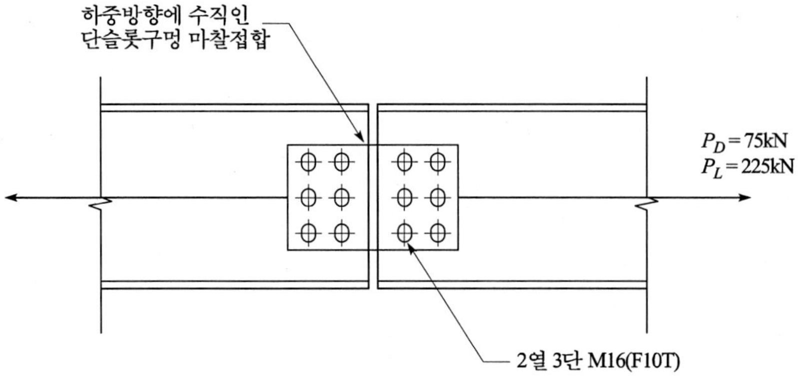

예제10.4.2 고장력볼트의 장슬롯구멍 마찰접합 설계

예제10.4.1과 동일한 경우로서, 하중방향에 수직인 장슬롯구멍을 적용하여 미끄럼한계상태에 대한 마찰접합을 한다. 마찰면은 블라스트 청소되어 있으며, 2면 접합인 경우 미끄럼에 견딜 수 있는 볼트의 개수를 산정하시오.

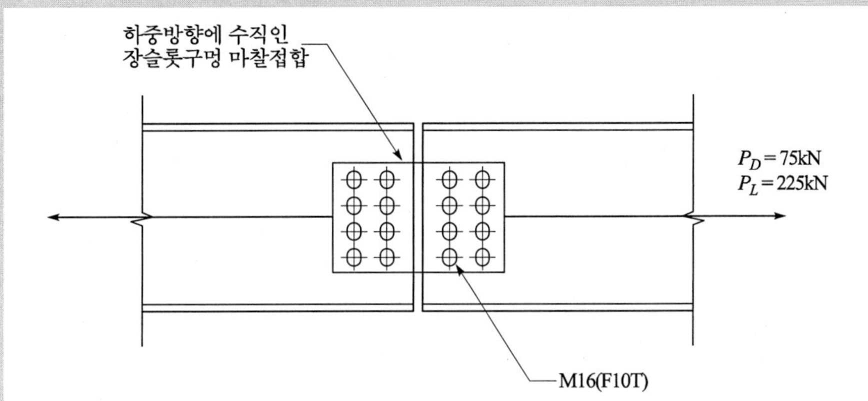

풀이 ▶

1. 소요강도 산정

$P_u = 1.2(75) + 1.6(225) = 450\,\mathrm{kN}$

2. 설계미끄럼강도 ϕR_n 산정

$\mu = 0.5$ (페인트하지 않은 블라스트 청소인 경우)

$h_f = 1.0$

$T_o = 106\,\mathrm{kN}$ 〈표 4.7-9〉

$N_s = 2$ (전단면의 수)

$\phi R_n = \phi \mu h_f T_o N_s = 0.7 \times 0.5 \times 1.0 \times 106 \times 2 = 74.2\,\mathrm{kN/ea}$ 기준식(4.7-9)

여기서, 장슬롯구멍은 하중방향에 수직인 경우와 평행인 경우 모두 $\phi = 0.7$ 이다.

3. 볼트 개수 산정

${}_{req'd}N_b = P_u/\phi R_n = 450/74.2 = 6.1$ bolts

따라서, 8개의 M16(F10T) 볼트를 2열 4단으로 배치한다.

4. 볼트 배치

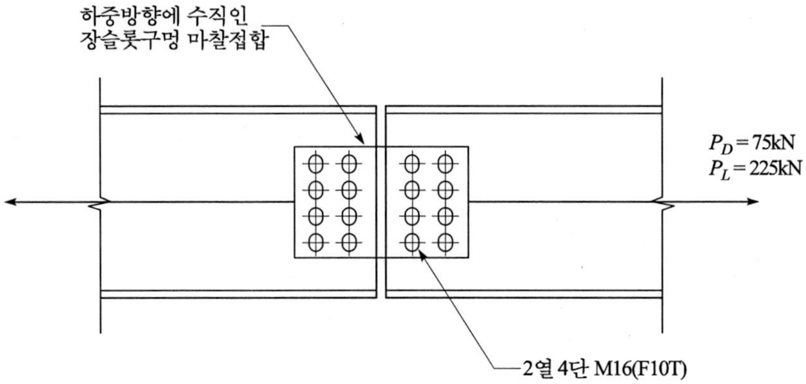

예제10.5 마찰접합에서 인장과 전단의 조합 검토

아래 그림과 같이 경사하중이 작용하는 경우 마찰접합의 고장력볼트군이 인장력과 전단력을 받게 된다. 고장력볼트 M16(F10T)을 사용하며, 표면에 블라스트 청소가 되어 있고, 표준크기의 구멍을 사용한다. 이러한 접합부에 고장력볼트에 의한 미끄럼한계상태만 고려할 경우 안전성을 검토하시오.

$P_D = 45\,\text{kN}$, $P_L = 135\,\text{kN}$

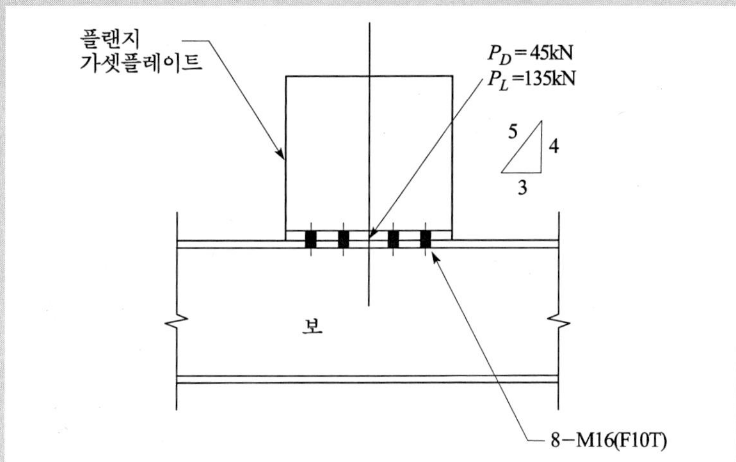

풀이 ▶

1. 계수하중 산정

$$P_u = 1.2(45) + 1.6(135) = 270\,\text{kN}$$

2. 계수하중을 수평방향 분력과 수직방향 분력으로 나눈다.

$$T_u = \frac{4}{5}\left(\frac{270\text{kN}}{8\text{bolts}}\right) = 27\,\text{kN/bolt}$$

$$V_u = \frac{3}{5}\left(\frac{270\text{kN}}{8\text{bolts}}\right) = 20.3\,\text{kN/bolt}$$

3. 인장강도에 대해서 검토한다.

$$\phi R_n = \phi F_{nt} A_b = 0.75(750 \times 201) = 113\,\text{kN/bolt}$$

$$\phi R_n (= 113\,\text{kN/bolt}) > T_u (= 27\,\text{kN/bolt}) \quad \therefore \text{O.K}$$

4. 인장과 전단의 조합에서 계수 k_s 산정 기준 4.7.3.7

$$k_s = 1 - \frac{T_u}{T_o N_b} = 1 - \frac{27}{106(1)} = 0.74$$ 기준식(4.7-10)

N_b : 인장력을 받는 볼트의 수

즉, 마찰접합에서 미끄럼저항(전단강도)은 볼트의 프리스트레스에 의한 조임력에 의해 생성되기 때문에, 연결부재에 인장력이 작용할 경우 미끄럼저항(전단강도)은 감소하게 된다.

5. 감소계수 k_s에 의한 미끄럼강도에 대하여 안전성 검토

$$k_s\phi R_n = k_s\phi\mu h_f T_o N_s = 0.74 \times 1.0 \times 0.5 \times 1 \times 106 \times 1 = 39.2\,\mathrm{kN/bolt}$$

$$k_s\phi R_n (= 39.2\,\mathrm{kN/bolt}) > V_u (= 20.3\,\mathrm{kN/bolt}) \quad \therefore \text{O.K}$$ ◀

예제10.6 핀부재의 설계지압강도 산정

지름 25mm인 핀과 두께 38mm인 플레이트가 드릴구멍에 접합되어 있다. 핀접합된 부재의 설계지압강도를 산정하시오.

풀이 ▶

1. 플레이트 설계기준항복강도 선정

   플레이트 두께가 38mm이므로

   SS275 $F_y = 265\,\text{MPa}$, $F_u = 410\,\text{MPa}$

2. 지압면적 산정 기준 4.7.7

   $A_{pb} = dt_p = 25(38) = 950\,\text{mm}^2$

3. 공칭지압강도 R_n 산정 기준 4.7.7.1

   $R_n = 1.8F_yA_{pb} = 1.8(265)(950) = 453\,\text{kN}$

4. 핀의 설계지압강도 ϕR_n 산정 기준 4.7.7

   $\phi = 0.75$

   $\phi R_n = 0.75(453) = 340\,\text{kN}$ ◀

예제10.7 콘크리트 페데스탈위의 베이스 플레이트 설계

단면이 H − 300×305×15×16인 기둥이 600 mm × 600 mm의 콘크리트 페데스탈에 지지되어 있다. 콘크리트 페데스탈과 베이스 플레이트 사이에는 그라우팅이 되어있다. 아래의 압축력을 받을 때 베이스 플레이트를 설계하시오. $P_D = 500\,\mathrm{kN}$, $P_L = 1{,}500\,\mathrm{kN}$

재료 속성

- 기둥 : SM355, $F_y = 355\,\mathrm{MPa}$, $F_u = 490\,\mathrm{MPa}$
- 베이스 플레이트 : SM275, $F_y = 255\,\mathrm{MPa}$, $F_u = 410\,\mathrm{MPa}$
- 콘크리트 페데스탈 : $f_{ck} = 21\,\mathrm{MPa}$
- 그라우팅 : $f_{ck} = 27\,\mathrm{MPa}$

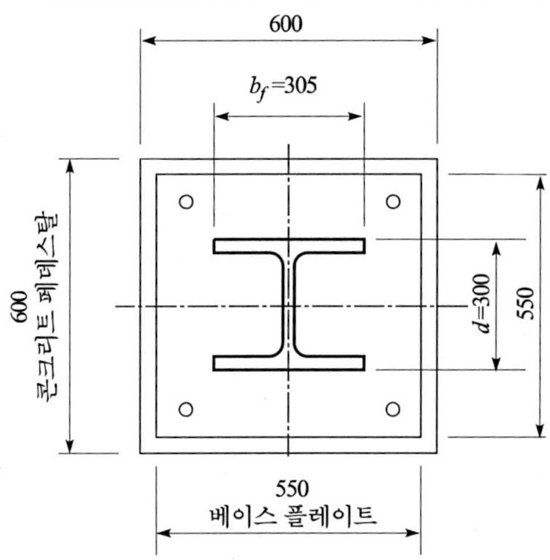

풀이 ▶

1. 소요 강도 산정

$$P_u = 1.2(500) + 1.6(1{,}500) = 3{,}000\,\mathrm{kN}$$

$$A_{ped} = 600(600) = 360{,}000\,\mathrm{mm}^2$$

$$A_{col} = 300(305) = 91{,}500\mathrm{mm}^2$$

콘크리트 페데스탈의 크기가 베이스 플레이트보다 크기 때문에, 그러나 4배 이상 크지는 않음, 콘크리트의 지압 영역은 기하학적으로 베이스 플레이트와 거의 같다고 볼 수 있다.

2. 베이스 플레이트의 넓이 산정 기준 4.7.8

$\phi_c = 0.65$

$$_{req'd}A_1 = \frac{P_u}{\phi_c 0.85 f_{ck}} = \frac{3{,}000 \times 10^3}{0.65 \times 0.85 \times 21} = 259{,}000\,\text{mm}^2$$

여기서, 그라우트의 강도는 무시된다. 일반적으로 그라우트의 강도가 콘크리트 페데스탈의 강도보다 크기 때문이다.

3. 베이스 플레이트 크기 산정

$\Delta = 0.5(0.95d - 0.8b_f) = 0.5(0.95 \times 300 - 0.8 \times 305) = 20.5\,\text{mm}$

$N = \sqrt{A_1} + \Delta = \sqrt{259{,}000} + 20.5 = 529\,\text{mm} < 550\,\text{mm}$ ∴ O.K

$B = A_1/N = 259{,}000/529 = 490\,\text{mm} < 550\,\text{mm}$ ∴ O.K

따라서, $550\text{mm} \times 550\text{mm}$의 베이스 플레이트로 시도한다.

베이스 플레이트의 넓이는,

$A_1 = NB = 550(550) = 303{,}000\,\text{mm}^2 > 259{,}000\,\text{mm}^2$

참고적으로, 베이스 플레이트와 앵커볼트를 정사각형으로 배치하면 공장제작 및 현장설치시 방향 착오를 방지할 수 있다.

4. 콘크리트 지압면적 산정

콘크리트 페데스탈이 정사각형이고, 베이스 플레이트 역시 중심이 같은 정사각형이다.

$A_2 = 600(600) = 360{,}000\,\text{mm}^2$

5. 콘크리트의 지압강도를 검토한다. 기준 4.7.8

$\phi_c = 0.65$

$\phi_c P_p = \phi_c 0.85 f_{ck} A_1 \sqrt{A_2/A_1}$ 기준식(4.7-23)

$\quad = 0.65 \times 0.85 \times 21 \times 303{,}000 \times \sqrt{360{,}000/303{,}000} = 3{,}830\,\text{kN}$

$\phi_c P_p (= 3{,}830\,\text{kN}) > P_u (= 3{,}000\,\text{kN})$ ∴ O.K

베이스 플레이트의 면적과 콘크리트 페데스탈의 면적이 거의 동일하므로 기준식(4.7-23)의 $\sqrt{A_2/A_1}$은 1에 가까워져 기준식(4.7-22)과 동일하게 된다.

6. 베이스 플레이트의 소요 두께 산정

$$m = \frac{N - 0.95d}{2} = \frac{550 - 0.95(300)}{2} = 133\,\text{mm}$$

$$n = \frac{B - 0.8b_f}{2} = \frac{550 - 0.8(305)}{2} = 153\,\text{mm}$$

$$\lambda n' = \frac{\lambda\sqrt{db_f}}{4} = \frac{(1)\sqrt{300(305)}}{4} = 75.6\,\text{mm}$$

(λ값은 보수적으로 1.0을 사용할 수 있다.)

$$X = \frac{4db_fP_u}{(d+b_f)^2\phi_cP_p} = \frac{4\times300\times305\times3{,}000}{(300+305)^2\times3{,}830} = 0.783$$

$$\lambda = \frac{2\sqrt{X}}{1+\sqrt{1-X}} \le 1.0 = \frac{2\sqrt{0.78}}{1+\sqrt{1-0.78}} = 1.2 > 1.0$$

$\therefore \lambda = 1.0$을 사용한다.

l은 m, n, $\lambda n'$중 가장 큰 값을 취한다. 따라서, $l = 153\text{mm}$이다.

$$_{req'd}\,t \ge \ell\sqrt{\frac{2P_u}{0.9BNF_y}} = 153\sqrt{\frac{2\times3{,}000\times10^3}{0.9\times550\times550\times255}} = 45.0\text{mm}$$

따라서, 50mm 두께의 베이스 플레이트를 사용하도록 한다.

5. 설계된 베이스 플레이트

PL $-$ 550 $\times$ 550 $\times$ 50을 사용한다. ◀

제11장

원형강관 및 각형강관 접합부

제11장 원형강관 및 각형강관 접합부

11.1 개요

이 장에서는 원형강관과 각형강관 부재의 각종 접합부에 대한 설계 예제들을 다루며, 기둥에 대한 검토는 제외하였다.

예제11.1부터 예제11.6까지는 각형강관 기둥에 H형강보를 전단접합하는 예제들이며, 예제11.7은 H형강보를 각형강관 기둥에 관통판을 사용하여 전단접합하는 예제를 소개한다.

예제11.8과 예제11.9는 각형강관과 원형강관의 부재축 응력직각방향 또는 응력방향으로 플레이트를 접합하는 설계 예제이다.

예제11.10은 H형강 기둥에 각형강관 가새를 접합하는 설계 예제이며, 예제11.11부터 예제11.13까지는 각각 각형강관의 캡플레이트와 베이스플레이트 접합부 및 엔드플레이트-볼트 이음부에 대한 설계 예제를 보여주고 있다.

11.2 예제

예제11.1 각형강관 기둥과 H형강 보의 광폭 CT형강 접합부 설계

예제11.2 각형강관 기둥과 H형강 보의 세폭 CT형강 접합부 설계

예제11.3 각형강관 기둥과 H형강 보의 쌍ㄱ형강 접합부 설계

예제11.4 각형강관 기둥과 H형강 보의 스티프너 없는 받침(Seat) 접합부 설계

예제11.5 각형강관 기둥과 H형강 보의 보강받침(Seat Plate) 접합부 설계

예제11.6 각형강관 기둥과 H형강 보의 단일판 접합부 설계

예제11.7 각형강관 기둥과 H형강 보의 관통판 접합부 설계

예제11.8 각형강관과 응력직각방향 플레이트 접합부의 안전성 검토

예제11.9 원형강관 기둥과 응력방향 플레이트 접합부의 안전성 검토

예제11.10 각형강관 가새와 H형강 기둥의 접합부 설계

예제11.11 연속보와 각형강관 기둥의 캡플레이트 접합부 안전성 검토

예제11.12 중심축하중을 받는 각형강관 기둥의 베이스플레이트 설계

예제11.13 인장력을 받는 각형강관의 엔드플레이트와 볼트접합 이음부 설계

예제11.1 각형강관 기둥과 H형강 보의 광폭 CT형강 접합부 설계

아래 그림과 같은 각형강관 □-200×200×8 기둥과 H-400×200×8×13 보의 접합부를 CT-125×252×11×11 부재를 이용하여 설계하시오. 각형강관에 광폭 CT형강을 플레어베벨홈용접으로 한다. 고장력볼트는 M20(F10T)를 사용하며 볼트 간격 $s = 75$mm, 수직 볼트 구멍의 연단거리 $L_{ev} = 35$mm로 표준볼트구멍을 갖는다. 각형강관은 SNRT355, H형강과 CT형강은 SM355로 하며, 용접재(KS D 7006 고장력강용 피복아크 용접봉)의 인장강도 $F_{uw} = 490$kN 이다. H형강 보 단부의 전단력은 $P_D = 40$kN, $P_L = 110$kN 이다.

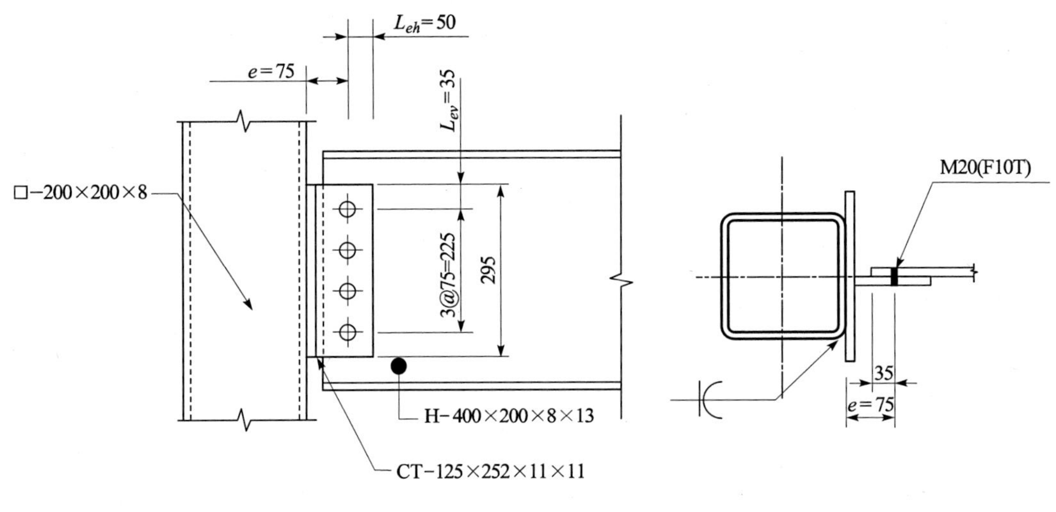

입면도　　　　접합 단면도

〈주기〉 CT형강의 중심과 기둥 중심선이 약간 비껴있기 때문에 200mm 이상의 폭을 갖는 CT형강을 사용함으로써 기둥 양면에 플레어베벨홈(Flare Bevel Groove) 용접시 충분한 면을 갖도록 선택하였다.

풀이 ▶

1. 부재의 형상

H형강 보 : H-400×200×8×13

$t_w = 8,\ d = 400,\ t_f = 13,\ B = 200$

CT형강 : CT-125×252×11×11

$t_s = t_w = 11,\ d = 125,\ t_f = 11,\ b_f = 252$

기둥 : □-200×200×8

$t = 8,\ B = 200$

2. 보의 소요전단강도 산정

$P_u = 1.2P_D + 1.6P_L = 1.2(40) + 1.6(110) = 224\,\text{kN}$

3. 볼트의 개수 산정

(1) 1면전단시 볼트 1개의 설계전단강도 기준 4.7.3.3

$\phi R_n = 0.75 F_{nv} A_b = 0.75(400)(\frac{\pi \times 20^2}{4}) = 94.2\,\text{kN}/\text{개}$ 기준식(4.7-3)

(2) 볼트 구멍의 설계지압강도 산정 기준 4.7.3.5

$\phi = 0.75$

$R_n = 1.2 L_c t F_u < 2.4 d t F_u$ 기준식(4.7-6)

$= 1.2(35 - 22/2)(11)(490)$

$= 155\,\text{kN}/\text{개} < 2.4 d t F_u (= 2.4 \times 20 \times 11 \times 490 = 259\,\text{kN})$

$\therefore\ \phi R_n = 0.75(155) = 116\,\text{kN}/\text{개}$

(3) 설계전단강도와 설계지압강도중에서 작은 값인 설계전단강도에 의하여 볼트 개수를 결정한다.

$\phi R_n = 94.2\,\text{kN}/\text{개}$

$n_{b,req} = P_u / \phi R_n = 224/94.2 = 2.38$개

그러나, 다음과 같이 편심전단을 검토하여야 하므로 볼트개수를 4개로 가정한다.

(4) 편심전단을 받는 볼트군의 내력검토

볼트 4개를 4@75=300으로 가정하여 검토한다.

볼트군의 극단면2차모멘트 I_P

$I_P = I_X + I_Y$

$= 2[(0.5 \times 75)^2 + (1.5 \times 75)^2] = 28,000\,\text{mm}^2$

소요편심모멘트

$M_u = P_u e = 75 P_u$

4개 볼트 각각의 평균 소요전단강도

$f_1 = P_u / n_b = P_u / 4 = 0.25 P_u / \text{개}$

극단 볼트의 소요전단강도

$f_2 = \frac{M_u c_{\max}}{I_P} = \frac{75 P_u (1.5 \times 75)}{28,1000} = 0.30 P_u / \text{개}$

극단 볼트의 조합 소요전단강도

$f_r = \sqrt{f_1^2 + f_2^2} = \sqrt{(0.25^2 + 0.30^2)}\,P = 0.391P_u$/개

$= 0.391 \times 224 = 87.6\text{kN} < \phi R_n (= 94.2\text{kN})$ ∴ O.K

따라서, 볼트 4개를 3@75=225로 설계함이 적합하다.

4. CT형강 웨브 두께 제한 검토

$t_{(\max)} = d_b/2 + 2 = 20/2 + 2 = 12\,\text{mm} > 11\,\text{mm}$ ∴ O.K

5. CT형강의 소요 길이

$L_{(\min)} = 3s + 2L_{ev} = 3(75) + 2(35) = 295\,\text{mm}$

use $L = 295\,\text{mm}$

6. CT형강 웨브의 전단강도 검토 기준 4.7.4.2

$R_n = 0.6F_yA_g = 0.6(355)(295)(11) = 691\,\text{kN}$ 기준식(4.7-15)

$\phi R_n = 1.0(691) = 691\,\text{kN} > P_u (= 224\,\text{kN})$ ∴ O.K

7. CT형강 웨브의 직선형 블록전단강도 검토

$A_{nv} = [L - n(d_b + 2)]t = [295 - 4(20 + 2)](11) = 2{,}280\,\text{mm}^2$

$R_n = 0.6F_uA_{nv} = 0.6(490)(2{,}280) = 669\,\text{kN}$ 기준식(4.7-16)

$\phi R_n = 0.75(669) = 502\,\text{kN} > P_u (= 224\,\text{kN})$

8. CT형강 웨브의 L자형 블록전단강도 검토 기준 4.7.4.3

$A_{gv} = (3 \times 75 + 35)(11) = 2{,}860\,\text{mm}^2$

$A_{nv} = 2{,}860 - (3.5 \times 22)(11) = 2{,}010\,\text{mm}^2$

$A_{nt} = (50 - 0.5 \times 22)(11) = 429\,\text{mm}^2$

$R_{n1} = 0.6F_uA_{nv} + U_{bs}F_uA_{nt}$

$= 0.6 \times 490 \times 2{,}010 + 1.0 \times 490 \times 429 = 801\text{kN}$ 기준식(4.7-17)

$R_{n2} = 0.6F_yA_{gv} + U_{bs}F_uA_{nt}$

$= 0.6 \times 355 \times 2{,}860 + 1.0 \times 490 \times 429 = 819\text{kN}$ 기준식(4.7-17)

$\therefore R_n = 801\,\text{kN}$ (둘 중에서 작은 값)

$\phi R_n = 0.75(801) = 601\,\text{kN} > P_u (= 224\,\text{kN})$ ∴ O.K

9. CT형강 웨브의 항복한계 휨강도 검토

소요휨강도

$M_u = P_u e = 224 \times 75 = 16.8\,\text{kN} \cdot \text{m}$

소성단면계수 $Z = \dfrac{td^2}{4} = \dfrac{11(295)^2}{4} = 239{,}000\,\text{mm}^3$

탄성단면계수 $S = \dfrac{td^2}{6} = \dfrac{11(295)^2}{6} = 160{,}000\,\text{mm}^3$

설계휨강도 산정과 안전성 검토

$M_n = M_p = F_y Z = 355 \times 239{,}000$

$= 84.8\text{kN} \le 1.6M_y (= 1.6F_y S = 1.6 \times 355 \times 160{,}000 = 90.9\text{kN})$

$\phi_b M_n = 0.9 \times 84.8 = 76.3\text{kN} \cdot \text{m} > M_u (= 16.8\text{kN} \cdot \text{m})$ ∴ O.K

10. CT형강 웨브의 파단한계 휨강도 검토

$$Z_{net} = \frac{td^2}{4} - 2t(d_b + 2)(37.5 + 112.5)$$

$$= \frac{11(295)^2}{4} - 2(11)(20 + 2)(37.5 + 112.5)$$

$$= 167{,}000\,\text{mm}^3$$

$M_n = F_u Z_{net} = 490(167{,}000) = 81.8\,\text{kN} \cdot \text{m}$

$\phi M_n = 0.75 M_n = 0.75 \times 81.8 = 61.4\,\text{kN} \cdot \text{m} \ \rangle\ M_u (= 16.8\,\text{kN} \cdot \text{m})$ ∴ O.K

11. 각형강관과 CT형강의 용접검토

각형강관의 모서리를 CT형강에 플레어베벨홈(Flare Bevel Groove) 용접할 때 유효용접사이즈는 5/16R(건축강구조표준접합상세지침 용접접합표준 및 〈표 4.7-5〉 참조)이 되며, 각형강관의 모서리 외부반경 R은 일반적으로 강관 두께의 1.5배~3배 정도이므로, 2배($2t$)인 16 mm로 가정한다.

따라서, 유효용접사이즈는 $\dfrac{5}{16}R = \dfrac{5}{16}(16) = 5\,\text{mm}$가 된다.

$\phi R_n = 0.75 F_w A_w$ 기준식(4.7-1)

$= 0.75(0.6) F_u A_w$

$= 0.75(0.6)(490)(5)(295 - 10)(2\text{열})$

$= 628\,\text{kN} \ \rangle\ P_u (= 224\,\text{kN})$ ∴ O.K ◀

예제11.2 각형강관 기둥과 H형강 보의 세폭 CT형강 접합부 설계

아래 그림과 같은 각형강관 □-250×250×6 기둥과 H-400×200×8×13 보의 접합부를 CT-122×175×7×11 부재를 이용하여 설계하시오. 각형강관에 세폭 CT형강을 필릿용접으로 한다. 고장력볼트는 M20(F10T)를 사용하며 볼트 간격 $s = 75\text{mm}$, 수직 볼트 구멍의 연단거리 $L_{ev} = 35\text{mm}$로 표준볼트구멍을 갖는다. 각형강관은 SNRT355, H형강과 CT형강은 SM355로 하며, 용접재(KS D 7006 고장력강용 피복아크 용접봉)의 인장강도 $F_{uw} = 490\,\text{kN}$ 이다. H형강 보 단부의 전단력은 $P_D = 30\,\text{kN}$, $P_L = 90\,\text{kN}$ 이다.

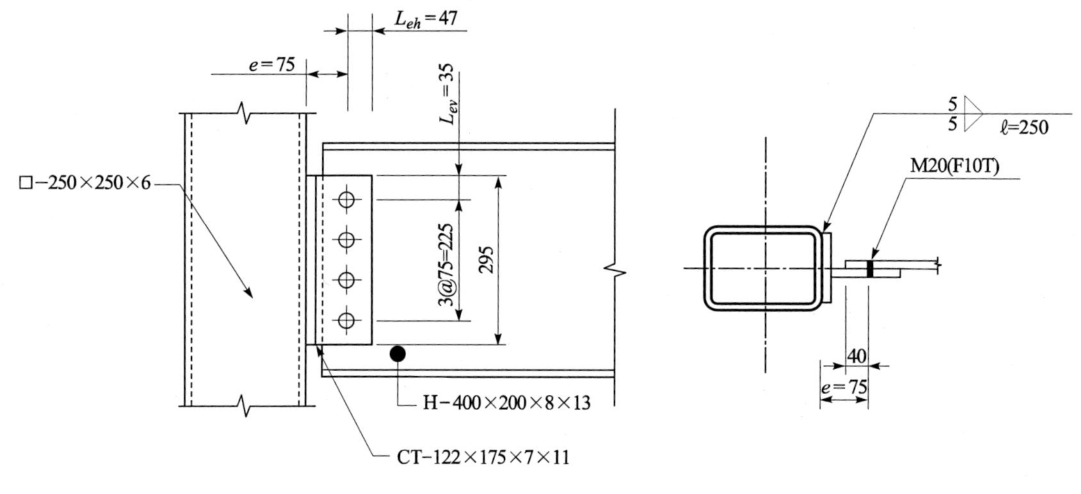

입면도 접합 단면도

풀이 ▶

1. 보의 소요전단강도 산정

$$P_u = 1.2P_D + 1.6P_L$$
$$= 1.2(30) + 1.6(90) = 180\,\text{kN}$$

2. 볼트의 개수 산정

(1) 1면전단시 볼트 1개의 설계전단강도 기준 4.7.3.3

$$\phi R_n = 0.75F_{nv}A_b = 0.75(400)\left(\frac{\pi \times 20^2}{4}\right) = 94.2\,\text{kN/개}$$ 기준식(4.7-3)

(2) 볼트 구멍의 설계지압강도 산정 기준 4.7.3.5

$\phi = 0.75$

$R_n = 1.2L_c t F_u < 2.4 d t F_u$ 기준식(4.7-6)

$= 1.2(35 - 22/2)(7)(490)$

$= 98.8\,\text{kN}/$개 $< 2.4 d t F_u (= 2.4 \times 20 \times 7 \times 490 = 165\,\text{kN})$

$\therefore\ \phi R_n = 0.75(98.8) = 74.1\,\text{kN}/$개

(3) 설계전단강도와 설계지압강도중에서 작은 값인 설계전단강도에 의하여 볼트 개수를 결정한다.

$\phi R_n = 74.1\,\text{kN}/$개

$n_{b,req} = P_u / \phi R_n = 180/74.1 = 2.43$개

그러나, 다음과 같이 편심전단을 검토하여야 하므로 볼트개수를 4개로 가정한다.

(4) 편심전단을 받는 볼트군의 내력검토

볼트 4개를 4@75=300으로 가정하여 검토한다.

앞의 예제11.13과 동일하므로

극단 볼트의 조합 소요전단강도

$f_r = 0.391 P_u = 0.391 \times 180 = 70.4\text{kN} < \phi R_n (= 74.1\,\text{kN})$ ∴ O.K

따라서, 볼트 4개를 3@75=225로 설계함이 적합하다.

3. 최소 필릿용접 사이즈 계산

각형강관의 두께가 6mm이므로 〈표 4.7-6〉

$s_{(\min)} = 5\,\text{mm}$ (얇은 쪽 모재두께 6mm)

$s = 5\,\text{mm}$ 적용시 단위 길이당 용접강도와 소요용접길이

$\phi r_n = 0.75 F_w A_w$

$= 0.75(0.6)(490)(0.7)(5)$

$= 772\,\text{N/mm}$

${}_{req'd}l_e = 180(1{,}000)/772$

$= 233\,\text{mm}$

한면당 길이 250mm 용접시

$\phi R_n = \phi r_n l_e = \phi r_n (l - 2s) = 772(250 - 2 \times 5)(2$열$)$

$= 370.6\,\text{kN} > P_u (= 180\,\text{kN})$ ∴ O.K ◀

예제11.3 각형강관 기둥과 H형강 보의 쌍ㄱ형강 접합부 설계

아래 그림과 같은 각형강관 □-250×250×8 기둥과 H-600×200×11×17 보의 접합부를 2L-100×100×10을 이용하여 설계하시오. 각형강관에 쌍ㄱ형강을 필릿용접으로 한다. 고장력볼트는 M20(F10T)를 사용하며 볼트 간격 $s=75$mm, 볼트 구멍의 수직연단거리 $L_{ev}=35$mm로 표준볼트구멍을 갖는다.
(단, 접합부의 편심모멘트는 지지부재가 저항하는 것으로 가정한다.) 각형강관은 SNRT355, H형강은 SM355, 쌍ㄱ형강은 SS275강재로 하며, 용접재(KS D 7004 연강용 피복아크 용접봉)의 인장강도 $F_{uw}=420$kN 이다. H형강 보 단부의 전단력은 $P_D=100$kN, $P_L=150$kN 이다.

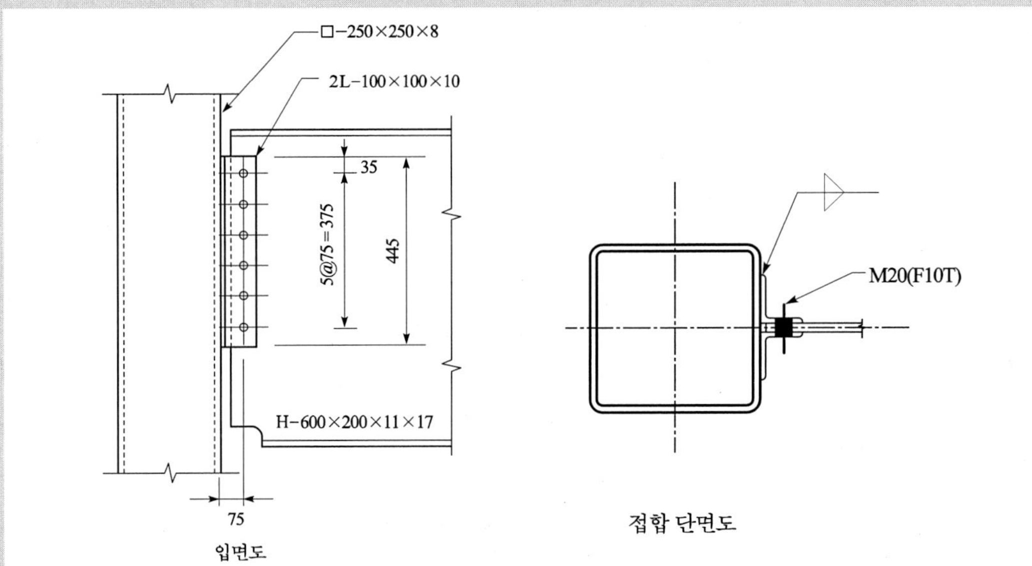

풀이 ▶

1. 보의 소요전단강도 산정

$$V_u = P_u = 1.2P_D + 1.6P_L$$
$$= 1.2(100) + 1.6(150) = 360\,\text{kN}$$

2. 용접부 접합설계

(1) 필릿용접 사이즈 설계

강관 두께 8mm, ㄱ형강 두께 10mm 이므로,

최소 사이즈 = 5mm ($6 < t_{\min}(=8\text{mm}) < 13$인 경우) 표 4.7-6

최대 사이즈 $s = t_{\min} - 2 = 8 - 2 = 6\text{mm}$ ($t \geq 6\,\text{mm}$인 경우) 기준 4.7.2.3(2)②

따라서, 필릿 사이즈를 6 mm로 설계한다.

(2) 필릿용접의 설계강도 및 목두께와 유효용접길이

용접재의 설계강도

$\phi F_w = \phi 0.6 F_{uw} = 0.75 \times 0.6(420) = 189\,\text{MPa}$

필릿용접 목두께

$a = 0.7s = 0.7 \times 6 = 4.2\,\text{mm}$

용접길이는 2면에 445mm로 가정한다.

유효용접길이

$l_e = l - 2s = 445 - 2 \times 6 = 433\text{mm}$

(3) 보의 소요전단력에 대한 용접부의 소요전단응력 산정

유효용접단면적(2면)

$A_w = 2(433)(4.2) = 3{,}640\,\text{mm}^2$

용접재 소요전단응력 산정(연직방향)

$$\tau_{uv} = 1.5\frac{V_u}{A_w} = 1.5 \times \frac{360{,}000}{3{,}640} = 148\,\text{MPa}$$

(4) 편심모멘트에 대한 용접부의 소요전단응력 산정

볼트군에 편심모멘트가 없는 경우로 가정하면 용접부에 편심모멘트가 발생하므로,

$M_{ue} = P_u\,e = 360 \times 75 = 27\,\text{kN} \cdot \text{m}$

용접부의 단면계수(2면)

$$S = \frac{2a\,l_e^2}{6} = \frac{2 \times 4.2 \times 433^2}{6} = 262{,}000\,\text{mm}^3$$

용접재 소요전단응력 산정(수평방향)

$$\tau_{uh} = \frac{M_{ue}}{S} = \frac{27 \times 10^6}{262{,}000} = 103\,\text{MPa}$$

(5) 조합 소요전단응력 산정과 안전성 검토

조합 소요전단응력(벡터 성분의 합력)

$\tau_u = \sqrt{\tau_{uv}^2 + \tau_{uh}^2} = \sqrt{148^2 + 103^2} = 180\,\mathrm{MPa} < 189\mathrm{MPa}(=\phi F_w)$ O.K

따라서, 필릿용접 사이즈 6mm, 길이 445mm로 양면 용접한다.

3. 볼트의 개수 산정

(1) 2면전단시 볼트 1개의 설계전단강도 기준 4.7.3.3

$\phi R_n = 0.75 F_{nv} A_b N_s = 0.75(400)(\frac{\pi \times 20^2}{4})(2) = 188\,\mathrm{kN}/$개 기준식(4.7-3)

(2) 볼트 구멍의 설계지압강도 산정 기준 4.7.3.5

$\phi = 0.75$

쌍ㄱ형강의 공칭지압강도

$R_n = 1.2 L_c t F_u < 2.4\, d t F_u$ 기준식(4.7-6)

$= 1.2(35 - 22/2)(2 \times 10)(410)$

$= 236\,\mathrm{kN}/$개 $< 2.4\, d t F_u \{= 2.4 \times 20 \times (2 \times 10) \times 410 = 394\,\mathrm{kN}\}$

H형강보 웨브의 공칭지압강도

$R_n = 1.2 L_c t F_u < 2.4\, d t F_u$ 기준식(4.7-6)

$= 1.2(75 - 22)(11)(490)$

$= 343\,\mathrm{kN}/$개 $> 2.4\, d t F_u (= 2.4 \times 20 \times 11 \times 490 = 259\,\mathrm{kN})$

$\therefore \phi R_n = 0.75(236) = 177\,\mathrm{kN}/$개

(3) 설계전단강도와 설계지압강도중에서 작은 값인 설계전단강도에 의하여 볼트 개수를 결정한다.

$\phi R_n = 177\,\mathrm{kN}/$개

$n_{b,req} = P_u / \phi R_n = 360/177 =$ 2.03개

use 6-M20 (F10T)

(4) 편심전단을 받는 볼트군의 내력검토

접합부의 편심모멘트를 지지부재인 기둥과 지지부재에 접한 필릿용접부가 저항하므로, 볼트군의 편심모멘트에 대한 내력검토는 배제한다.

따라서, 볼트 6개를 5@75=375로 설계함이 적합하다. ◀

예제11.4 각형강관 기둥과 H형강 보의 스티프너 없는 받침(Seat) 접합부 설계

아래 그림과 같은 각형강관 □-300X300X10 기둥과 H-450X200X9X14 보의 접합부를 스티프너 없는 받침 접합부로 설계하시오. 용접재(KS D 7004 연강용 피복아크 용접봉)의 인장강도는 $F_{uw} = 420\,\text{kN}$ 이다. 보 단부의 전단력은 $P_D = 40\,\text{kN}$, $P_L = 75\,\text{kN}$ 이다.

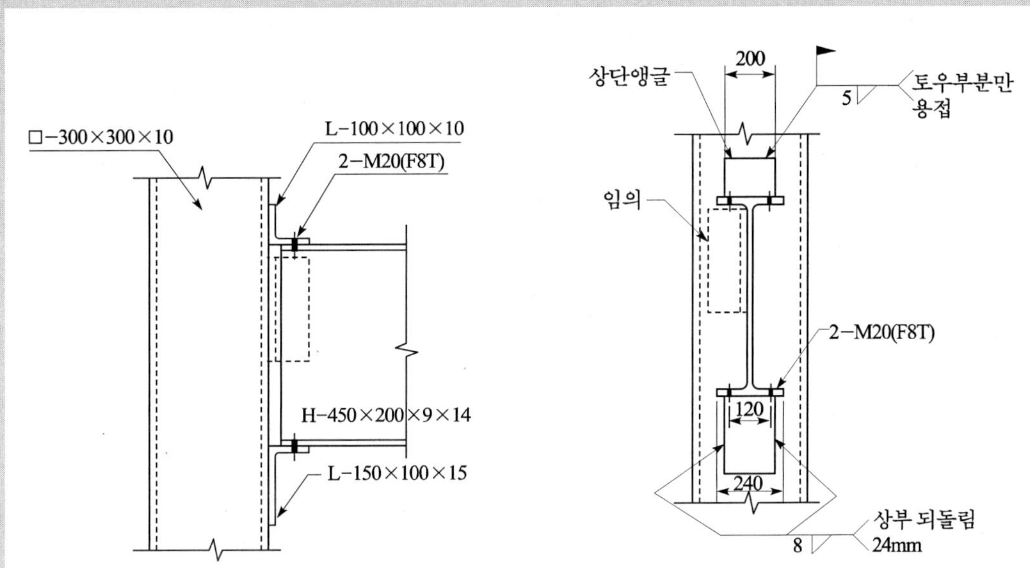

풀이 ▶

1. 재료 성능

부재	규격	항복강도(F_y)MPa	인장강도(F_u)MPa
보	SM355	355	490
각형강관기둥	SNRT355	355	490
ㄱ형강	SS275	275	410

2. 보의 소요전단강도 산정

$$V_u = P_u = 1.2(40) + 1.6(75)$$
$$= 168\,\text{kN}$$

3. H형강 보의 웨브국부항복강도 검토

집중하중의 작용점에서 재단까지의 거리가 부재길이 d 이하인 경우 기준 4.7.10.2

$R_n = (2.5k + \mathrm{N})F_{yw}t_w$ 기준식(4.7-26)

$k = t_f + r = 14 + 18 = 32\,\mathrm{mm}$

$N_{\min} = \dfrac{P_u/\phi}{F_{yw}t_w} - 2.5k = \dfrac{168{,}000/1.0}{355 \times 9} - 2.5 \times 32 = -27.4\mathrm{mm} \le k$

use $N = k = 32\,\mathrm{mm}$

$\therefore\ R_n = [2.5(32) + 32)](355)(9) = 358\,\mathrm{kN} > P_u(= 168\,\mathrm{kN})$ ∴ O.K

4. H형강 보의 웨브크리플링강도 검토

집중하중이 재단에서 $d/2$ 미만 떨어진 지점에 작용할 때 기준 4.7.10.3

$N/d = 32/450 = 0.07 \le 0.2$ 이므로

$N/d \le 0.2$ 인 경우로 산정

$R_n = 0.40t_w^2[1 + 3(N/d)(t_w/t_f)^{1.5}]\sqrt{\dfrac{EF_{yw}t_f}{t_w}}$ 기준식(4.7-28)

$= 0.4(9)^2[1 + 3(32/450)(9/14)^{1.5}]\sqrt{\dfrac{210{,}000(355)(14)}{9}}$

$= 387\,\mathrm{kN}$

$\phi R_n = 0.75(387)$

$= 290\,\mathrm{kN} > P_u(= 168\,\mathrm{kN})$ ∴ O.K

∴ 받침ㄱ형강과 H형강 보의 지압길이는 $N = k = 32\,\mathrm{mm}$로 하고,
받침은 부등변ㄱ형강 L-150×100×15로 가정한다.

5. 받침ㄱ형강의 휨강도 안전에 필요한 받침ㄱ형강 길이 산정

집중하중이 N의 중심에 작용할 때 받침ㄱ형강 필릿단까지의 편심거리는

$e = N/2 + \text{띄움거리} - (t + r)$

$= 32/2 + 15 - (15 + 12) = 4\,\mathrm{mm}$

안전성 검토식

$M_u(= P_u e) \le \phi M_n\left(= \phi Z F_y = \phi \dfrac{l_a t_a^2}{4} F_y\right)$ 이어야 안전하므로

받침ㄱ형강의 소요길이 산정

${}_{req'd}\,l_a = 4P_u e/\phi F_y t_a^2$

$= \dfrac{4(168{,}000)(4)}{(0.9)(275)(15)^2} = 48.3\mathrm{mm}$

따라서, 길이 $l_a = 240\,\mathrm{mm}$ 로 설계한다.

6. 받침ㄱ형강의 용접부 접합설계

(1) 필릿용접 사이즈 설계

강관 두께 10mm, ㄱ형강 두께 15mm 이므로,

최소 사이즈 = 5mm ($6 < t_{\min}(=10\,\mathrm{mm}) < 13$인 경우) 표 4.7-6

최대 사이즈 $s = t_{\min} - 2 = 10 - 2 = 8$mm ($t \geq 6\,\mathrm{mm}$ 인 경우) 기준 4.7.2.3(2)②

따라서, 필릿 사이즈를 8mm로 설계한다.

(2) 필릿용접의 설계강도 및 목두께와 유효용접길이

용접재의 설계강도

$\phi F_w = \phi 0.6 F_{uw} = 0.75 \times 0.6(420) = 189\,\mathrm{MPa}$

필릿용접 목두께

$a = 0.7s = 0.7 \times 8 = 5.6\,\mathrm{mm}$

용접길이는 받침ㄱ형강의 상면 전체와 양측2면 전체를 하단 끝돌림 용접으로 가정한다.

(3) 보의 소요전단력에 대한 용접부의 소요전단응력 산정

유효용접단면적(2면)

$A_w = 2(150)(5.6) = 1{,}680\,\mathrm{mm}^2$

용접재 소요전단응력 산정(연직방향)

$$\tau_{uv} = 1.25\frac{V_u}{A_w} = 1.25 \times \frac{168{,}000}{1{,}680} = 125\,\mathrm{MPa}$$

여기서, 전단응력에 저항하는 연직방향용접의 상부에는 수평방향용접이 있고, 하부에는 수평방향용접이 없으므로 1.0과 1.5의 평균값인 1.25를 전단응력분포 계수로 선정하였다.

(4) 편심모멘트에 대한 용접부의 소요전단응력 산정

집중하중이 N의 중심에 작용할 때 기둥면까지의 편심거리와 소요편심모멘트는

$e = N/2 + \text{띄움거리} = 32/2 + 15 = 31\,\mathrm{mm}$

$M_{ue} = P_u\, e = 168 \times 31 = 5.21\,\mathrm{kN \cdot m}$

용접부의 중립축, 단면2차모멘트, 단면계수 산정

$$y_c = \frac{240 \times 5.6 \times 0 + (2)5.6 \times 150 \times 75}{240 \times 5.6 + (2)5.6 \times 150} = 41.7\,\mathrm{mm}$$

$$I_w = \frac{240 \times 5.6^3 + (2)5.6 \times 150^2}{12} + 240 \times 5.6 \times 41.7^2 + (2)5.6 \times 150 \times (150/2 - 41.7)^2$$

$$= 4.22 \times 10^6 \, \mathrm{mm}^4$$

$$S_w = I_w / y_{\max} = 4.22 \times 10^6 / (150 - 41.7) = 39{,}000 \, \mathrm{mm}^3$$

용접재 소요전단응력 산정(수평방향)

$$\tau_{uh} = \frac{M_{ue}}{S_w} = \frac{5.21 \times 10^6}{39{,}000} = 134 \, \mathrm{MPa}$$

(5) 조합 소요전단응력 산정과 안전성 검토

조합 소요전단응력(벡터 성분의 합력)

$$\tau_u = \sqrt{\tau_{uv}^2 + \tau_{uh}^2} = \sqrt{125^2 + 134^2} = 183 \, \mathrm{MPa} < 189 \mathrm{MPa}(= \phi F_w) \qquad \mathrm{O.K}$$

따라서, 필릿용접 사이즈 8mm로서, 받침ㄱ형강의 상면 전체(폭 240mm)와 양측(높이 150mm)2면 전체를 하단 끝돌림 용접한다.

7. 상단ㄱ형강의 설계

ㄱ형강: L−100×100×10 ($\ell = 200$) 사용

보 H형강에 접합: 2−M20(F8T)로 설계함.

기둥 각형강관에 용접: 필릿용접 최소 사이즈 5mm로 현장용접

여기서, 상단ㄱ형강은 H형강을 각형강관 기둥에 고정하기 위하여 설치하는 것으로 최소의 수평력에 저항하도록 설계한다. ◀

예제11.5 각형강관 기둥과 H형강 보의 보강받침(Seat Plate) 접합부 설계

아래 그림과 같은 각형강관 □-300×300×12 기둥과 H-500×200×11×19 보의 접합부를 보강받침판을 이용하여 설계하시오. Seat Plate와 보의 접합용 고장력볼트는 M20(F10T)를 사용하며, 각형강관 기둥과 보강받침판 및 상부ㄱ형강과의 연결에는 필릿용접으로 하며, 용접재(KS D 7004 연강용 피복아크 용접봉)의 인장강도 $F_{uw} = 420\,kN$ 이다. H형강 보 단부의 전단력은 $P_D = 90kN$, $P_L = 270kN$이다.

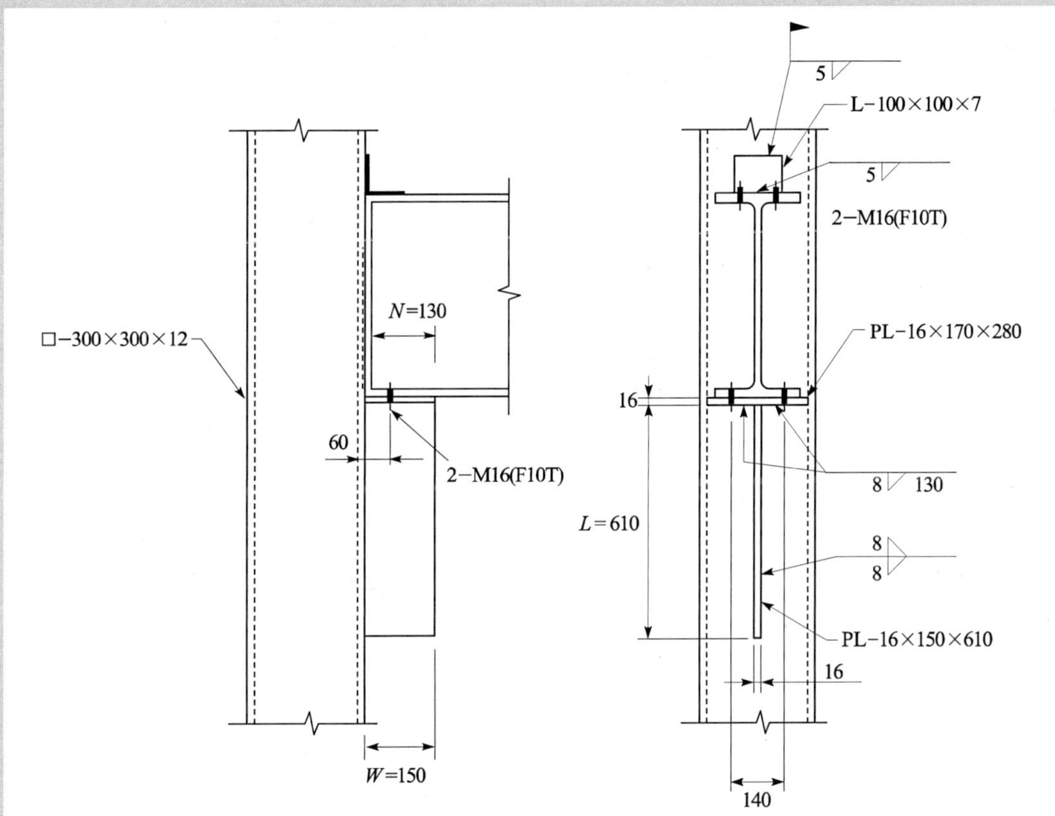

풀이 ▶

1. 재료 특성

보	SHN355	$F_y = 355MPa$	$F_u = 490MPa$
기둥	SNRT295	$F_y = 295MPa$	$F_u = 400MPa$
ㄱ형강과 보강받침판	SS275	$F_y = 275MPa$	$F_u = 410MPa$

2. 단면 성능

보	H−500×200×11×19	$t_w = 11\text{mm}$	$d = 500\text{mm}$	$k = 39\text{mm}$
기둥	□−300×300×12	$t = 12\text{mm}$	$B = 300\text{mm}$	$b/t = 22$

3. 강관구조의 적용한계 검토 기준 4.8.1.1

강도 : $F_y = 295\text{MPa} \leqq 360\text{MPa}$ ∴ O.K

연성 : $\dfrac{F_y}{F_u} = \dfrac{295}{400} = 0.74 \leqq 0.80$ ∴ O.K

한계폭두께비 : $\lambda_r = 1.40\sqrt{\dfrac{E}{F_y}} = 1.40\sqrt{\dfrac{210,000}{295}} = 37.4 > 22(= b/t)$ ∴ O.K

4. 보의 소요전단강도 산정

$V_u = P_u = 1.2(90)+1.6(270) = 540\text{kN}$

5. 웨브크립플링과 웨브국부항복에 대해서 요구되는 스티프너의 폭 W 산정

웨브크립플링강도 산정에서 $N/d > 0.2$로 가정하고, 보는 기둥으로부터 20mm 띄우는(setback) 것으로 한다.

$$R_n = 0.40t_w^2\left[1+\left(\frac{4N}{d}-0.2\right)\left(\frac{t_w}{t_f}\right)^{1.5}\right]\sqrt{\frac{EF_{yw}t_f}{t_w}}$$ 기준식(4.7−29)

으로 부터,

$$N = \frac{R_u - \phi\left[0.40t_w^2\left\{1-0.2(t_w/t_f)^{1.5}\right\}\sqrt{EF_{yw}t_f/t_w}\,\right]}{\phi\left[0.40t_w^2(4/d)(t_w/t_f)^{1.5}\sqrt{EF_{yw}t_f/t_w}\,\right]}$$

$$= \frac{540,000 - 0.75\times 501,000}{0.75\times 1,940} = 113\,\text{mm}$$

$W_{\min} = N+$ setback ($\geqq k+$ setback 이어야 한다)

$= 113 + 20 = 133\text{mm}$

웨브국부항복에 대해서도 20mm 띄우는(setback) 것으로 가정한다.

$P_u \leq \phi R_n = \phi(2.5k+N)F_{yw}t_w$ 기준식(4.7−26)

으로 부터,

$$N_{\min} = \frac{P_u/\phi}{F_{yw}t_w} - 2.5k = \frac{540,000/1.0}{355\times 11} - 2.5\times 39 = 40.8\text{mm}$$

$W_{\min} = N+$ setback

$= 40.8 + 20 = 60.8\text{mm}$

결과적으로, 보강받침판의 내민 폭 W는 웨브크립플링강도 검토에 의해서 정해진다.
따라서, W=150mm로 한다.

6. 지지폭(bearing width)의 가정에 대한 검토

$N = 150 - 20 = 130\text{mm}$

가정한 대로 $N/d = \dfrac{130}{500} = 0.26 > 0.2$

7. 보강판과 받침판의 용접길이 산정

보강판의 길이 L은 610mm로 가정한다.

$$\phi R_{nw} = \frac{\phi F_w (0.7s)(2.4L)}{\sqrt{1+16(e/L)^2}}$$

$$= \frac{(0.75)(0.6\times 420)(0.7\times 8)(2.4\times 610)}{\sqrt{1+16(0.8\times 150/610)^2}}$$

$$= 1{,}220\text{kN} > 540\text{kN}\ (= P_u) \quad \therefore \text{O.K}$$

보강판과 받침판의 용접사이즈 s =8mm는 각형강관 기둥의 판두께(t = 12mm)에 대한 최소용접사이즈 5mm보다 크므로, 전단에 의한 용접강도의 저감은 고려하지 않아도 된다. 또한, 각형강관에 대한 seat plate의 최소용접길이는 양측에 각각 0.2L= 122mm임을 고려하여, 용접사이즈 8mm, 용접길이 130mm로 용접한다.

8. 보강판의 판두께 산정

보강판의 판두께는 보 웨브의 판두께 이상이어야 한다. 즉

$t_p \geq t_w = 11\ \text{mm}$

보강판의 국부좌굴 방지를 위해서,

$$t_p \geq \frac{W}{0.56\sqrt{E/F_{y,stiffener}}} = \frac{150}{0.56\sqrt{210{,}000/275}} = 9.7\text{mm}$$ 기준 1.5.3.2 및 4.7.10.7

지압응력은 공칭지압응력($1.8F_{y,stiffener}$) 이하이여야 한다는 조건으로부터

$$t_p \geq \frac{R_u(4W-3N)}{\phi(1.8F_{y,stiffener})W^2} = \frac{540{,}000\times(4\times 150 - 3\times 130)}{0.75(1.8\times 275)(150^2)} = 13.6\text{mm}$$ 기준 4.7.10.7

용접을 고려한 보강판의 두께는

$t_p \geq 2w(= 2\times 8.0 = 16.0\text{mm})$

$F_y = 275$MPa인 보강판과 $F_y = 355$MPa인 보의 경우에 보강판의 최소 두께는

$$t_{p,\min} = \left(\frac{F_{y,beam}}{F_{y,stiffener}}\right)t_w = \left(\frac{355}{275}\right)(11) = 14.2\text{mm}$$

$F_y = 275$MPa인 보강판과 $F_u = 400$MPa인 각형강관 기둥의 경우에 보강판의 최대 판두께는

$$t_{p\ \max} = \frac{F_y t}{F_{y,stiffener}} = \frac{400(12)}{275} = 17.5\,\text{mm} \qquad \text{기준식}(4.8\text{-}10)$$

결과적으로, 판두께 16mm인 보강판을 사용한다.

9. 보강판의 길이 산정

보강판은 적절한 휨강성을 지녀야 한다. 즉

$\phi_b\left(\frac{1}{6}t_p L^2\right)F_{y,stiffener} \geq R_u e$ 로부터

$$L \geq \left(\frac{6R_u e}{\phi_b t_p F_{y,stiffener}}\right)^{1/2} = \left(\frac{6(540{,}000)(0.8\times150)}{(0.9)(16.0)(275)}\right)^{1/2} = 313\,\text{mm}$$

보강판의 길이 L은 보통 $3.2W$ 로 한다는 점을 고려하여 L = 610mm로 한다.

따라서, 보강판으로서 PL-16×170×610을 사용한다.

10. 각형강관 기둥 폭 B의 검토

최소 폭은 $0.4L + t_p + 3t$

$B = 300$ mm $\geq$ 296 mm $(= 0.4\times610 + 16 + 3\times12)$ O.K

11. 받침판의 치수 산정

고장력볼트 M16(F10T) 2개를 140mm 간격으로 보 플랜지와 받침판 사이에 접합하고, 받침판과 각형강관 기둥을 용접하기 위한 소요 폭은 0.4(610)+16= 260mm이므로, 용접 선단부와 지단부를 고려하여 받침판의 폭을 280mm로 한다. 따라서, 받침판 PL-16×170×280을 사용한다.

12. 상부ㄱ형강의 설계

기준〈표 4.7-6〉에 의해 각형강관 기둥의 판 두께(12mm)에 대한 최소용접사이즈는 5mm이므로 상부ㄱ형강의 두께는 그 이상으로 한다.

즉, 상부ㄱ형강 L-100×100×7의 토우(toe)를 5mm의 현장필릿용접으로 각형강관 기둥과 접합하고, 보 플랜지와는 고장력볼트 M16(F10T)를 2개 배치하여 접합한다. ◀

예제11.6 각형강관 기둥과 H형강 보의 단일판 접합부 설계

아래 그림과 같이 H-450×200×8×12의 보와 □-200×200×8의 기둥을 단일판 접합으로 설계하시오. 단일판과 보 웨브와의 접합에는 고장력볼트 M16(F10T)를 사용하고, 각형강관 기둥과 단일판과의 접합은 필릿용접으로 하며, 용접재(KS D 7004 연강용 피복아크 용접봉)의 인장강도 $F_{uw}=420$kN 이다. H형강 보 단부의 전단력은 $P_D=$ 20kN, $P_L=$ 60kN이다.

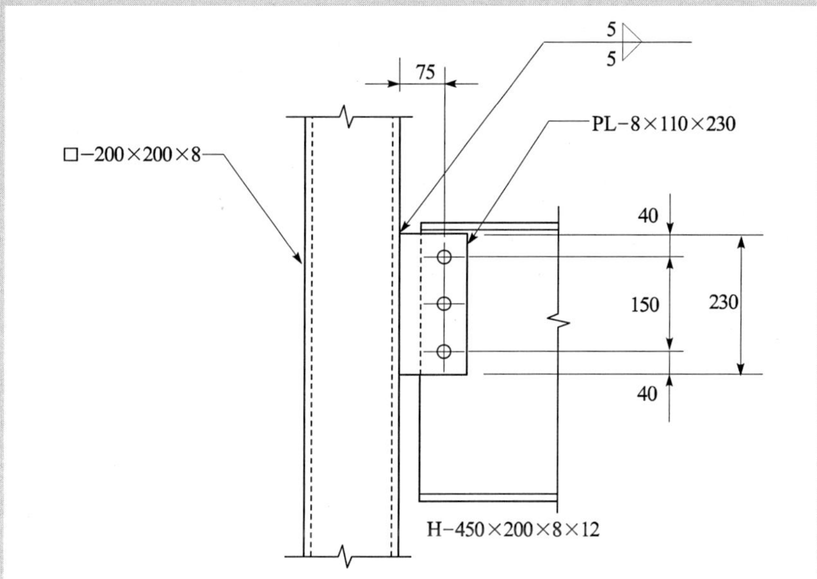

풀이 ▶

1. 재료 특성

보	SHN355	$F_y=355$MPa	$F_u=490$MPa
기둥	SNRT295	$F_y=295$MPa	$F_u=400$MPa
단일판	SS275	$F_{yp}=275$MPa	$F_{up}=410$MPa

2. 단면 성능

보	H-450×200×8×12	$t_w=8$mm	$d=450$mm	$T=390$mm
기둥	□-200×200×8	$t=8$mm	$B=200$mm	$b/t=22$

3. 강관구조의 적용한계 검토 기준 4.8.1.1

강도 : $F_y = 295\text{MPa} \leqq 360\text{MPa}$ ∴ O.K

연성 : $\dfrac{F_y}{F_u} = \dfrac{295}{400} = 0.74 \leqq 0.80$ ∴ O.K

한계폭두께비 : $\lambda_r = 1.40\sqrt{\dfrac{E}{F_y}} = 1.40\sqrt{\dfrac{210,000}{295}} = 37.4 > 22(= b/t)$ ∴ O.K

4. 보의 소요전단강도 산정

$V_u = R_u = 1.2(20) + 1.6(60) = 120\text{kN}$

5. 단일판의 두께 검토

단일판의 두께는 8mm로 가정한다.

$$t_{p\,\max} = \frac{F_u t}{F_{yp}} = \frac{400 \times 8}{275}$$ 기준식(4.8-10)

$$= 11.6\,\text{mm} > t_p(= 8\,\text{mm}) \quad \text{O.K}$$

주의 : 단일판의 두께를 제한하는 것은 각형강관기둥 관벽의 전단항복을 방지하기 위함.

각형강관 기둥의 용접부에서 전단파괴에 대한 단일판의 최소두께에 대해서

$$t_{p,\min} = \frac{0.6F_{uw}(0.7s)(2)}{0.6F_{up}} = \frac{420(0.7 \times 5)(2)}{410} = 7.17\,\text{mm} < t_p(= 8\,\text{mm}) \quad \therefore \text{O.K}$$

6. 단일판과 보의 접합부 볼트접합 검토

단일판과 보 웨브를 3개의 M16(F10T) 고장력볼트 접합으로 가정한다.

(1) 고장력볼트 몸체

$\phi R_n = \phi n F_{nv} A_b = (0.75)(3)(500)(201) = 226\text{kN} > 120\text{kN}\ (= P_u)$ ∴ O.K

(2) 보 웨브의 설계지압강도

$\phi R_n = \phi n 2.4 d t_w F_{up} = (0.75)(3)(2.4)(16)(8)(490) = 338\text{kN} > 120\text{kN}$ ∴ O.K

(3) 단일판의 설계지압강도

$1.2 L_c t_P F_{up} = 1.2 \times [40 - (16+2)/2] \times 6 \times 410 = 91.5\text{kN}$

$2.4 d t F_{up} = 2.4 \times 16 \times 6 \times 410 = 94.4\text{kN} \langle\ 1.2 L_c t_P F_{up} (= 91.5\text{kN})$

$\phi R_n = 91.5 + 2 \times 94.5 = 281\text{kN} > 120\text{kN}$ ∴ O.K

따라서, 단일판으로 PL−8×110×230을 사용한다.

7. 단일판과 기둥의 용접접합 사이즈 선정

각형강관 기둥과 8mm 두께의 단일판과의 용접사이즈 선정

최소 사이즈 = 5mm ($6 < t_{min} (= 8\text{mm}) < 13$인 경우) 표 4.7-6

최대 사이즈 $s = t_{min} - 2 = 8 - 2 = 6\text{mm}$ ($t \geq 6\text{mm}$인 경우) 기준 4.7.2.3(2)②

따라서, 필릿 사이즈를 5mm로 가정한다.

8. 용접사이즈 안전성 검토

용접사이즈 $s = 5\text{mm}$, 즉 유효목두께 $a = 0.7s = 3.5\text{ mm}$로 양면 필릿용접이며,

유효용접길이 $l_e = l - 2s = 230 - 2 \times 5 = 220\text{mm}$인 경우

보의 소요전단강도 P_u 에 대한 연직방향 소요전단응력

$$\tau_{wv} = \frac{P_u}{A_w} = \frac{P_u}{a l_e} = \frac{120,000}{2(3.5)(220)} = 77.9\text{MPa}$$

편심모멘트 $P_u e$에 대한 수평방향 소요전단응력

$$\tau_{wh} = \frac{M_e}{S} = \frac{P_u e}{2 a l_e^2 / 6} = \frac{120,000 \times 75}{2 \times 3.5 \times 220^2 / 6} = 159\text{MPa}$$

조합 소요전단응력

$$\tau_w = \sqrt{77.9^2 + 159^2} = 177\text{MPa}$$

한편, 필릿용접의 설계강도

$$\phi F_{nw} = \phi(0.60 F_w) = 0.75(0.60 \times 420) = 189\text{MPa} > \tau_w (= 177\text{MPa}) \quad \text{O.K}$$

따라서, 필릿 사이즈를 5mm로 설계한다. ◀

예제11.7 각형강관 기둥과 H형강 보의 관통판 접합부 설계

아래 그림과 같이 H−450×200×8×12의 보와 □−300×300×6의 각형강관 기둥을 관통판 접합으로 설계하시오. 관통판과 보 웨브와의 접합에는 고장력볼트 M16(F10T)를 사용하고, 각형강관 기둥과 관통판과의 접합은 필릿용접으로 하며, 용접재(KS D 7004 연강용 피복아크 용접봉)의 인장강도 $F_{uw}=420\text{kN}$ 이다. H형강 보 단부의 전단력은 $P_D=$ 20kN, $P_L=$ 60kN이다.

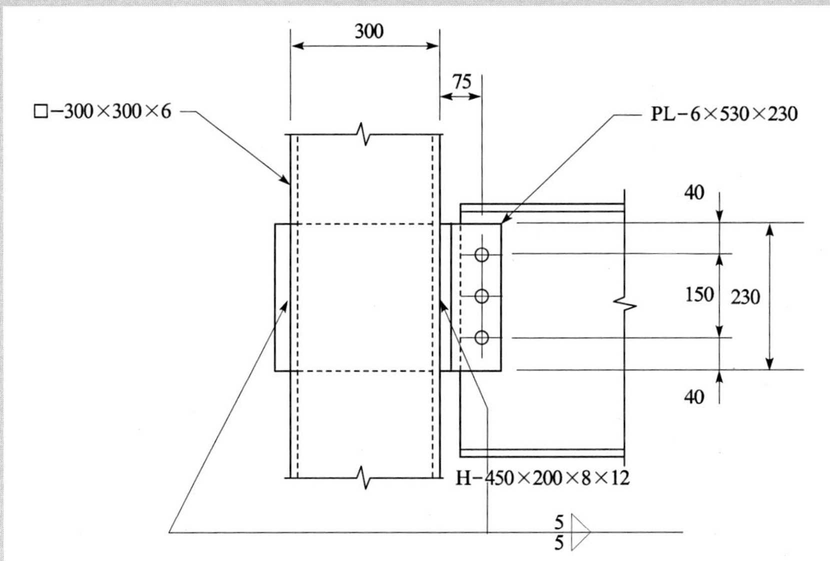

풀이 ▶

1. 재료 특성

보	SHN355	$F_y=355\text{MPa}$	$F_u=490\text{MPa}$
기둥	SNRT295	$F_y=295\text{MPa}$	$F_u=400\text{MPa}$
관통판	SS275	$F_{yp}=275\text{MPa}$	$F_{up}=410\text{MPa}$

2. 단면 성능

보	H−450×200×8×12	$t_w=8\text{mm}$	$d=450\text{mm}$	$T=390\text{mm}$
기둥	□−300×300×6	$t=6\text{mm}$	$H=300\text{mm}$	$h/t=47$

3. 강관구조의 적용한계 검토 기준 4.8.1.1

강도 : $F_y = 295\text{MPa} \leq 360\text{MPa}$ ∴ O.K

연성 : $\dfrac{F_y}{F_u} = \dfrac{295}{400} = 0.74 \leq 0.80$ ∴ O.K

한계폭두께비 : $\lambda_r = 1.40\sqrt{\dfrac{E}{F_y}} = 1.40\sqrt{\dfrac{210,000}{295}} = 37.4 < 47(=h/t)$ ∴ N.G.

□-300×300×6의 폭두께비는 한계폭두께비 λ_r 보다 작으므로, 단일판 접합은 부적절하여 관통판 접합으로 한다. 그러나 참고적으로, 관통판 접합은 제작비용이 많아지므로, 단일판 접합이 적절하지 않을 경우에는 쌍ㄱ형강 접합으로 하는 것이 바람직하다.

4. 보의 소요전단강도 산정

$V_u = R_u = 1.2(20) + 1.6(60) = 120\text{kN}$

5. 관통판 두께 검토

관통판 두께는 6mm로서, 각형강관의 기둥에 사이즈 5mm 양면 필릿용접으로 가정한다

$t_{p\max} = \dfrac{F_u t}{F_{yp}} = \dfrac{400 \times 6}{275}$ 기준식(4.8-10)

$= 8.7\text{mm} > t_p(= 6\text{mm})$ O.K

주의 : 관통판의 두께를 제한하는 것은 각형강관기둥 관벽의 전단항복을 방지하기 위함.

각형강관 기둥의 용접부에서 전단파괴에 대한 관통판의 최소두께에 대해서

$t_{p,\min} = \dfrac{0.6F_{uw}(0.7s)(2)}{0.6F_{up}} = \dfrac{420(0.7 \times 5)(2)}{410} = 7.17\text{mm} > t_p(= 6\text{mm})$ ∴ N.G

따라서, 단일판이 아닌 관통판을 사용하며 소요강도에 대한 용접길이로 조정하는 것이 필요하다.

6. 관통판과 보의 접합부 볼트접합 검토

관통판과 보 웨브를 3-M16(F10T) 고장력볼트 접합으로 가정한다.

(1) 고장력볼트 몸체

$\phi R_n = \phi n F_{nv} A_b = (0.75)(3)(500)(201) = 226\text{kN} > 120\text{kN}\ (= P_u)$ ∴ O.K

(2) 보 웨브의 설계지압강도

$\phi R_n = \phi n 2.4 d t_w F_{up} = (0.75)(3)(2.4)(16)(8)(490) = 338\text{kN} > 120\text{kN}$ ∴ O.K

(3) 관통판의 설계지압강도

$1.2L_c t_P F_{up} = 1.2 \times [40 - (16+2)/2] \times 6 \times 410 = 91.5\text{kN}$

$2.4\,dt\,F_{up} = 2.4 \times 16 \times 6 \times 410 = 94.4\,\text{kN} \ \langle\ 1.2L_c t_P F_{up}(=91.5\text{kN})$

$\phi R_n = 91.5 + 2 \times 94.5 = 281\text{kN} \ > \ 120\text{kN} \quad \therefore$ O.K

따라서, 관통판으로 PL−6×530×230을 사용한다.

7. 관통판의 전단과 블록전단에 대한 안전성 검토

(1) 관통판의 전단항복

$\phi R_n = 1.0(0.6 \times 275)(230)(6) = 228\text{kN} > 120\text{kN} \quad \therefore$ O.K

(2) 관통판의 전단파단

$\phi R_n = 0.75[230 - 3(16+2)](6)(0.6)(410)(10^{-3}) = 195\text{kN} > 120\text{kN} \quad \therefore$ O.K

(3) 관통판의 블록전단

$A_{gv} = 230(6) = 1{,}380\text{mm}^2$

$A_{nv} = [230 - 2.5(16+2)](6) = 1{,}100\text{mm}^2$

$A_{nt} = \left[36 - \frac{1}{2}(16+2)\right](6) = 162\text{mm}^2$

$R_{n1} = 0.6F_u A_{nv} + U_{bs} F_u A_{nt}$

$= 0.6 \times 410 \times 1{,}100 + 1.0 \times 410 \times 162 = 337\text{kN}$ 기준식(4.7-17)

$R_{n2} = 0.6\,F_y A_{gv} + U_{bs} F_u A_{nt}$

$= 0.6 \times 275 \times 1{,}380 + 1.0 \times 410 \times 162 = 294\text{kN}$ 기준식(4.7-17)

$\therefore R_n = 294\,\text{kN}$ (둘 중에서 작은 값)

$\phi R_n = 0.75(294) = 221\,\text{kN} \ \rangle\ P_u(=120\,\text{kN}) \quad \therefore$ O.K

8. 소요용접강도 산정과 필릿용접의 안전성 검토

각형강관의 내측단에 작용하는 전단력은

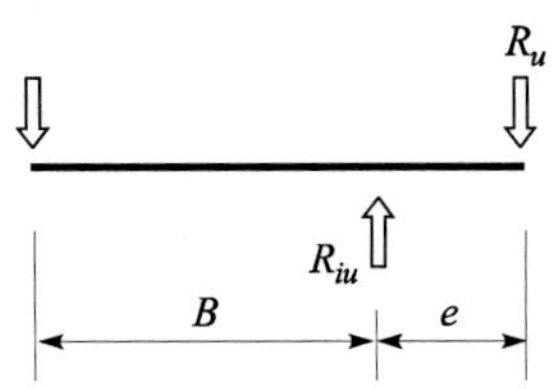

$$R_{iu} = \frac{R_u(B+e)}{B} = \frac{120(300+75)}{300} = 150\text{kN}$$

용접사이즈 $s = 5\text{mm}$, 즉 유효목두께 $a = 0.7s = 3.5\ \text{mm}$로 양면 필릿용접이며,
유효용접길이 $l_e = l - 2s = 230 - 2 \times 5 = 220\text{mm}$인 경우

보의 소요전단강도 R_{iu} 에 대한 연직방향 소요전단응력

$$\tau_{wv} = \frac{R_{iu}}{A_w} = \frac{R_{iu}}{a l_e} = \frac{150,000}{2(3.5)(220)} = 97.4\text{MPa}$$

편심모멘트 $R_u e$에 대한 수평방향 소요전단응력

$$\tau_{wh} = \frac{M_e}{S} = \frac{R_u e}{2 a l_e^2/6} = \frac{120,000 \times 75}{2 \times 3.5 \times 220^2/6} = 159\text{MPa}$$

조합 소요전단응력

$$\tau_w = \sqrt{97.4^2 + 159^2} = 186\text{MPa}$$

한편, 필릿용접의 설계강도

$\phi F_{nw} = \phi(0.60 F_w) = 0.75(0.60 \times 420) = 189\text{MPa} > \tau_w (= 186\,\text{MPa})$ O.K

따라서, 필릿 사이즈를 5mm로 설계한다. ◀

예제11.8 각형강관과 응력직각방향 플레이트 접합부의 안전성 검토

아래 그림과 같이 각형강관 □-200×200×12 기둥에 폭 140mm의 직각방향 플레이트가 접합된 경우, 각형강관 기둥의 국부적인 강도에 대한 안전성을 검토하시오. 다만 강관에는 휨이 일어나지 않는 것으로 한다.

직각방향 플레이트에 작용하는 힘 : $P_D = 45\text{kN}$, $P_L = 130\text{kN}$
각형강관 기둥의 압축력 : $P_D = 240\text{kN}$, $P_L = 720\text{kN}$

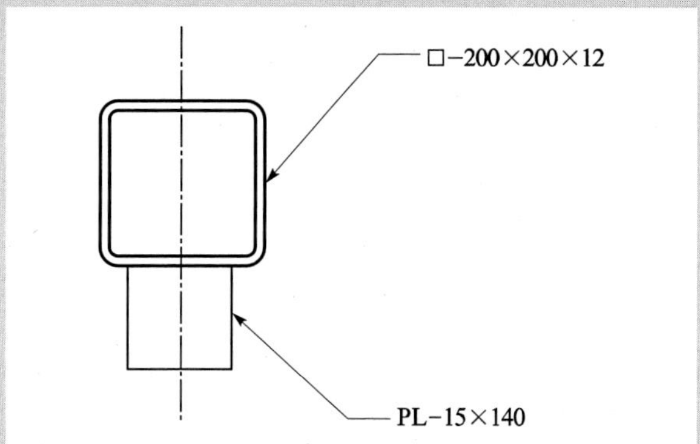

풀이 ▶

1. 재료 특성

기둥	SNRT295	$F_y = 295\text{MPa}$	$F_u = 400\text{MPa}$
플레이트	SS275	$F_y = 275\text{MPa}$	$F_u = 410\text{MPa}$

2. 단면 성능

기둥	□-200×200×12	$B = 200\text{mm}$	$t = 12\text{mm}$
플레이트		$B_p = 140\text{mm}$	$t_p = 13\text{mm}$

3. 기준 4.8.1.1의 적용한계 검토

(1) 강도 : $F_y \leqq 360\text{MPa}$	$F_y = 295\text{MPa}$	∴ O.K
(2) 연성 : $F_y / F_u \leqq 0.8$	$F_y / F_u = 0.74$	∴ O.K
(3) $0.25 < B_p/B < 1.0$	$B_p / B = 0.70$	∴ O.K
(4) $B/t \leqq 35$	$B/t = 13.7$	∴ O.K

4. 소요강도의 계산

직각방향 플레이트에 대해서

$P_u =$ 1.2(45)+1.6(130) = 262kN

각형강관 기둥에 대해서

$P_r = P_{u,column} =$ 1.2(240)+1.6(720) = 1,440kN

5. 가력플레이트에서 비균일하중분포로 인한 국부항복강도

$$R_n = \left[\frac{10F_y t}{\left(\frac{B}{t}\right)}\right] B_p \leq F_{yp} t_p B_p$$ 기준식(4.8-2)

$$R_{n1} = \left[\frac{10(295)(12)}{\left(\frac{200}{12}\right)}\right] 140 = 297\text{kN}$$

$R_{n2} - F_{yp} t_p B_p = 275(15)(140) = 578\text{kN}$

∴ $R_n =$ 297kN (둘중에서 작은 값)

$\phi =$ 0.95

$\phi R_n =$ 0.95(297) = 282kN ≧ 262kN (=P_u) ∴ O.K. 기준 4.8.1.2

6. 전단항복(뚫림)의 한계상태 검토

$B_p > (B-2t)$인 경우와 $B_p < 0.85B$인 경우에는 검토할 필요가 없다. 기준 4.8.1.2

$B-2t =$ 200−2(12) =176mm

$0.85B =$ 0.85(200) = 170mm

$B_p =$ 140mm$< 170(=0.85B)$이므로 검토할 필요가 없다.

7. 측벽강도 검토

기준 4.8.1.2에 의하면 주관과 연결요소의 폭이 동일하지 않으면 이 한계상태는 검토할 필요가 없다. 따라서, $B \neq B_p$이므로 검토할 필요가 없다.

8. 각형강관 압축강도에 대한 안전성 검토는 생략한다. ◀

예제11.9 원형강관 기둥과 응력방향 플레이트 접합부의 안전성 검토

아래 그림과 같이 원형강관 ○-165.2×7.0 기둥이 인장상태에 있으며, 폭 100mm 의 응력방향 플레이트에 $P_D=$ 15kN와 $P_L=$ 30kN의 힘이 작용할 경우, 원형강관 기둥의 국부적인 강도에 대한 안전성을 검토하시오

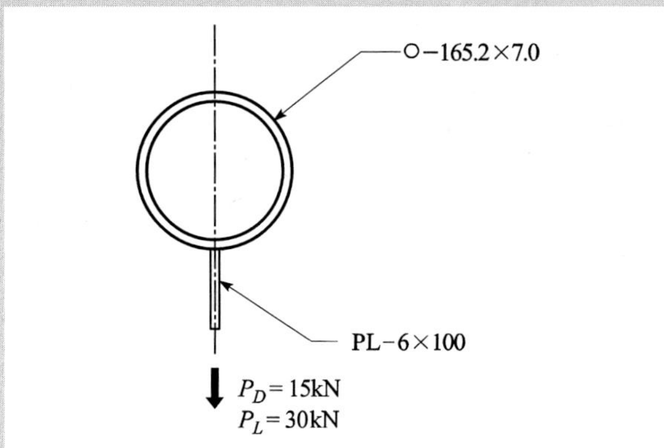

풀이 ▶

1. 재료 특성

기둥	SNT355	$F_y=355$MPa	$F_u=490$MPa
플레이트	SS275	$F_y=275$MPa	$F_u=410$MPa

2. 단면 성능

기둥	○-165.2×7.0	$D=165.2$mm	$t=7.0$mm
플레이트		$N=100$mm	

3. 기준 4.8.1.1의 적용한계 검토

(1) 강도 : $F_y \leqq$ 360MPa	$F_y=$ 355MPa	∴ O.K.
(2) 연성 : $F_y/F_u \leqq$ 0.8	$F_y/F_u=0.72$	∴ O.K.
(3) $D/t \leqq$ 50 (T-접합인 경우)	$D/t=$ 23.6	∴ O.K.

4. 소요강도 계산

$P_u=$ 1.2(15)+1.6(30) = 66kN

5. 주관 소성화의 한계상태 검토

$$R_n = 5.5 F_y t^2 \left(1 + \frac{0.25N}{D}\right) Q_f$$ 기준식(4.8-8)

기둥이 인장상태에 있으므로 $Q_f = 1.0$

$$R_n = 5.5(355)(6.0^2)\left(1 + \frac{0.25(100)}{165.2}\right)(1.0) = 80.9\text{kN}$$

$\phi R_n = 0.90(89.9) = 72.8\text{kN} > 66\text{kN}(=P_u)$ ∴ O.K ◀

예제11.10 각형강관 가새와 H형강 기둥의 접합부 설계

아래 그림과 같은 접합부의 안전성을 검토하고 필릿용접 사이즈를 설계하시오. 각형강관 □-100×100×9(SNRT295) 가새는 길이가 1.8m이며, 압축력 또는 인장력 P_u= 550kN이 작용하고 있다. 용접재(KS D 7004 연강용 피복아크 용접봉)의 설계기준인장강도 $F_{uw}=420\,\mathrm{kN}$ 이다. 단, 거셋플레이트는 충분한 단면 크기를 가지는 것으로 가정한다.

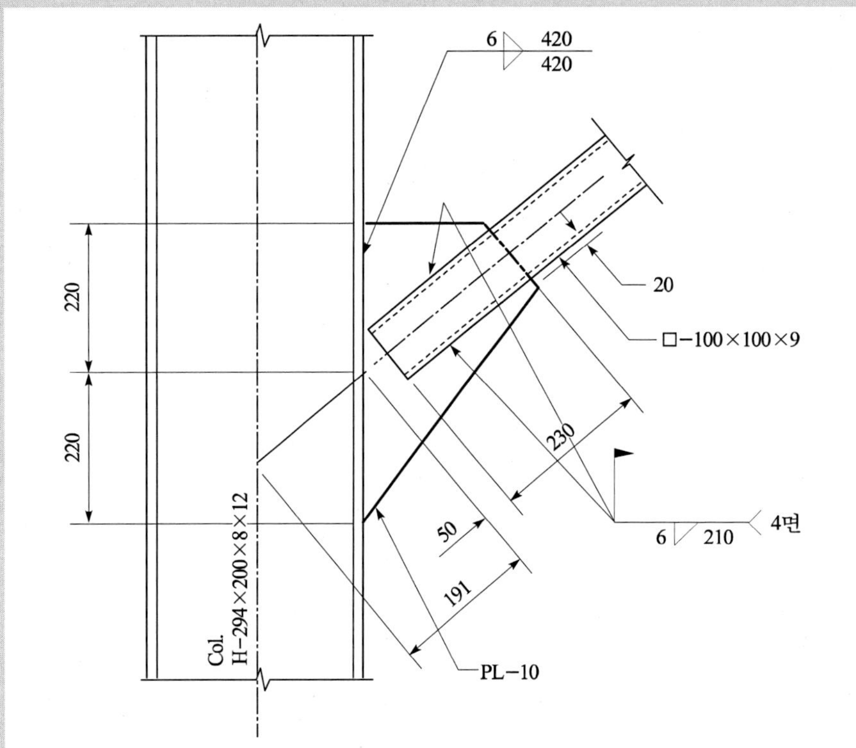

풀이 ▶

1. 강재 등급 :

   가새 ; KS D3864, SNRT295, $F_y=295\,\mathrm{MPa}$, $F_u=400\,\mathrm{MPa}$

   거셋플레이트, 기둥 ; KS D3515, SM275, $F_y=275\,\mathrm{MPa}$, $F_u=410\,\mathrm{MPa}$

2. 단면 성능 :

   가새 ; □−100×100×9, $A=3{,}070\,\mathrm{mm}^2$, $i_x=i_y=36.5\,\mathrm{mm}$

   거셋 ; t = 10mm

기둥 ; H−294×200×8×12

3. 각형강관 가새의 설계압축강도 검토 :

(1) 압축판요소의 폭두께비 검토(구속판요소) 기준 1.5.3.4

각형강관의 플랜지(구분12) 〈표 1.5-1〉

$\lambda_r = 1.4\sqrt{E/F_y} = 1.4\sqrt{210{,}000/295} = 37.4 > \lambda\ \{= (100 - 3\times 9)/9 = 8.1\}$

따라서, 각형강관벽은 세장단면이 아님.

(2) 휨좌굴에 대한 설계압축강도와 안전성 검토 기준 4.2.3

$\phi P_n = \phi F_{cr} A_g$ 기준식(4.2-1)

$\phi = 0.9$

$k = 1.0,\ L_b = 1{,}800\,\mathrm{mm},\ \lambda = kL_b/r = 1.0\times 1{,}800/36.5 = 49.3$

$kL_n/r = 49.3\ \le\ 4.71\sqrt{E/F_y}\ (= 4.71\sqrt{210{,}000/295} = 126)$ 이므로

$F_{cr} = [0.658^{F_y/F_e}]F_y$ 기준식(4.2-2)

$F_e = \dfrac{\pi^2 E}{(kL/r)^2} = \dfrac{\pi^2\times 210{,}000}{49.3^2} = 853\,\mathrm{MPa}$; 탄성좌굴응력 기준식(4.2-4)

$F_{cr} = [0.658^{295/853}]F_y = 0.865\times 295 = 255\,\mathrm{MPa}$

$\phi P_n = 0.9(255)(3{,}070)$

$= 705\mathrm{kN} > P_u\ (= 550\mathrm{kN})$ O.K

4. 각형강관 가새의 설계인장강도와 안전성 검토

(1) 총단면적에 대한 항복한계상태 기준 4.1.2.1

$\phi P_n = \phi_t F_y A_g$

$= 0.9(295)(3{,}070)$

$= 815\mathrm{kN} > P_u\ (= 550\mathrm{kN})$ O.K

(2) 유효순단면적에 대한 파단한계상태 기준 4.1.2.2

$\phi P_n = \phi_t F_u A_e$

위 식에서, $\phi_t = 0.75,\ A_e = UA_n$: 유효순단면적

$A_n = A_g - 2t_w \times$(슬롯 지름 = 거셋플레이트 두께+2mm)

$= 3{,}070 - 2(9)(10+2) = 2{,}850\,\mathrm{mm}^2$

$$\bar{x}=\frac{B^2+2BH}{4(B+H)}=\frac{100^2+2(100)(100)}{4(100+100)}=37.5\,\text{mm}$$ 〈표 4.1-1〉

가새와 플레이트 접합부 사이 겹침길이 230mm중에서 용접길이 l = 210mm로 가정하면,

$$U=1-\frac{\bar{x}}{\ell}=1-\frac{37.5}{210}=0.821$$

$$A_e=0.821(2{,}850)=2{,}340\,\text{mm}^2$$

$$\phi P_n=\phi_t F_u A_e$$

$$=0.75(400)(2{,}340)$$

$$=702\text{kN}\ \rangle\ P_u\ (=550\text{kN})\quad \text{O.K}$$

5. 각형강관 가새와 거셋플레이트 사이 용접 사이즈 설계

$$\phi R_{nw}=0.75F_w A_w$$ 기준식(4.7-2)

$$F_w=0.6F_u=0.6(420)=252\,\text{MPa}$$ 〈표 4.7-7〉

$$A_w=0.7\,s\,l_w$$

$$\therefore\ \phi R_{nw}=0.75(252)(0.7)\,s\,l_w\cong 132\,s\,l_w$$

$$l_w\cong 4(210)=840\text{mm}$$

$\phi R_{nw}\ \geq\ P_u$로부터

$$\text{Req'd}\ s=\frac{550{,}000}{132\times 840}=4.96\text{mm}\rightarrow 6\text{mm}$$

(1) 필릿용접 사이즈 s = 6mm, 용접길이 l_w = 210mm(4면)의 용접부 강도

$$\phi R_{nw}=0.75(252)(0.7)(6)(840)$$

$$=667\text{kN}\ \rangle\ P_u\ (=550\text{kN})\quad \text{O.K}$$

(2) 필릿용접의 최소사이즈(t_1 = 9mm, t_2 = 10mm) 검토 〈표 4.7-6〉

$$s_{\min}=5\text{mm}\ \langle\ 6\text{mm}\quad \text{O.K}$$

6. 거셋플레이트와 H형강 기둥 사이 용접 사이즈 설계

$$l_w=2(420)=840\text{mm}$$

$$\text{Req'd}\ s=\frac{550{,}000}{132\times 840}=4.96\text{mm}\rightarrow 6\text{mm}$$

여기서, s = 6mm(양면) 필릿용접강도는 위의 가새와 거셋플레이트 사이 용접강도와 동일함.

$$\phi R_{nw}=0.75(252)(0.7)(6)(840)$$

$$=667\text{kN}\ \rangle\ P_u\ (=550\text{kN})\quad \text{O.K}$$ ◀

예제11.11 연속보와 각형강관 기둥의 캡플레이트 접합부 안전성 검토

아래 그림과 같이 각형강관 기둥이 캡플레이트를 통하여 H형강 보의 반력을 저항하고 있다. 기둥 상부는 스티프너에 의해 면외 안정되어있고, 기둥의 축력은 P_{DL} = 110kN, P_{LL} = 130kN일 때 이 기둥의 접합부 강도를 검토하시오.

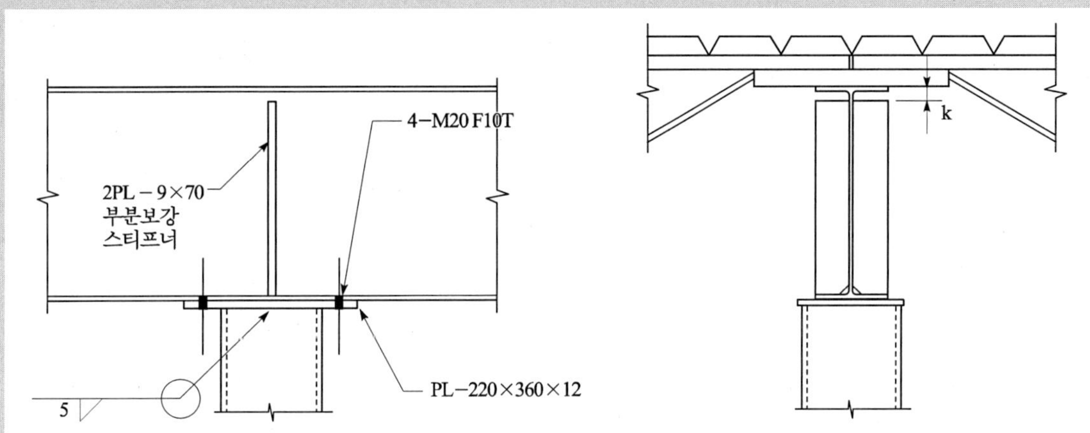

풀이 ▶

1. 재료 강도 :

   보 ; SHN355, $F_y = 355\,\text{MPa}$, $F_u = 490\,\text{MPa}$

   기둥 ; SNRT295, $F_y = 295\,\text{MPa}$, $F_u = 400\,\text{MPa}$

   캡플레이트 ; SS275, $F_y = 275\,\text{MPa}$, $F_u = 410\,\text{MPa}$

2. 단면 성능 :

   보 ; H−300×150×6.5×9, $A = 4{,}680\,\text{mm}^2$, $r = 13\,\text{mm}$, $k_1 = 16.3\,\text{mm}$, $k = 22\,\text{mm}$

   기둥 ; □−200×200×6, $A = 4{,}560\,\text{mm}^2$, $i_x = i_y = 77.8\,\text{mm}$

   캡플레이트 ; $t = 12\,\text{mm}$

3. 소요강도 :

   R_u = 1.2(110) + 1.6(130) = 340kN

4. 각형강관 기둥에서 기여하는 각관벽의 개수 제한 검토 :

   $5t_p+N$ = 5(12)+77.6=137.6 〈 B (기둥폭 = 200) 기준 4.8.1.5

   위 식에서,

   N = 보 하부의 지압길이

   $= 2k_1 + 5t_f$

   = 2(16.3)+5(9) = 77.6mm

   즉, 2개의 각관벽만 기여한다.

   따라서, 보의 수직 반력은 캡플레이트를 통하여 보와 직각인 2개의 각관벽에 전달되는 것으로 가정한다.

5. 각형강관 기둥 각관벽의 국부항복강도 검토 :

   2개 각관벽 각각에 대하여,

   $\phi = 1.0$

   $R_{n1} = F_y t(5t_p + N) = 295(6)[5(12) + 77.6] = 244$ kN 기준식(4.8-10)

   $R_{n2} = BF_y t = 200(295)(6) = 354$kN 기준식(4.8-10)

   ∴ R_n = 244kN/각관벽 (둘중의 작은값)

   따라서, 2개 각관벽의 설계국부항복강도는

   $\phi = 1.0$

   ϕR_n = 1.0(244)(2) ; (여기서, 2 = 기여 각관벽 개수)

   = 488kN 〉 340kN ($= R_u$) O.K

6. 각형강관 기둥 각관벽의 국부크리프링강도 검토 : 기준 4.8.1.5

   $R_n = 0.8t^2[1 + (6N/B)(t/t_p)^{1.5}][EF_y t_p/t]^{0.5}$ 기준식(4.8-11)

   $= 0.8(6)^2[1+[6(77.6)/200](6/12)^{1.5}][210,000(295)(12)/6]^{0.5}$

   = 584kN/각관벽

   따라서, 2개 각관벽의 설계벽국부크리프링강도는

   $\phi = 0.75$

   ϕR_n = 0.75(584)(2) ; (여기서, 2 = 기여 각관벽 개수)

   = 876kN 〉 340kN ($= R_u$) O.K ◀

예제11.12 중심축하중을 받는 각형강관 기둥의 베이스플레이트 설계

아래 그림과 같이 고정하중 150kN과 활하중 400kN을 받는 각형강관 □−150×150×9 기둥이 f_{ck} = 24MPa인 콘크리트 확대기초(1.8 m×1.8 m)위에 지지되고 있다. 이 기둥의 베이스플레이트를 설계하시오.

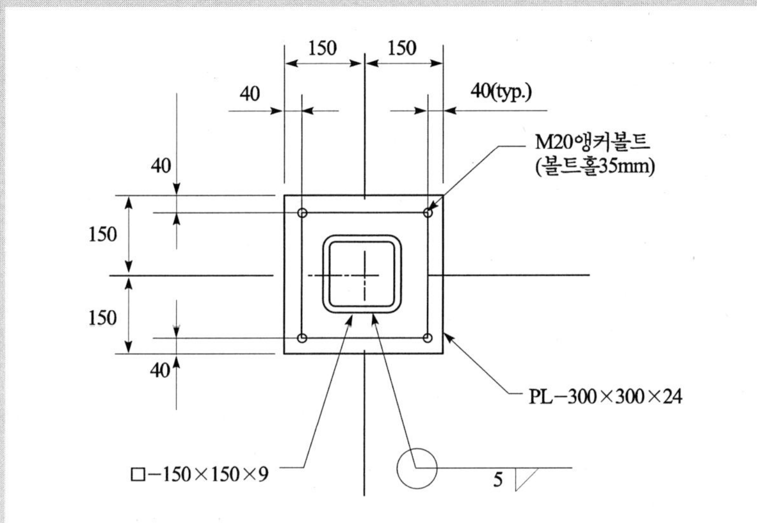

풀이 ▶

1. 재료 강도 :

   기둥 ; KS D3864 SNRT295, $F_y = 295\,\text{MPa}$, $F_u = 400\,\text{MPa}$

   베이스플레이트 ; KS D3515 SM275, $F_y = 265\,\text{MPa}$, $F_u = 410\,\text{MPa}$

2. 단면 성능 :

   각형강관 ; 150×150×9, A = 4,870 mm^2

3. 소요 강도 :

   P_u = 1.2(150) + 1.6(400) = 820kN

4. 베이스플레이트 크기 가정 :

   각형강관 기둥의 외면으로부터 각각 75mm 내민 300×300mm 크기로 가정한다.

5. 부분 지압을 받는 콘크리트 단면의 강도 검토 :

$P_p = 0.85 f_{ck} A_1 \sqrt{A_2 / A_1} \le 1.7 f_{ck} A_1$ 기준식(4.7-23)

A_1 = 300×300 = 90,000mm^2

A_2 = 1,800×1,800 = 3.24×10^{6}mm^2

$P_{p1} = 0.85 f_{ck} A_1 \sqrt{A_2 / A_1} = 0.85 \times 24 \times 90{,}000 \times \sqrt{3.24 \times 10^6 / 90{,}000} =$ 11,000kN

$P_{p2} = 1.7 f_{ck} A_1 = 1.7 \times 24 \times 90{,}000 =$ 3,670kN

$\therefore\ P_p$ = 3,670kN (둘중의 작은값)

주기 ; A_2 / A_1 〉 4인 경우 기준식(4.7-23) 앞의 식이 적용된다.

$\phi_c P_p = 0.65 \times 3{,}670 =$ 2,390kN 〉 P_u (=820kN) O.K 기준 4.7.8

6. 베이스플레이트의 두께 설계 :

각형강관 베이스플레이트의 내민길이 m 또는 n 은 폭과 너비에 0.95배하여 계산한다.

각형강관 기둥이 주각판의 내민길이에 비하여 클 경우에 신속하고 안전측으로 지압면적을 계산하는 방법은 각관벽 외부주위의 m 또는 n 을 제외한 기둥 내부 면적만을 사용하여 계산한다.

$$m = n = \frac{N - 0.95(\text{각관 외부폭})}{2}$$

$$= \frac{300 - 0.95(150)}{2} = 78.8\text{mm} \rangle \frac{[150 - 2(9)]}{2} = 66\text{mm}$$

따라서, 베이스플레이트의 전체면적을 유효지압부분으로 하고, 설계 휨모멘트는 각관기둥외부 주위 내민보의 모멘트로 한다.

베이스플레이트 소요응력(소요등분포하중)

$$f_{pu} = \frac{P_u}{A_{eff}} = \frac{820{,}000}{90{,}000} = 9.11\text{MPa}$$

베이스플레이트 단위폭당 소요휨강도

$$M_u = \frac{f_{pu} \ell^2}{2}$$

베이스플레이트 단위폭당 소성단면계수

$$Z = \frac{{t_p}^2}{4}$$

ϕ_b = 0.90

$M_n = M_p = F_y Z$

$M_u = \phi_b M_n$으로 놓고 t_p를 구하면,

$$t_{p(req)} = \sqrt{\frac{2 f_{pu} \ell^2}{\phi_b F_y}}$$

$$= \sqrt{\frac{2(9.11)(78.8^2)}{0.9(265)}} = 21.8\text{mm} \rightarrow 24\text{mm}$$

따라서, 300×300×24mm 베이스플레이트로 설계한다.

7. 베이스플레이트와 각형강관의 용접 :

$t_1 = 9\text{mm},\ t_2 = 24\text{mm}$

따라서, $s_{\min} = 5\text{mm}$ 〈표 4.7-6〉

각형강관 전주위에 사이즈 5mm로 필릿용접한다. ◀

예제11.13 인장력을 받는 각형강관의 엔드플레이트와 볼트접합 이음부 설계

아래 그림과 같이 각형강관 □−100×100×12 부재에 고정하중 70kN과 활하중 220kN이 인장력으로 작용할 때 이음부의 고장력볼트(F10T), 엔드플레이트(SS275) 및 용접사이즈 등을 설계하시오. 용접재(KS D 7004 연강용 피복아크 용접봉)의 설계기준인장강도 $F_{uw} = 420\,\text{kN}$ 이다.

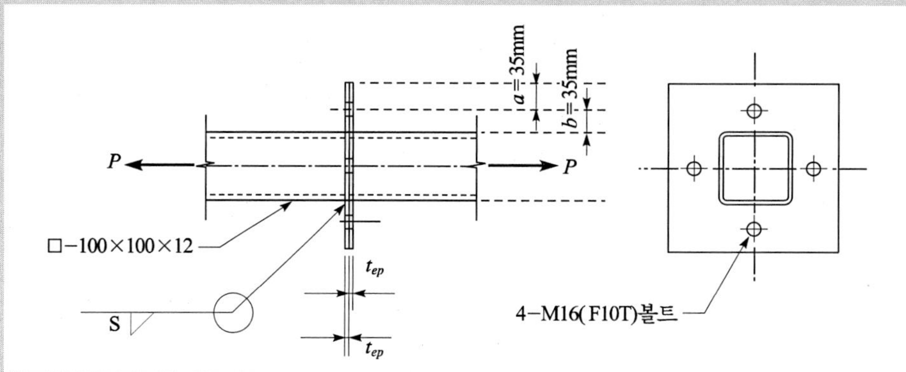

풀이 ▶

1. 강재 등급 :

   각형강관 ; SNRT295, $F_y = 295\,\text{MPa}$, $F_u = 400\,\text{MPa}$

   엔드플레이트 ; SS275, $F_y = 265\,\text{MPa}$, $F_u = 410\,\text{MPa}$

2. 단면 성능 :

   각형강관 ; □− 100×100×12, $A = 3{,}850\,\text{mm}^2$

   엔드플레이트 ; 240×240 가정, $a = b = 35\text{mm}$

3. 소요 강도

   $P_u = 1.2(70) + 1.6(220) = 436\text{kN}$

4. 고장력볼트 4−M16(F10T) 으로 가정하여 안전성 검토

   $n_b \phi R_{nt} = n_b \phi F_{nt} A_b$ 기준식(4.7−3)

   $= 4 \times 0.75 \times 750 \times (3.14 \times 16^2/4) = 452\text{kN} > P_u (= 436\,\text{kN})$ O.K

5. 엔드플레이트 두께 산정

(1) 지레작용(prying action) 효과 검토

엔드플레이트 외면으로부터 볼트내측면까지의 거리

$$a_1{}' = a + \frac{d_b}{2} = 35 + \frac{16}{2} = \quad 43\text{mm}$$

$$a_2{}' = 1.25\,b + \frac{d_b}{2} = 1.25 \times 35 + \frac{16}{2} = \quad 58\text{mm}$$

$\therefore\ a' = $ 43mm (둘중의 작은 값)

볼트 내측면부터 각관 표면까지의 거리

$$b' = b - \frac{d_b}{2} = 35 - \frac{16}{2} = \quad 27\text{mm}$$

$$\therefore\ \rho = \frac{b'}{a'} = \frac{27}{43} = \quad 0.628$$

각관 외측면에서의 엔드플레이트 면적에 대한 볼트 라인에서의 순면적(볼트구멍 공제)비

$$\delta\ =\ 1 - \frac{d'}{B}\ = 1 - \frac{16+2}{100}\ = 0.82$$

여기서, B : 각관의 폭

$$\beta = \frac{1}{\rho}\left(\frac{\phi R_{nt}}{R_{ut}} - 1\right) = \frac{1}{\rho}\left(\frac{n_b \phi R_{nt}}{P_u} - 1\right)$$

$$= \frac{1}{0.628}\left(\frac{452}{436} - 1\right) = \ 0.058$$

$$\alpha' = \frac{1}{\delta}\left(\frac{\beta}{1-\beta}\right) = \frac{1}{0.82}\left(\frac{0.058}{1-0.058}\right) = \ 0.075 \le 1.0$$

주기 ; $0 \le \alpha' \le 1$인 경우 볼트는 전체 인장강도를 받을 수 있으나 지레작용을 고려해야 하는 경우임.

(2) 볼트의 지레작용 효과를 고려한 판두께 산정

$$t_{req} = \sqrt{\frac{P_u b'}{\phi B F_u (1 + \delta \alpha')}}$$

$$= \sqrt{\frac{(436{,}000)(27)}{0.9(100)(410)[1 + 0.82(0.075)]}}$$

$= 17.3\text{mm} \rightarrow 18\text{mm}$

두께 18mm 엔드플레이트를 사용하면 지레작용에 대한 볼트 검토는 불필요함.

따라서, 엔드플레이트 PL−240×240×18를 사용한다.

6. 각형강관 전주 필릿용접 사이즈 설계

필릿용접의 사이즈 $s=$ 9mm로 가정한다.

필릿용접 최소사이즈(t_1 = 12mm, t_2 = 18mm), $s_{\min}=$ 5mm 〈9mm O.K 〈표 4.7-6〉

각형강관의 외부모서리 반경이 $2t$ 일 때 필릿용접 유효목두께의 중심선을 기준으로

계산한 실제 용접길이

$$l_w = 4[B-4t+\pi(t+s/4)]$$

$$= 4[100-4(12)+\pi(12+9/4)] = 387\text{mm}$$

설계용접강도는

$$\phi R_n = \phi F_w A_w = \phi(0.6F_u)(0.7s\,l_w)$$ 〈표 4.7-7〉 기준식(4.7-2)

$$= 0.75(0.6\times420)(0.7\times9\times387) = 461\text{kN} > P_u(=436\text{kN})\quad \text{O.K}$$

따라서, 각형강관 전체 외주부에 사이즈 s=9mm 필릿용접으로 설계한다.

◀

제12장

공장 설계

제12장 공장 설계

STRUCTURAL STEEL DESIGN

12.1 설계 개요

12.1.1 공장건물 개요

위　　치 : 울산광역시
용　　도 : 공 장
규　　모 : 12m×30m×8m (가로×세로×높이, 1층)
구 조 형 식 : 가새골조 (X방향), 철골모멘트골조(Y방향)
크레인 용량 : 50kN O.H.C

12.1.2 구조설계 기준과 재료 규격

이 설계는『건축물의 구조기준 등에 관한 규칙』및『건축구조기준(KDS 41 31)』에 따른다.

강　　재 : 기둥, 큰보, 작은보 – SM355
가새, 베이스플레이트 – SS275
고장력볼트 : F10T
앵 커 볼 트 : 일반볼트 4.6
기초콘크리트 : f_{ck} = 24MPa

12.1.3 사용성설계 목표값

(1) 경간내 연직처짐

일반 보　: $L/300$ (고정하중+활하중 작용시) – L : 보 스팬
크레인거더 : $L/800$ (충격계수를 고려하지 않은 최대 차륜하중에 의한 처짐)

(2) 수평변위

주 기둥 : $H/200$ (풍하중 작용시) – H : 처마높이까지 높이
$h/500$ (크레인하중 작용시) – h : T.O.C.G까지 높이

(3) 경간내 수평처짐

샛 기둥 : $L/200$ (풍하중 작용시) - L : 기둥 스팬

12.1.4 구조계획

일반적으로 공장건물의 구조계획은 크레인 유무의 확인, 기둥 간격 협의, 지붕 마감재 형식 및 입면의 개구부(Opening) 유무 등에 따라 수직과 수평 구조계획을 수행한다.

(1) 본 건물의 경우 크레인 용량(50kN)이 비교적 작으므로 단일 부재 기둥을 사용한다.
보통 200kN 이내의 크레인 반력을 지지하는 기둥은 단일 부재의 기둥에 브라켓을 사용하고, 그 이상의 크레인 반력을 지지하는 경우의 기둥은 래티스기둥으로 하여 지붕의 하중과 크레인 하중을 개개 기둥이 각각 부담하도록 한다. 물론, 각각의 기둥들은 래티스나 가새를 이용하여 일체화시켜 횡변위에 대한 부담을 줄인다. 기둥의 종방향 간격은 구조형식, 회사 지침 등에 따라 다르지만, 경제성을 고려하여 15m를 초과하지 않는 것이 일반적이다.

(2) 지붕의 주골조는 건물 스팬을 고려하여 단일형강을 사용한다.
장스팬 건물의 경우 주로 트러스를 사용하는 것이 일반적이고, 이 경우 상하현재, 수직재, 사재의 접합 상황 및 시공시 양중계획도 고려해야 한다.

(3) 수직방향가새는 입면 개구부(Opening)를 고려하여 건물 양단에 설치하고, 횡하중(풍하중, 크레인 주행방향 수평력)을 저항하도록 한다.
수직방향가새의 종류를 역학적으로 분류하면 인장력을 받는 인장가새와 압축력을 지지하는 압축가새로 구분한다. 그러나, 하나의 가새에 있어서 횡하중의 방향에 따라 인장력과 압축력은 바뀌게 된다. 결국, 일반적인 형태인 X형 가새에서는 좌굴 발생이 쉬운 압축가새의 저항력을 무시하고 인장가새만으로 부재를 선정하여 같은 단면을 X형태로 배치하도록 설계한다. 수직방향가새의 종류를 형태상으로 분류하면 X형, K형 및 편심K형과 니브레이스(knee brace)형 등이 있다.

(4) 크레인 횡방향 수평력에 대한 저항을 위하여 백거더를 사용하고 유지보수를 위하여 통행로(walkway)를 설치한다. 통행로 폭은 산업안전기준에 관한 규칙 '제119조 건설물 등과의 사이 통로'에 관한 규정을 준수하여야 크레인 사용 허가를 받을 수 있다. 제119조 내용은 다음과 같다.

① 사업주는 주행크레인 또는 선회크레인과 건설물 또는 설비와의 사이에 통로를 설치하는 때에는 그 폭을 0.6미터 이상으로 하여야 한다. 다만, 그 통로 중 건설물의 기둥에 접촉하는 부분에 대하여는 0.4미터 이상으로 할 수 있다.

② 사업주는 제1항의 규정에 의한 통로 또는 주행궤도상에서 정비·보수·점검 등의 작업을 하는 때에는 그 작업에 종사하는 근로자가 주행하는 크레인에 접촉될 우려가 없도록 크레인의 운전을 정지시키는 등 필요한 안전조치를 하여야 한다.

12.2 구조도

12.2.1 평면도 및 단면도

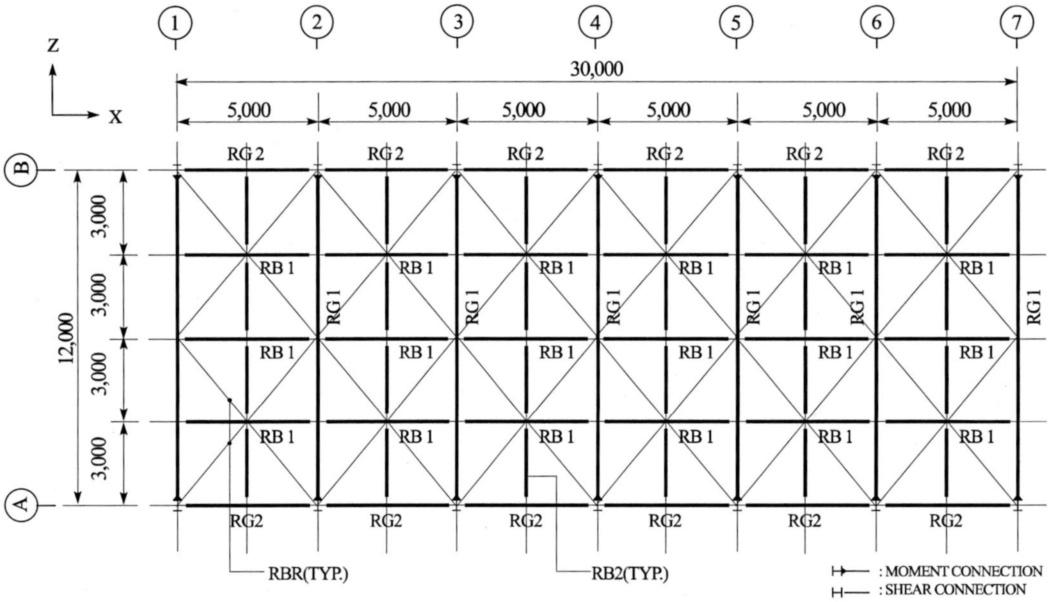

[그림 12.2.1] 지붕층 구조평면도

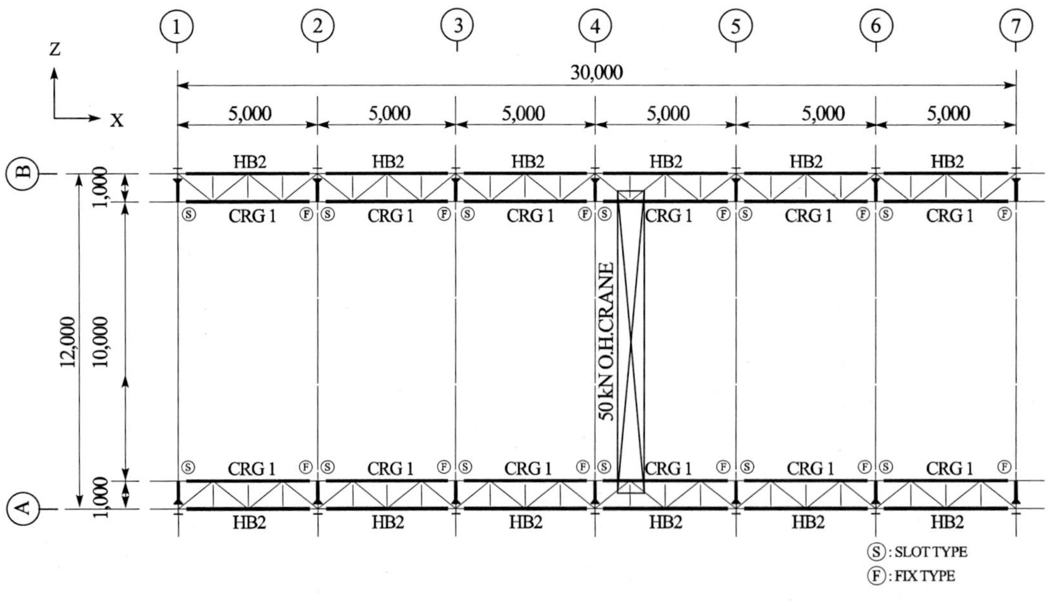

[그림 12.2.2] 크레인거더 구조평면도

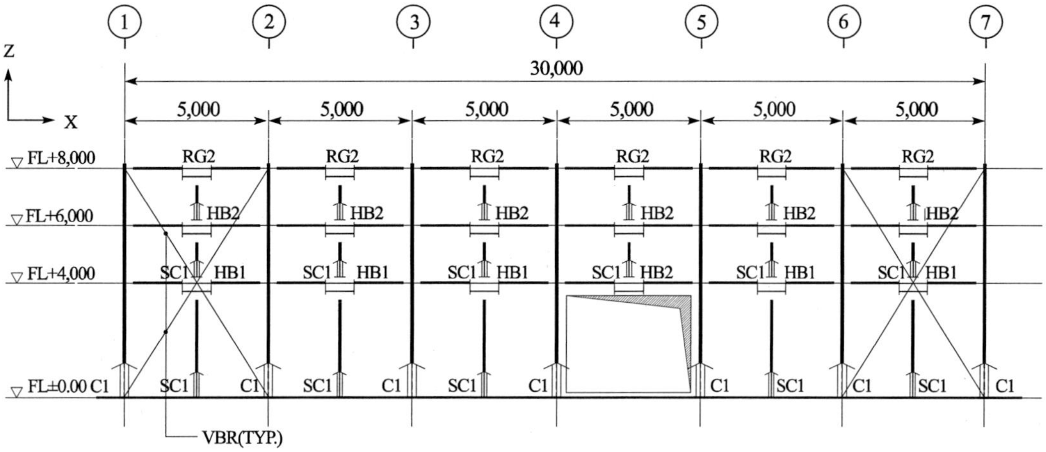

[그림 12.2.3] A, B열 구조입면도

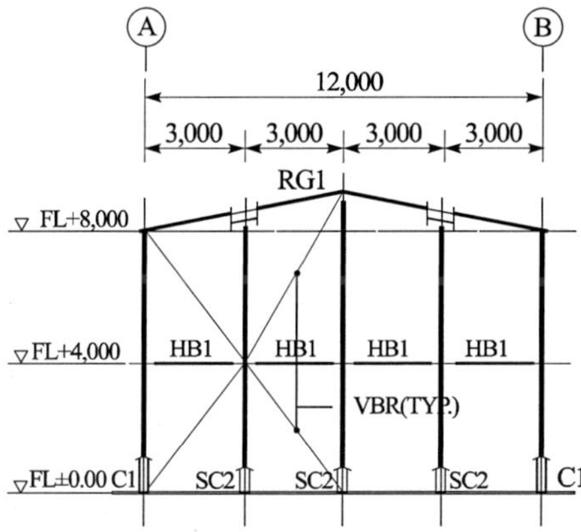

[그림 12.2.4] 1, 7열 구조입면도

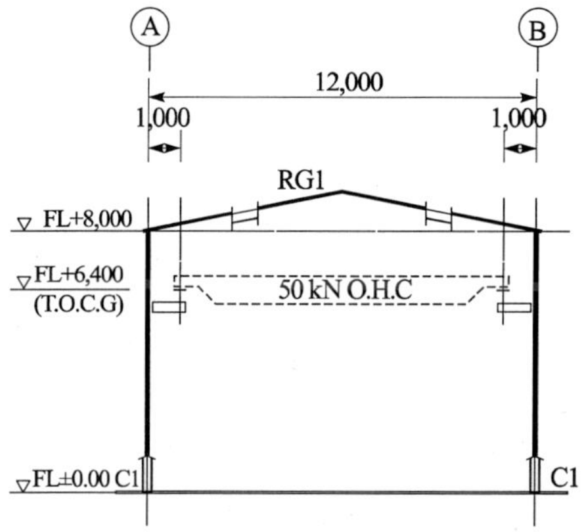

[그림 12.2.5] 2~6열 단면도

12.2.2 가정 단면

구조해석을 위해 가정된 단면은 다음과 같다.

부 재 명	용 도	부 재 단 면 치 수	재 질
C1	기 둥	H−390×300×10×16	SM355
RG1	지붕 거더	H−400×200×8×13	SM355
RB1	지 붕 보	H−300×150×6.5×9	SM355
HB1	수 평 보	H−294×200×8×12	SM355
VBR	수직 가새	CT−150×150×6.5×9	SS275

12.3 설계하중

12.3.1 고정하중(D)

마감재(Color Sheet)	: 0.2kN/m^2
기타부재(Purlin 및 철물)	: 0.2kN/m^2
	$\Sigma\ 0.4\text{kN/m}^2$

12.3.2 활하중(L)

지 붕 : 1.0kN/m^2

[지붕활하중의 저감 (KDS 41 10 15 3.6)]

$L_r = L_0 R_1 R_2\ (0.6 \le L_r \le 1.0)$

여기서, L_r : 수평투영면적에 대한 지붕활하중 (kN/m^2)

- 저감계수 R_1, R_2 산정

부재의 부하면적 $A_t = 5.0 \times 12.0 = 60\text{m}^2 \quad \ge 60\text{m}^2$

$\therefore R_1 = 0.6$

경사지붕의 물매 $F = 1.2\ /\ 6.0 = 0.2$ 이므로 $F \le 1/3$

$\therefore R_2 = 1.0$

따라서 $L_r = 1\text{kN/m}^2 \times 0.6 \times 1.0 = 0.6\text{kN/m}^2$ 이므로 적용 $L_r = 0.6\text{kN/m}^2$

집중 활하중 : 10kN 〈표 3.3-1〉

12.3.3 풍하중(W)

기본풍속(V_0) : 34m/sec 〈표 5.5-1〉

중요도계수(I_w) : 0.95 〈표 5.5-6〉

지표면 조도 구분 : C 〈표 5.5-2〉

풍속고도분포계수(K_{zr}) : 1.0 〈표 5.5-3〉

지형계수(K_{zt}) : 1.0 기준 5.5.4

설계풍속(V_H) : $V_H = V_0 \cdot K_{zr} \cdot K_{zt} \cdot I_w$ 식(5.5-2)

$$V_H = 34 \times 1.0 \times 1.0 \times 0.95 = 32.3\,\text{m/sec}$$

설계속도압 : $q_H = \dfrac{1}{2}\rho V_H^2 = \dfrac{1}{2} \times 1.22 \times 32.3^2 = 636\ \text{N/m}^2$ 식(5.5-1)

주골조설계용 수평 풍하중

$W_D = p_F A\,(\text{N})$: 밀폐형 건축물의 경우 식(5.2-1)

$p_F = G_D q_H (C_{pe1} - C_{pe2})\,(\text{N/m}^2)$, 식(5.2-2)

단 50N/m^2보다 작아서는 안된다.

주골조설계용 풍방향가스트영향계수(G_D)

건축물의 풍방향고유진동수 n_D가 1 Hz를 초과하는 경우 또는 바람에 의한 동적 효과를 무시할 수 있는 강체구조물 또는 기타 구조물인 경우의 주골조설계용 풍방향가스트영향계수 G_D는 다음 식으로 산정한다.

$$G_D = 1 + 4\gamma_D \sqrt{B_D}$$ 식(5.6-1)

$$\gamma_D = \left(\frac{3+3\alpha}{2+\alpha}\right) I_H$$

$$B_D = 1 - \left[\frac{1}{\left\{1 + 5.1\left(L_H / \sqrt{HB}\right)^{1.3} (B/H)^k\right\}^{1/3}}\right]$$

$$k = 0.33 : H \geq B$$

$$k = -0.33 : H < B$$

$$I_H = 0.1\left(\frac{H}{Z_g}\right)^{-\alpha - 0.05}$$

$$L_H = 100\left(\frac{H}{30}\right)^{0.5}$$

여기서, γ_D : 풍속변동계수

B_D : 비공진계수

α : 풍속고도분포지수(5.5.3에 따른다)

I_H : 기준높이에서의 난류강도

L_H : 기준높이에서의 난류스케일(m)

H : 건축물의 기준높이(m)

B : 건축물의 폭(m)

Z_g : 기준경도풍높이(m) (5.5.3.에 따른다)

X방향 가스트영향계수 ($G_{D,X}$)

$$I_H = 0.1 \times \left(\frac{8.6}{350}\right)^{-0.15-0.05} = 0.210\ ,\ \ L_H = 100 \times \left(\frac{8.6}{30}\right)^{0.5} = 53.5$$

$$\gamma_D = \left(\frac{3+3\times 0.15}{2+0.15}\right) \times 0.210 = 0.337$$

$$B_D = 1 - \left[\frac{1}{\left\{1+5.1\times\left(\frac{53.5}{\sqrt{8.6\times 30}}\right)^{1.3}\times\left(\frac{30}{8.6}\right)^{-0.33}\right\}^{1/3}}\right] = 0.612$$

$$G_{D,X} = 1+4\times 0.337\times\sqrt{0.612} = 2.05$$

Y방향 가스트영향계수 ($G_{D,Y}$)

$$I_H = 0.1 \times \left(\frac{8.6}{350}\right)^{-0.15-0.05} = 0.210\ ,\ \ L_H = 100 \times \left(\frac{8.6}{30}\right)^{0.5} = 53.5$$

$$\gamma_D = \left(\frac{3+3\times 0.15}{2+0.15}\right) \times 0.210 = 0.337$$

$$B_D = 1 - \left[\frac{1}{\left\{1+5.1\times\left(\frac{53.5}{\sqrt{8.6\times 12}}\right)^{1.3}\times\left(\frac{12}{8.6}\right)^{-0.33}\right\}^{1/3}}\right] = 0.709$$

$$G_{D,Y} = 1+4\times 0.337\times\sqrt{0.709} = 2.13$$

지붕의 외압가스트영향계수(G_{pe})

$$G_{pe} = 1+4\gamma_{pe}\sqrt{B_{pe}} = 1+4\times 0.287\times\sqrt{0.441} = 1.76 \qquad \text{식(5.6-6)}$$

$$\gamma_{pe} = 2.2{I_H}^2+0.19 = 2.2\times 0.210^2+0.19 = 0.287$$

$$I_H = 0.1\left(\frac{H}{Z_g}\right)^{-\alpha-0.05} = 0.1\times\left(\frac{8.6}{350}\right)^{-0.15-0.05} = 0.210$$

$$B_{pe} = \frac{0.50(b/H)^{0.03}}{(l/H)^{0.49}} = \frac{0.50(30/8.6)^{0.03}}{(12/8.6)^{0.49}} = 0.441 \text{ , 지붕보가 풍향과 직각인 경우}$$

여기서, γ_{pe} : 외압변동계수

I_H : 기준높이에서의 난류강도

l : 지붕의 경간(m)

b : 하중분담폭(m)

B_{pe} : 비공진계수

외압계수(C_{pe}) 기준 5.7.1

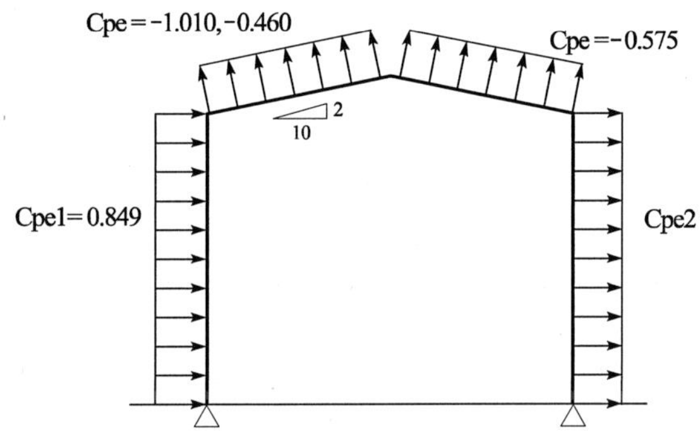

[그림 12.3.1] X방향 골조의 외압계수 (D/B = 12/30 = 0.4)

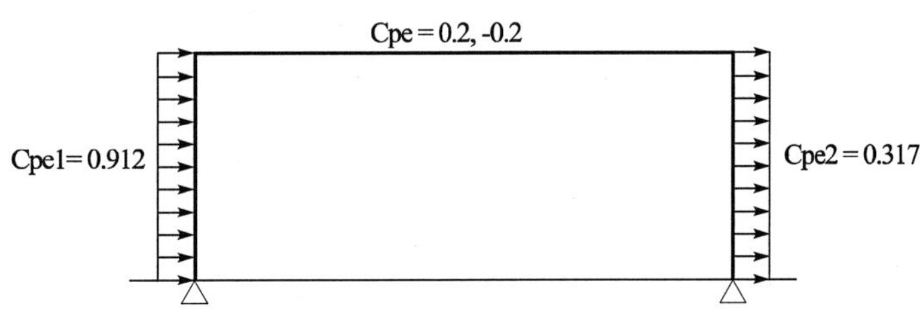

[그림 12.3.2] 장변방향 골조의 외압계수 (D/B = 30/12 = 2.5)

벽면-단변

풍상벽 $p_{F1} = q_H G_{D,X} C_{pe1} = 636 \times 2.05 \times 0.849 = 1{,}110\ \mathrm{N/m^2}$

풍하벽 $p_{F2} = q_H G_{D,X} C_{pe2} = 636 \times 2.05 \times 0.5 = 654\ \mathrm{N/m^2}$

벽면-장변

풍상벽 $p_{F1} = q_H G_{D,Y} C_{pe1} = 636 \times 2.13 \times 0.912 = 1{,}24\ \mathrm{N/m^2}$

풍하벽 $p_{F2} = q_H G_{D,Y} C_{pe2} = 636 \times 2.13 \times 0.317 = 430\ \mathrm{N/m^2}$

단, 500N/m^2보다 작아서는 안되므로 p_{F2} = 500N/m^2

경사지붕면-단변

외압가스트영향계수 G_{pe} = 1.76 식(5.6-6)

C_{pe}(풍상면) = −1.01 또는 −0.460 (H/D=0.717, θ=11.31°)

C_{pe}(풍하면) = −0.575 (H/D=0.717, θ=11.31°)

내압가스트영향계수 G_{pi} = 1.3 (밀폐형 건축물의 경우) 〈표 5.7-4〉

내압계수 C_{pi} = 0.00 또는 −0.40 (밀폐형 건축물의 경우) 〈표 5.7-4〉

최대값으로 고려하여 풍압을 계산하면, 식(5.3-2)

$$p_{R(\text{풍상지붕면})} = q_H(G_{pe}C_{pe} - G_{pi}C_{pi}) = 636 \times \{1.76 \times (-1.01) + 1.3 \times (-0.4)\} = -1{,}460\ \mathrm{N/m^2}$$

$$p_{R(\text{풍하지붕면})} = q_H(G_{pe}C_{pe} - G_{pi}C_{pi}) = 636 \times \{1.76 \times (-0.575) + 1.3 \times (-0.4)\} = -976\ \mathrm{N/m^2}$$

평지붕면-장변

외압가스트영향계수 G_{pe} = 1.76 식(5.6-6)

C_{pe} = 0.2 또는 −0.2 (H/D=0.287, 수평거리=30m)

내압가스트영향계수 G_{pi} = 1.3 (밀폐형 건축물의 경우) 〈표 5.7-4〉

내압계수 C_{pi} = 0.00 또는 −0.40 (밀폐형 건축물의 경우) 〈표 5.7-4〉

최대값으로 고려하여 풍압을 계산하면, 식(5.3-2)

$$p_R = q_H(G_{pe}C_{pe} - G_{pi}C_{pi}) = 636 \times \{1.76 \times (-0.2) + 1.3 \times (-0.4)\} = -555\ \mathrm{N/m^2}$$

12.3.4 적설하중(S)

지상 적설하중 S_g = 0.5kN/m^2 〈그림 4.2-1〉

지붕적설하중계수 C_b = 0.7 기준 4.3.1

노출계수 C_e = 0.9 〈표 4.3-1〉

온도계수 C_t = 1.2 〈표 4.3-2〉

중요도계수 I_s = 1.0 〈표 4.3-3〉

평지붕적설하중(S_f) = $C_b\ C_e\ C_t\ I_s\ S_g$ (kN/m^2) 식 (4.3-1)

= 0.7×0.9×1.2×1.0×0.5 = 0.378kN/m^2

이나 박공지붕의 경사도가 15° 이내이므로 지상적설하중에 중요도계수를 곱한 값 0.5kN/m^2 적용

【완경사지붕의 적설하중 (KDS 4.3.5)】

- 박공지붕의 경사도가 15° 이내이므로 지상적설하중에 중요도계수를 곱한 값 적용.

【습설하중 (KDS 4.7.1)】

- 지붕의 경사도가 $\tan^{-1}(h/W) = \tan^{-1}(1.2/6.0) = 11.3°$ 로 $(W/15)° = 6/15 = 0.4°$ 이상이므로 습설하중에 대하여 고려하지 않음.

【불균형 적설하중 (KDS 4.5.1)】

- 지붕의 경사도가 15°이하이므로 불균형 적설하중에 대하여 고려하지 않음.

【국부적설하중 (KDS 4.6)】

- 인접한 높은 구조물이나 돌출부가 없으므로 고려하지 않음.

12.3.5 지진하중(E)

풍하중 대비 지진하중이 상대적으로 작으므로 하중 조건에서 제외한다.

12.3.6 크레인하중(CL)

크레인하중은 발주처로부터 크레인 관련 자료(Vendor Print)를 접수하여 설계하중으로 적용하지만 차륜하중을 접수받지 못한 경우 설계진행상 차륜하중을 계산하여 설계를 진행한다. 이때 계산된 차륜하중은 추후 설치된 크레인 자료와 반드시 검토 및 확인을 하여야 한다.

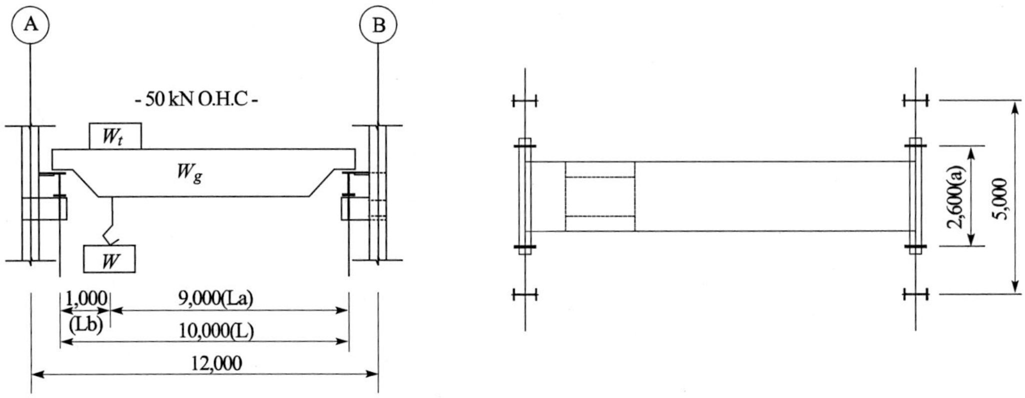

[그림 12.3.3]크레인관련 설계 자료

크레인 양중하중(Crane Capacity = W)	: 50kN
트롤리 무게(Trolley Weight= W_t)	: 30kN
크레인 자중(Crane Self Weight= W_g)	: 100kN
크레인 레일 간격	L_a = 10m
최소 후크 근접거리	L_b = 1m
차륜 간격(a)	: 2.6m
차륜 개수(n)	: 2개(편측)

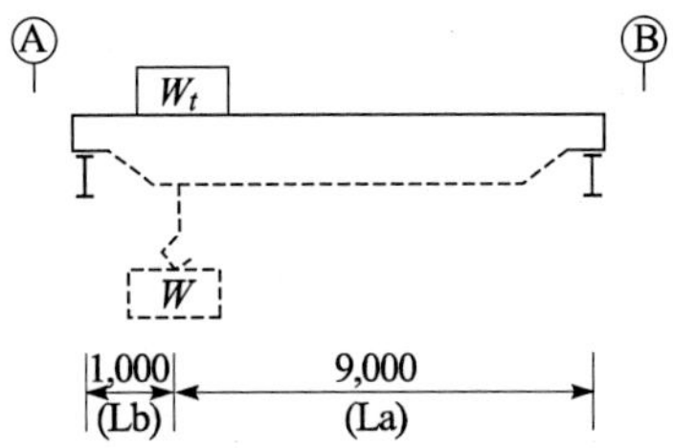

$$\max.R_A = \frac{W_g}{2} + (W + W_t)\frac{L_a}{L}$$

$$= \frac{100}{2} + (50 + 30)\frac{9}{10} = 122\,\text{kN}$$

$$\min.R_B = \frac{W_g}{2} + (W + W_t)\frac{L_b}{L}$$

$$= \frac{100}{2} + (50 + 30)\frac{1}{10} = 58\,\text{kN}$$

R_A는 크레인이 최대 양중한 상태에서 A열측 근접거리(Min. Hook Approach)에 위치할 경우의 크레인 반력이고 R_B는 A열에서 크레인 반력이 최대가 될 때 B열의 크레인 반력값이다.

(1) 차륜 하중(P_S)

$\max . P_S = R_A / n = 122/2 = 61\text{kN}$

$\min . P_S = R_B / n = 58/2 = 29\text{kN}$

(2) 충격계수를 적용한 차륜 하중(P_V) KDS 41 10 15(3.9.2)

$P_V = 1.25 \times P_S = 1.25 \times 61 = 76.3\text{kN}$

(3) 횡방향수평하중(P_H) – 횡방향 강성에 따라 분배 KDS 41 10 15(3.9.3)

{양중하중(W) + 트롤리 무게(W_t)}$\times$ 0.2= (50 + 30) $\times$ 0.2 = 16kN

P_H = 16kN/2 = 8kN(횡방향 강성이 대칭 형태이므로)

(4) 종방향수평하중(P_L) KDS 41 10 15(3.9.4)

= 최대차륜하중$\times$ 0.1 = 61kN $\times$ 0.1 = 6.1kN

P_L = 6.1kN $\times$ 2 = 12.2kN(크레인 차륜이 2개이므로)

(5) 크레인거더 설계하중

크레인 양중하중	크레인거더 최대모멘트 발생위치	차륜 하중(P_V)
50kN	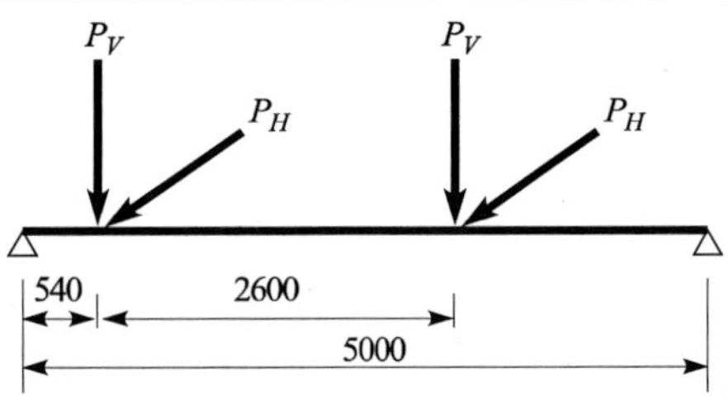	P_V = 76.3kN /wheel

(6) 기둥에 작용하는 크레인 하중

크레인이 운행하면서 발생하는 최대반력은 2스팬 이동하중으로 계산하여 적용한다.

충격하중을 포함한 하중조합은 기둥에 적용할 필요가 없다. 그 이유는 충격하중 효과 (편심의 증가나 원처짐의 증가)는 확산되지 않거나 순간적인 충격이므로 무시될 수 있기 때문이다.

- CL1 : 크레인이 최대 양중한 상태에서 A열측 근접거리에 위치할 때 기둥에 작용하는 단위하중
  A열 기둥 : P_A = 90.78kN , B열 기둥 : P_B = 43.42kN
- CL2 : 크레인이 최대 양중한 상태에서 B열측 근접거리에 위치할 때 기둥에 작용하는 단위하중
  A열 기둥 : P_A = 43.42kN , B열 기둥 : P_B = 90.78kN

- CL3 : 공칭 횡방향 수평력, $P_{H\_A} = P_{H\_B} = 8.0\,\text{kN}$

12.3.7 하중조합

(1) 단위하중(Unit Load Case)

① D = Dead Load(고정하중, -Z방향)

② L = Live Load(활하중, -Z방향)

③ CL1 = Crane Load(활하중, -Z방향)

④ CL2 = Crane Load(활하중, -Z방향)

⑤ CL3 = Crane Load(활하중, X방향)

⑥ Wx = Wind Load(풍하중, X방향)

⑦ Wy = Wind Load(풍하중, Y방향)

(2) 기본 하중조합(Load Combination)

① 1.4D

② 1.2D + 1.6L

③ 1.2D + 1.0L + 0.5(1.3W)

④ 0.9D + 1.3W

- 철골부재 설계용 하중조합

SLCB1 1.4D

SLCB2 1.2D+1.6L

SLCB3 1.2D+1.6(L+CL1+CL3)

SLCB4 1.2D+1.6(L+CL1−CL3)

SLCB5 1.2D+1.6(L+CL2+CL3)

SLCB6 1.2D+1.6(L+CL2−CL3)

SLCB7 1.2D+L+CL1+CL3±(0.5×1.3)Wx

SLCB8 1.2D+L+CL1−CL3±(0.5×1.3)Wx

SLCB9 1.2D+L+CL2+CL3±(0.5×1.3)Wx

SLCB10 1.2D+L+CL2−CL3±(0.5×1.3)Wx

SLCB11 1.2D+L+CL1+CL3±(0.5×1.3)Wy

SLCB12 1.2D+L+CL1−CL3±(0.5×1.3)Wy

SLCB13 1.2D+L+CL2+CL3±(0.5×1.3)Wy

SLCB14　1.2D+L+CL2−CL3±(0.5×1.3)Wy

SLCB15　0.9D±1.3Wx

SLCB16　0.9D±1.3Wy

* 적설하중은 지붕 적재하중보다 크기가 작으므로 지붕 적재하중으로 대체하였다.
* 크레인 하중과 풍하중을 함께 고려시 크레인운행조건을 고려하여 풍하중을 50%저감하여 적용한다.

12.4 구조해석

12.4.1 해석 개요 및 가정 사항

구조물의 안전성 검토를 위한 구조해석은 정확한 거동 분석을 위해 3차원 모델링을 하였다. 구조 해석시 고려한 경계조건은 해석모델에 포함된 구조물(기둥)이 지반기초와 연결되는 지점에 대하여 힌지지점으로 가정하였다.

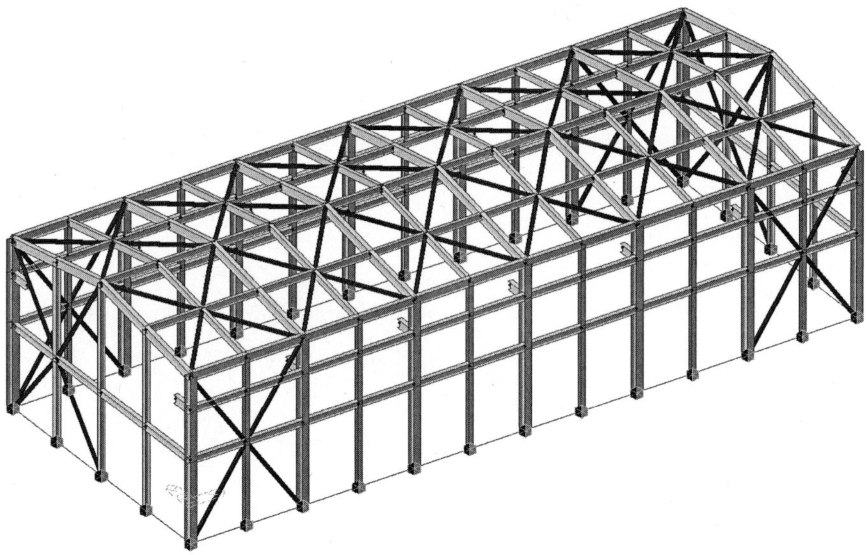

[그림 12.4.1] 3D 구조해석 모델

12.4.2 작용하중

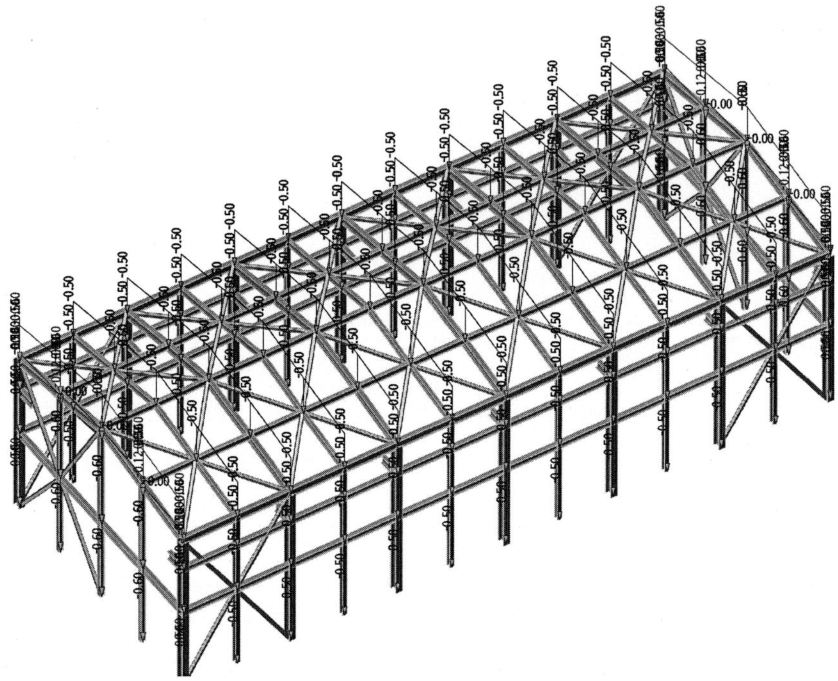

[그림 12.4.2] 고정하중 & 활하중

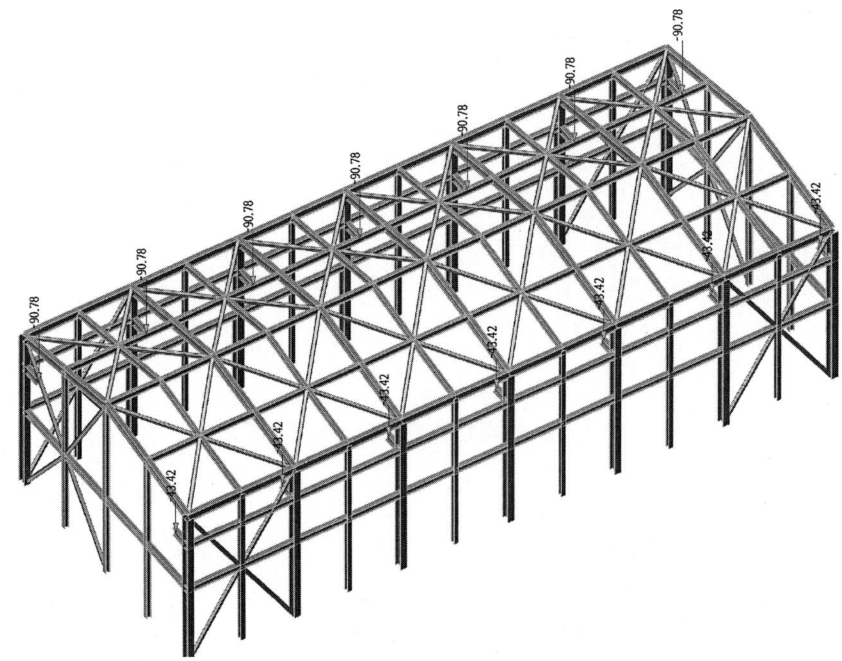

[그림 12.4.3] 크레인 하중 (CL1 : -Z방향)

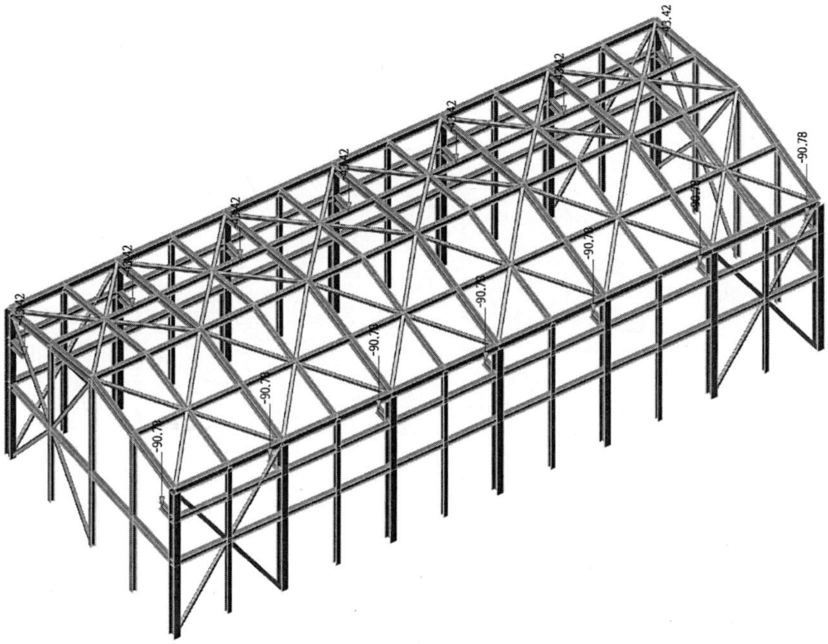

[그림 12.4.4] 크레인 하중 (CL2 : –Z방향)

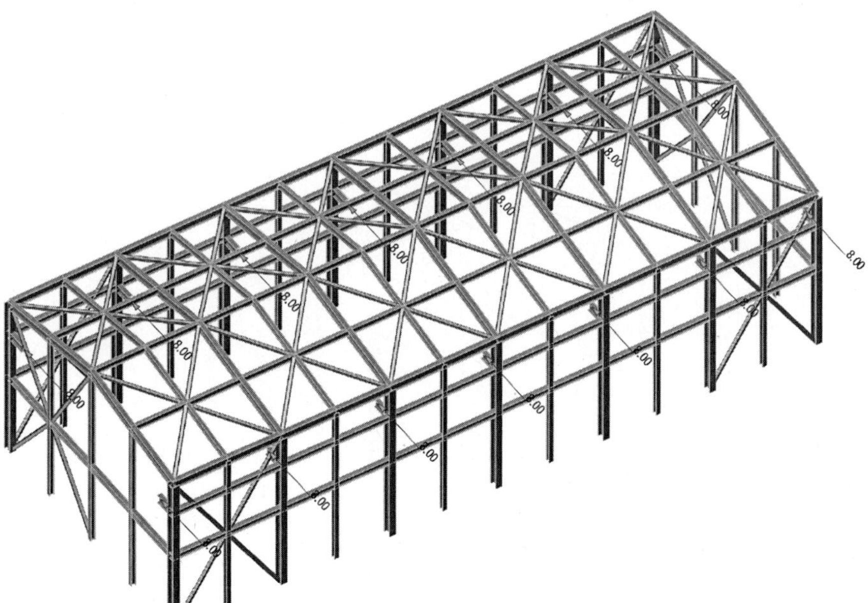

[그림 12.4.5] 크레인 하중 (CL3 : Y방향)

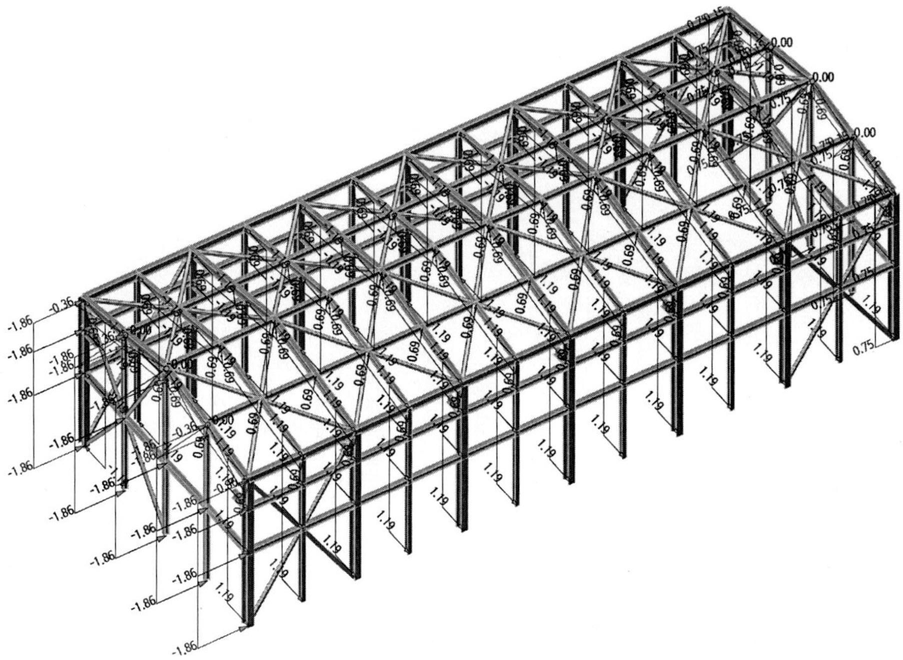

[그림 12.4.6] 풍하중 (Wx)

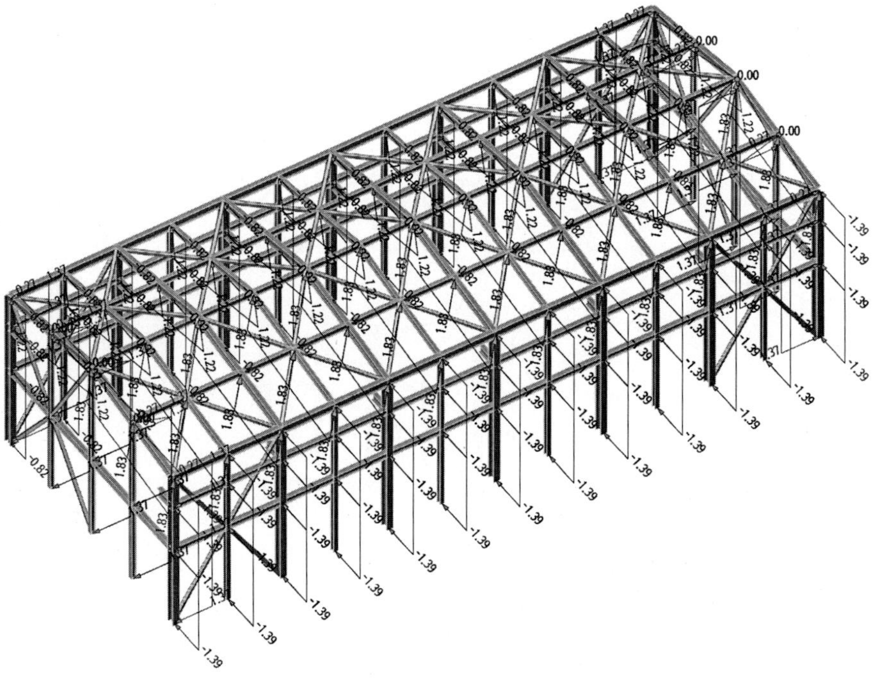

[그림 12.4.7] 풍하중 (Wy)

12.4.3 해석 결과

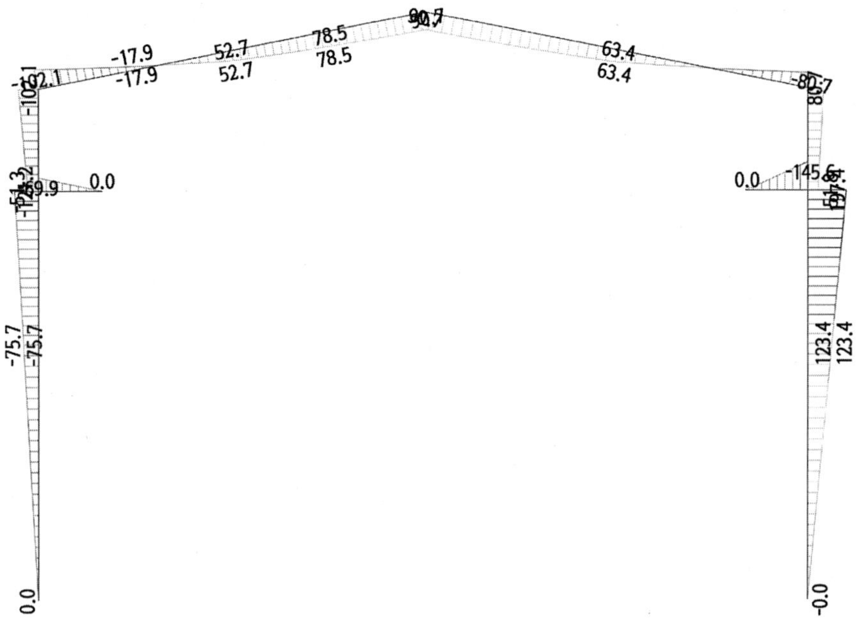

[그림 12.4.8] 계수하중에 대한 모멘트 분포(SLCB6, kN · m)

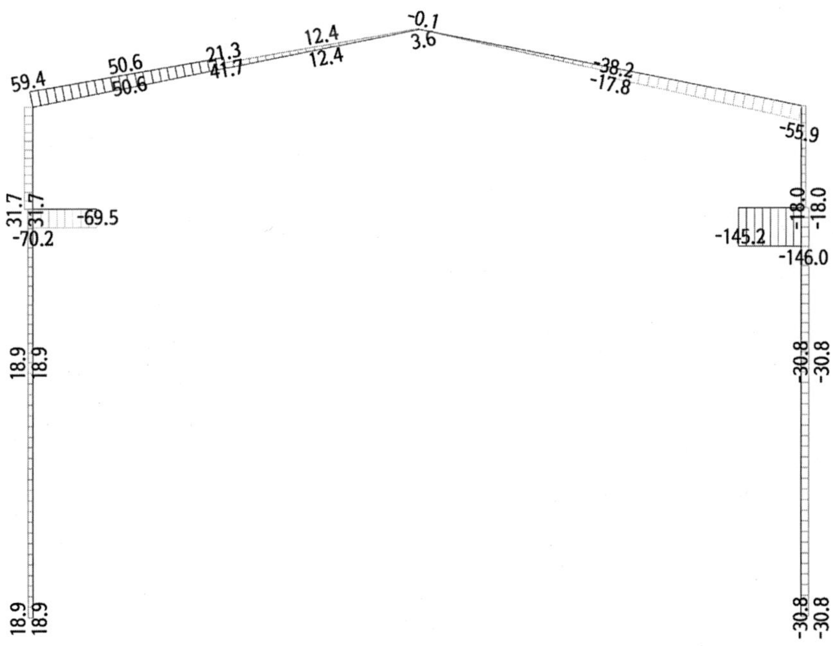

[그림 12.4.9] 계수하중에 대한 전단력 분포(SLCB6, kN · m)

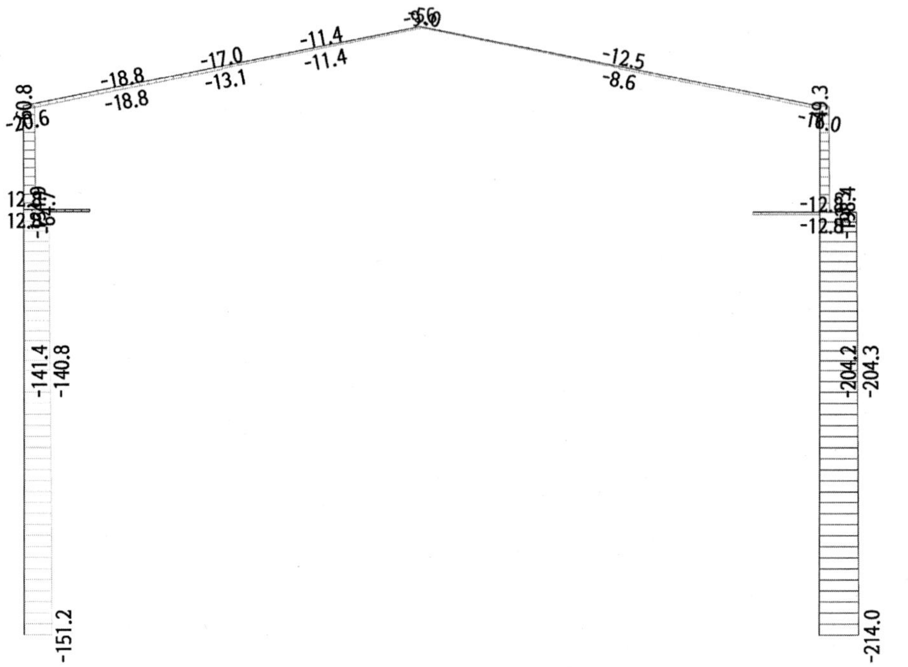

[그림 12.4.10] 계수하중에 대한 축력 분포(SLCB6, kN · m)

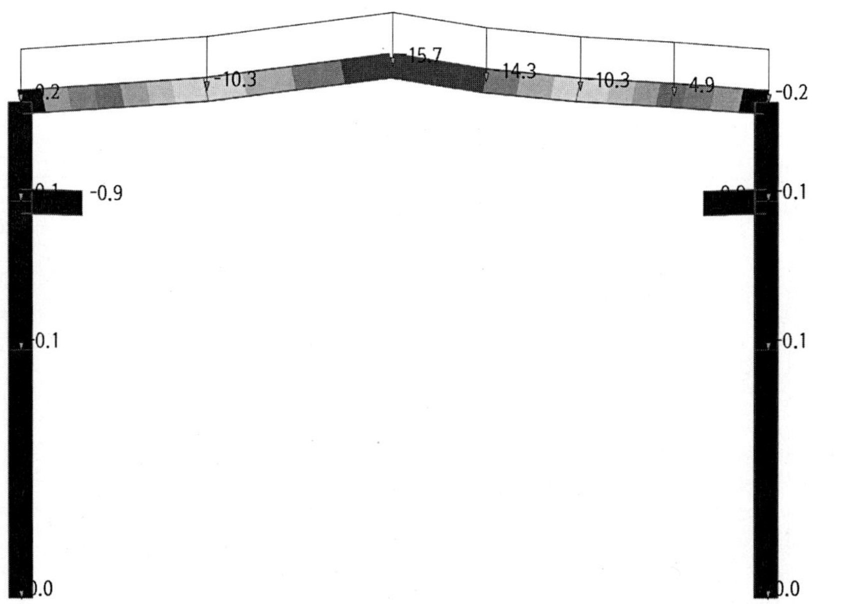

[그림 12.4.11] 사용하중(D+L)에 대한 수직 처짐 {15.7mm(L/764) < 40mm(L/300)} 적합

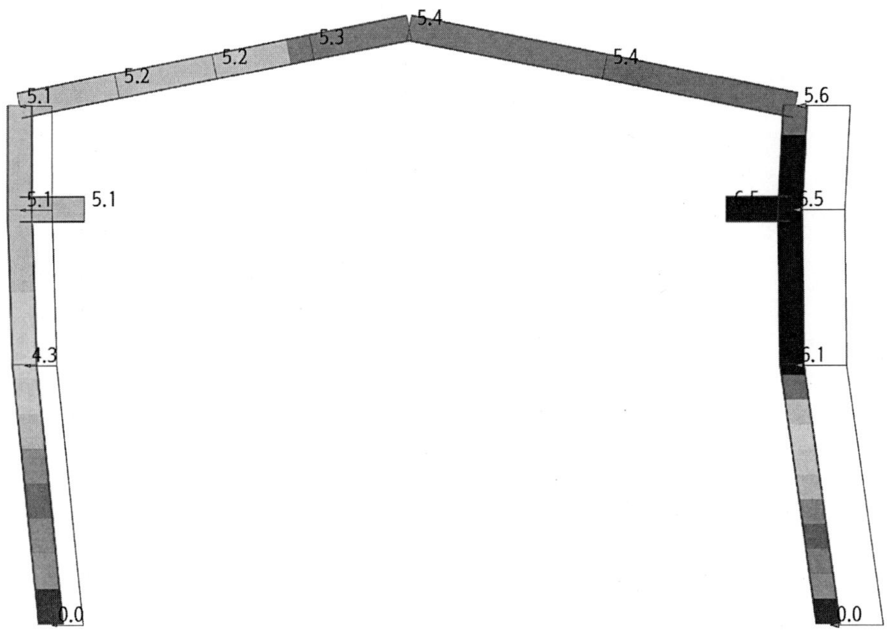

[그림 12.4.12] 사용하중(Wy)에 대한 수평 처짐{5.6mm(H/1429) < 40mm(H/200)} 적합

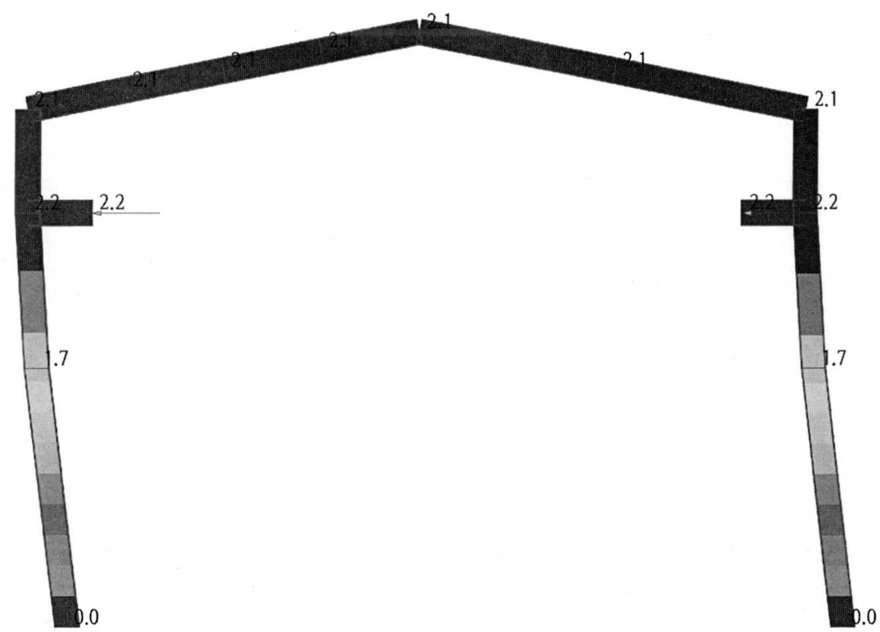

[그림 12.4.13] 사용하중(CL3)에 대한 수평 변위{2.2mm(h/2727) < 12mm(h/500)} 적합

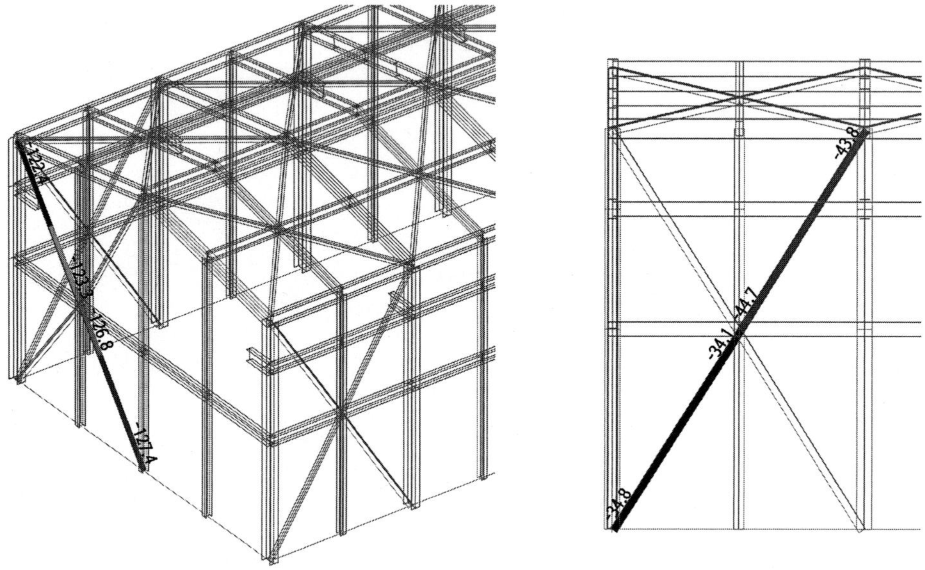

〈단변방향, Y방향〉 〈장변방향, X방향〉

[그림 12.4.14] 가새골조 해석결과

12.5 기둥(C1) 설계

12.5.1 부재단면성능(H−390×300×10×16)

A (mm^2)	I_x (mm^4)	I_y (mm^4)	S_x (mm^3)	S_y (mm^3)	r_x (mm)
13,600	387×10^6	72.1×10^6	1.98×10^6	481,000	169

r_y (mm)	Z_x (mm^3)	Z_y (mm^3)	C_w (mm^6)	J (mm^4)
72.8	2.19×10^6	733,000	2.52×10^{12}	939,000

12.5.2 유효좌굴길이계수 K값 계산

- 보와 기둥에 대한 단면2차모멘트(I)는 부록에 있는 형강의 표준단면치수와 단면성능을 참조하고, 부재 길이는 [그림 12.2.3와 그림 12.2.4]의 구조입면도를 참조하였다.
- 본 설계에 사용된 H형강의 탄성계수값(E=210,000MPa)은 동일하다.
- 기초면에 강접합으로 지지되지 않는 주각에서의 G는 이론적으로 무한대 값이지만, 현실적으로 마찰이 전혀 없는 핀으로 설계되지 않는 한, 실제 설계에서는 10을 적용할 수 있다.

(1) 강축(x축)에 대하여

$$G_{top.} = \frac{\sum(I_c/L_c)}{\sum(I_g/L_g)} = \frac{387\times10^6/8,000}{237\times10^6/12,000} = 2.44$$

$G_{bot.} = 10$(핀접합)

- 강축 유효좌굴계수와 세장비

$K_x = 2.19$

$$\frac{K_x \times L_x}{r_x} = \frac{2.19\times8,000}{169} = 104$$

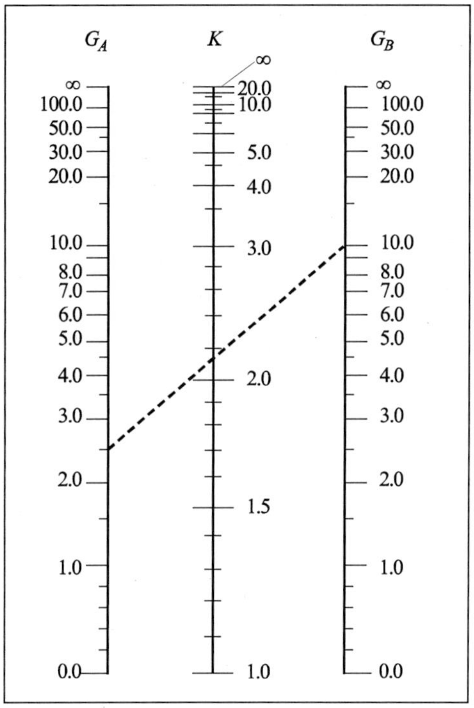

(2) 약축(y축)에 대하여

- 약축 유효좌굴계수와 세장비

$K_y = 1.0$ (양단 핀접합),

$$\frac{K_y \times L_y}{r_y} = \frac{1.0\times4,000}{72.8} = 54.9$$

횡지지 부재(HB1)가 기둥의 4m 높이에 있으므로 L_y=4m이다.([그림 12.2.4] 참조)

(3) 공칭압축강도 산정용 세장비

강축과 약축 중에서 큰값의 세장비인 104를 공칭압축강도 산정에 적용한다.

12.5.3 소요압축강도(P_r), 소요휨강도(M_r) 산정

(1) 하중조합의 선정 및 횡변위구속시와 횡변위때문의 축력과 모멘트 도출

모든 하중조합에 대하여 B_1과 B_2를 적용하여 각종 강도비(=소요강도/설계강도)가 1.0이하를 만족시키는 단면으로 설계하여야 하지만, 모든 하중조합에 대하여 수계산으로 하기에는 시간이 많이 소요된다. 따라서, 기둥의 소요휨강도 가장 크게 발생하고 골조의 횡변위가 가장 크게 발생하는 하중조합인 SLCB6 {1.2 D+1.6($L+CL2-CL3$)}에 대하여 B_2와 B_1을 산정한다. 이 하중조합에 대한 해석결과는 아래 그림과 같으며, 횡변위구속시(nt)와 횡변위때문(lt)의 부재력은 다음과 같다.

왼쪽 기둥 $P_{nt} = 0.5\times(151+214) = 182.5$ kN $\quad P_{lt} = 151-182.5 = -31.5$ kN(인장력)

$M_{ntx} = 0.5\times(121+198) = 159.5$ kN·m $\quad M_{ltx} = 121-159.5 = -38.5$ kN·m

오른쪽 기둥 $P_{nt} = 0.5 \times (151 + 214) = 182.5$ kN $\quad P_{lt} = 214 - 182.5 = 31.5$ kN

$M_{ntx} = 0.5 \times (121 + 198) = 159.5$ kN·m $\quad M_{ltx} = 198 - 159.5 = 38.5$ kN·m

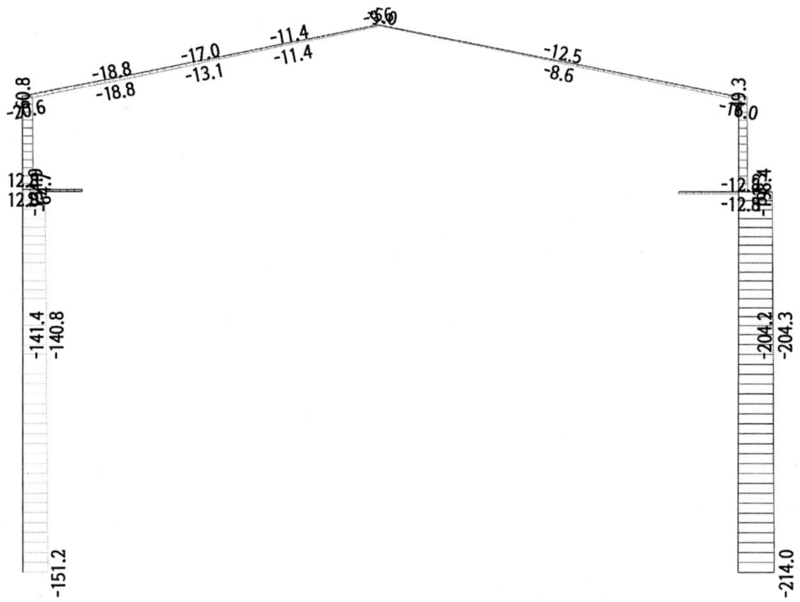

[그림 12.5.1] Axial Force Diagram / 하중조합 SLCB6 {1.2D+1.6(L+$CL2$−$CL3$)}

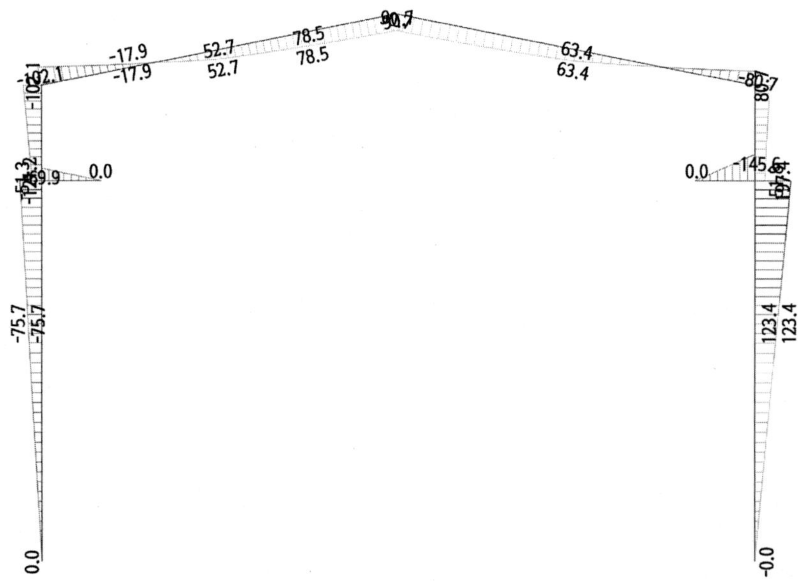

[그림 12.5.2] Moment Diagram / 하중조합 SLCB6 {1.2D+1.6(L+$CL2$−$CL3$)}

(2) B_2의 산정

$$\sum P_{nt} = 2 \times 182.5 = 365\,\text{kN}$$

$$P_{e2} = \frac{\pi^2 EI}{(K_x L)^2} = \frac{\pi^2 \times 210{,}000 \times 387 \times 10^6}{(2.19 \times 8{,}000)^2} = 2{,}610\,\text{kN} \qquad \text{식(1.5-12)}$$

$$B_2 = \frac{1}{1 - \dfrac{\sum P_{nt}}{\sum P_{e2x}}} = \frac{1}{1 - \dfrac{365}{2 \times 2{,}610}} = 1.08 \qquad \text{식(1.5-11)}$$

(3) 오른쪽 기둥의 B_1 산정

$$C_m = 0.6 - 0.4\left(\frac{M_1}{M_2}\right) = 0.6 - 0.4(0) = 0.6 \qquad \text{식(1.5-9)}$$

$$P_{e1x} = \frac{\pi^2 EI}{(K_x L_x)^2} = \frac{\pi^2 \times 210{,}000 \times 387 \times 10^6}{(2.19 \times 8{,}000)^2} = 2{,}610\,\text{kN} \qquad \text{식(1.5-10)}$$

$$P_r = P_{nt} + B_2 P_{lt} = 182.5 + 1.08 \times 31.5 = 217\,\text{kN} \qquad \text{식(1.5-7)}$$

$$B_1 = \frac{C_m}{1 - \dfrac{P_r}{P_{e1x}}} = \frac{0.6}{1 - \dfrac{217}{2{,}610}} = 0.65 < 1.0 \qquad \text{식(1.5-8)}$$

$$\therefore B_1 = 1.0$$

(4) 오른쪽 기둥의 소요압축강도

$$P_r = P_{nt} + B_2 P_{lt} = 182.5 + 1.08 \times 31.5 = 217\,\text{kN} \qquad \text{식(1.5-7)}$$

(5) 오른쪽 기둥의 소요휨강도

$$M_{rx} = B_1 M_{ntx} + B_2 M_{ltx} = 1.0 \times 159.5 + 1.08 \times 38.5 = 201\,\text{kN} \cdot \text{m} \qquad \text{식(1.5-6)}$$

12.5.4 설계압축강도($P_c = \phi_c P_n$), 설계휨강도($M_c = \phi_b M_n$) 산정

(1) 설계압축강도

$$\left(\frac{K_x L_x}{r_x}\right) = 104 \le 4.71\sqrt{\frac{E}{F_y}} \left(= 4.71\sqrt{\frac{210{,}000}{355}} = 115\right) \qquad \text{식(4.2-2)}$$

$$F_e = \frac{\pi^2 E}{\left(\frac{K_x L_x}{r_x}\right)^2} = \frac{\pi^2 \times 210{,}000}{104^2} = 191\,\mathrm{MPa} \qquad \text{식(4.2-4)}$$

$$F_e = 191 \ge 0.44F_y (= 0.44 \times 355 = 156\,\mathrm{MPa})$$

$$F_{cr} = \left[0.658^{\frac{F_y}{F_e}}\right] F_y = \left[0.658^{\frac{355}{191}}\right] \times 355 = 163\,\mathrm{MPa} \qquad \text{식(4.2-2)}$$

$$\therefore\ \phi_c P_n = \phi_c F_{cr} A_g = 0.9 \times 163 \times 13{,}600 \times 10^{-3} \qquad \text{식(4.2-1)}$$

$$= 2{,}000\,\mathrm{kN} > P_r (= 217\,\mathrm{kN}) \qquad \therefore\ \text{적합}$$

(2) 설계휨강도

설계휨강도는 부재의 소성모멘트, 국부좌굴, 횡비틀림 좌굴강도 중 최소값을 택한다.

① 소성모멘트

$$M_p = F_y Z_x = 355 \times 2.19 \times 10^6 \times 10^{-6} = 778\,\mathrm{kN \cdot m} \qquad \text{식(4.3-2)}$$

② 국부좌굴

(가) 플랜지 국부좌굴 검토

$$\lambda_p = 0.38\sqrt{E/F_y} = 0.38\sqrt{210{,}000/355} = 9.24 \qquad \langle\text{표 1.5-1}\rangle$$

$$\lambda = \frac{b}{t_f} = \frac{300/2}{16} = 9.38 > \lambda_p (= 9.24)$$

$$\lambda_r = 1.0\sqrt{E/F_y} = 1.0\sqrt{210{,}000/355} = 24.3 \qquad \langle\text{표 1.5-1}\rangle$$

$$\lambda_p < \lambda < \lambda_r \qquad \therefore\ \text{비콤팩트요소}$$

(나) 웨브 국부좌굴 검토

$$\lambda_p = 3.76\sqrt{E/F_y} = 3.76\sqrt{210{,}000/355} = 91.5 \qquad \langle\text{표 1.5-1}\rangle$$

$$\lambda = \frac{h_c}{t_w} = \frac{390 - 2(16 + 22)}{10} = 31.4 < \lambda_p (= 91.5)$$

$$\lambda < \lambda_p \qquad \therefore\ \text{콤팩트요소}$$

③ 횡비틀림좌굴 모멘트

$$L_b = 4{,}000\,\mathrm{mm}$$

$$L_p = 1.76\, r_y \sqrt{\frac{E}{F_y}} = 1.76 \times 72.8 \sqrt{\frac{210{,}000}{355}} = 3{,}120\,\mathrm{mm} \qquad \text{식(4.3-6)}$$

$$L_r = 1.95\, r_{ts} \frac{E}{0.7F_y} \sqrt{\frac{Jc}{S_x h_o}} \sqrt{1 + \sqrt{1 + 6.76 (\frac{0.7F_y}{E} \frac{S_x h_o}{Jc})^2}} \quad \text{식(4.3-7)}$$

$$= 1.95 \times 82.5 \times \frac{210{,}000}{0.7 \times 355} \sqrt{\frac{939{,}000 \times 1}{1.98 \times 10^6 \times 374}}$$

$$\times \sqrt{1 + \sqrt{1 + 6.76 \left(\frac{0.7 \times 355}{210{,}000} \times \frac{1.98 \times 10^6 \times 374}{939{,}000 \times 1} \right)^2}} = 9{,}200\text{mm}$$

여기서, $r_{ts}^2 = \frac{\sqrt{I_y C_w}}{S_x} = \frac{\sqrt{72.1 \times 10^6 \times 2.52 \times 10^{12}}}{1.98 \times 10^6} = 6{,}810$ 식(4.3-8)

$r_{ts} = 82.5$

$c = 1.0$ (2축대칭 H형부재의 경우) 식(4.3-9)

$h_0 = 390 - 16 = 374$

$L_p (= 3{,}120\text{mm}) < L_b (= 4{,}000\text{mm}) < L_r (= 9{,}200\text{mm})$이므로 비탄성횡좌굴

$$M_n = C_b [M_p - (M_p - 0.7F_y S_x)(\frac{L_b - L_p}{L_r - L_p})] \le \mathrm{M_p} \quad \text{식(4.3-3)}$$

C_b 적용시 등분포 휨모멘트를 받는 경우, 즉 보수적인 값으로서 $C_b = 1$을 적용한다.

$$M_n = 1.0 \times \left[778 \times 10^6 - (778 \times 10^6 - 0.7 \times 355 \times 1.98 \times 10^6) \times (\frac{4{,}000 - 3{,}120}{9{,}360 - 3{,}120}) \right] (10^{-6})$$

$$= 737\ \text{kN} \cdot \text{m}$$

④ 공칭휨강도 선정과 안전성 검토

따라서, ①, ②, ③에 의하여 최소값인

$M_n =$ 737kN · m

$\therefore\ \phi_b M_n = 0.9 \times 737 = 663\ \text{kN} \cdot \text{m} > M_r\ (= 201\,\text{kN} \cdot \text{m})$ O.K

12.5.5 조합력의 상관식 검토

압축력과 강축방향의 1축휨을 받는 2축대칭 단면부재에 대하여 식(4.5-1) 또는 식(4.5-2)로 내력을 검토한다.

$\frac{P_r}{P_c} = \frac{217}{2{,}010} = 0.108 < 0.2$이므로

$$\frac{P_r}{2P_c} + \frac{M_{rx}}{M_{cr}} = \frac{0.108}{2} + \frac{201}{663} = 0.36 < 1.0 \qquad \text{O.K} \qquad 식(4.5-2)$$

따라서, 주어진 H-390×300×10×16의 보-기둥 부재는 안전하다.

12.6 지붕 보(RG1) 설계

기둥과 달리 축력이 매우 미미하므로 축력을 무시하고 휨에 대해서만 고려하도록 한다.

12.6.1 계수하중에 의한 휨모멘트와 전단력

보의 소요휨강도 가장 크게 발생하는 하중조합인 SLCB6 $\{1.2D+1.6(L+CL2-CL3)\}$에 대하여

$M_r = -102\,\text{kN}\cdot\text{m}$ [그림 12.4.8 참조]

$V_u = 59.4\,\text{kN}$ [그림 12.4.9 참조]

12.6.2 부재단면성능(H-400×200×8×13)

A(mm^2)	I_x (mm^4)	I_y (mm^4)	S_x (mm^3)	S_y (mm^3)	r_x (mm)
8,412	237×10^6	17.4×10^6	1.19×10^6	174,000	168

r_y (mm)	Z_x (mm^3)	Z_y (mm^3)	C_w(mm^6)	J(mm^4)
45.4	1.33×10^6	268,000	651×10^8	357,000

12.6.3 설계휨강도

(1) 소성모멘트

$$M_p = F_y Z_x = 355 \times 1.33 \times (10^{-3})(10^{-3}) = 473\,\text{kN}\cdot\text{m} \qquad 식(4.3-2)$$

(2) 국부좌굴

(가) 플랜지 국부좌굴 검토

$$\lambda_p = 0.38\sqrt{E/F_y} = 0.38 \times \sqrt{210{,}000/355} = 9.24 \qquad \langle 표\ 1.5\text{-}1\rangle$$

$$\lambda = \frac{b}{t_f} = \frac{200/2}{13} = 7.69 < \lambda_p (= 9.54)$$

$\therefore\ \lambda < \lambda_p$ 로서 콤팩트요소($M_n = M_p$)

(나) 웨브 국부좌굴 검토

$$\lambda_p = 3.76\sqrt{E/F_y} = 3.76\times\sqrt{210{,}000/355} = 91.5$$ 〈표 1.5-1〉

$$\lambda = \frac{h_c}{t_w} = \frac{400 - 2(13+16)}{8} = 42.8 < \lambda_p(=91.5)$$

$\therefore\ \lambda < \lambda_p$ 로서 콤팩트요소($M_n = M_p$)

(3) 횡비틀림 좌굴 검토

$$L_b = 3{,}000\,\text{mm}$$

$$L_p = 1.76\,r_y\sqrt{\frac{E}{F_y}} = 1.76\times45.4\sqrt{\frac{210{,}000}{355}} = 1{,}940\,\text{mm}$$ 식(4.3-6)

$$L_r = 1.95\,r_{ts}\frac{E}{0.7F_y}\sqrt{\frac{Jc}{S_x h_o}}\sqrt{1+\sqrt{1+6.76\left(\frac{0.7F_y}{E}\frac{S_x h_o}{Jc}\right)^2}}$$ 식(4.3-7)

$$= 1.95\times53.2\times\frac{210{,}000}{0.7\times355}\sqrt{\frac{357{,}000\times1}{1.19\times10^6\times387}}$$

$$\times\sqrt{1+\sqrt{1+6.76\left(\frac{0.7\times355}{210{,}000}\times\frac{1.19\times10^6\times387}{357{,}000\times1}\right)^2}} = 5{,}510\,\text{mm}$$

$$r_{ts}^2 = \frac{\sqrt{I_y C_w}}{S_x} = \frac{\sqrt{17.4\times10^6\times651\times10^9}}{1.19\times10^6} = 2{,}830$$ 식(4.3-8)

$$r_{ts} = 53.2\,\text{mm}$$

$c = 1.0$ (2축대칭 H형부재의 경우) 식(4.3-9)

$$h_0 = 400 - 13 = 387\ \text{mm}$$

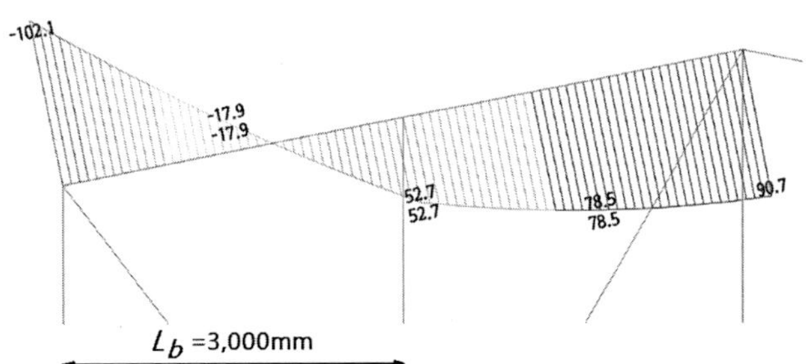

[그림 12.6.1] 4등분점 휨모멘트 산정 구간

비지지구간 L_b 에서 적용하는 횡비틀림좌굴 보정계수 C_b 는

$$C_b = \frac{12.5 \times 102}{2.5 \times 102 + 3 \times 52.0 + 4 \times 17.9 + 3 \times 17.4} = 2.38 \qquad \text{식(4.3-1)}$$

$$\therefore\ L_p(=1{,}940\text{mm}) < L_b(=3{,}000\text{mm}) < L_r(=5{,}510\text{mm})$$

$$M_n = C_b[M_p - (M_p - 0.7F_yS_x)(\frac{L_b - L_p}{L_r - L_p})] \le \mathrm{M_p} \qquad \text{식(4.3-3)}$$

$$M_n = 2.38 \times \left[473 \times 10^6 - (473 \times 10^6 - 0.7 \times 355 \times 1.19 \times 10^6) \times \left(\frac{3{,}000 - 1{,}940}{5{,}510 - 1{,}940}\right)\right](10^{-6})$$

$$= 1{,}000\ \text{kN} \cdot \text{m}\ > M_p(=473\,\text{kN} \cdot \text{m})$$

따라서, ①, ②, ③에 의하여

$$\phi_b M_n = \phi_b M_p = 0.9 \times 473 = 426\ \text{kN} \cdot \text{m} > M_r\ (=102\ \text{kN} \cdot \text{m}) \qquad \therefore \text{ 적합}$$

12.6.4 설계전단강도

$$2.24\sqrt{E/F_y} = 2.24\sqrt{210{,}000/355} = 54.5$$

$$\frac{h}{t_w} = \frac{(400 - 2(13 + 16))}{10} = 42.75\ \langle\ 2.24\sqrt{\frac{E}{F_y}}\ (=54.5)$$

$$V_n = 0.6F_yA_wC_v \qquad \text{식(4.4-1)}$$

$$= 0.6 \times 355 \times (400 \times 8 \times 1) \times 10^{-3} = 682\,\text{kN}$$

$$\therefore \phi V_n = 1.0 \times 682 = 682\,\text{kN}\ \ \rangle\ V_u(=59.4\,\text{kN}) \qquad \therefore \text{ 적합}$$

12.7 입면 가새(VBR) 설계

12.7.1 부재단면성능(CT−150×150×6.5×9)

$A(mm^2)$	$I_x(mm^4)$	$I_y(mm^4)$	$S_x(mm^3)$	$S_y(mm^3)$	$r_x(mm)$
2,340	464×10^6	2.54×10^6	40,000	33,800	44.5

$r_y(mm)$	$Z_x(mm^3)$	$Z_y(mm^3)$	$C_w(mm^6)$	$J(mm^4)$
32.9	69,1000	52,1000	40.6×10^6	49,800

12.7.2 단면 검토

대각선 가새 부재에 작용하는 인장력 P_u=127kN [그림 12.4.14 참조]

(1) 총단면에 대한 항복

$$\phi P_n = 0.9 A_g F_y = 0.9 \times 2{,}340 \times 275 \times 10^{-3} = 579\,\text{kN} \qquad \text{식}(4.1\text{-}1)$$

$$\phi P_n \ (= 579\text{kN}) > P_u (= 127\text{kN}) \qquad \text{O.K}$$

(2) 유효 순단면에 대한 파단

$$U = 1 - \frac{\bar{x}}{l} = 1 - \frac{40.9}{150} = 0.73 \qquad \langle\text{표 } 4.1\text{-}1\rangle$$

$$A_n = A_g - ndt = 2{,}340 - 1 \times 22 \times 6.5 = 2{,}200\,\text{mm}^2$$

$$\phi P_n = 0.75 A_e F_u = 0.75\,(U A_n) F_u \qquad \text{식}(4.1\text{-}2)$$

$$= 0.75 \times 0.73 \times 2{,}200 \times 410 \times 10^{-3} = 493\,\text{kN}$$

$$\phi P_n (= 493\text{kN}) > P_u (= 127\text{kN}) \qquad \text{O.K}$$

(3) 블록전단파괴

전단 파괴 영역 : 파단선 a - b - c

$$A_{gv} = 190 \times 6.5 = 1{,}240\text{mm}^2$$

$$A_{nv} = (190 - 22 \times 2.5) \times 6.5 = 878\text{mm}^2$$

인장 파괴 영역 : 파단선 c - d

$$A_{nt} = (488 - 22/2) \times 6.5 = 416\text{mm}^2$$

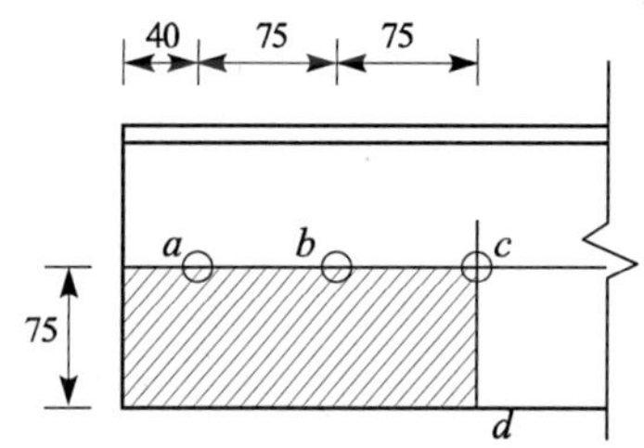

[그림 12.7.1] 블록 전단 파괴(mm)

$$\phi R_n = \phi[0.6 F_u A_{nv} + U_{bs} F_u A_{nt}]$$

$$= 0.75 \times [0.6 \times 410 \times 878 + 1.0 \times 410 \times 416] \times 10^{-3} = 290\,\text{kN}$$

$$\phi R_n = \phi[0.6 F_y A_{gv} + U_{bs} F_u A_{nt}]$$

$$= 0.75 \times [0.6 \times 275 \times 1{,}240 + 1.0 \times 410 \times 416] \times 10^{-3} = 281\,\text{kN}$$

$$\phi R_n = \phi[0.6 F_u A_{nv} + U_{bs} F_u A_{nt}] \le \phi[0.6 F_y A_{gv} + U_{bs} F_u A_{nt}] \qquad \text{식}(4.7\text{-}17)$$

$$\phi R_n \ (= 281\text{kN}) > P_u (= 127\text{kN}) \qquad \text{O.K}$$

(4) 계수하중에 대한 고장력볼트 미끄럼강도 검토

$$\phi R_n = n_b \phi \mu h_f T_o N_s \,, \quad \text{3EA} - \text{M20 (F10T)}$$

$$= 3 \times (1.0) \times (0.5 \times 1.0 \times 165 \times 1) = 248\,\text{kN} > P_u (= 127\text{kN}) \qquad \text{O.K}$$

여기서, $\phi = 1.0$(표준구멍)

$\mu = 0.5$(미끄럼계수, 블라스트 후 페인트하지 않은 경우)

$h_f = 1.0$(필러를 사용하지 않으므로)

T_o: 표4.7-9에 따른 설계볼트장력(kN)

N_s: 전단면의 수

12.8 크레인거더(CRG1)의 설계

크레인거더 설계는 크레인 차륜이 크레인거더 위로 움직이기 때문에 이동하중을 이용하여 최대 부재력과 최대 처짐이 발생하는 위치를 찾고 사용성 검토와 부재설계를 한다.

본 건물의 경우 크레인이 비교적 작은 용량(50kN)이므로 단일 H형 단면으로 설계한다.

크레인 정격하중이 클 경우 크레인거더 부재 선정은 일반적으로 부재폭을 300mm 이상을 사용하는데 이는 크레인 레일을 고정시키기 위한 장치(클램프,Clamp)를 설치하기 위함이다.

본 예제 건물에서는 예제 진행 목적으로 폭 200mm H형강으로 구조검토 하였으나, 실무 적용 시에는 레일과 클램프 정착을 고려하여 부재 크기를 결정하여야 한다.

12.8.1 하중조건 및 가정단면

(1) 하중조건

P_v = 76.3kN (중력방향 수직하중)

P_L = 6.1kN (종방향 수평하중)

P_H = 8/2EA = 4kN (횡방향 수평하중)

위의 세 가지 힘을 모두 고려해야 하나, 여기서는 축력으로 작용하는 종방향 수평하중이 거동에는 큰 영향을 주지 않으므로 고려하지 않고, 횡방향 수평하중에 대해서는 백거더가 설치되어 있으므로 이를 고려하여 설계한다.

(2) 가정 단면(H−400×200×8×13)

A(mm^2)	I_x (mm^4)	I_y (mm^4)	S_x (mm^3)	S_y (mm^3)	r_x (mm)
8,410	237×10^6	17.4×10^6	1.19×10^6	174,000	168

r_y (mm)	Z_x (mm^3)	Z_y (mm^3)	C_w(mm^6)	J(mm^4)
45.4	1.33×10^6	268,000	651×10^9	357,000

12.8.2 계수하중에 의한 휨모멘트와 전단력

소요휨강도, 전단강도는 중력방향 수직하중(P_v)을 이동하중으로 계산한다.

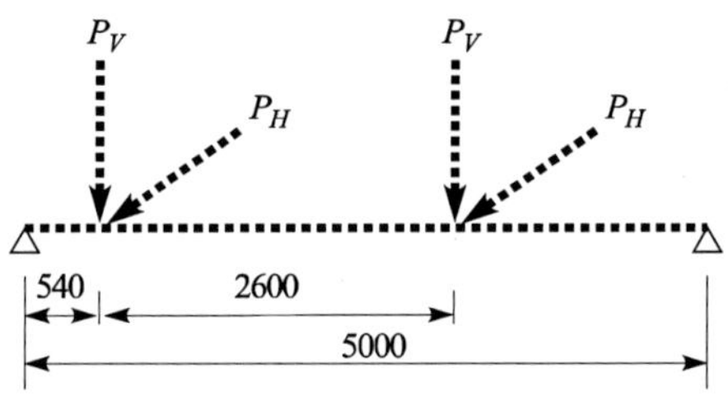

[그림 12.8.1] 최대 휨모멘트가 발생하는 하중위치

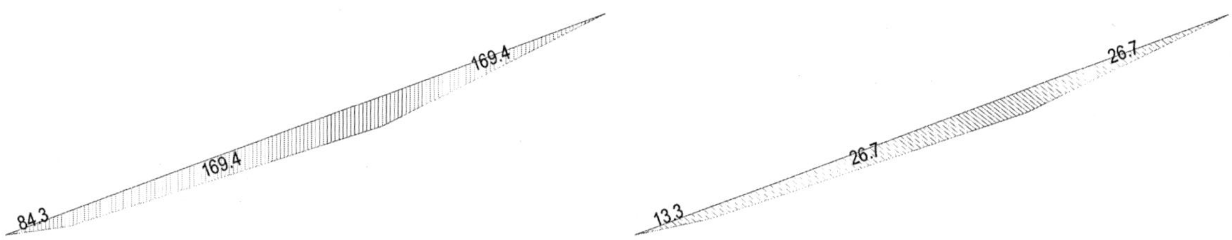

강축방향 휨모멘트분포 　　　　　　　　 약축방향 휨모멘트분포

[그림 12.8.2] 강축 및 약축방향에 대한 휨모멘트 분포(kN · m)

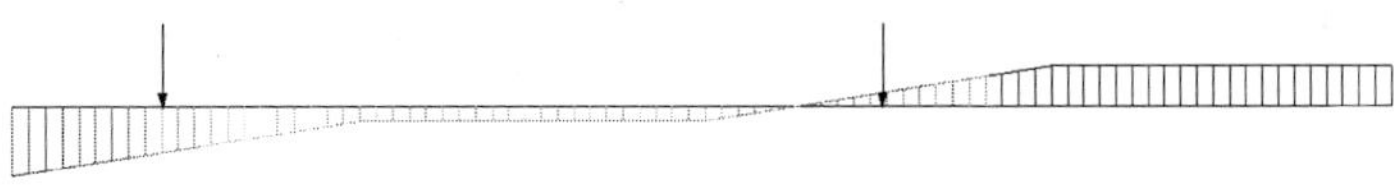

[그림 12.8.3] 강축방향에 대한 전단력 분포(kN)

$M_{rx} = 169\,\text{kN} \cdot \text{m}$ (강축)　$M_{ry} = 26.7\text{kN} \cdot \text{m}$ (약축)

$V_{cx} = 182\,\text{kN}$ (강축)　$V_{cy} = 25.1\,\text{kN}$ (약축)

12.8.3 강축방향 휨강도 검토

(1) 소성모멘트

$$M_p = F_y Z_x = 355 \times 1.33 \times 10^6 \times 10^{-6} = 472\,\text{kN} \cdot \text{m}$$ 식(4.3-2)

(2) 국부좌굴

(가) 플랜지 국부좌굴 검토

$$\lambda_p = 0.38\sqrt{E/F_y} = 0.38\sqrt{210{,}000/355} = 9.24$$ 〈표 1.5-1〉

$$\lambda = \frac{b}{t_f} = \frac{200/2}{13} = 7.69 < \lambda_p(= 9.24)$$

$\therefore\ \lambda < \lambda_p$ 로서 콤팩트요소 ($M_n = M_p$)

(나) 웨브 국부좌굴 검토

$$\lambda_p = 3.76\sqrt{E/F_y} = 3.76\sqrt{210{,}000/355} = 91.5$$ 〈표 1.5-1〉

$$\lambda = \frac{h}{t_w} = \frac{400 - 2\times 13 - 2\times 16}{8} = 42.7 < \lambda_p(= 91.5)$$

$\therefore\ \lambda < \lambda_p$ 로서 콤팩트요소 ($M_n = M_p$)

(3) 횡비틀림 좌굴 검토

$L_b = 1{,}250\,\text{mm}$(백거더에 의한 횡지지길이)

$$L_p = 1.76\,r_y\sqrt{\frac{E}{F_y}} = 1.76 \times 45.4\sqrt{\frac{210{,}000}{355}} = 1{,}940\text{mm}$$ 식(4.3-6)

$$L_b = (1{,}250\text{mm}) < L_p(= 1{,}940\,\text{mm})$$

따라서, $\phi_b M_n = 0.9 \times 472 = 425\,\text{kN} \cdot \text{m} \rangle M_{rx} = 169\,\text{kN} \cdot \text{m}$　O.K

12.8.4 약축방향 휨강도 검토

약축 방향에 대한 휨모멘트는 백거더가 설치되어 있으므로 이를 고려하여 설계한다.

약축 방향 최대 소요휨강도(M_{ry})는 26.7kN · m이다.

약축에 저항하는 H단면은 다음과 같다.

$$A_T = A_f + A_w/6 = 200 \times 13 + 62.3 \times 8 = 3{,}100\,\text{mm}^2$$

$$S = 86{,}700\,\text{mm}^3$$

$$P_{ry} = M_{ry}/D = 26.7/1 = 26.7\,\text{kN} \quad (D: \text{백거더 춤})$$

$$\phi P_{ny} = \phi F_y A_T = 0.9 \times 355 \times 3{,}100 \times 10^{-3} = 990\text{kN}$$

$$M_{ry} = P_H L_1/4 = 4.0 \times 1.25/4 = 1.25\,\text{kN} \cdot \text{m}$$

$$\phi M_n = \phi F_y S = 0.9 \times 355 \times 86{,}700 \times 10^{-6} = 27.7\,\text{kN} \cdot \text{m}$$

$$\frac{M_{rx}}{\phi M_{nx}} + \left(\frac{P_{ry}}{\phi P_{ny}} + \frac{M_{ry}}{\phi M_{ny}} \right) = \frac{169}{425} + \left(\frac{26.7}{990} + \frac{1.25}{27.7} \right)$$

$$= 0.398 + 0.027 + 0.045 = 0.47 < 1.0 \qquad \text{O.K}$$

12.8.5 전단력에 대한 검토

$$2.24\sqrt{E/F_y} = 2.24\sqrt{210{,}000/355} = 54.5$$

$$\frac{h}{t_w} = \frac{(400 - 2(13+16))}{10} = 42.75 \ \langle\ 2.24\sqrt{\frac{E}{F_y}}\ (= 54.5)$$

$$V_n = 0.6 F_y A_w C_v \qquad \text{식(4.4-1)}$$

$$= 0.6 \times 355 \times (400 \times 8 \times 1) \times 10^{-3} = 682\,\text{kN}$$

$$\phi V_n = 1.0 \times 682 = 682\,\text{kN} \ \rangle\ V_u (= 182\text{kN}) \qquad \text{O.K}$$

12.8.6 사용성에 대한 검토

크레인거더의 경우 미미한 처짐으로도 크레인의 작업상에 지장을 초래하거나 크레인의 탈락이 우려되므로 처짐에 대하여 $l/800 \sim l/1{,}200$ 을 적용하는데 본 건물의 경우는 정격하중이 작기 때문에 $l/800$을 적용하였다. 정격하중이 큰 경우는 일반적으로 $l/1{,}000$의 처짐을 고려하는데 처짐에 의해 부재가 산정되는 경우가 자주 발생한다.

본 건물 크레인거더 스팬이 5m이므로 최대 허용 처짐량은 5000/800 = 6.25mm이다.

앞에서 가정한 단면의 부재를 사용하여 휨에 의한 최대 처짐을 구하면 다음과 같다.

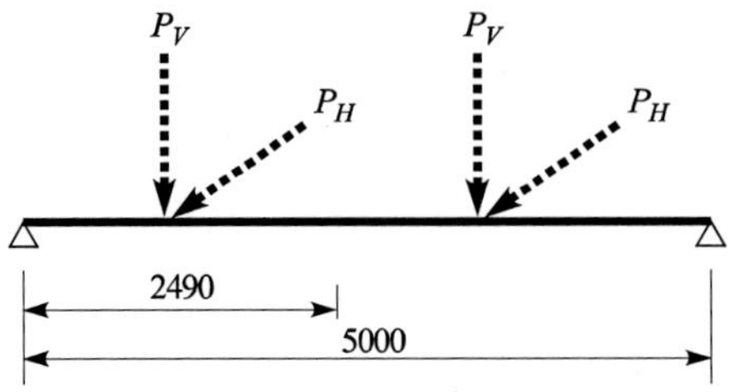

[그림 12.8.4] 최대 처짐이 발생하는 하중위치

수직하중 P_v(=76.3kN)와 보 자중에 의해 강축방향으로 휨모멘트가 발생하며 이로 인한 처짐은 5.5mm이다. 즉,

$$\delta_{\max} = 5.5\text{mm} < 6.25\text{mm}(= l/800) \qquad \therefore \text{ 적합}$$

12.9 주각(Base Plate) 설계

주각부는 기둥을 통하여 전달되는 하중을 기초에 전달하는 부분으로, 힘이 무리 없이 구조체에서 기초에 전달될 수 있도록 설계하여야 한다.

본 공장의 주각부는 핀접합으로 되어 있으므로, 하중 조합 중 가장 크게 작용하는 압축력 및 인장력에 대해서 베이스플레이트와 앵커볼트를 설계한다.

12.9.1 하중조건

$$P_u = 214\text{kN} \qquad \text{(하중조합 SLCB6, [그림 12.4.10])}$$

$$V_u = 30.8\text{kN} \qquad \text{(하중조합 SLCB6, [그림12.4.9])}$$

12.9.2 베이스플레이트의 설계

기둥이 받는 최대 압축력(=214.0kN)에 대하여 베이스플레이트의 두께를 산정한다.

기초 콘크리트의 설계강도 f_{ck} = 24MPa, 플레이트 강재는 SS275이다.

(1) 베이스플레이트의 크기 결정

베이스플레이트의 소요지압면적은 안전측의 설계로 $\sqrt{A_2/A_1}$ 의 효과를 무시하여 산정한다.

$$A_{1(req.)} = \frac{P_u}{\phi_c(0.85f_{ck})} = \frac{214{,}000}{0.65\times(0.85\times 24)} = 16{,}100\text{mm}^2 \qquad \text{식(4.7-22)}$$

베이스플레이트는 기둥보다 커야하므로 $A_1 = B \times N = 390 \times 300 = 117{,}000\,\text{mm}^2$

$$\Delta = 0.5 \times (0.95d - 0.8b_f) = 0.5 \times (0.95 \times 390 - 0.8 \times 300) = 65.3\,\text{mm}$$

$$N \geq \sqrt{A_1} + \Delta = \sqrt{117{,}000} + 65.3 = 407\,\text{mm} \Rightarrow 500\text{mm}$$

$$B = \frac{117{,}000}{500} = 234\,\text{mm} \Rightarrow 400\text{mm}$$

$$\therefore B \times N = 400 \times 500\text{mm}$$

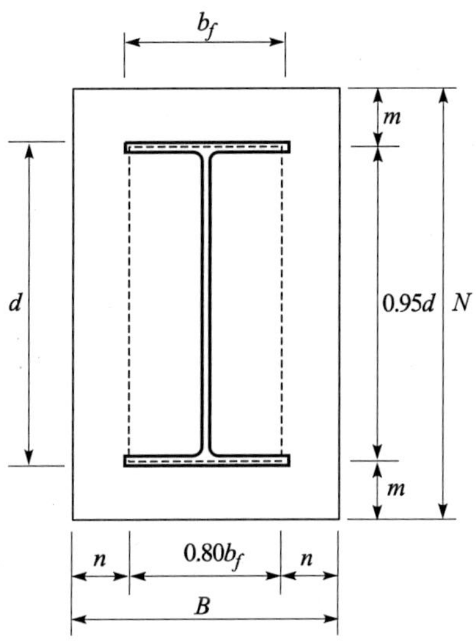

[그림 12.9.1] 베이스플레이트의 두께 산정

(2) 베이스플레이트의 지압강도 검토

$$\phi_c P_p = \phi_c 0.85\, f_{ck} A_1 \sqrt{A_2/A_1} \simeq \phi_c 0.85\, f_{ck} B\, N \qquad \text{식}(4.7\text{–}23)$$

$$= 0.65 \times 0.85 \times 24 \times 400 \times 500 \times 10^{-6} = 2{,}650\text{kN} > 257\text{kN} \quad \text{O.K}$$

(3) 베이스플레이트 두께 산정

$$m = \frac{N - 0.95d}{2} = \frac{500 - 0.95 \times 390}{2} = 64.8\,\text{mm}$$

$$n = \frac{B - 0.80b_f}{2} = \frac{400 - 0.80 \times 300}{2} = 80\,\text{mm}$$

$$X = \frac{4\,d\,b_f}{(d + b_f)^2} \times \frac{P_u}{\phi_c P_p} = \frac{4 \times 390 \times 300}{(390 + 300)^2} \times \frac{257}{2{,}650} = 0.095$$

$$\lambda = \frac{2\sqrt{X}}{1+\ \sqrt{1-\ X}} = \frac{2\sqrt{0.095}}{1+\sqrt{1-0.095}} = 0.316 \quad \leq 1.0$$

$$\lambda_n{}' = \frac{\lambda\sqrt{d\,b_f}}{4} = \frac{0.316\ \sqrt{390\times 300}}{4} = 27.0\,\mathrm{mm}$$

l은 m, n, $\lambda_n{}'$ 값 중 최대인 80mm이다.

$$t = l\sqrt{\frac{2\,P_u}{0.9\,BNF_y}} = 80\sqrt{\frac{2\times 214\times 10^3}{0.9\times 400\times 500\times 275}} = 7.4\,\mathrm{mm}$$

(4) 인장력을 받는 경우 베이스플레이트 두께 산정

해석 결과 수직가새가 설치되는 기둥에서 발생한 최대 인장력은 111kN이다.

$$M = (111/4)\times 100(= \text{앵커볼트 거리}) = 2{,}770\,\mathrm{kN\cdot mm}$$

$$b = 100\times 2 + 22 = 222\mathrm{mm}$$

$$t_{reg} \geq \sqrt{\frac{4M}{(0.9F_y\times b)}} = \sqrt{\frac{4\times 2{,}770\times 10^3}{0.9\times 275\times 222}} = 14.2\mathrm{mm}$$

본 건물의 경우 최대 압축력과 인장력이 같은 곳에서 발생하지는 않았지만 같은 크기의 기둥이고 베이스플레이트 갯수가 많지 않기 때문에 자재수급 등을 고려하여 베이스플레이트 두께를 16mm로 적용한다.

∴ 베이스플레이트 PL−16×400×500

12.9.3 앵커볼트의 설계

12.9.3.1 앵커볼트 인발력검토

횡방향 하중에 의해 발생하는 인발력은 앵커볼트가 저항하도록 설계한다.

기둥과 기초가 만나는 부분에 작용하는 인발력과 전단력은 각각 111kN, 46.0kN이다.

볼트가 총 4개(4−M20)이므로 볼트 한 개가 부담하는 인장력은 $P_t = 27.7\mathrm{kN}$, 전단력은 $P_v = 11.5\mathrm{kN}$ 이 된다.

− 앵커볼트 한 개의 강도검토(인장력 및 전단력의 조합)

$F_{nt} = 300\,\mathrm{MPa}$(〈표 4.7−8〉에 의한 공칭인장강도)

$F_{nv} = 160\,\mathrm{MPa}$(〈표 4.7−8〉에 의한 공칭전단강도)

$$f_v = 11.5\times 10^3/(\pi\times 20^2/4) = 36.6\,\mathrm{MPa}$$

$$F_{nt'} = 1.3F_{nt} - \frac{F_{nt}}{\phi F_{nv}} f_v \leq F_{nt} \qquad \text{식(4.7-5)}$$

$$= 1.3 \times 300 - \frac{300}{0.75 \times 160} \times 36.6 = 299\,\mathrm{MPa} < F_{nt}(=300\,\mathrm{MPa})$$

$$\therefore\ F_{nt'} = 299\,\mathrm{MPa}$$

$$\phi R_n = 0.75\,F_{nt'}\,A_b = 0.75 \times 299 \times (\pi \times 20^2/4) \times 10^{-3} \qquad \text{식(4.7-4)}$$

$$= 70.3\,\mathrm{kN} > P_t\,(=27.7\mathrm{kN}) \qquad \mathrm{O.K}$$

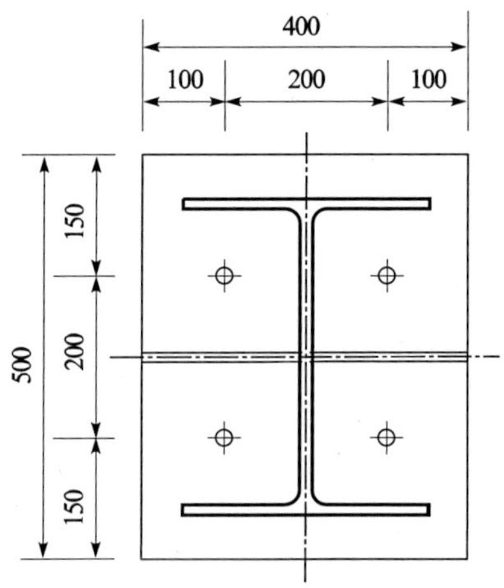

[그림 12.9.2] 앵커볼트의 설계

12.9.3.2 갈고리볼트의 인장강도검토

갈고리 볼트의 인장강도 검토는 콘크리트 앵커설계기준(KDS 14 20 54)에 따른다.

갈고리볼트는 기초판 가장자리로부터 멀리 떨어져 있는 것으로 가정할 때, 가장자리의 영향을 받지 않는 단일 갈고리볼트에 하중계수가 고려된 27.7kN의 계수인장하중이 작용하고 있다. 사용 시 앵커가 설치된 기초판에 균열이 발생하지 않고, 콘크리트 파괴를 구속하기 위한 별도의 보조철근은 배근하지 않는다고 가정할 때 갈고리볼트의 안정성은 다음과 같다.

(1) 소요인장강도

$$N_{ua} = 27.7\,\mathrm{kN}$$

(2) 설계인장강도 ≥ 소요인장강도

$$\phi N_n \geq N_{ua} \qquad \text{기준식(4.2-1)}$$

여기서 ϕN_n 은 인장을 받는 앵커의 파괴모드에서 산정된 가장 작은 설계인장강도이다.

(3) 앵커의 강재강도

$$\phi N_{sa} \geq N_{ua}$$

앵커가 KS B 1016의 기계적 성질을 따르는 경우, 연신율이 22% 이상이므로 기준 4.2 (6)에 따라 연성강재 요소의 강도에 의해 지배되는 앵커이다.

콘크리트구조기준에 따른 하중계수를 사용할 경우, 연성강재 요소의 인장에 대한 강도감소계수는 다음과 같다.

$$\phi = 0.75$$

앵커의 강재강도는 다음 식에 의한 값을 초과할 수 없다.

$$N_{sa} = nA_{se,N} f_{uta} \qquad \text{기준식(4.3-1)}$$

여기서 단일앵커이므로 n=1, 앵커의 유효단면적 $A_{se,N}$ 은 M20볼트 245mm^{2}이며, 인장강도 f_{uta}는 300MPa이다.

$$\phi N_{sa} = 0.75 \times 245 \times 300 \times 10^{-3} = 55.1\,\text{kN} > N_{ua}(=27.7\text{kN}) \qquad \text{O.K}$$

(4) 콘크리트 파괴강도

$$\phi N_{cb} \geq N_{ua}$$

여기서 콘크리트 파괴를 구속하기 위한 별도의 보조철근을 배근하지 않는 경우(조건 B), 강도감도계수는 다음과 같다.

$$\phi = 0.70$$

인장을 받는 단일앵커의 콘크리트 파괴강도는 다음 값을 초과할 수 없다.

$$N_{cb} = \frac{A_{Nc}}{A_{Nco}} \cdot \psi_{ed,N} \cdot \psi_{c,N} \cdot \psi_{cp,N} \cdot N_b \qquad \text{기준식(4.3-2)}$$

여기서, $\dfrac{A_{Nc}}{A_{Nco}} = 1.0$ 가장자리의 영향을 받지 않음

$\psi_{ed,N} = 1.0$ 가장자리의 영향을 받지 않음

$\psi_{c,N} = 1.25$ 사용하중 상태에서 콘크리트에 균열이 발생하지 않음

$\psi_{cp,N} = 1.0$ 선설치 앵커

$$N_b = k_c \sqrt{f_{ck}}\, h_{ef}^{1.5} = 10\sqrt{24} \times 200^{1.5} = 139\,\mathrm{kN}$$ 기준식(4.3-5)

여기서, $k_c = 10$ 선설치 앵커

h_{ef} : 앵커의 유효묻힘깊이

그러므로 콘크리트 파괴에 대한 설계강도는 다음과 같다.

$$\phi N_{cb} = 0.70 \times 1.0 \times 1.0 \times 1.25 \times 1.0 \times 139 = 121\,\mathrm{kN}$$

여기서, 조건 A는 구조 부재 내에서 콘크리트의 잠재적인 프리즘 형태의 파괴를 구속하기 위하여 설치한 보조철근이 잠재적인 파괴면과 구조 부재를 연결하도록 설계되었을 때 적용한다. 조건 B는 이와 같은 보조철근이 없거나 뽑힘강도 또는 프라이아웃강도가 지배적일 때 적용한다.

(5) 앵커의 뽑힘강도

$$\phi N_{pn} \geq N_{ua}$$

여기서 강도감도계수는 다음과 같다.

$$\phi = 0.70$$

앵커의 뽑힘강도는 다음 식에 의한 값을 초과할 수 없다.

$$N_{pn} = \psi_{c,P} N_p$$ 기준식(4.3-12)

여기서, $\psi_{c,P} = 1.4$ 사용하중 상태에서 콘크리트에 균열이 발생하지 않음

$N_p = 0.9 f_{ck}\, e_h d_a = 0.9 \times 24 \times 80 \times 20 = 34.6\,\mathrm{kN}$ 기준식(4.3-14)

$e_h = 80\mathrm{mm}$ 이므로 $3d_a \leq e_h \leq 4.5d_a$ 조건을 만족한다.

e_h : J 또는 L볼트 샤프트의 안쪽 면부터 J또는 L볼트의 바깥쪽 끝까지의 거리, mm

따라서 앵커의 뽑힘강도는 다음과 같다.

$$\phi N_{pn} = 0.70 \times 1.4 \times 34.6 = 33.9\,\text{kN} > N_{ua}(= 27.7\text{kN}) \qquad \text{O.K}$$

(6) 콘크리트 측면 파열강도

갈고리볼트는 콘크리트 측면 파열 파괴에 대해 고려할 필요가 없다. 만일 헤드볼트가 사용되었더라도 가장자리에서 충분히 멀기($c_{a1} > 0.4h_{ef}$) 때문에 콘크리트 측면 파열강도는 검토할 필요가 없다. 여기서 c_{a1}은 앵커 샤프트 중심에서 콘크리트 단부까지의 거리이다.

(7) 콘크리트 쪼갬파괴

선설치 갈고리볼트에 대해서는 검토할 필요가 없다.

(8) 요약

M20볼트, 묻힘깊이 200mm, 24MPa 콘크리트에 설치된 갈고리볼트는 27.7kN 계수인장하중 저항에 적합하다.

제13장

사무소 건물 설계

제13장 사무소 건물 설계

STRUCTURAL STEEL DESIGN

13.1 설계개요

13.1.1 사무소 건물 개요

(1) 위　　　치 : 서울특별시

(2) 용　　　도 : 사 무 소

(3) 규　　　모 : 지 상 6 층

(4) 지상층 높이 : 24 m

(5) 구 조 형 식 : 강 구 조

13.1.2 구조계획 (KDS 41 31 00)

(1) 중력하중에 대한 구조 형식 : 중력하중은 슬래브, 보, 기둥으로 구성된 모멘트골조에 의하여 지지된다.

(2) 수평하중에 대한 구조 형식 : 건물의 층수가 높지 않으므로 별도의 수평지지시스템이 없이 보통모멘트골조만으로 수평하중에 지지하도록 한다.

(3) 보통모멘트골조의 내진요구사항

① 적용범위 : 보통모멘트골조는 기준(4.10.11)의 요구조건을 따라야 하며, 중간모멘트골조의 요구사항을 충족하더라도 보의 춤이 750 mm를 초과하는 경우에는 보통모멘트골조로 분류한다.

② 재료 : 지진력저항시스템에 속하는 강구조 중 특수모멘트골조, 중간모멘트골조, 특수중심가새골조 편심가새골조, 좌굴방지가새골조 및 특수강판벽에서는 내진성이 뛰어난 강재인 SN 및 SHN강 또는 TMC강을 사용해야 한다. 따라서, 본 예제에서는 보통모멘트골조의 경우이므로 일반강재를 사용한다.

③ 단면검토 : 본 예제의 보통모멘트골조는 판폭두께비의 요구조건을 만족할 필요가 없다. 참고적으로, 중간모멘트골조는 콤팩트단면이어야 하며, 특수모멘트골조는 내진콤팩트단면이어야 한다.

④ 기둥의 강도 : 증폭지진하중을 고려하지 않은 상태에서 $P_u/\phi_c P_n > 0.4$ 인 조건에 있으면 기준(4.10.8.3)의 요구사항을 만족해야한다.

⑤ 기둥의 이음 : 기둥의 이음은 기준(4.10.8.4(1))의 요구사항을 만족해야한다.

13.1.3 사용구조재료

(1) 강　재 : 보 부재 - SS275, SM355
기둥 부재 - SM355

(2) 고력볼트 : F10T

(3) 콘크리트 : f_{ck}=24 MPa

(4) 스 터 드 : ϕ19

13.1.4 설계방침

(1) 본 계산은 건축법, 동시행령, 건축물의 구조기준 등에 관한 규칙 및 건축구조기준(KDS 41)에 따른다.

(2) 본 예제는 고정하중(D), 활하중(L), 풍하중(W) 및 지진하중(E)을 고려한다.

(3) 기준 KDS 41 10 15에서 규정하는 하중조합 중 아래와 같이 6가지 조합에 대하여 검토하도록 한다.

$1.4D$	기준식(1.5-1)
$1.2D+1.6L$	기준식(1.5-2)
$1.2D+1.3W+1.0L$	기준식(1.5-4)
$1.2D+1.0E+1.0L$	기준식(1.5-5)
$0.9D+1.3W$	기준식(1.5-6)
$0.9D+1.0E$	기준식(1.5-7)

(4) 바닥구조의 경우 작은보는 합성보로 설계한다.

(5) 구조물 해석의 경우 범용구조해석 프로그램을 이용하여 3차원 해석을 하도록 한다.

13.2 구조도 및 단면가정

13.2.1 구조 평면도

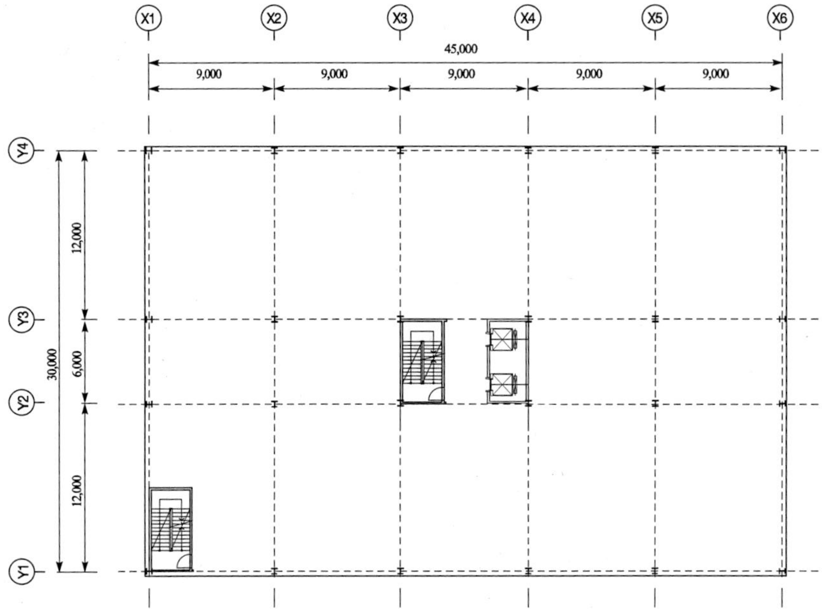

[그림 13.2.1] 기준층 건축평면도

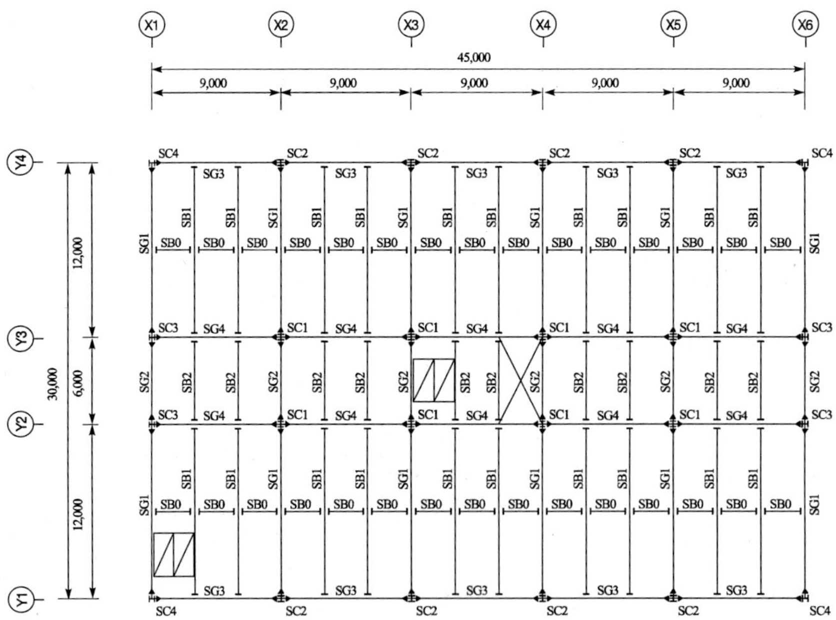

[그림 13.2.2] 기준층 구조평면도

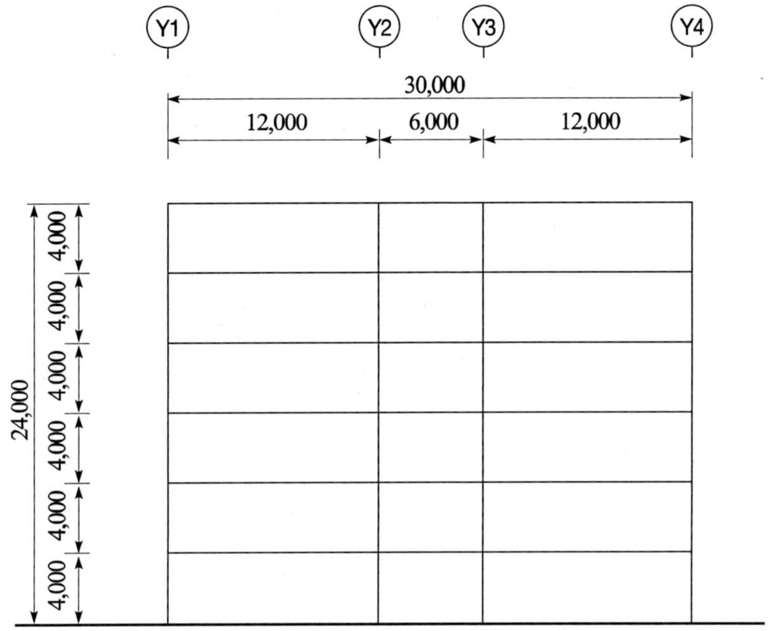

[그림 13.2.3] 단면도(X3열)

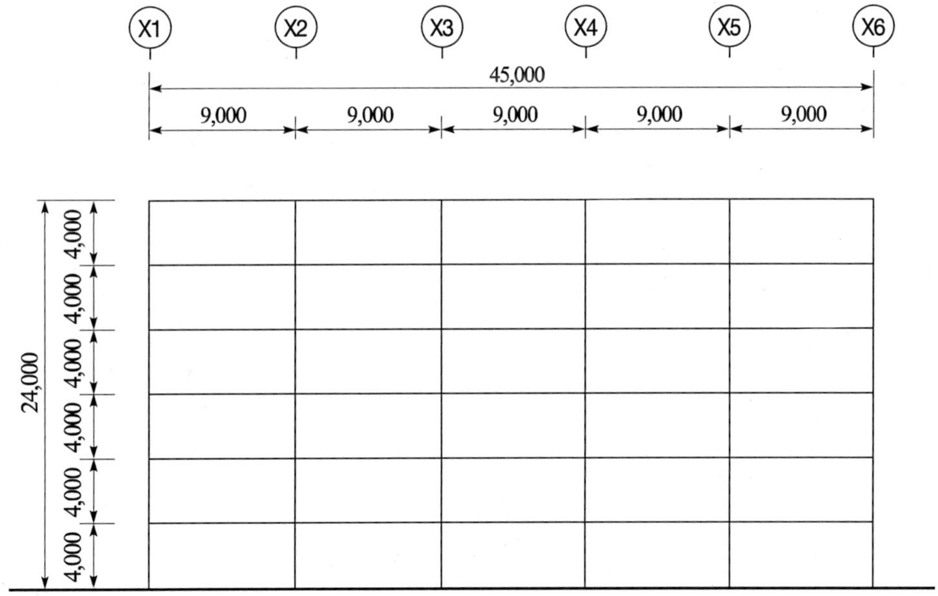

[그림 13.2.4] 단면도(Y2열)

13.2.2 가정 단면

구조해석을 위하여 가정된 부재는 아래와 같다.

(1) 큰보

〈표 13.2.1〉 큰보

부재 기호	해 당 층	부 재 단 면 치 수
SG1	전 체 층	H-596×199×10×15
SG2	전 체 층	H-350×175×7×11
SG3	전 체 층	H-596×199×10×15
SG4	전 체 층	H-596×199×10×15

(2) 작은보

〈표 13.2.2〉 작은보

부재 기호	해 당 층	부 재 단 면 치 수
SB0	전 체 층	H-200×100×5.5×8
SB1	전 체 층	H-596×199×10×15
SB2	전 체 층	H-300×150×6.5×9

(3) 기둥

〈표 13.2.3〉 기둥

부재 기호	해 당 층	부 재 단 면 치 수
SC1	5층 이상	H-400×400×13×21
	3~4층	H-414×405×18×28
	1~2층	H-428×407×20×35
SC2	3층 이상	H-400×400×13×21
	1~2층	H-428×407×20×35
SC3	3층 이상	H-400×400×13×21
	1~2층	H-414×405×18×28
SC4	3층 이상	H-414×405×18×28
	1~2층	H-414×405×18×28

13.3 설계하중

13.3.1 고정하중

(1) 지붕층

마　감 (t=120)	2.60
데 크 슬 래 브 (t=150)	3.70
천　정	0.30
	6.60 kN/m^2

(2) 기준층

마　감 (t=30)	0.60
데 크 슬 래 브 (t=150)	3.70
천　정	0.30
	4.60 kN/m^2

13.3.2 활하중 (KDS 41 10 15)

(1) 지붕층

3.0 kN/m^2

(2) 기준층

3.5 kN/m^2

(경량칸막이 1.0 kN/m^2 포함)

13.3.3 지진하중 (KDS 41 17 00)

(1) 각 층별 유효중량 산정

기준(7.2.1)에 따라 다음의 사항을 고려하여 건물의 유효중량을 산정한다.

① 건물의 자중

② 골조에 고정된 건축설비의 하중

(2) 설계스펙트럼 가속도 및 내진설계범주

① 지진하중계수

(가) 지진구역계수 : 지진구역 1 (Z=0.11) 〈KDS 17 10 00, 표 4.2-1〉

(나) 유효지반가속도 : S= 지진구역계수(Z)×위험도계수(I) KDS 41 17 00 3.2

= 0.11×2 (재현주기 : 2400년) 〈KDS 17 10 00, 표 4.2-3〉

= 0.22

(다) 내진등급 : Ⅱ (중요도 계수 : I_E=1.0) 〈표 2.2-1〉

(라) 지반종류 : S_3 〈KDS 17 10 00, 표 4.2-4〉

(마) 반응수정계수 : 3.5 (철골보통모멘트골조) 〈표 6.2-1〉

② 설계스펙트럼 가속도 (S_{DS}, S_{D1})

$S_{DS} = S \times 2.5 \times F_a \times 2/3 = 0.22 \times 2.5 \times 1.46 \times 2/3 = 0.535$ 기준식(4.2-4)

$S_{D1} = S \times F_v \times 2/3 = 0.22 \times 1.58 \times 2/3 = 0.232$ 기준식(4.2-5)

여기서, 단주기 지반증폭계수 F_a 산정 (S=0.22) 〈표 4.2-1〉

$F_a = 1.46$

1초주기 지반증폭계수 F_v 산정 (S= 0.22) 〈표 4.2-2〉

$F_v = 1.58$

③ 내진설계범주

내진설계범주 D에 해당된다.

0.50 g ≤ S_{DS} (내진등급 Ⅱ) → 내진설계범주 D 〈표 5.2-1〉

0.20 g ≤ S_{D1} (내진등급 Ⅱ) → 내진설계범주 D 〈표 5.2-2〉

(3) 밑면전단력 산정

① 건물의 기본진동주기 산정

건물층고(h_n) = 24.0m

$T_a = C_t h_n^x$ (C_t = 0.0724, x= 0.8 : 철골모멘트골조) 기준식(7.2-6)

$T_a = 0.0724 h_n^x = 0.0724 \times 24^{0.8} = 0.920\,\text{sec}$

$T_x = 1.85\,\text{sec}$ (고유치해석)

$T_y = 2.01\,\text{sec}$ (고유치해석)

$C_u T_a = 1.47 \times 0.920 = 1.35\,\text{sec}$ 〈표 7.2-1〉

② 지진응답계수 산정

다음 세 식을 이용하여 산정한다.

$$C_S = \frac{S_{DS}}{R/I_E} = \frac{0.535}{3.5/1.0} = 0.153 \text{ (최대)}$$ 기준식(7.2-2)

$$C_S = \frac{S_{D1}}{R/I_E \times T} = \frac{0.232}{(3.5/1.0) \times 1.35} = 0.0491$$ 기준식(7.2-3)

$$C_S = 0.044 S_{DS} I_E = 0.0235 \geq 0.01 \text{ (최소)}$$ 기준식(7.2-5)

따라서, $C_S = 0.0491$

③ 밑면전단력 산정

$$V = C_S W = 0.0491 \times 42{,}450 = 2{,}084\ \text{kN}$$ 기준식(7.2-1)

〈표 13.3.1〉 지진하중

층	h_n (m)	W_i (kN)	$W_i \times h_i{}^k$ (kN·m)	C_{vx}	층지진하중 F_x (kN)
ROOF	24	9,200	866,000	0.411	857
6층	20	6,610	479,000	0.228	474
5층	16	6,630	349,000	0.166	346
4층	12	6,630	232,000	0.110	229
3층	8	6,690	131,000	0.062	129
2층	4	6,690	48,600	0.023	48.1
합 계	–	42,450	2,105,600	–	2,084

단, k=1.43 기준식(7.2-8), 기준식(7.2-9)

④ 수평 비틀림 모멘트

설계기준에 따라 우발 비틀림 모멘트는 해석방향에 직각방향 평면치수의 5%에 해당하는 우발편심에 그 층전단력을 곱하여 산정한다. 기준 7.2.6.4

〈표 13.3.2〉 우발편심모멘트

층	층전단력 V_x(kN)	e_x (m)	e_y (m)	T_x (kN · m)	T_y (kN · m)
ROOF	857	1.50	2.25	1,286	1,928
6층	1,331	1.50	2.25	1,997	2,996
5층	1,677	1.50	2.25	2,516	3,774
4층	1,906	1.50	2.25	2,859	4,289
3층	2,036	1.50	2.25	3,054	4,580
2층	2,084	1.50	2.25	3,126	4,689

13.3.4 풍하중 (KDS 41 10 15)

(1) 기본풍속 (V_0) : 26 m/sec 〈표 5.5-1〉

(2) 지표면조도구분 : B 〈표 5.5-2〉

(3) 중요도계수 (I_w) : 0.95 〈표 5.5-6〉

(4) 가스트 영향계수 (G_D) : X-방향 : 2.17, Y-방향 : 2.13

본 예제는 강체구조물이므로,

$$G_D = 1 + 4\gamma_f \sqrt{B_D}$$ 기준식(5.6-1)

여기서, γ_D : 풍속변동계수

$$\gamma_D = \left(\frac{3+3\alpha}{2+\alpha}\right) I_H$$

I_H : 기준높이에서의 난류강도 (m)

$$I_H = 0.1\left(\frac{H}{Z_g}\right)^{-\alpha - 0.05}$$

B_D : 비공진계수(건축물의 변동변위의 고유진동수 이외의 진동수 성분을 나타내는 계수)

$$B_D = 1 - \left[\frac{1}{\left\{1 + 5.1(L_H/\sqrt{HB})^{1.3}(B/H)^k\right\}^{(1/3)}}\right]$$

$k = 0.33 : H \geq B,\ -0.33 : H < B$

H : 건축물의 기준높이 (m)

B : 건축물의 폭 (m)

L_H : 기준높이에서의 난류스케일 (m)

$$L_H = 100\left(\frac{H}{30}\right)^{0.5}$$

α : 풍속고도분포지수 〈표 5.5-4〉

Z_g : 기준경도풍 높이, m 〈표 5.5-4〉

(5) 외압계수(C_{pe}) : 〈표 5.7-1〉

풍상벽 (C_{pe1}) = $0.8k_z + 0.03(D/B)$

풍하벽 (C_{pe2}) = -0.5 ($D/B \le 1$)

풍하벽 (C_{pe2}) = $-0.5 + 0.25\ln(D/B)^{0.8}$ ($D/B > 1$)

B : 건축물의 폭 (m) , D : 건축물의 깊이 (m)

k_z : 높이방향 압력분포계수

$k_z = (0.8)^{2\times0.22} = 0.906$ (0.8H 이상인 경우)

$k_z = (16/24)^{2\times0.22} = 0.837$ (15 m 초과 0.8H 이하인 경우)

$k_z = (15/24)^{2\times0.22} = 0.813$ (15 m 이하인 경우)

X-방향 :

$$C_{pe1} = 0.8\times0.906 + 0.03(45/30) = 0.77$$

$$C_{pe2} = -0.5 + 0.25\times\ln((45/30)^{0.8}) = -0.419$$

Y-방향 :

$$C_{pe1} = 0.8\times0.906 + 0.03(30/45) = 0.745$$

$$C_{pe2} = -0.5$$

(6) 설계풍속 $V_H = V_0 K_{zr} K_{zt} I_w$ 기준식(5.5-2)

지표면조도구분 B에서 I_w = 0.95, K_{zt} = 1.0이므로 V_H는 K_{zr}에 따라서 값이 달라진다. K_{zr}은 기준5.5.3에 따르면 지표면조도구분 B에서 15 m이하인 경우에는 0.81이고, 15 m 초과 450 m 이하에서는 $0.45\times z^{0.22}$이므로 설계풍속은 아래와 같다.

$V_H = 26\times K_{zr}\times 1.0\times 0.95 = 24.7K_{zr}$ m/s (15 m 초과인 경우)

$$V_H = 24.7 \times (0.45 \times 24^{0.22})$$
$$= 24.7 \times 0.905$$
$$= 22.4 \text{ m/s}$$

(7) 설계속도압

$$q_H = \frac{1}{2} \rho V_H^2 \qquad \text{기준식(5.5-1)}$$

$$= \frac{1}{2} \times 1.22 \times (22.4)^2 = 306 \text{ N/m}^2$$

여기서, ρ는 공기밀도로 1.22 kg/m^{3}를 균일하게 적용하고, V_H는 설계지역의 지표면으로부터 기준높이 H에 대한 설계풍속이다.

각 방향에 대한 외압계수는 〈표 5.7-1〉을 이용하여 아래와 같이 산정하였다.

〈표 13.3.3〉 외압계수

	D (m)	B (m)	풍상벽	풍하벽
X 방향	45	30	0.77	−0.419
Y 방향	30	45	0.745	−0.5

최상층의 X방향 설계 풍압을 구하면 가스트영향계수가 2.17이고 외압계수가 0.770, −0.419이므로 아래와 같다.

$$p_F = G_D q_H (C_{pe1} - C_{pe2}) \qquad \text{기준식(5.2-2)}$$
$$= 2.17 \times 306 \times (0.770 - (-0.419))$$
$$= 790 \text{ N/m}^2$$

최상층의 Y방향 설계 풍압을 구하면 가스트영향계수가 2.13이고 외압계수가 0.745, −0.5 이므로 아래와 같다.

$$p_F = G_D q_H (C_{pe1} - C_{pe2}) \qquad \text{기준식(5.2-2)}$$
$$= 2.13 \times 306 \times (0.745 - (-0.500))$$
$$= 811 \text{ N/m}^2$$

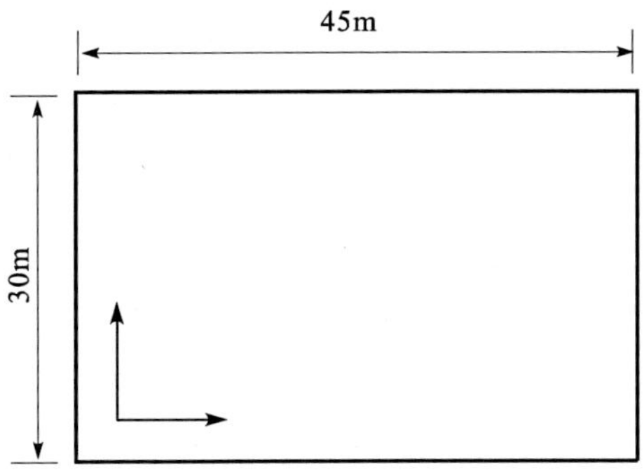

[그림 13.3.1] 건물 평면도

각 방향에 대하여 풍하중을 계산하면 아래 표와 같다.

〈표 13.3.4〉 풍하중(X방향)

층	A (m^2)	C_{pe1}	C_{pe2}	q_H (N/m^2)	G_D	p_F (N/m^2)	W_D (kN)
ROOF	60	0.770	−0.419	306	2.17	790	47.4
6층	120	0.770	−0.419	306	2.17	790	94.7
5층	120	0.770	−0.419	306	2.17	790	94.7
4층	120	0.714	−0.419	306	2.17	752	90.3
3층	120	0.696	−0.419	306	2.17	740	88.8
2층	120	0.696	−0.419	306	2.17	740	88.8
합 계							504.0

〈표 13.3.5〉 풍하중(Y방향)

층	A (m^2)	C_{pe1}	C_{pe2}	q_H (N/m^2)	G_D	p_F (N/m^2)	W_D (kN)
ROOF	90	0.745	−0.5	306	2.13	811	73
6층	180	0.745	−0.5	306	2.13	811	146
5층	180	0.745	−0.5	306	2.13	811	146
4층	180	0.689	−0.5	306	2.13	775	139
3층	180	0.671	−0.5	306	2.13	763	137
2층	180	0.671	−0.5	306	2.13	763	137
합 계							778

13.3.5 적설하중 (KDS 41 10 15)

(1) 지상적설하중 $S_g = 0.5\ \mathrm{kN/m^2}$ 〈그림 4.2-1〉

기본지붕적설하중계수 $C_b = 0.7$ 기준 4.3.1

노출계수 $C_e = 1.1$ 〈표 4.3-1〉

온도계수 $C_t = 1.2$ 〈표 4.3-2〉

중요도계수 $I_s = 1.0$ 〈표 4.3-3〉

적설하중$(S_f) = C_b \times C_e \times C_t \times I_s \times S_g$ 기준식(4.3-1)

$= 0.7 \times 1.1 \times 1.2 \times 1.0 \times 0.5 = 0.462\ \mathrm{kN/m^2}$

(2) 눈과 비의 혼합하중 기준 4.7

지상적설하중이 $1.0\ \mathrm{kN/m^2}$ 이하인 지역에서는 지붕의 경사각이 $(W/15)°$ (W는 처마에서 용마루까지의 수평거리, m) 이하인 모든 지붕에 눈 위의 비로 인한 하중 $0.25\ \mathrm{kN/m^2}$를 추가한다.

적설하중$(S_f) = 0.462 + 0.25$

$= 0.712\ \mathrm{kN/m^2}$

13.3.6 하중조합

지붕적재하중과 적설하중은 서로 작용하는 위치가 동일하고, 두 하중이 동시에 작용하는 경우에는 하중조건에서 제외한다. 따라서, 지붕적재하중보다 크기가 작은 적설하중의 영향은 고려하지 않는다. 하중조합은 건축구조기준 KDS 41 10 15(1.5.1)(한계상태설계기준) 하중과 하중조합을 참조한다.

13.4 사용성 기준

건물의 구조는 바람이나 지진 등 수평하중에 의한 수평변위로 인하여 생기는 불쾌감이나 비구조재의 손상, 구조물의 피해 및 인접건물과 충돌 등을 일으키지 않도록 수평강성을 충분히 확보하도록 규정하였다. 바닥구조는 사용하중에 의한 과도한 처짐으로 비구조재 등의 손상을 유발하여 건물의 사용성이 저해되지 않도록 규정하였지만 처짐의 제한치는 없다. 본 설계예제에서 합성보의 경우, 콘크리트 양생후 활하중에 의한 처짐은 L/360, 합성보의 총 처짐은 L/240, 수평변위는 H/500 이하로 검토하였다.

13.5 구조해석

구조해석은 13.1.4절에서 제시한 6가지 하중조합에 대하여 수행하는 것을 원칙으로 한다. 큰보와 작은보의 접합은 핀접합이며 큰보와 기둥의 접합은 모멘트접합, 기초부는 고정단으로 한다. 골조해석에 사용된 프로그램은 3차원 상용프로그램을 사용한다.

13.5.1 해석모델

[그림 13.5.1]은 구조해석을 하기 위한 골조의 3차원 모델이다.

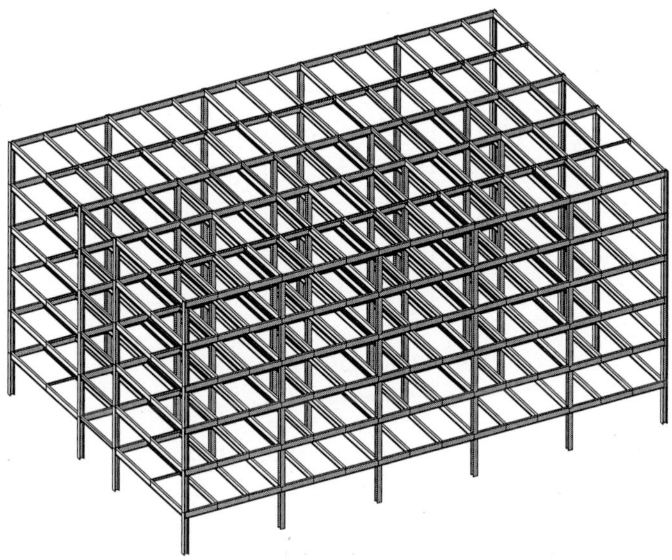

[그림 13.5.1] 3차원해석모델

13.5.2 작용하중

구조해석을 위하여 각 프레임에 아래와 같은 고정하중과 활하중을 재하하였다.

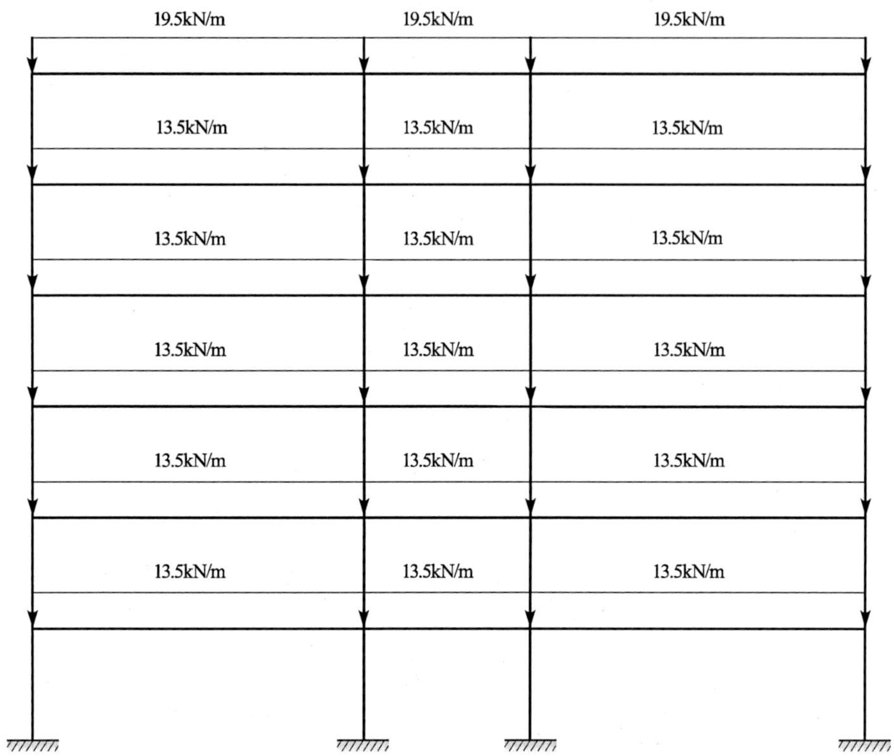

[그림 13.5.2] 고정하중(X3열)

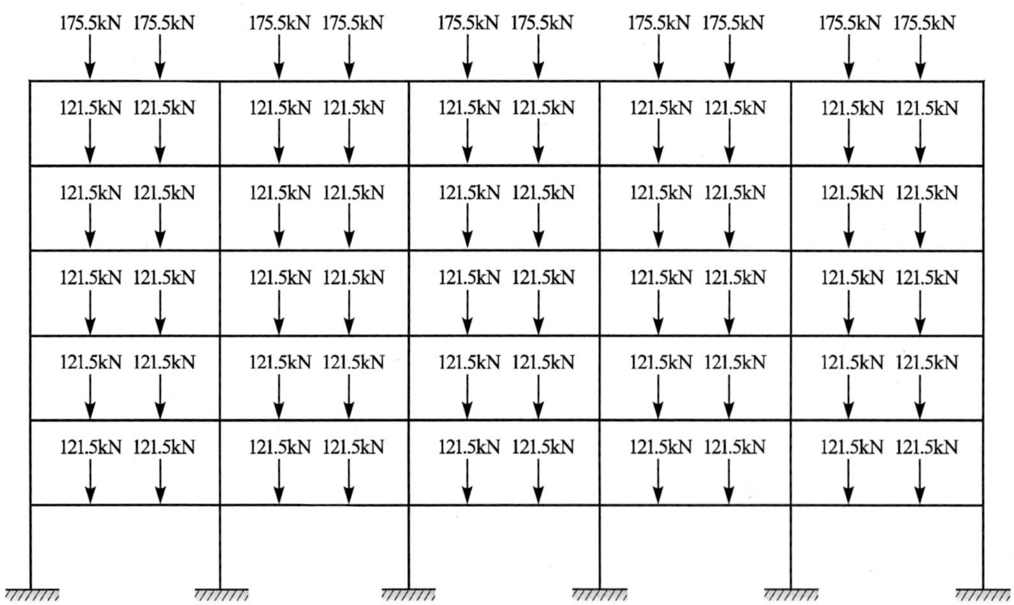

[그림 13.5.3] 고정하중(Y2열)

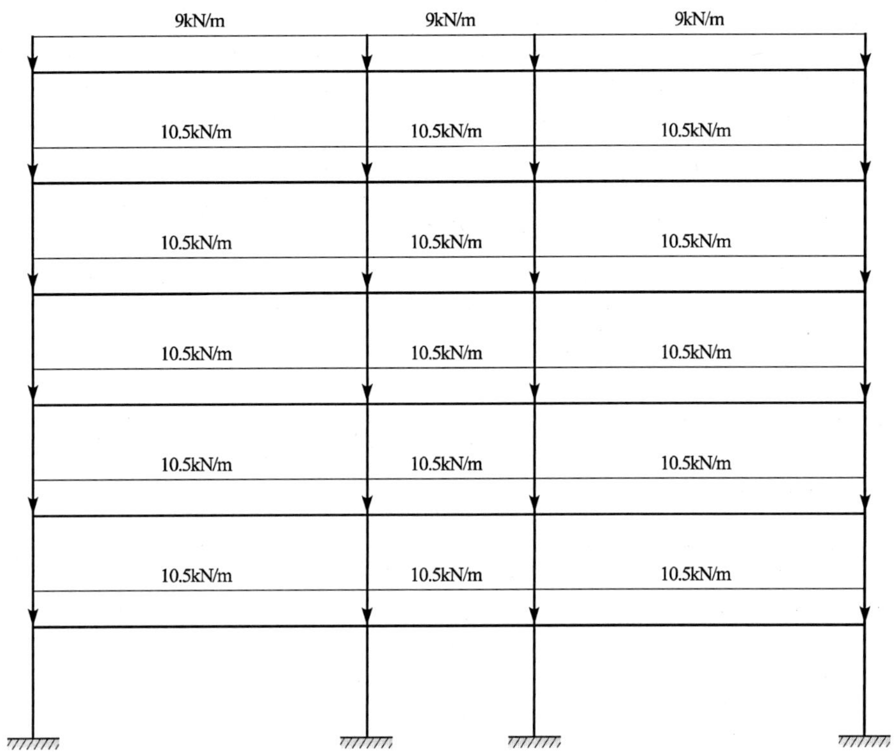

[그림 13.5.4] 활하중(X3열)

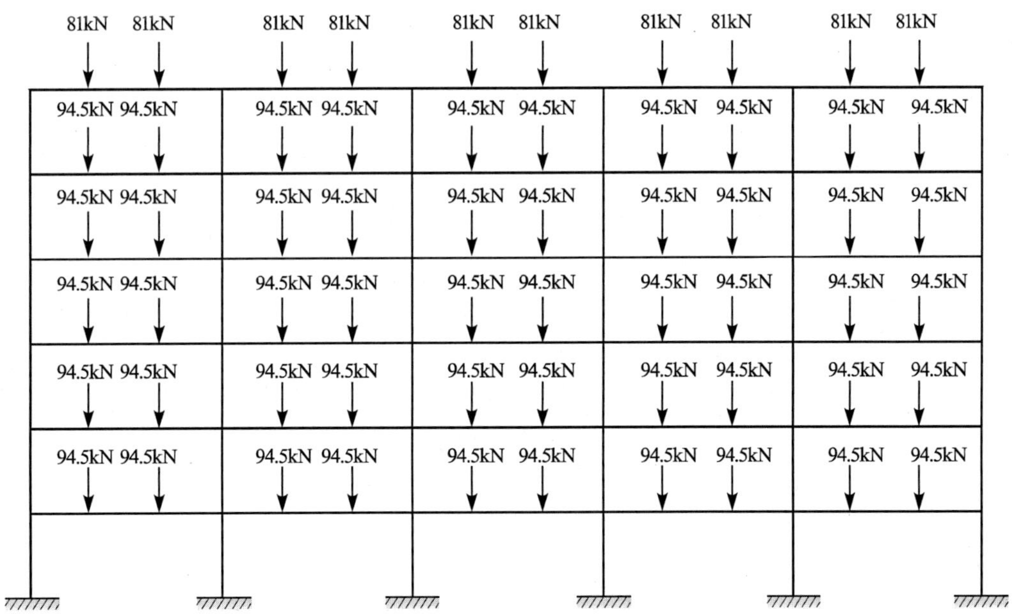

[그림 13.5.5] 활하중(Y2열)

13.5.3 해석결과

하중조합 $1.2D+1.6L$ 로 해석한 결과는 다음과 같다.

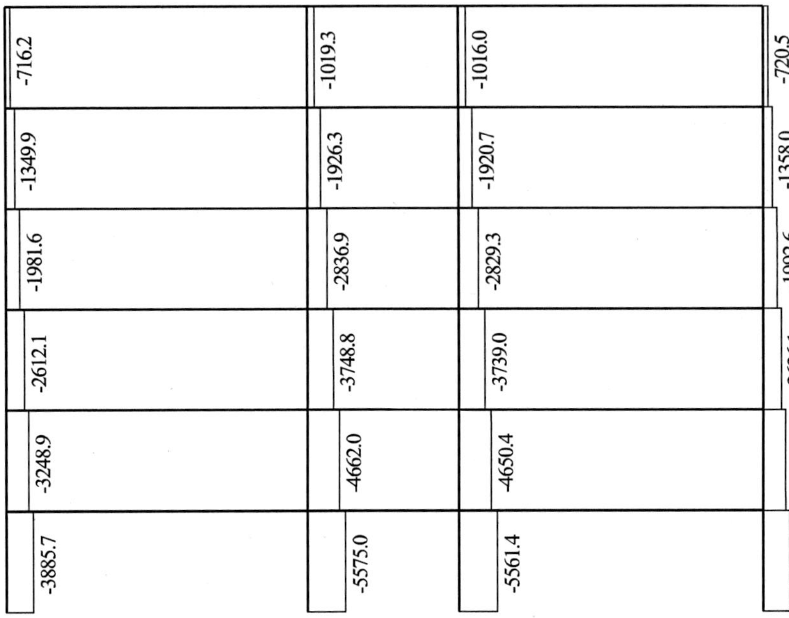

[그림 13.5.6] 축력도(X3열,kN)

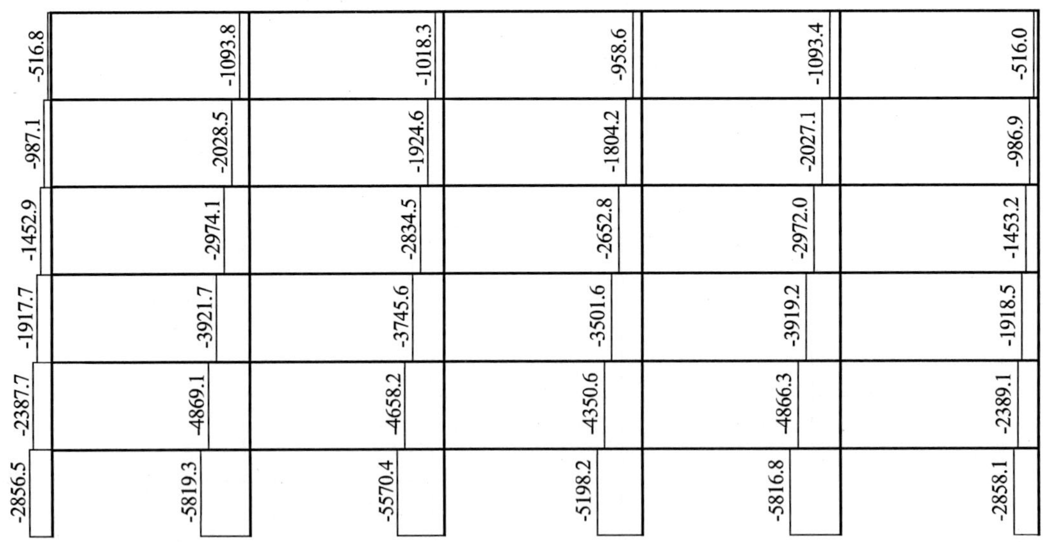

[그림 13.5.7] 축력도(Y2열,kN)

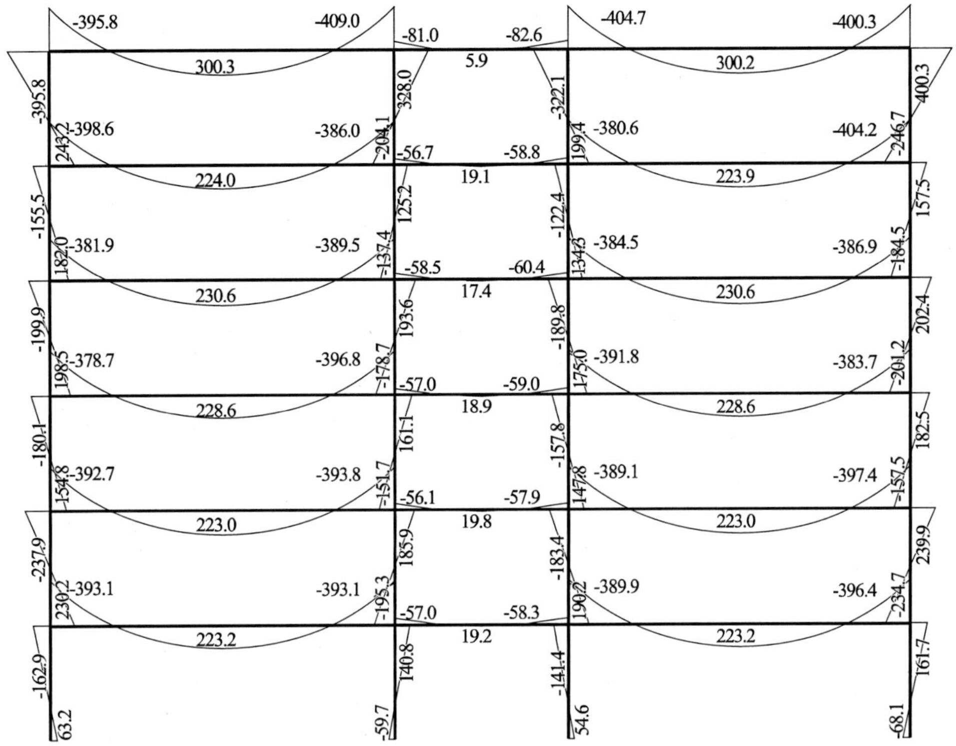

[그림 13.5.8] 모멘트도(X3열, kN · m)

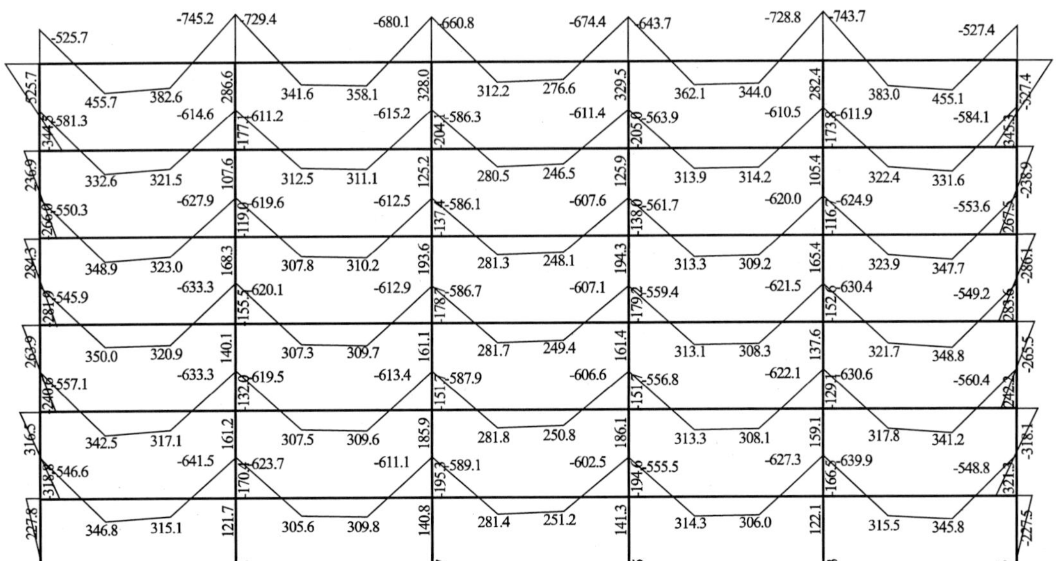

[그림 13.5.9] 모멘트도(Y2열, kN · m)

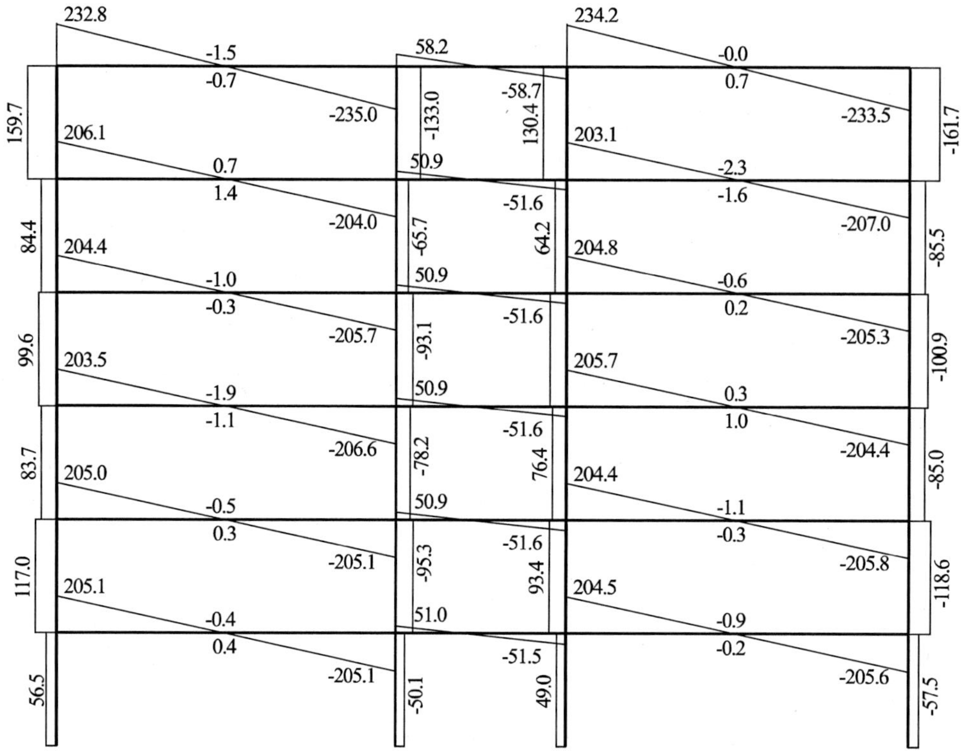

[그림 13.5.10] 전단력도(X3열, kN)

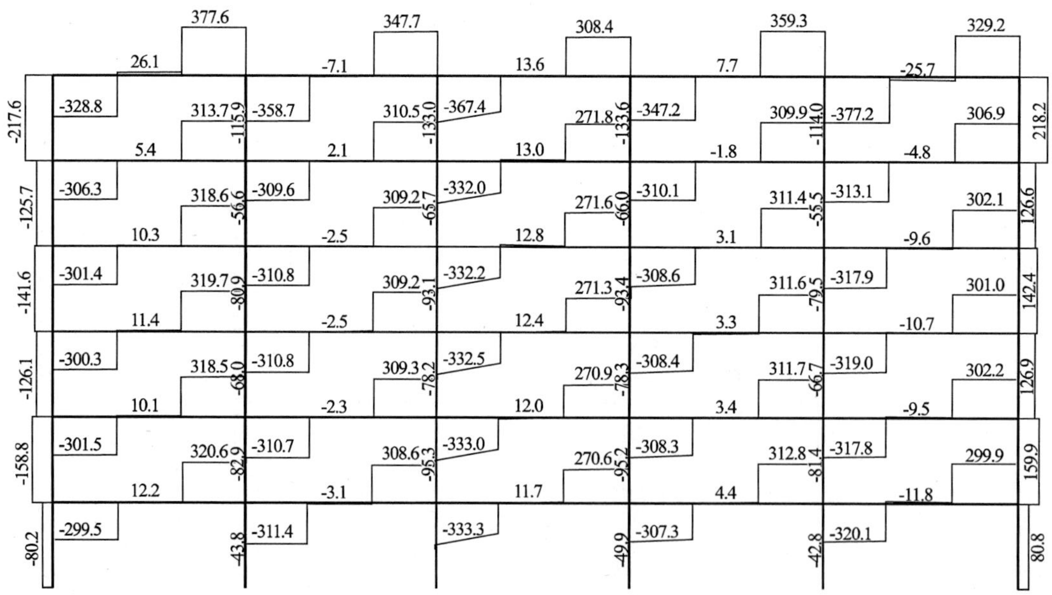

[그림 13.5.11] 전단력도(Y2열, kN)

13.5.4 사용성 검토

일반적으로 최상층 변위는 $H/400$에서 $H/500$로 제한하고 있으며, 본 예제에서는 $H/500$로 제한하였다. 각 방향의 풍하중에 대한 수평변위는 아래 표와 같다.

〈표 13.5.1〉 풍하중에 대한 수평변위

	X방향 수평변위	Y방향 수평변위	비 고
풍하중 - X	11.1 mm	0	O.K
풍하중 - Y	0	20.2 mm	O.K

풍하중에 대하여 X, Y 방향의 수평변위 검토

$$\text{X방향 수평변위 : } \quad 11.1\ \text{mm} = \frac{H}{2,160} < \frac{H}{500} \qquad \therefore \text{O.K}$$

$$\text{Y방향 수평변위 : } \quad 20.2\ \text{mm} = \frac{H}{1,190} < \frac{H}{500} \qquad \therefore \text{O.K}$$

지진하중에 대해서도 X, Y 방향의 층간변위를 검토 해본 결과 제한치인 $0.02h$를 넘지 않는 것으로 나타났다. 따라서, 이 건물은 지진하중이 가해질 경우에도 사용성 조건을 만족한다.

각 방향의 지진하중에 대한 최대층간변위비는 아래 표와 같다.

〈표 13.5.2〉 지진하중에 대한 최대층간변위비

	X방향 층간변위비	Y 방향 층간변위비	비 고
지진하중 - X	0.0084	0	O.K
지진하중 - Y	0	0.0021	O.K

13.6 구조설계

이 절은 13.5절의 구조해석으로부터 얻은 각 부재의 부재력(휨모멘트, 전단력, 축력)을 가지고 각 구조부재에 관해 구조설계를 한다. 구조설계 진행순서는 상부에서 전달되는 힘을 기초 하부까지 전달하는 과정으로 구조설계를 진행한다. 전체 구조부재에 관한 구조설계는 지면관계상 거의 불가능하다. 따라서, 합성보, 큰보, 기둥, 기둥-보 접합부, 보이음, 기둥이음 및 주각부에 관한 사항을 각각 선정하여 구조설계하기로 한다. 다음은 구조설계 진행순서이다.

13.6.1	합성보 설계(SB1) : 소성중립축이 슬래브에 있는 노출형 완전합성보의 설계
13.6.2	큰보 설계(6SG4) : 강축휨을 받는 2축대칭 H형강보의 설계 (3등분점 횡지지)
13.6.3	기둥 설계(1SC1) : 압축력과 2축 휨을 받는 2축대칭 H형강 기둥의 설계
13.6.4	기둥-보 접합부 설계(RSC1+RSG1) : 모멘트 접합
13.6.5	보이음 설계(6SG4) : 고력볼트 접합
13.6.6	기둥이음 설계(5SC1) : 고력볼트 접합
13.6.7	주각부 설계 : 축력이 지배하는 고정단

13.6.1 합성보 설계(SB1) : 소성중립축이 슬래브에 있는 노출형 완전합성보의 설계

X_3~X_4열과 Y_1~Y_2열에 있는 기준층의 SB1보와 슬래브는 다음 그림과 같다. 이때 슬래브와 합성화 시킨 완전합성보로 설계하시오.

- SB1보는 시공시 지주를 사용하지 않는 노출형 합성보로 한다.
- 슬래브는 평판데크슬래브를 사용하고 슬래브의 총 두께는 150 mm로 한다.
- 콘크리트 설계기준강도는 $f_{ck} = 24\,\mathrm{MPa}$, 강재는 SS275로 하고 설계하중은 다음과 같다.

구조평면도	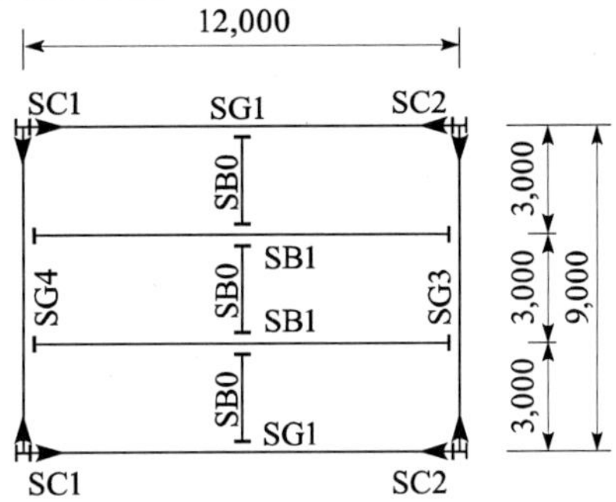
합성보의 횡단면 및 종단면	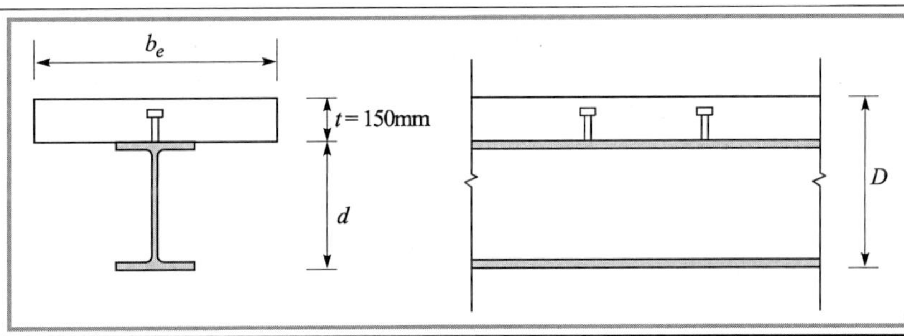

설계하중:	고정하중:	마감 (t=30)	= 0.60
		데크슬래브(t=150)	= 3.70
		천정	= 0.30
		강재 보	= 0.50
		합계	$5.10\ \mathrm{kN/m^2}$
	활 하 중:	사무실	= 2.50
		경량 칸막이벽	= 1.00
		합계	$3.50\ \mathrm{kN/m^2}$
		시공하중	= $1.00\ \mathrm{kN/m^2}$

풀이 ▶

1. 재료 특성

콘크리트 : $f_{ck}=24\,\text{MPa}$, $E_c=25{,}800\,\text{MPa}$

강 재 보 : $F_y=275\text{MPa}$, $F_u=410\text{MPa}$, $E_s=210{,}000\text{MPa}$

2. 계수하중과 소요강도 산정

간격 3.0m의 강재보에 대한 선형 등분포하중에 대한 경우로서 다음과 같다.

2.1 공사단계 하중(콘크리트 양생전 강재보로 저항)

공사시 고정하중 : $w_{sDL}=(3.70+0.50)(3.00)=12.6\text{ kN/m}$

공사시 작업하중 : $w_{sLL}=(1.00)(3.00)=3.0\text{ kN/m}$ 〈콘크리트 타설과정 및 양생전 작업〉

공사시 계수하중 : $w_u=1.4DL=1.4(12.60)=17.6\text{ kN/m}$

$w_u=1.2DL+1.6LL=1.2(12.60)+1.6(3.00)=19.9\text{ kN/m}$

$\therefore\ w_u=19.9\text{ kN/m}$

2.2 사용단계 하중(합성보로 저항)

합성전 고정하중 : $w_{sDL1}=(3.70+0.50)(3.00)=12.6\text{ kN/m}$

합성후 고정하중 : $w_{sDL2}=(0.60+0.30)(3.00)=2.7\text{ kN/m}$

합성후 활 하 중 : $w_{sLL}=(2.50+1.00)(3.00)=10.5\text{kN/m}$

사용시 계수하중 : $w_u=1.4DL=1.4(12.60+2.70)=21.4\text{ kN/m}$

$w_u=1.2DL+1.6LL=1.2(12.60+2.70)+1.6(10.50)=35.2\text{ kN/m}$

$\therefore\ w_u=35.2\text{ kN/m}$

2.3 공사단계 소요휨강도와 소요전단강도

$$M_u=\frac{w_u l^2}{8}=\frac{(19.9)(12)^2}{8}=358\text{kN}\cdot\text{m}$$

$$V_u=\frac{w_u l}{2}=\frac{(19.9)(12)}{2}=119\,\text{kN}$$

2.4 사용단계 소요휨강도와 소요전단강도

$$M_u=\frac{w_u l^2}{8}=\frac{(35.2)(12)^2}{8}=634\text{ kN}\cdot\text{m}$$

$$V_u=\frac{w_u l}{2}=\frac{(35.2)(12)}{2}=211\,\text{kN}$$

3. 유효폭

$$b_{eff} = \frac{l}{8}(2) = \frac{12,000}{8}(2) = 3,000\text{mm}$$

$$b_{eff} = \frac{s}{2}(2) = \frac{3,000}{2}(2) = 3,000\text{mm}$$

$$\therefore b_e = 3,000\text{mm}$$

4. 강재 단면의 설계

우선 공사단계 하중에 대한 소요휨강도와 처짐을 고려하여 이에 적합한 강재단면을 일차적으로 선정한다. 이때 강재보는 공사시에 데크에 의해 횡좌굴이 방지된다고 가정하고, 공사시 강재보의 처짐은 콘크리트 타설의 시공성을 고려하여 공사시 고정하중으로 산정한 처짐이 $L/360$ 이하가 되도록 제한한다 (AISC Design Guide 3 권장 내용 참조).

4.1 공사단계 소요휨강도에 적합한 강재단면의 소성단면계수

$$Z_{req} = \frac{M_u}{\phi_b F_y} = \frac{358 \times 10^6}{0.9(275)} = 1.45 \times 10^6 \text{ mm}^3$$

설계 단면으로 H-596×199×10×15 (SS275)의 단면특성은 다음과 같다.

$$A_s = 12,100\text{mm}^2$$

$$Z_{sx} = 2.65 \times 10^6 \text{mm}^3 > Z_{req}$$

$$I_{sx} = 687 \times 10^6 \text{mm}^4$$

$$w_{self} = 946\text{N/m}$$

4.2 가정 단면에 대한 공사단계 처짐 산정과 사용성 검토

$$w_{sDL} = 12.6\text{kN/m} = 12.6\text{N/mm}$$

$$\Delta_{DL1} = \frac{5 w_{DL} l^4}{384 EI} = \frac{5(12.6)(12,000)^4}{384(210,000)(687 \times 10^6)} = 23.6\text{mm}$$

$$= L/509 < L/360 \qquad \text{O.K}$$

5. 강재앵커(전단연결재)

5.1 수평전단력

정모멘트가 최대가 되는 위치와 모멘트가 0이 되는 위치 사이의 총 수평전단력은 기준식(4.6-19)와 (4.6-20)에서 구한 값 중에서 가장 작은 값으로 한다.

콘크리트 압괴 : $V' = 0.85 f_{ck} A_c = 0.85(24)(3,000)(150) = 9,180\text{kN}$

강재단면의 인장항복강도 : $V' = F_y A_s = (275)(12,100) = 3,330\,\text{kN}$

둘중의 작은 값 $\quad \therefore\ V' = 3,330\,\text{kN}$

5.2 스터드앵커의 직경과 높이

스터드앵커의 직경은 용접되는 플랜지두께의 2.5배 이하이고, 길이는 용접후의 스터드 높이가 단면직경의 4배 이상이고 설계기준인장강도가 450MPa 이하인 스터드를 선택한다.

따라서, 직경 19mm, 길이 90mm인 크기와 $F_u = 400\text{MPa}$인 스터드를 사용한다.

$d_{stud} = 19\text{mm} < 2.5t_f = 2.5(15) = 37.5\ \text{mm}$ O.K 기준 4.6.8.1

$l_{stud} = 90\text{mm} > 4d_{stud} = 4.0(19) = 76\ \text{mm}$ O.K 기준 4.6.8.2

5.3 스터드앵커의 강도

$$Q_n = 0.5A_{sa}\sqrt{f_{ck}E_c} \le R_g R_p A_{sa} F_u \qquad \text{기준식(4.6-33)}$$

R_g와 R_p는 KDS 41 31 00의 〈표 4.6-4〉 참조

골데크플레이트를 사용하지 않는 경우에 $R_g = 1.0$, $R_p = 0.75$로 한다.

스터드앵커 ϕ19의 단면적은 $A_{sa} = 283\text{mm}^2$, 콘크리트의 설계기준압축강도 $f_{ck} = 24\ \text{MPa}$, 콘크리트의 탄성계수 $E_c = 25,800\ \text{MPa}$이므로

$$Q_n = 0.5(283)\sqrt{(24)(25,800)} = 111\ \text{kN}$$

$$Q_n = R_g R_p A_{sa} F_u = (1.0)(0.75)(283)(400) = 84.9\ \text{kN}$$

그러므로 스터드앵커의 1개당 공칭강도는 $Q_n = 84.9\,\text{kN}$ 으로 한다.

5.4 스터드앵커(ϕ19×90)의 소요개수

완전합성보의 경우 스터드앵커의 소요개수

$$n_{stud} = \frac{V'}{Q_n} = \frac{3,330}{84.9} = 39.2 \Rightarrow 40\text{개}$$

보의 전체길이에 대한 스터드앵커의 총 개수는 2(40)=80개가 필요하다.

5.5 스터드앵커의 배치와 간격 검토

$$s_{stud} = \frac{l}{(n_{stud})} = \left(\frac{12,000/2}{40/1\text{열}}\right) = 150 \Rightarrow 150\ \text{mm}$$ (∴ 6 m구간의 총 스터드앵커 개수 40개)

합성보의 길이방향에 대한 스터드앵커의 간격 검토

$s_{stud,\min} = 6\,d_{stud} = 6(19) = 114\,\text{mm} < s_{stud}(= 150\,\text{mm})$ O.K 기준 4.6.8.2(4)

$s_{stud,\max} = 8\,t_{slab} = 8 \times 150 = 1{,}200\,\text{mm} > s_{stud}(= 150\,\text{mm}) < 900\,\text{mm}$　　O.K

기준 4.6.8.2(4)

그러므로 스터드앵커(ϕ19×90)를 보 길이의 중앙부 위치에서 각 지지부까지 각각 40개씩 배치한다. 즉, 스터드앵커 80개를 1열 150 mm 간격으로 보의 전 길이에 걸쳐 배치한다.

6. 정모멘트에 대한 설계휨강도 산정과 안전성 검토

6.1 웨브의 판폭두께비

$h/t_w = [596 - 2 \times (15 + 22)]/10 = 52.2 \le 3.76\sqrt{E/F_y}\,(= 3.76\sqrt{210{,}000/275} = 104)$

그러므로 M_n은 합성단면의 항복한계상태에 대한 소성응력분포로부터 산정한다(소성모멘트).

또한 휨강도감소계수 $\phi_b = 0.90$이다. 기준 4.3.1.1

6.2 슬래브의 유효압축력

$C_c = 0.85 f_{ck} b_e t_c = 0.85(24)(3{,}000)(150) = 9{,}180\,\text{kN}$

$C_s = P_y = A_s F_y = (12{,}100)(275) = 3{,}330\,\text{kN}$

$C_a = \Sigma Q_n = (84.9)(40) = 3{,}400\,\text{kN}$

그러므로, 최소값인 $C_e = C_s = 3{,}330\,\text{kN}$ 이고, $C_e = P_y$ 이므로 소성중립축은 슬래브 내에 있다.

6.3 H형강의 플랜지 상단부터 각 요소의 응력 중심까지 거리(d_1, d_2, d_3)

$$a = \frac{C_e}{0.85 f_{ck} b_e} = \frac{3.33 \times 10^6}{0.85(24)(3{,}000)} = 54.4\,\text{mm}$$

$$d_1 = t - \frac{a}{2} = 150 - \frac{54.4}{2} = 123\,\text{mm}$$

$d_2 = 0$, (소성중립축이 슬래브 내에 있으므로)

$$d_3 = \frac{d}{2} = \frac{596}{2} = 298\,\text{mm}$$

6.4 설계휨강도 산정과 안전성 검토

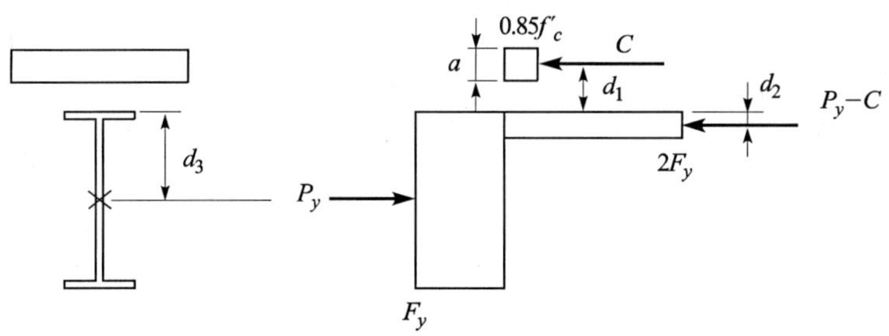

$M_n = C_e(d_1 + d_2) + P_y(d_3 - d_2)$
$= (3,330)(123 + 0) + (3,330)(298 - 0) = 1,400 \text{ kN} \cdot \text{m}$
$h/t_w = [596 - 2 \times (15 + 22)]/10 = 52.2 \leq 3.76\sqrt{E/F_y}(= 104)$이므로
휨강도감소계수 $\phi_b = 0.9$이다.
그러므로 설계휨강도는 다음과 같고, 소요휨강도보다 크므로 안전하다.
$\phi_b M_n = 0.9(1,400) = 1,260 \text{kN} \cdot \text{m} > M_u(= 634 \text{kN} \cdot \text{m})$ O.K

7. 강재보 양단부의 설계전단강도 산정과 안전성 검토
$V_n = 0.6F_y A_w C_v$
$h/t_w = [596 - 2 \times (15 + 22)]/10 = 52.2 \leq 2.24\sqrt{E/F_y}(= 2.24\sqrt{210,000/275} = 61.9)$
인 압연 H형강이므로, 웨브의 전단상수 $C_v = 1.0$이고, 전단강도감소계수 $\phi_v = 1.0$이다
그러므로 공칭전단강도는
$V_n = 0.6F_y A_w C_v = 0.6(275)(596 \times 10)(1.0) = 983 \text{kN}$
설계전단강도는 다음과 같고, 소요전단강도보다 크므로 안전하다.
$\phi_v V_n = 1.0(983) = 983 \text{kN} > V_u(= 211 \text{kN})$ O.K

8. 합성보의 처짐 검토
8.1 합성보의 하한값 단면2차모멘트 산정

$$a = \frac{\Sigma Q_n}{0.85 f_{ck} b_e} = \frac{A_s F_y}{0.85 f_{ck} b_e} = \frac{3.33 \times 10^6}{0.85(24)(3,000)} = 54.4 \text{ mm}$$

$$d_1 = t - a/2 = 150 - 54.4/2 = 123 \text{ mm}$$

$$Y_{ENA} = \frac{A_s d_3 + (\Sigma Q_n/F_y)(d + d_1)}{A_s + (\Sigma Q_n/F_y)}$$

$$= \frac{(12,100)(298) + (3,330,000/275)(596 + 123)}{12,100 + 3,330,000/275}$$

$$= 509 \text{mm}$$

$$I_{LB} = I_s + A_s(Y_{ENA} - d_3)^2 + (\Sigma Q_n/F_y)(d + d_1 - Y_{ENA})^2$$

$$= 687 \times 10^6 + 12,100 \times (509 - 298)^2 + (3,330,000/275)(596 + 123 - 509)^2$$

$$= 1.76 \times 10^9 \text{mm}^4$$

8.2 콘크리트양생 후 재하되는 고정하중에 의한 처짐

$$\Delta_{DL2} = \frac{5\,w_{sDL}\,l^4}{384\,E_s\,I_{LB}} = \frac{5(2.7)(12{,}000)^4}{384(210{,}000)(1.76\times10^9)} = 1.97\,\text{mm}$$

8.3 콘크리트양생 후 재하되는 활하중에 의한 처짐

$$\Delta_{LL} = \frac{5\,w_{sLL}\,l^4}{384\,E_s\,I_{LB}} = \frac{5(10.5)(12{,}000)^4}{384(210{,}000)(1.76\times10^9)} = 7.67\text{mm} = \frac{l}{1{,}560} < \frac{l}{360} \quad \text{O.K}$$

8.4 고정하중과 활하중에 의한 처짐

$$\Delta_{tot} = \Delta_{DL1} + \Delta_{DL2} + \Delta_{LL}$$

$$= 23.6 + 1.97 + 7.67 = 33.2\text{mm} = \frac{l}{361} < \frac{l}{240} \quad \text{O.K}$$

> 참고사항 : KDS 41 31 00에는 처짐의 제한값을 구체적으로 규정하고 있지 않으므로, AISC 'Steel Design Guide 3 – Serviceability Design Considerations for Steel Buildings (2003) Table 1을 참조하였다.

9. 보행자 진동에 대한 평가

이 예제풀이에서 보행자 진동에 대한 평가를 생략하였으나, 실제 설계에서는 반드시 검토되어야 한다.

> 참고사항: AISC에서 발행한 'Steel Design Guide 11 – Floor Vibrations Due to Human Activity'에 바닥진동에 대한 제한치와 평가방법에 대한 구체적인 내용이 포함되어있다.

◀

13.6.2 큰보설계(6SG4) : 강축휨을 받는 2축대칭 H형강 보의 설계 (3등분점 횡지지)

X_4~X_5열과 Y_2열에 있는 경간 9.0 m인 6층의 6SG4보에 관한 경계조건과 소요강도는 다음과 같다. 이 경우 6SG4보의 설계휨강도와 설계전단강도를 산정하고 안전성을 검토하시오.

6SG4 : H − 596 × 199 × 10 × 15 (SM355강재)

경계조건 : 양단고정, 3등분점 횡지지

소요강도 : $M_u = -610$ kN · m (부모멘트)

$M_u = 315$ kN · m (정모멘트)

$V_u = 310$ kN

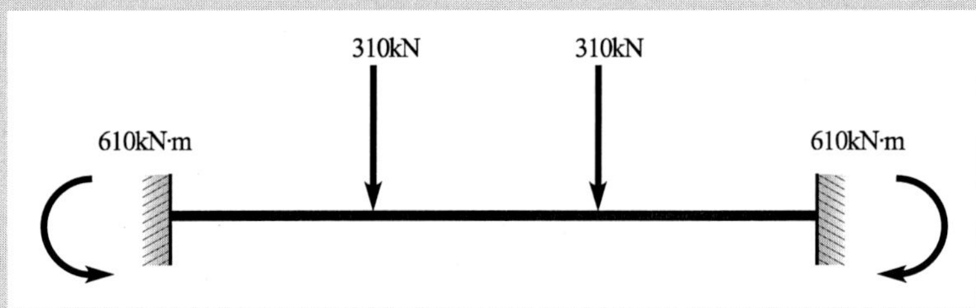

풀이 ▶

1. 단면성능

H − 596 × 199 × 10 × 15

$(I_x = 687 \times 10^6\ \text{mm}^4,\ \ S_x = 2.31 \times 10^6\ \text{mm}^3,\ \ Z_x = 2.65 \times 10^6\ \text{mm}^3,$

$I_y = 19.8 \times 10^6\ \text{mm}^4,\ \ J = 824 \times 10^3\ \text{mm}^4,\ \ C_w = 1.67 \times 10^{12}\ \text{mm}^6,\ \ h_0 = 581\ \text{mm})$

2. 소요강도

$M_u^- = 610$ kN · m (부모멘트)

$M_u^+ = 315$ kN · m (정모멘트)

$V_u = 310$ kN

3. 판폭두께비 검토

(1) 압축 플랜지

$$\lambda_f = \frac{b_f}{2t_f} = \frac{199}{2(15)} = 6.63$$

$$\lambda_{pf} = 0.38\sqrt{\frac{E}{F_y}} = 0.38\sqrt{\frac{210,000}{355}} = 9.24$$

$\lambda_f = 6.63 < \lambda_{pf}(= 9.24)$이므로 콤팩트 플랜지이다.

(2) 웨브

$$\lambda_w = \frac{h}{t_w} = \frac{596-(2)(15+22)}{10} = 52.2$$

$$\lambda_{pw} = 3.76\sqrt{\frac{E}{F_y}} = 3.76\sqrt{\frac{210,000}{355}} = 91.4$$

$\lambda_w = 52.2 < \lambda_{pw}(= 91.4)$ 이므로 콤팩트 웨브이다.

4. 횡좌굴모멘트수정계수 C_b 산정

보에 등분포모멘트가 발생하지 않는 경우의 공칭휨강도는 횡좌굴모멘트수정계수 C_b를 적용하여 산정한다. C_b 값은 기준식(4.3-1)을 사용하여 산정할 수 있다.

$$C_b = \frac{12.5\,M_{\max}}{2.5M_{\max} + 3M_A + 4M_B + 3M_C} R_m \leq 3.0 \qquad \text{기준식(4.3-1)}$$

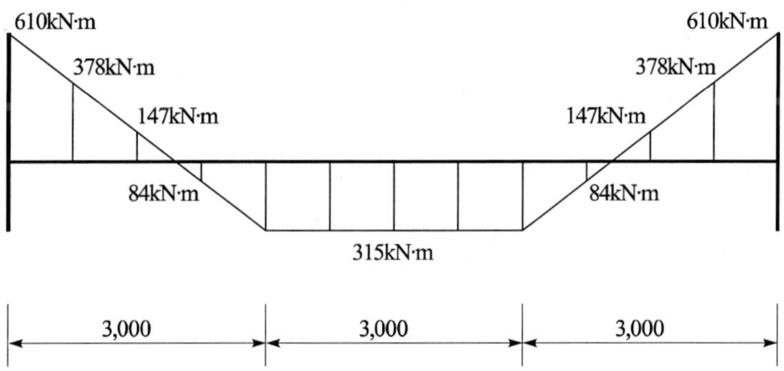

4등분점 휨모멘트

(1) 보의 비지지구간 중 중앙부구간의 C_b 값은 M_A, M_B, M_C 값과 최대모멘트 $M_{\max}$를 산정하여 구한다. 단면형상계수 R_m은 2축대칭부재이므로 $R_m = 1.0$이다.

부모멘트 구간 : $C_b = \dfrac{12.5(610)(1)}{(2.5)(610)+(3)(378)+(4)(147)+(3)(84)} = 2.18 \leq 3.0$

정모멘트 구간 : $C_b = \dfrac{12.5(315)(1)}{(2.5)(315)+(3)(315)+(4)(315)+(3)(315)} = 1.00 \leq 3.0$

5. 횡좌굴강도 산정

(1) $L_b = \dfrac{9,000}{3} = 3,000\ \text{mm}$

(2) $L_p = 1.76 r_y \sqrt{\dfrac{E}{F_y}} = 1.76(40.5)\sqrt{\dfrac{210,000}{355}} = 1,734\ \text{mm}$ 기준식(4.3-6)

(3) $L_r = 1.95 r_{ts} \dfrac{E}{0.7F_y} \sqrt{\dfrac{Jc}{S_x h_o}} \sqrt{1+\sqrt{1+6.76\left(\dfrac{0.7F_y}{E}\dfrac{S_x h_o}{Jc}\right)^2}}$ 기준식(4.3-7)

$= 1.95(49.9)\dfrac{210,000}{0.7(355)}\sqrt{\dfrac{824\times10^3(1)}{2.31\times10^6(581)}}\sqrt{1+\sqrt{1+6.76\left(\dfrac{0.7(355)}{210,000}\times\dfrac{2.31\times10^6(581)}{824\times10^3(1)}\right)^2}}$

$= 5,040\ \text{mm}$

여기서, $r_{ts}^2 = \dfrac{\sqrt{I_y C_w}}{S_x} = \dfrac{\sqrt{(19.8\times10^6)(1.67\times10^{12})}}{2.31\times10^6} = 2,490\ \text{mm}^2$ 기준식(4.3-8)

$r_{ts} = \sqrt{r_{ts}^2} = 49.9\ \text{mm},\ \ c = 1$(2축대칭 H형강)

따라서, $L_p < L_b < L_r$ 인 콤팩트단면의 경우 소성모멘트와 비탄성횡좌굴강도를 산정한 후 최소값이 공칭휨강도가 된다.

(4) 횡좌굴강도

$M_p = F_y Z_x = 355(2.65\times10^6) = 941\ \text{kN}\cdot\text{m}$ 기준식(4.3-2)

$M_n = C_b\left[M_p - (M_p - 0.7F_y S_x)\left(\dfrac{L_b - L_p}{L_r - L_p}\right)\right] \le M_p$ 기준식(4.3-3)

$M_n^- = 2.18\left[941 - \left\{941 - \dfrac{0.7(355)(2.31\times10^6)}{10^6}\right\}\left(\dfrac{3,000-1,734}{5,040-1,734}\right)\right]$

$= 1.75\times10^3\ \text{kN}\cdot\text{m} > M_p(=941\ \text{kN}\cdot\text{m})$

$M_n^+ = 1.0\left[941 - \left\{941 - \dfrac{0.7(355)(2.31\times10^6)}{10^6}\right\}\left(\dfrac{3,000-1,734}{5,040-1,734}\right)\right]$

$= 800\ \text{kN}\cdot\text{m} < M_p(=941\ \text{kN}\cdot\text{m})$

6. 설계휨강도 $\phi_b M_n$ 산정과 안전성 검토

$\phi_b M_n^- = 0.9(941) = 847\ \text{kN}\cdot\text{m} > M_u^-(=610\ \text{kN}\cdot\text{m})$ ∴ O.K

$\phi_b M_n^+ = 0.9(800) = 720\ \text{kN}\cdot\text{m} > M_u^+(=315\ \text{kN}\cdot\text{m})$ ∴ O.K

7. 설계전단강도$\phi_v V_n$ 산정과 안전성 검토

(1) ϕ_v 산정

$h / t_w = 522 / 10 = 52.2$

$2.24\sqrt{E/F_y} = 2.24\sqrt{210{,}000/355} = 54.5 > 52.2$ 이므로

$\therefore\ \phi_v = 1.00$이다.

(2) 전단상수C_v 산정

$2.24\sqrt{E/F_y} = 2.24\sqrt{210{,}000/355} = 54.5 > 52.2$ 이므로

$\therefore\ C_v = 1.0$이다.

(3) V_n 산정

$V_n = 0.6F_y A_w C_v$ 기준식(4.4-1)

$V_n = 0.6F_y A_w C_v = 0.6(355)(596\times 10)\times 1.0 = 1{,}270\ \text{kN}$

(4) 설계전단강도

$\phi_v V_n = 1.0(1{,}270) = 1{,}270\ \text{kN}\ \rangle\ V_u(=310\ \text{kN})$ $\therefore$ O.K ◀

13.6.3 기둥설계(1SC1) : 압축력과 2축 휨을 받는 2축대칭 H형강 기둥의 설계

X_5열과 Y_2열에 있는 높이 4.0 m인 1층의 1SC1기둥에 관한 경계조건과 소요강도는 다음과 같다. 이 경우 1SC1기둥의 설계압축강도, 설계휨강도 및 설계전단강도를 산정하고 안전여부를 검토하시오.

SC1 : H− 428× 407× 20× 35 (SM355강재)

경계조건 : 1층 하부는 고정단, 1층 상부는 모멘트접합이다.

소요강도 : P_u = 5,830 kN

M_{ux} = 122 kN · m (강축방향)

M_{uy} = 6.0 kN · m (약축방향)

V_u = 42.8 kN

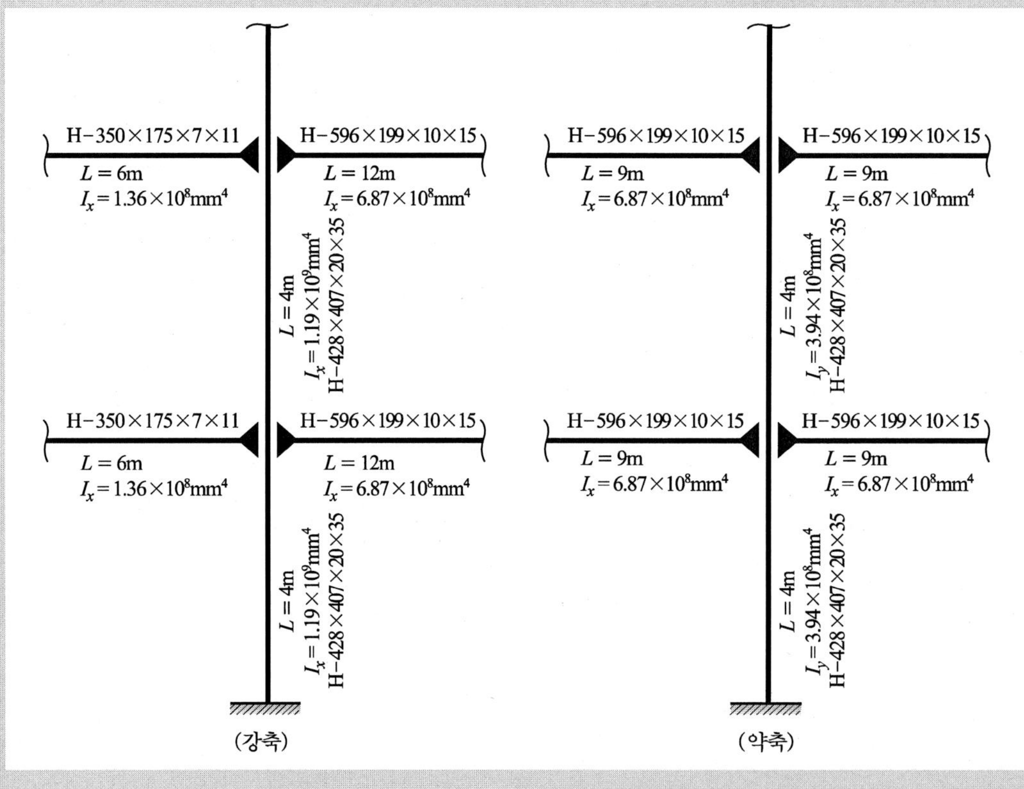

[보와 기둥부재에 단면성능과 부재길이 표기]

풀이 ▶

1. 부재의 단면성능 (H−428×407×20×35)

$A = 36{,}100\,\text{mm}^2,\ Z_x = 6.31\times10^6\,\text{mm}^3,\ Z_y = 2.94\times10^6\,\text{mm}^3,\ S_x = 5.57\times10^6\,\text{mm}^3$

$S_y = 1.93\times10^3\,\text{mm}^6,\ I_x = 1.19\times10^9\,\text{mm}^4,\ I_y = 394\times10^6\,\text{mm}^4$

$r_x = 182\,\text{mm},\ r_y = 104\,\text{mm},\ r(\text{필렛반경}) = 22\,\text{mm}$

2. 소요강도

$P_u = 5{,}830\ \text{kN}$

$M_{ux} = 122\ \text{kN}\cdot\text{m}$

$M_{uy} = 6.0\ \text{kN}\cdot\text{m}$

$V_u = 42.8\ \text{kN}$

3. 설계압축강도 검토

(1) 판폭두께비 검토

① 플랜지

$$\lambda = \frac{407/2}{35} = 5.81$$

$$\lambda_r = 0.56\sqrt{\frac{210{,}000}{345}} = 13.8$$ 〈표 1.5-1 구분3〉

$\lambda = 5.81\ <\ \lambda_r(=13.8)$이므로 세장판 요소가 아니다.

② 웨브 검토

$$\lambda = \frac{428 - 2\times(35+22)}{20} = 15.7$$

$$\lambda_r = 1.49\times\sqrt{\frac{210{,}000}{345}} = 36.8$$ 〈표 1.5-1 구분10〉

$\lambda = 15.7\ <\ \lambda_r(=36.8)$ 이므로 세장판 요소가 아니다.

(2) 유효좌굴길이계수 K 값 산정

기둥의 단부가 고정된 경우에는 이론적으로 G값은 0이지만 현실적으로 이상적인 고정단은 존재하지 어려우므로 G값을 1로 한다.

[G_{top}과 G_{bottom} 결정]

① 강축(x축)에 대하여

$$G_A = \frac{\sum(I_c/L_c)}{\sum(I_g/L_g)}$$

$$= \frac{2(1.19\times10^9/4{,}000)}{(687\times10^6/12{,}000)+(136\times10^6/6{,}000)}$$

$$= 7.45$$

$$G_B = 1$$

② 약축(y축)에 대하여

$$G_A = \frac{\sum(I_c/L_c)}{\sum(I_g/L_g)} = \frac{2(394\times10^6/4{,}000)}{2(687\times10^6/9{,}000)} = 1.29$$

$$G_B = 1$$

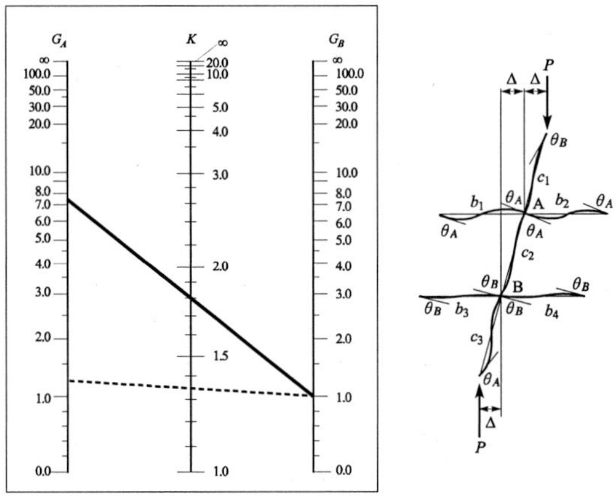

Alignment chart - sidesway uninhibited (moment frame)

우선 G_A와 G_B를 산정한 후 G_A와 G_B를 연결하여 K에서 만나는 값을 읽으면 그 값은 다음과 같다. x축에 대한 K값은 1.85보다 작고 y축에 대한 K값은 1.4보다 작다. 따라서, K값을 x축과 y축에 대하여 보수적으로 1.85와 1.4로 선정한다.

$(KL)_x = 1.85(4{,}000) = 7{,}400\ \text{mm}$

$(KL)_y = 1.4(4{,}000) = 5{,}600\ \text{mm}$

(3) F_{cr} 산정

$$\left(\frac{KL}{r}\right)_x = \frac{7{,}400}{182} = 40.7$$

$$\left(\frac{KL}{r}\right)_y = \frac{5{,}600}{104} = 53.8 \quad (\text{지배})$$

$\left(\frac{KL}{r}\right)_y = 53.8 < 4.71\sqrt{\frac{210{,}000}{345}}\,(=116)$이므로 $F_{cr} = \left[0.658^{\frac{F_y}{F_e}}\right]F_y$를 적용한다.

$$F_e = \frac{\pi^2 E}{\left(\frac{KL}{r}\right)^2} = \frac{\pi^2(210{,}000)}{(53.8)^2} = 716\ \text{N/mm}^2 \qquad \text{기준식}(4.2\text{-}4)$$

$$F_{cr} = \left[0.658^{\frac{F_y}{F_e}}\right]F_y = \left[0.658^{\frac{345}{716}}\right]345 = 282\ \text{N/mm}^2 \qquad \text{기준식}(4.2\text{-}2)$$

(4) 안전성 검토

$\phi_c = 0.90$

$\phi_c P_n = 0.90 F_{cr} A_g = 0.9(282)(36{,}100)$ 기준식(4.2-1)

$= 9{,}160\ \text{kN} > 5{,}830\ \text{kN}(= P_u)$ ∴ O.K

4. 설계휨강도 검토

(1) 판폭두께비 검토

① 플랜지

$$\lambda = \frac{407/2}{35} = 5.81$$

$$\lambda_p = 0.38\sqrt{\frac{210,000}{345}} = 9.38$$

$\therefore \lambda < \lambda_p$ ⇒ 콤팩트요소

② 웨브 검토

$$\lambda = \frac{428-(2)(35+22)}{20} = 15.7$$

$$\lambda_p = 3.76\sqrt{\frac{210,000}{345}} = 92.8$$

$\therefore \lambda < \lambda_p$ ⇒ 콤팩트요소

플랜지와 웨브가 모두 콤팩트요소이므로 단면은 콤팩트단면이다.

(2) 국부좌굴강도 산정

콤팩트단면이므로 국부좌굴은 고려하지 않아도 된다.

(3) 횡좌굴강도 산정

$L_b = 4,000\ \text{mm}$

$L_p = 1.76(104)\sqrt{210,000/345} = 4,516\ \text{mm}$ 기준식(4.3-6)

$L_b \le L_p$의 경우에는 횡좌굴 강도를 고려하지 않아도 되며, 공칭휨강도는 소성모멘트이다.

$\therefore M_n = M_p = 345(6.31 \times 10^6) = 2,180\ \text{kN}\cdot\text{m}$

(4) 약축 공칭휨강도 산정

$M_{ny} = F_y Z_y = 345(2.94 \times 10^6) = 1,010\ \text{kN}\cdot\text{m}$

(5) 설계휨강도 산정

강축 $\phi_b M_{nx} = 0.9(2,180) = 1,960\ \text{kN}\cdot\text{m} > M_{ux}(=122\ \text{kN}\cdot\text{m})$ ∴ O.K

약축 $\phi_b M_{ny} = 0.9(1,010) = 909\ \text{kN}\cdot\text{m} > M_{uy}(=6.0\ \text{kN}\cdot\text{m})$ ∴ O.K

5. 설계전단강도 산정

(1) ϕ_v와 C_v 산정

$$h/t_w = \frac{428-(2)(35+22)}{20} = 15.7$$

$$2.24\sqrt{E/F_y} = 2.24\sqrt{210,000/345} = 55.3$$

$h/t_w \leq 2.24\sqrt{E/F_y}$ 이므로, $\phi_v = 1.0$ 그리고 $C_v = 1.0$

(2) V_n 산정

$V_n = 0.6(345)(428 \times 20) = 1{,}770\ \text{kN}$ 기준식(4.4-1)

(3) 설계전단강도 산정과 안전성 검토

$\phi_v V_n = 1.0(1{,}770) = 1{,}770\ \text{kN} > V_u (= 42.8\ \text{kN})$ ∴ O.K

6. 조합력 검토

(1) B_1 산정

$M_1/M_2 = 49.3/122 = 0.40$ (복곡률, (+))

$C_m = 0.6 - (0.4)(49.3/122) = 0.438$ 기준식(1.5-9)

$$P_e = \frac{\pi^2(210{,}000)(1.19 \times 10^9)}{7{,}400^2} = 45{,}000\ \text{kN}$$ 기준식(1.5-10)

$$B_1 = \frac{0.438}{1 - \dfrac{5{,}830}{45{,}000}} = 0.503$$ 기준식(1.5-8)

$B_1 \geq 1$ 이어야 하므로 $B_1 = 1$ 이다.

(2) 조합력 검토

$$\frac{P_r}{P_c} = \frac{5{,}830}{9{,}160} = 0.636$$

$\dfrac{P_r}{P_c} = 0.636 \geq 0.2$ 이므로 $\dfrac{P_r}{P_c} + \dfrac{8}{9}\left(\dfrac{M_{rx}}{M_{cx}} + \dfrac{M_{ry}}{M_{cy}}\right) \leq 1.0$ 적용 기준식(4.5-1)

$M_r = B_1 \times M_u = M_u$

$$\frac{5{,}830}{9{,}160} + \frac{8}{9}\left(\frac{122}{1{,}960} + \frac{6.0}{909}\right) = 0.698 < 1.0$$ ∴ O.K ◀

13.6.4 기둥-보 접합부설계(RSC1+RSG1) : 모멘트 접합

X_3열과 Y_2열에 있는 지붕층의 기둥(RSC1)과 보(RSG1)를 용접하고자 한다. 이때 용접부와 기둥의 안전성을 검토하시오. 단, 스캘럽(scallop) 반지름은 35 mm로 고려하시오.

기둥 : H − 400 × 400 × 13 × 21 (SM355)

보 : H − 596 × 199 × 10 × 15 (SM355)

경계조건 : 모멘트 접합

소요강도 : $M_u = 409\ \text{kN}\cdot\text{m}$

$V_u = 235\ \text{kN}$

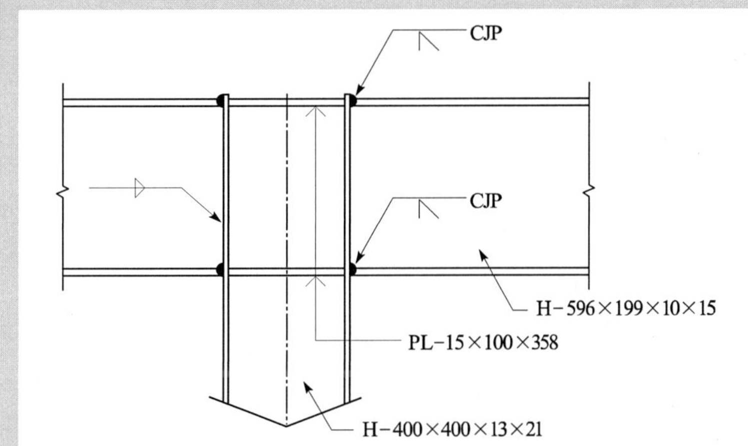

풀이 ▶

1. 소요강도

$M_u = 409\ \text{kN}\cdot\text{m}$

$V_u = 235\ \text{kN}$

2. 용접부 검토

(1) 플랜지 용접부 검토

완전용입그루브용접으로 보 플랜지의 인장강도와 동등하다고 가정한다.

$$P_{uf} = \frac{M_u}{d - t_f} = \frac{409 \times 10^3}{596 - 15} = 704\ \text{kN}$$

$\phi R_n = \phi_t A_f F_{yf}$

$= 0.9 \times (199 \times 15) \times 355$

$= 954\text{ kN} > 704\text{ kN}$ ∴ O.K

(3) 웨브 용접부 검토

필릿사이즈 $s = 10\text{ mm}$

용접길이 $l_{w,w} = 596 - 2(15+35) = 496\text{ mm}$

여기서, 15mm는 보 플랜지의 두께, 35mm는 용접접근공(스캘롭)의 치수이다.

유효길이 $l_{w,we} = l_{w,w} - 2s = 496 - 2(10) = 476\text{ mm}$

유효목두께 $t_{w,w} = 0.7(10) = 7\text{ mm}$

유효면적 $A_{w,w} = 2(476)(7) = 6{,}660\text{ mm}^2$

$\phi R_n = \phi F_w A_w$ 기준식(4.7-2)

$\phi = 0.75$

$F_w = 0.6F_{uw} = 0.6 \times 490 = 294\text{ N/mm}^2$

모재의 인장강도는 $F_u = 490\text{ N/mm}^2$이므로, 용접재는 KS D7006 고장력강용 피복아크 용접봉을 사용하면 인장강도는 $F_{uw} = 490\text{ N/mm}^2$이다.

$\phi F_w A_w = 0.75 \times 294 \times 6{,}660 = 1{,}470\text{ kN}$

∴ 용접 이음부의 설계강도

$\phi R_n = \phi F_w A_w = 1{,}470\text{ kN} > V_u(= 235\text{ kN})$ ∴ O.K

3. 기둥의 안전성 검토

– 보 플랜지에서 전달되는 축력 : $P_{uf} = \dfrac{M_u}{d-t_f} = \dfrac{409(10^3)}{596-15} = 704\text{ kN}$

(1) 기둥 플랜지의 국부휨강도

$R_n = 6.25t_f^2 F_{yf}$ 기준식(4.7-24)

$\phi = 0.90$

$\phi R_n = 0.90(6.25)(21^2)(345) = 856\text{ kN} > P_{uf}(= 704\text{ kN})$ ∴ O.K

(2) 기둥 웨브의 국부항복강도

인장 또는 압축 집중력의 작용점이 재단에서 부재 높이 d 이상 떨어져 있는 경우이므로,

$\phi = 1.00$ 기준 4.7.10.2

$k = 21 + 22 = 43\text{ mm}$, $N = 15\text{ mm}$ (보 플랜지 두께)

$R_n = (5k + N)F_{yw}t_w$ 기준식(4.7-25)

$\phi R_n = 1.00\{5(43) + 15\}(355)(13) = 1{,}060\ \text{kN} > P_{uf}(= 704\ \text{kN})$ ∴ O.K

(4) 기둥 웨브의 크리플링 강도

집중력이 재단에서 $d/2$ 이상 떨어진 위치에서 작용하는 경우이므로, $\phi = 0.75$ 기준 4.7.10.3

$$R_n = 0.80t_w^2\left[1 + 3\left(\frac{N}{d}\right)\left(\frac{t_w}{t_f}\right)^{1.5}\right]\sqrt{\frac{EF_{yw}t_f}{t_w}}$$ 기준식(4.7-27)

$$\phi R_n = 0.75(0.80)(13^2)\left[1 + 3\left(\frac{15}{400}\right)\left(\frac{13}{21}\right)^{1.5}\right]\sqrt{\frac{210{,}000(355)(21)}{13}}$$

$= 1{,}180\ \text{kN} > P_{uf}(= 704\ \text{kN})$ ∴ O.K

(5) 기둥 웨브의 압축좌굴강도

$\phi = 0.90$ 기준 4.7.10.5

$h = 400 - 2(21) - 2(22) = 314\ \text{mm}$

$$R_n = \frac{24t_w^3\sqrt{EF_{yw}}}{h}$$ 기준식(4.7-32)

$$\phi R_n = 0.90\left(\frac{24(13^3)\sqrt{210{,}000(355)}}{314}\right) = 1{,}300\ \text{kN} > P_{uf}(= 704\ \text{kN})$$ ∴ O.K ◀

13.6.5 보이음 설계(6SG4) : 고력볼트 접합

X_3~X_4열과 Y_2열에 있는 경간 9.0 m인 6층의 6SG4 보이음을 하고자 한다. 이 경우 소요휨강도와 소요전단강도가 작은 곳에서 보이음을 해야 한다. 보이음은 공장에서 제작된 기둥-보접합 부재의 보가 0.75 m 돌출된 것으로 한다.

- 페인트칠하지 않은 블라스트 청소된 마찰면에 M20(F10T) 고력볼트 마찰접합
- 보 : H − 596 × 199 × 10 × 15 (SM355)
- 소요강도 : $M_u = -610$ kN · m (부모멘트)

  $V_u = 310$ kN

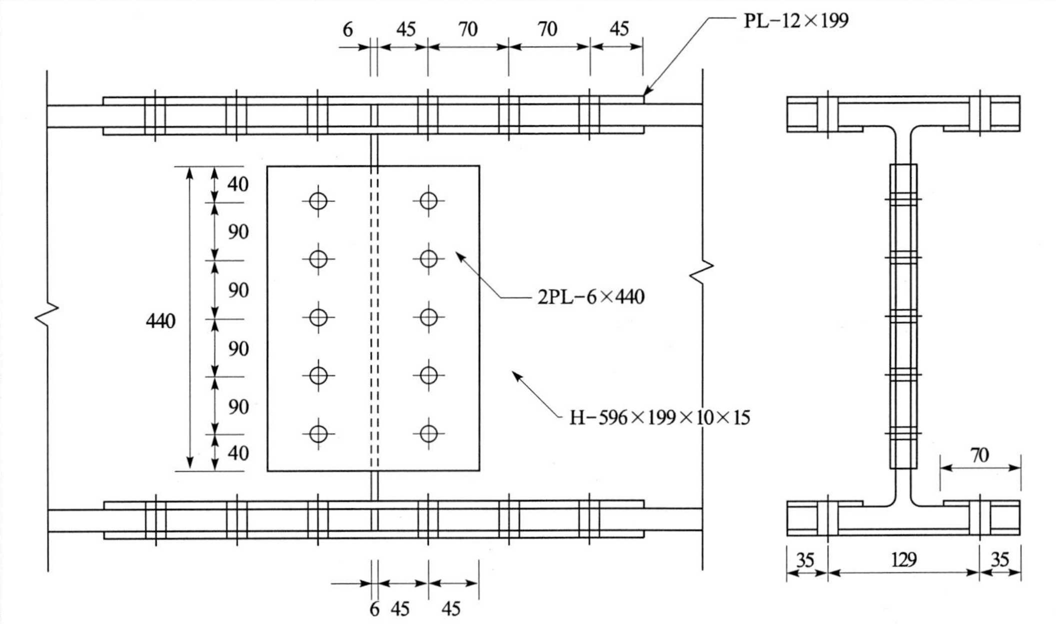

풀이 ▶

1. 보 단면성능

   H − 596 × 199 × 10 × 15

   ($I_x = 687 \times 10^6\ \mathrm{mm}^4$, $S_x = 2.31 \times 10^6\ \mathrm{mm}^3$, $Z_x = 2.65 \times 10^6\ \mathrm{mm}^3$,

   $I_y = 19.8 \times 10^6\ \mathrm{mm}^4$, $J = 824 \times 10^3\ \mathrm{mm}^4$, $C_w = 1.67 \times 10^{12}\ \mathrm{mm}^6$, $h_0 = 581$ mm)

2. 보의 소요강도 결정

(1) 소요강도

보-기둥 접합부에서 0.75m 만큼 떨어진 위치에서의 보의 소요휨모멘트는

$M_u = 610 - 310(0.75) = 378 \text{ kN} \cdot \text{m}$

$V_u = 310 \text{ kN}$

(2) 설계강도를 산정한다.

① 휨강도

$\phi_b = 0.90$ 기준 4.3.1.1

$M_n = M_p = F_y Z_x$ 기준식(4.3-2)

$\phi_b M_n = 0.90(355)(2.65 \times 10^6) = 847 \text{ kN} \cdot \text{m}$

② 전단강도

$V_n = 0.6 F_y A_w C_v$ 기준식(4.4-1)

$\dfrac{h}{t_w} = \dfrac{596 - 2(15+22)}{10} = 52.2$

$2.24\sqrt{E/F_y} = 2.24 \times \sqrt{210{,}000/355} = 54.5$

$h/t_w(=52.2) \leq 2.24\sqrt{E/F_y}(=54.5)$이므로, $\phi_v = 1.0$이고 $C_v = 1.0$이다.

$\phi_v V_n = 1.0(0.6)(355)(596 \times 10)(1.0) = 1{,}270 \text{ kN}$

(3) 부재의 소요강도를 결정한다.

소요휨강도는 설계휨강도의 45%이고 소요전단강도는 설계전단강도의 24%이다. 이음설계시 설계강도의 1/2 이상이며 소요강도 이상이어야 하므로 휨모멘트는 설계휨강도의 50%인 423kN·m, 전단력은 설계전단강도의 50%인 635kN을 적용한다.

3. 보의 플랜지 이음 설계

플랜지 이음판은 인장재로 설계하며, 외부 이음판 1장의 폭은 플랜지 폭과 같이 199 mm, 내부 이음판 2장의 폭은 각각 70 mm로 한다.

(1) 플랜지 이음판의 소요인장강도

$T_u = \dfrac{M_u}{d - t_f} = \dfrac{423{,}000}{596 - 15} = 728 \text{ kN}$

(2) 플랜지의 인장항복강도

$\phi_b F_y A_f = 0.90(355)(199 \times 15) = 954 \text{ kN} > 728 \text{ kN}$ 기준식(4.7-13)

∴ 플랜지 소요인장강도는 728 kN 으로 하며, 보의 모든 모멘트는 플랜지 이음판 만으로 전달할 수 있다.

(3) 플랜지 이음판의 소요 볼트 개수 산정

① ϕR_n 을 산정 ⇒ 고력볼트의 직경은 20 mm 사용

$R_n = \mu h_f T_o N_s$ 기준식(4.7-9)

여기서, $\mu = 0.5$ (페인트하지 않은 경우)

$h_f = 1.0$ (필러를 사용하지 않은 경우)

$T_o = 165$ kN

$N_s = 2$ (전단면의 수)

$\phi = 1.0$ (표준구멍)

$\phi R_n = 1.0(0.5)(1.0)(165)(2) = 165$ kN/bolt

② 볼트 개수를 산정한다.

$$n_b = \frac{T_u}{\phi R_n} = \frac{728}{165} = 4.41 \text{ bolts}$$

∴ 6개의 M20 고력볼트를 2열 3단으로 배치한다.

(4) 플랜지 이음판의 소요단면적과 소요두께 산정

① 인장항복에 대한 총단면적과 소요두께

$$A_{gt} = \frac{T_u}{\phi F_y} = \frac{728,000}{0.90(355)} = 2,280 \text{ mm}^2$$

$$t_{req} = \frac{2.28 \times 10^3}{199 + 2(70)} = 6.73 \text{ mm}$$

② 인장파단에 대한 순단면적과 소요두께

$$A_{nt} = \frac{T_u}{\phi F_u} = \frac{728,000}{0.75(490)} = 1,980 \text{ mm}^2$$

$$t_{req} = \frac{1.98 \times 10^3}{199 + 2(70) - 4(22)} = 7.89 \text{ mm}$$

∴ 외부 이음판 PL−12×199와 내부 이음판 2PL−12×70을 사용한다.

4. 보의 웨브 이음 설계

웨브 이음판은 전단력만 부담하는 것으로 설계하고, 이음판 춤은 440 mm로 하며 양쪽 면에 설치한다.

(1) 웨브 이음판 소요전단강도를 산정한다.

소요전단강도는 설계전단강도의 50%인 635kN으로 한다.

(2) 웨브 이음판의 소요 볼트 개수를 산정한다.

① ϕR_n을 산정한다.

$$\phi R_n = 1.0(0.50)(1.00)(165)(2) = 165 \text{ kN/bolt}$$

② 볼트개수를 산정한다.

$$n_b = \frac{V_{wu}}{\phi R_n} = \frac{635}{165} = 3.85 \text{ bolts}$$

∴ 5개의 M20 고력볼트를 1열 5단으로 배치한다.

(3) 웨브 이음판의 소요단면적과 소요두께를 산정한다.

① 전단 항복에 대한 총단면적과 소요두께

$$A_{gv} = \frac{V_{wu}}{\phi 0.6 F_y} = \frac{635{,}000}{0.90(0.6)(355)} = 3{,}310 \text{ mm}^2$$

$$t_{req} = \frac{3{,}310}{2(440)} = 3.76 \text{ mm}$$

② 전단 파단에 대한 순단면적과 소요두께

$$A_{nv} = \frac{V_{wu}}{\phi 0.6 F_u} = \frac{635{,}000}{0.75(0.6)(490)} = 2{,}880 \text{ mm}^2$$

$$t_{req} = \frac{2{,}880}{2(440 - 5(22))} = 4.36 \text{ mm}$$

∴ 2PL−6×440을 사용하면 된다. ◀

13.6.6 기둥이음 설계(5SC1) : 고력볼트 접합

X_3 열과 Y_2 열에 있는 5층의 SC1 기둥이음을 설계하시오. 이 경우 소요휨강도와 소요전단강도가 최소가 되는 층의 중간부분에서 기둥이음을 해야 한다.

- 페인트칠하지 않은 블라스트 청소된 마찰면에 M20(F10T) 고력볼트 마찰접합
- 기둥 : H－400×400×13×21 (SM355)
- 소요강도 : $P_u =$ 1,920 kN

  $M_u =$ 137 kN · m

  $V_u =$ 65.7 kN

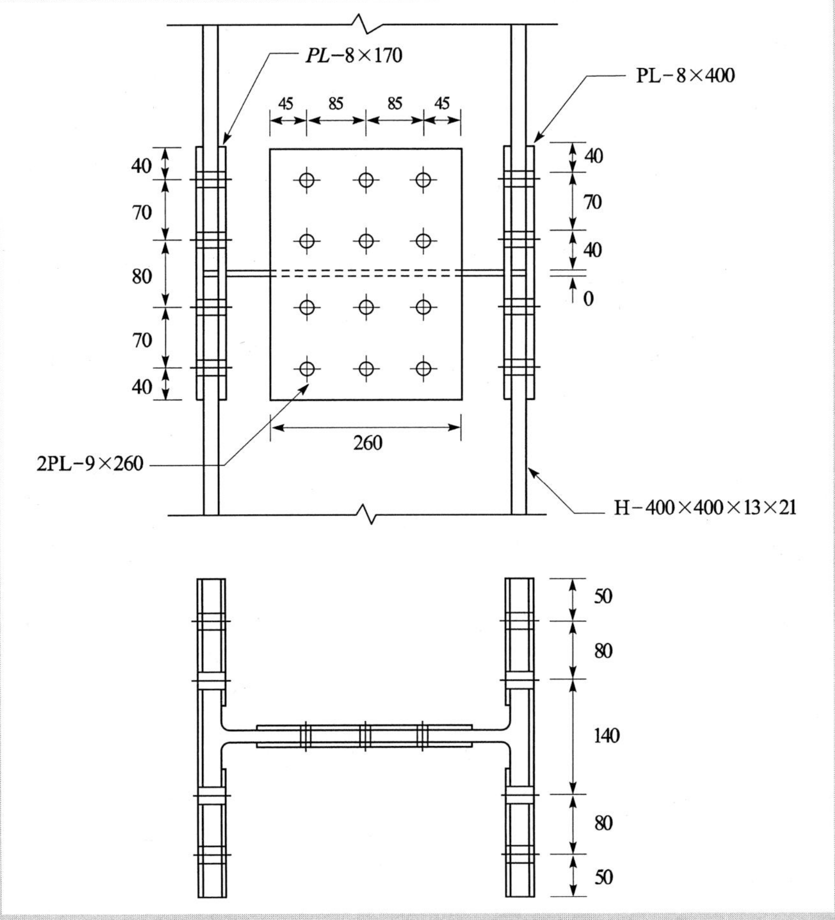

풀이 ▶

1. 기둥의 플랜지 이음부 설계

(1) 플랜지 이음부의 소요압축강도

① 존재강도

$$P_{fu} = P_u \frac{A_f}{A_g} + \frac{M_u}{d - t_f}$$

$$= 1,920 \times \frac{400 \times 21}{21,870} + \frac{137 \times 10^3}{400 - 21} = 1,100 \text{ kN}$$

② 설계강도의 50%

(판두께가 16 mm초과, 40 mm이하인 경우, $F_y = 345$ MPa)

여기서, 플랜지의 공칭강도는 항복강도로 한다.

$$P_{fu} = \frac{1}{2} \phi F_y A_f$$

$$= \frac{1}{2} \times 0.9 \times 345 \times (400 \times 21)$$

$$= 1,300 \text{ kN}$$

③ 소요압축강도는 존재강도와 설계강도의 50% 중 큰 값으로 한다.

이음부 소요압축강도 $P_{fu} = (1,100, 1,300)_{max} = 1,300$ kN

(2) 플랜지 이음판 설계

플랜지의 외부 이음판 1장의 폭은 플랜지 폭과 같이 400 mm로 하며, 내부 이음판 2장의 폭은 각각 170 mm로 한다.

① 플랜지 이음판의 소요 볼트개수 산정

고력볼트의 지름은 20 mm 사용

$R_n = \mu h_f T_o N_s$ 기준식(4.7-9)

여기서, $\mu = 0.5$ (페인트칠하지 않은 블라스트 청소인 경우)

$h_f = 1.0$ (필러계수)

$T_o = 165$ kN

$N_s = 2$ (전단면의 수)

$\phi = 1.0$ (표준구멍의 경우)

$\phi R_n = 1.0(0.5)(1.0)(165)(2) = 165$ kN/bolt

볼트 개수 산정

$$n_b = \frac{T_u}{\phi R_n} = \frac{1,300}{165} = 7.9 \text{ bolts}$$

∴ 16개의 M20 고력볼트를 4열 2단으로 배치한다.

② 플랜지 이음판의 소요단면적과 소요두께 산정

인장항복에 대한 총단면적과 소요두께

$$A_g = \frac{P_{fu}}{\phi_t F_y} = \frac{1,300(10^3)}{0.9(345)} = 4,190\ \mathrm{mm}^2$$

$$t_{req} = \frac{4,190}{400+2(170)} = 5.66\ \mathrm{mm}$$

인장파단에 대한 순단면적과 소요두께

$$A_e = \frac{P_{fu}}{\phi_t F_u} = \frac{1,300(10^3)}{0.75(490)} = 3,540\ \mathrm{mm}^2$$

$$t_{req} = \frac{3,540}{400+2(170)-8(22)} = 6.28\ \mathrm{mm}$$

∴ 외부 이음판 PL−8×400과 내부 이음판 PL−8×170을 사용한다.

2. 기둥의 웨브 이음부 설계

(1) 웨브 이음부의 소요압축강도

① 존재응력

$$P_{wu} = P_u \frac{A_w}{A_g} = P_u \left(1 - \frac{2A_f}{A_g}\right)$$

$$= 1,920 \times \left(1 - \frac{2 \times 400 \times 21}{21,870}\right) = 445\ \mathrm{kN}$$

② 부재 설계강도 50%

$$P_{wu} = 1/2 \times \phi_c F_y A_w = 1/2 \times 0.9 \times 355 \times \{(400 - 2 \times 21) \times 13\}$$

$$= 743\ \mathrm{kN}$$

③ 소요압축강도는 존재응력과 부재설계강도의 50% 중 큰 값으로 한다.

이음부 소요압축강도 $P_{wu} = (445, 743)_{\max} = 743\ \mathrm{kN}$

(2) 웨브 이음부의 소요전단강도

① 존재강도

$V_u = 65.7\ \mathrm{kN}$

② 설계강도 50%

$$h/t_w = \frac{400 - 2(21 + 22)}{13}$$

$$= 24.2 \le 2.24\sqrt{\frac{E}{F_y}} = 54.5$$

$h/t_w(=24.2) \leq 2.24\sqrt{E/F_y}(=54.5)$이므로, $\phi_v = 1.0$이고 $C_v = 1.0$이다.

$\phi_v V_n = \phi_v 0.6 F_y A_w = 1.0(0.6)(355)(400 \times 13)(1.0) = 1,110\text{ kN}$

$\therefore \dfrac{1}{2}\phi_v V_n = 555\text{ kN}$

③ 전단에 대한 존재강도가 매우 적고, 압축에 대한 설계강도의 50%가 존재강도보다 매우 크므로, 전단에 대한 이음부 설계는 생략한다.

(3) 웨브 이음판 설계

이음판의 폭은 각각 260 mm로 한다.

① 웨브 이음판의 소요 볼트개수 산정

$$n_b = \frac{P_{wu}}{\phi R_n} = \frac{743}{165} = 4.50\ \text{bolts}$$

∴ 6개의 M20 고력볼트를 3열 2단으로 배치한다.

② 웨브 이음판의 소요단면적과 소요두께 산정

전단항복에 대한 총단면적과 소요두께

$\phi = 1.0$

$\phi R_n = \phi 0.6 F_y A_g$

$$A_g = \frac{P_{wu}}{\phi_c F_y} = \frac{743(10^3)}{0.9(355)} = 2,330\text{ mm}^2$$

$$t_{req} = \frac{2,330}{2(260)} = 4.48\text{ mm}$$

전단파단에 대한 순단면적과 소요두께

$\phi = 0.75$

$\phi R_n = \phi 0.6 F_y A_g$

$$A_{nv} = \frac{P_{wu}}{\phi 0.6 F_u} = \frac{743(10^3)}{0.75 \times 0.6 \times 490} = 3,370\text{ mm}^2$$

$$t_{req} = \frac{3,370}{2(260 - 3 \times 22)} = 8.68\text{ mm}$$

∴ 웨브 이음판은 2PL−9×260을 사용한다. ◀

13.6.7 주각부 설계 : 축력이 지배하는 고정단

X_5/Y_2열 SC1 기둥의 주각부를 설계하시오. 이 경우 SC1 기둥에서 전달되는 소요강도, 경계조건 및 기초의 콘크리트 압축강도는 다음과 같다.

콘크리트 설계압축강도 (f_{ck}) : 24 MPa

SC1 : H− 428×407×20×35 (SM355강재)

경계조건 : 1층 하부 고정단

소요강도 : $P_u =$ 5,830 kN

$M_u =$ 49.3 kN · m

$V_u =$ 42.8 kN

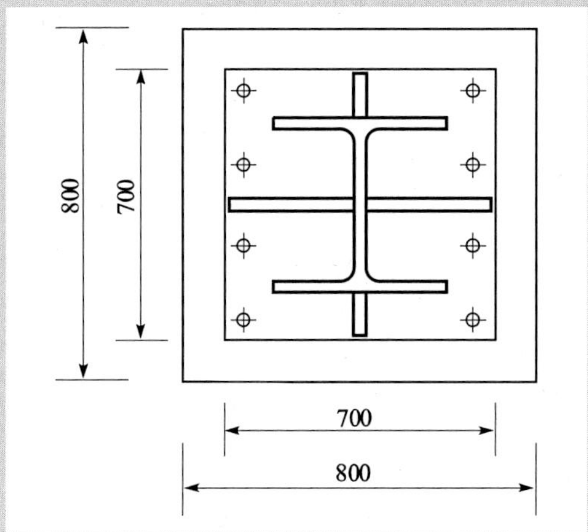

풀이 ▶

1. 소요강도 산정

$P_{u,\max}$는 소요압축력(P_u)과 소요휨모멘트(M_u)에 의한 발생되는 압축력의 전체를 누적한 값보다 클 수 없다.

$$P_{u,\max} = P_u + \frac{M_u}{d} = 5{,}830 + \frac{49.3(10^3)}{428} = 5{,}950 \text{ kN}$$

2. 베이스 플레이트 산정

(1) 베이스 플레이트 크기 가정

A_2를 A_1와 같다고 가정하면 $A_{1,req}$의 최소 단면적을 다음과 같이 산정할 수 있다.

$$A_{1,req} = \frac{P_u}{\phi 0.85 f_{ck}} = \frac{5,950(10^3)}{(0.65)(0.85)(24)} = 449 \times 10^3 \text{ mm}^2$$

$B \times N = 700 \times 700 = 490,000 \text{ mm}^2$로 가정한다.

페데스탈의 크기는 베이스 플레이트보다 가로와 세로방향으로 각각 50 mm 크게 하면

$A_2 = 800 \times 800 = 640,000 \text{ mm}^2$가 된다.

(2) 설계지압검토

$P_p = 0.85 f_{ck} A_1 \sqrt{A_2/A_1} \leqq 1.7 f_{ck} A_1$ 기준식(4.7-23)

$$\phi_c P_p = 0.65 \times 0.85 f_{ck} A_1 \sqrt{A_2/A_1}$$

$$= 0.65(0.85)(24)(490 \times 10^3)\sqrt{\frac{640,000}{490,000}} = 7,430 \text{ kN}$$

$\phi_c P_p = 0.65 \times 1.7 f_{ck} A_1 = 0.65(1.7)(24)(490,000) = 13,000 \text{ kN}$ 이므로

$\phi_c P_p = 7,430$ kN 이다.

$\therefore\ \phi_c P_p = 7,430 \text{ kN} > P_{u,\max} = 5,950 \text{ kN}$ ∴ O.K

(3) 베이스 플레이트 두께 산정

베이스 플레이트 두께를 산정하는 방법은 3가지가 있다. 이중 켄틸레버 방법을 사용하여 베이스 플레이트 두께를 산정하기로 하자. 단, 베이스플레이트는 SM355강재를 사용하는 것으로 가정한다.

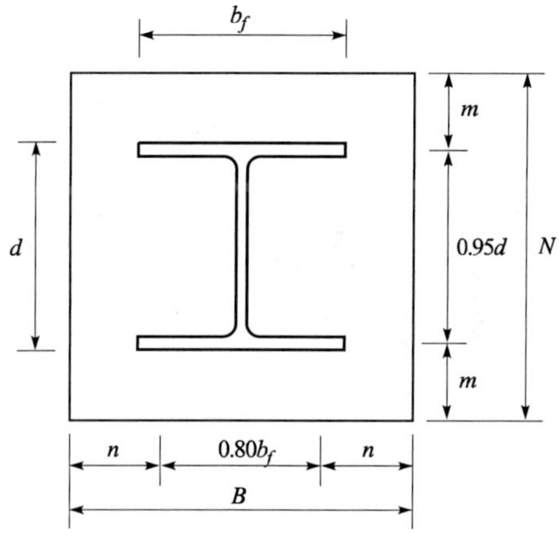

$$m = \frac{N - 0.95d}{2} = \frac{700 - 0.95(428)}{2} = 147 \text{ mm}$$

$$n = \frac{B - 0.8b_f}{2} = \frac{700 - 0.8(407)}{2} = 187 \text{ mm}$$

$$\lambda_n{}' = \frac{\lambda \sqrt{d\, b_f}}{4} = \frac{1.0 \sqrt{428 \times 407}}{4} = 104 \text{ mm}$$

$$X = \frac{4\, d\, b_f}{(d + b_f)^2} \frac{P_u}{\phi_c P_p} = \frac{4 \times 428 \times 407}{(428 + 407)^2} \frac{5,950}{7,430} = 0.800$$

$$\lambda = \frac{2\sqrt{X}}{1 + \sqrt{1 - X}} = \frac{2\sqrt{0.800}}{1 + \sqrt{1 - 0.800}} = 1.24 \rangle 1.0 \text{ 이므로}$$

$\lambda = 1.0$ 이다.

$$t_p = \max(m, n, \lambda_n{}') \times \sqrt{\frac{2P_u}{\phi_b F_y BN}}$$

$$= 187\sqrt{\frac{2(5{,}950)(10^3)}{0.9(335)(700)(700)}} = 53.1\ \text{mm}$$ (판두께가 40 mm 초과인 경우, $F_y = 335$ MPa)

$t_p = 55$ mm로 결정한다.

3. 앵커볼트 설계

(1) 앵커볼트 인장력 발생 유무

$$e = \frac{M_u}{P_u} = \frac{49.3(10^3)}{5{,}950} = 8.29\ \text{mm} \ \langle \left(\frac{D}{6} + \frac{d_t}{3}\right) \ \left(= \frac{700}{6} + \frac{50}{3} = 133\ \text{mm}\right)$$ 이므로,

앵커볼트에는 인장력이 발생하지 않는다.

(2) 최소 앵커볼트 설계

KDS 14 20 70의 4.2.3.2항에서 현장치기콘크리트 기둥과 주각 시공의 경우, 부재 접촉면 사이의 철근 단면적은 지지되는 부재 단면적의 0.005배 이상으로 규정하고 있다. 앵커볼트는 M24 ($A_s = 452\ \text{mm}^2$)를 사용하여 정착하기로 한다.

$$A_{d,\min} = 0.005 A_g = 0.005(640{,}000) = 3{,}200\ \text{mm}^2$$

$$n = \frac{A_{d,\min}}{A_r} = \frac{3{,}200}{452} = 7.08$$

∴ 앵커볼트 8-M24를 배치한다.

(3) 앵커볼트 정착길이 (KDS 14 20 52)

- 앵커볼트강도 및 직경 : $F_y = 240$ MPa, M24
- 콘크리트 강도 : $f_{ck} = 24$ MPa

압축 이형철근의 정착길이(기준(4.1.3))를 적용하여 산정하면 다음과 같다.

$$l_d = l_{db} \times w \geq 200\ \text{mm}$$

기본정착길이 $l_{db} = \dfrac{0.25 d_b f_y}{\lambda\sqrt{f_{ck}}}$ 기준식(4.1-3)

$$l_{db} = \frac{0.25 d_b f_y}{\lambda\sqrt{f_{ck}}} = \frac{(0.25)(24)(240)}{(1.0)(\sqrt{24})} = 294\ \text{mm} > 0.043 d_b f_y (= 248\ \text{mm})$$

$l_d \times w = 294 \times 2.0 = 588 \geq 200$ mm ∴ $l_d = 600$ mm

여기서, $\lambda = 1.0$ (보통중량콘크리트) 기준 4.1.2(2)

$\omega = 2.0$ (이형철근 부착강도에 대한 원형철근 정착길이 증가계수)

단, 앵커볼트에 인장력이 작용하는 경우 인장철근의 정착길이를 적용하여야 한다. ◀

집필진 (개정, 2021)

집필위원장 : 김 원 기 (호서대학교 건축공학과 교수, 공학박사, 건축구조기술사)

집필간사 : 황 보 석 ((주)ES건축구조엔지니어링 대표, 공학박사, 건축구조기술사)

집필위원 : 곽 동 삼 ((주)원우구조 대표, 건축구조기술사)
권 용 근 ((주)하이구조 대표, 건축구조기술사)
김 선 웅 (영산대학교 건축공학과 교수, 공학박사)
문 영 민 ((주)에스코엔지니어링 대표, 건축구조기술사)
염 경 수 ((주)하모니구조엔지니어링 대표, 건축구조기술사)
유 정 한 (서울과학기술대학교 건축학부 교수, 공학박사)
이 강 민 (충남대학교 건축공학과 교수, 공학박사)
이 경 구 (단국대학교 건축학부 교수, 공학박사)
최 인 락 (호서대학교 건축토목공학부 교수, 공학박사)

자문위원 : 신 경 재 (경북대학교 건축공학과 교수, 공학박사, 건축구조기술사)
이 은 택 (중앙대학교 건축공학과 교수, 공학박사)
이 철 호 (서울대학교 건축공학과 교수, 공학박사)
채 흥 석 ((주)세진에스씨엠 대표, 공학박사, 건축구조기술사)
김 태 진 (티아이 구조기술사사무소 대표, 공학박사, 건축구조기술사)
정 석 재 ((주)쓰리디엔지니어링 대표, 건축구조기술사)

집필진

(제정, 2009)

집필위원장 : 김 원 기 (호서대학교 교수, 공학박사, 구조기술사)

집필간사 : 박 대 영 (옥타곤기술연구소 소장, 구조기술사)
이 철 호 (서울대학교 교수, 공학박사)

집필위원 : 김 상 섭 (한국기술교육대학교 교수, 공학박사)
김 석 구 (쓰리디구조 대표, 구조기술사, 공학박사)
김 승 원 (뉴테크구조기술사사무소 대표, 구조기술사)
김 승 철 (다원구조안전기술사사무소 대표, 구조기술사)
김 영 민 (보성구조기술사그룹 대표, 구조기술사)
김 우 범 (공주대학교 교수, 공학박사)
김 진 호 (RIST강구조연구소, 공학박사)
남 정 국 (삼정이엠시 대표, 구조기술사)
박 종 원 (홍익대학교 교수, 공학박사)
박 효 선 (연세대학교 교수, 공학박사)
신 경 재 (경북대학교 교수, 공학박사, 구조기술사)
양 재 근 (인하대학교 교수, 공학박사)
오 영 석 (대전대학교 교수, 공학박사)
이 수 철 (서울구조안전기술사사무소 대표, 구조기술사, 공학박사)
이 은 택 (중앙대학교 교수, 공학박사)
이 재 석 (현대제철, 공학박사)
정 광 량 (동양구조안전기술 대표, 구조기술사, 공학박사)
최 병 정 (경기대학교 교수, 공학박사)
최 선 규 (선영구조기술사건축사사무소 대표, 구조기술사, 건축사)
최 준 식 (단·구조 소장, 구조기술사)

자문위원 : 김 규 석 (동국대학교 명예교수, 공학박사)
김 덕 재 (중앙대학교 명예교수, 공학박사, 구조기술사)
김 동 규 (서울시립대학교 명예교수, 공학박사)
김 종 락 (숭실대학교 교수, 공학박사)
김 종 성 (경일대학교 교수, 공학박사)
김 종 수 (C·S구조엔지니어링 대표, 구조기술사)
김 종 호 (창민우구조컨설탄트 대표, 구조기술사)
이 명 재 (중앙대학교 교수, 공학박사)
이 문 곤 (TSEC그룹 대표, 구조기술사)
이 승 준 (아주대학교 교수, 공학박사)
전 봉 수 (전우구조 대표, 구조기술사, 건축사)
정 재 철 (국민대학교 명예교수, 공학박사, 구조기술사)
최 문 식 (단국대학교 교수, 공학박사, 구조기술사)

KDS 41 31 00 : 2019에 따른
강구조설계 예제집 **정가 30,000원**

발행 : 2009년 5월 25일
2021년 1월 11일 개정판 1쇄
2021년 4월 15일 개정판 2쇄

저자 : 한국강구조학회 · 한국건축구조기술사회

발행처 : 사단법인 한국강구조학회
회 장 신 경 재
서울시 송파구 송이로30길 21
TEL. 02)400-7101
FAX. 02)400-7104
http://www.kssc.or.kr

사단법인 한국건축구조기술사회
회 장 김 상 식
서울시 강남구 테헤란로7길 22
한국과학기술회관 신관 1010호
TEL. 02)566-4711
FAX. 02)566-4729
http://www.ksea.or.kr

공급처 : 도서출판 구미서관
대 표 임 해 진
서울시 마포구 신촌로2길 5-15
TEL. 02)333-1101
FAX. 02)335-2201
출판등록 1979년 6월 29일 No.9-6호
http://www.goomibook.com

ISBN 979-11-6257-139-2 (93540)
